Vorwort

Die uns umgebende Welt besteht aus wechselwirkenden Vielteilchensystemen. Die Beschreibung der vielfältigen Phänomene ist Aufgabe der theoretischen Atom-, Molekül-, Festkörper- und Kernphysik. Eine gemeinsame Grundlage dieser im Detail recht verschiedenen Disziplinen bildet die moderne Vielteilchentheorie. Sie ist der Gegenstand dieses Buches.

Das vielleicht wichtigste Grundkonzept der Vielteilchentheorie beruht auf der Vorstellung, daß man ein wechselwirkendes Vielteilchensystem näherungsweise als ein System nichtwechselwirkender 'Quasiteilchen' beschreiben kann. Will man diese intuitive Vorstellung allerdings mathematisch in die Tat umsetzen, so ist ein recht aufwendiger Formalismus erforderlich. Dieser Formalismus ruht auf drei Grundpfeilern: 1. der sogenannten zweiten Quantisierung, 2. der Methode der Greenschen Funktionen und 3. der störungstheoretischen Analyse mit Feynman-Graphen. Diese drei Grundpfeiler bilden heute den begrifflichen Rahmen, in dem viele Experimente formuliert und verstanden werden. Nicht zuletzt auf Grund der überwältigenden technischen Bedeutung, die die Vielteilchen-Effekte der Festkörperphysik in den letzten Jahrzehnten gewonnen haben, muß man heute die Hauptkonzepte der Vielteilchentheorie zum Kanon des physikalischen Grundwissens zählen.

Ziel dieses Buches ist es, die Grundlagen der Vielteilchentheorie in geschlossener und leicht verständlicher Form darzulegen. Die Darstellung richtet sich primär an Studenten der theoretischen *und* experimentellen Physik, soll aber auch anwendungsorientierte Mathematiker und theoretisch interessierte Chemiker ansprechen. Vorausgesetzt werden lediglich Grundkenntnisse der Quantenmechanik, wie sie in den üblichen Einführungsvorlesungen vermittelt werden. Auf dieser Basis wird der Stoff systematisch und ohne Rückgriff auf andere Hilfsmittel entwickelt. Die Darstellung legt besonderen Wert auf Nachvollziehbarkeit; die mathematischen Zwischenschritte längerer Rechnungen werden bewußt nicht unterschlagen.

Die ausgewählten Beispiele sollen vor allem die wechselseitige Beziehung zwischen mathematischem Formalismus und physikalisch-intuitiver Begriffsbildung veranschaulichen. Ein vollständiger Überblick über die zahllosen Anwendungen der Vielteilchentheorie soll und kann im vorliegenden Rahmen nicht gegeben werden. Es ist dagegen erklärtes Ziel dieses Buches, dem Leser alle erforderlichen Grundkenntnisse der Vielteilchentheorie zu vermitteln, die das Verständnis von Originalarbeiten aus der Festkörperphysik, Kernphysik und Quantenchemie überhaupt erst ermöglichen.

Für das Schreiben des Textes möchten wir Frau Herzfeldt an dieser Stelle herzlich danken. Das komplizierte Manuskript war bei ihr, wie immer, in besten Händen. Ein Buch über Feynman-Graphen stellt zwangsläufig hohe Ansprüche an die Geduld und Energie des technischen Zeichners. Großer Dank gebührt daher Frau Boffo für die hervorragende Durchführung dieser Arbeit.
Unser besonderer Dank gilt Frl. Elisabeth Runge für ihre unersetzliche Hilfe bei der Überarbeitung und Fertigstellung der druckfertigen Endversion des Manuskripts.

Herrn Dr. Spuhler vom Teubner-Verlag danken wir für die vertrauensvolle Zusammenarbeit.

Santa Barbara/Stuttgart
im September 1986

E.K.U. Gross, E. Runge

Vielteilchentheorie

Von Priv.-Doz. Dr. Eberhard K. U. Gross
University of California, Santa Barbara

Dipl.-Phys. Erich Runge
Max-Planck-Institut für Festkörperforschung Stuttgart

Mit zahlreichen Abbildungen

B. G. Teubner Stuttgart 1986

Priv.-Doz. Dr. phil. nat. Eberhard K .U. Gross

Geboren 1953 in Frankfurt am Main. Studium in Frankfurt am Main und am Argonne National Laboratory, Illinois. Promotion 1980 bei R. M. Dreizler. Seit 1984 wissenschaftliche Tätigkeit an der University of California, Santa Barbara, Habilitation 1986. Forschungsaufenthalte am Zentrum für Theoretische Physik der Universität Coimbra, Portugal, und am Max-Planck-Institut für Festkörperforschung, Stuttgart. Seit 1986 Heisenberg-Stipendiat.

Dipl.-Phys. Erich Runge

Geboren 1959 in Wiesbaden. Studium in Frankfurt am Main und Darmstadt. Diplom 1984. Ehemaliger Teilnehmer an der Internationalen Mathematik-Olympiade und seit 1984 Trainer der bundesdeutschen IMO-Mannschaft. Seit 1985 am Max-Planck-Institut für Festkörperforschung, Stuttgart.

CIP-Kurztitelaufnahme der Deutschen Bibliothek:

Gross, Eberhard K. U.:
Vielteilchentheorie. / von Eberhard K. U. Gross u. Erich Runge.
Stuttgart : Teubner, 1986
(Teubner Studienbücher Physik)
ISBN 3-519-03086-1
NE: Runge, Erich:

Printed in Germany
Gesamtherstellung: Druckhaus Beltz, Hemsbach/Bergstraße
Umschlaggestaltung: M. Koch, Reutlingen

INHALTSVERZEICHNIS

I. GRUNDLAGEN UND BEISPIELE

1. Systeme identischer Teilchen 7

2. Zweite Quantisierung für Fermionen 25

3. Zweite Quantisierung für Bosonen 39

4. Unitäre Transformationen und Feldoperatoren 42

5. Ein Beispiel: Der Hamilton-Operator translationsinvarianter Systeme in zweiter Quantisierung 47

6. Dichteoperatoren 52

7. Das Hartree-Fock-Verfahren 60

8. Eingeschränkte Hartree-Fock-Verfahren und das Symmetrie-Dilemma 78

9. Hartree-Fock für translationsinvariante Systeme 84

10. Das homogene Elektronengas in Hartree-Fock-Näherung 91

11. Langreichweitige Korrelation im Elektronengas: Plasmonen 104

12. Phononen 122

13. Supraleitung 147

II. GREENSCHE FUNKTIONEN

14. Bilder 167

15. Die Einteilchen-Greensfunktion 181

16. Der Polarisationspropagator, die Zweiteilchen-Greensfunktion und die Hierarchie der Bewegungsgleichungen 210

III. STÖRUNGSTHEORIE

17. Zeitunabhängige Störungstheorie 218

18. Zeitabhängige Störungstheorie mit "adiabatischem Einschalten" der Wechselwirkung 224

19. Teilchen- und Loch-Operatoren und das Wicksche Theorem 236

20. Feynman-Graphen 250

21. Diagrammatische Berechnung der Vakuumamplitude 266

22. Ein Beispiel: Die Korrelationsenergie des dichten Elektronengases nach Gell-Mann und Brueckner 284

23. Diagrammatische Berechnung der Einteilchen-Greensfunktion: die Dyson-Gleichung 304

24. Diagrammatische Analyse der Greensfunktion $G(\underline{k},\omega)$ 313

25. Selbstkonsistente Störungstheorie, Hartree-Fock aus höherer Sicht 323

26. Das Quasiteilchen-Konzept 332

27. Diagrammatische Berechnung der Zweiteilchen-Greensfunktion und des Polarisationspropagators 349

28. Effektive Wechselwirkung und angezogene Vertices, Plasmonen aus höherer Sicht 367

29. Störungstheorie bei endlicher Temperatur 376

WEITERFÜHRENDE LITERATUR 388

SACHREGISTER 396

I. Grundlagen und Beispiele

1. Systeme identischer Teilchen

Im Bereich der klassischen Mechanik sind "identische Teilchen" unterscheidbar. Wir können bei einem Stoß zweier identischer, d.h. in ihrer Masse, Ladung, Ausdehnung etc. übereinstimmender Billardkugeln die Bahn jeder einzelnen Kugel verfolgen und sie somit unterscheiden. Im Gültigkeitsbereich der Quantenmechanik, also bei Mikroteilchen, ist dies anders. Zwar kann man sich ein Elektron auf dem Mond als von einem Elektron auf der Erde unterscheidbar denken, sobald jedoch identische Mikroteilchen miteinander wechselwirken, d.h. Streuprozesse ausführen, läßt sich auf Grund der Heisenbergschen Unschärferelation das Bahnkonzept der klassischen Mechanik nicht mehr aufrechterhalten. Miteinander wechselwirkende Mikroteilchen sind im strengen Sinn ununterscheidbar, man kann sie durch keinerlei Messung unterscheiden.

Die meßbaren Größen eines stationären quantenmechanischen Systems sind bekanntlich die Erwartungswerte all derjenigen Operatoren, die den Observablen des Systems zugeordnet sind. Besteht nun das System aus identischen Teilchen, so dürfen sich die Erwartungswerte nicht ändern, wenn man in den Wellenfunktionen die Koordinaten zweier Teilchen vertauscht (denn gäbe es nichtinvariante Erwartungswerte, so hätte man ja eine Messung gefunden, mit der man die beiden Teilchen unterscheiden könnte). Wir fordern also, daß für beliebige Systemzustände Ψ und für alle Observablen B des Systems gilt :

$$\int d^N x \; \Psi^*(x_1 \ldots x_j \ldots x_k \ldots x_N) \; \hat{B} \; \Psi(x_1 \ldots x_j \ldots x_k \ldots x_N)$$

$$= \int d^N x \; \Psi^*(x_1 \ldots x_k \ldots x_j \ldots x_N) \; \hat{B} \; \Psi(x_1 \ldots x_k \ldots x_j \ldots x_N)$$

für alle Paare (j,k) .

Die Koordinate $x := (\underline{r}, s)$ beinhaltet Orts- und Spin-Freiheitsgrade der Teilchen. Entsprechend bedeuten

$$\int dx = \sum_s \int d^3r \qquad \text{und} \qquad \int d^N x = \int dx_1 \int dx_2 \ldots \int dx_N \quad .$$

Die obige Gleichung ist gewissermaßen die Definitionsgleichung für Systeme identischer Teilchen. Aus ihr werden wir im folgenden Konsequenzen herleiten sowohl für die Wellenfunktionen als auch für die Operatoren, die Systeme identischer Teilchen beschreiben. Daß wir Gleichheit der Erwartungswerte nur für die Vertauschung von zwei Teilchen gefordert haben, bedeutet keine Einschränkung, denn jede beliebige Umnumerierung der Teilchen läßt sich als Aufeinanderfolge von Zweier-Vertauschungen vornehmen; oder mathematisch ausgedrückt, jede Permutation läßt sich als Produkt von Transpositionen P_{jk} darstellen

$$P = \Pi P_{jk} \quad ,$$

wobei P_{jk} als Operator aufgefaßt werden kann mit der Wirkung

$$\hat{P}_{jk}\Psi(x_1 \ldots x_j \ldots x_k \ldots x_N) := \Psi(x_1 \ldots x_k \ldots x_j \ldots x_N) \quad .$$

Die zweimalige Anwendung des Permutationsoperators $\hat{P}_{jk}$ führt offenbar wieder zur selben Wellenfunktion zurück. Es gilt somit

$$\hat{P}_{jk}\,\hat{P}_{jk} = \text{Id} = 1 \quad , \text{also} \quad \hat{P}_{jk}^{-1} = \hat{P}_{jk} \quad .$$

Mit Hilfe dieser Permutationsoperatoren können wir die obige 'Definitionsgleichung' für Systeme identischer Teilchen schreiben als

$$\langle\Psi|\hat{B}|\Psi\rangle = \langle\hat{P}_{jk}\Psi|\hat{B}|\hat{P}_{jk}\Psi\rangle = \langle\Psi|\hat{P}^{+}_{jk}\;\hat{B}\;\hat{P}_{jk}|\Psi\rangle \quad \text{für alle } (j,k).$$

Da diese Gleichung für alle Zustandsfunktionen des zugrunde liegenden Vielteilchen-Hilbertraumes gelten soll, folgt aus der Zerlegung

$$\langle\Phi|\hat{B}|\Psi\rangle = \frac{1}{4}\cdot(\langle\Phi+\Psi|\hat{B}|\Phi+\Psi\rangle - \langle\Phi-\Psi|\hat{B}|\Phi-\Psi\rangle$$

$$-i\langle\Phi+i\Psi|\hat{B}|\Phi+i\Psi\rangle + i\langle\Phi-i\Psi|\hat{B}|\Phi-i\Psi\rangle)$$

die Identität beliebiger Matrixelemente

$$\langle\Phi|\hat{B}|\Psi\rangle = \langle\Phi|\hat{P}^{+}_{jk}\ \hat{B}\ \hat{P}_{jk}|\Psi\rangle \quad \text{für alle } (j,k)$$

und damit die Identität der Operatoren :

$$\hat{B} = \hat{P}^{+}_{jk}\ \hat{B}\ \hat{P}_{jk} \qquad \text{für alle } (j,k) \ . \tag{1.1}$$

Wählen wir speziell die Identität $\hat{B}=1$, so folgt

$$1 = \hat{P}^{+}_{jk}\ \hat{P}_{jk} \quad .$$

Multiplikation von rechts mit $\hat{P}_{jk}$ liefert

$$\hat{P}_{jk} = \hat{P}^{+}_{jk} \quad ,$$

so daß wir insgesamt erhalten :

$$\underline{\hat{P}^{-1}_{jk} = \hat{P}_{jk} = \hat{P}^{+}_{jk}} \quad .$$

Die zu Transpositionen gehörenden Permutationsoperatoren sind also selbstadjungiert und unitär (solange sie auf dem Raum der Zustandsfunktionen identischer Teilchen operieren).

Multiplizieren wir Gleichung (1.1) von links mit $\hat{P}_{jk}$, so ergibt sich

$$\hat{P}_{jk}\ \hat{B} = \hat{P}_{jk}\ \hat{P}^{+}_{jk}\ \hat{B}\ \hat{P}_{jk} = \hat{B}\ \hat{P}_{jk} \quad .$$

Die Operatoren, die den Observablen von Systemen identischer Teilchen zugeordnet sind, müssen also mit allen Permutationsoperatoren $\hat{P}_{jk}$ vertauschen :

$$[\hat{B},\hat{P}_{jk}] = 0 \quad \text{für alle } (j,k) \ . \tag{1.2}$$

Wir wollen nun die Eigenwerte der Permutationsoperatoren berechnen: Es gelte

$$\hat{P}_{jk}\Psi = a_{(jk)}\,\Psi \quad .$$

Dann folgt

$$\Psi = \hat{P}_{jk}^{\,2}\,\Psi = (a_{(jk)})^2\Psi \quad , \quad \text{also} \quad a_{(jk)}^{\;2} = 1 \quad .$$

Da die Operatoren $\hat{P}_{jk}$ selbstadjungiert sind, sind ihre Eigenwerte reell. Es gilt somit

$$a_{(jk)} = \pm 1 \quad .$$

Gleichung (1.2) muß insbesondere für den Hamilton-Operator $\hat{H}$ des betrachteten Systems gelten :

$$[\hat{H},\hat{P}_{jk}] = 0 \qquad \text{für alle } (j,k) \quad .$$

Symmetriegerechte Lösungen der Schrödingergleichung sollten daher gleichzeitige Eigenfunktionen von $\hat{H}$ und allen $\hat{P}_{jk}$ (und damit von beliebigen Permutationsoperatoren $\hat{P}$) sein.

Zunächst ist sofort einsichtig, daß wenn eine Funktion Ψ Eigenfunktion zu allen $\hat{P}_{jk}$ ist, der Eigenwert für alle $\hat{P}_{jk}$ derselbe sein muß :

$$\hat{P}_{jk}\,\Psi = a_{(12)}\,\Psi \qquad \text{für alle } (j,k) \quad .$$

Zum Beweis dieser Tatsache zerlegen wir die Transposition $\hat{P}_{jk}$ in

$$\hat{P}_{jk} = \hat{P}_{1j}\,\hat{P}_{2k}\,\hat{P}_{12}\,\hat{P}_{2k}\,\hat{P}_{1j} \quad .$$

Dann folgt sofort die Behauptung :

$$\hat{P}_{jk}\,\Psi = a_{(1j)}^{\;2}\,a_{(2k)}^{\;2}\,a_{(12)}\,\Psi = a_{(12)}\,\Psi$$

$$\text{für beliebige } (j,k) \quad .$$

Wir definieren :

Gilt $\hat{P}_{jk}\,\Psi = +\Psi$ für alle (j,k),

so nennt man Ψ <u>symmetrisch</u>.

Gilt $\hat{P}_{jk}\,\Psi = -\Psi$ für alle (j,k),

so nennt man Ψ <u>anti(sym)metrisch</u>.

Die Zustandsfunktionen eines Systems identischer Teilchen müssen also symmetrisch oder antimetrisch sein.

Ist Ψ_S symmetrisch und Ψ_A antimetrisch, so gilt offenbar für eine beliebige Permutation $\hat{P}$:

$$\hat{P}\,\Psi_S = +\Psi_S$$

und

$$\hat{P}\,\Psi_A = \text{sign}(P)\cdot\Psi_A \quad ,$$

wobei sign(P) = +1 , wenn $\hat{P}$ in eine gerade, und sign(P) = -1 , wenn $\hat{P}$ in eine ungerade Zahl von Transpositionen zerfällt. Symmetrische und antimetrische Funktionen sind untereinander stets orthogonal :

$$<\Psi_A|\Psi_S> = <\Psi_A|\hat{P}_{jk}|\Psi_S> = <\Psi_A|\hat{P}^+_{jk}|\Psi_S> = <\hat{P}_{jk}\Psi_A|\Psi_S>$$

$$= - <\Psi_A|\Psi_S> \quad , \quad \text{also} \quad <\Psi_A|\Psi_S> = 0 \quad .$$

Bis jetzt haben wir stillschweigend vorausgesetzt, daß es gleichzeitige Eigenfunktionen aller $\hat{P}_{jk}$, also symmetrische oder antimetrische Funktionen überhaupt gibt. Da die Transpositionsoperatoren aber untereinander nicht vertauschen, ist es keineswegs von vornherein klar, daß es einen nichttrivialen Funktionenraum gibt, auf dem sie alle gleichzeitig diagonal sind. Wir werden im folgenden solche Funktionen durch eine explizite Konstruktionsvorschrift angeben und definieren zu diesem Zweck einen Symmetrisierungsoperator $\hat{S}$ durch

$$\hat{S} = \sum_{P\varepsilon S_N} \hat{P}$$

und einen Antimetrisierungsoperator $\hat{A}$ durch

$$\hat{A} = \sum_{P \varepsilon S_N} \text{sign}(P)\ \hat{P} \quad .$$

Die Summe läuft jeweils über alle Elemente P der Permutationsgruppe S_N. Ist nun $f(x_1 \ldots x_N)$ eine beliebige Funktion von N Variablen, so wird durch die Vorschrift

$$\Psi_S(x_1 \ldots x_N) := \hat{S}\ f(x_1 \ldots x_N) \qquad \text{eine symmetrische}$$

und $$\Psi_A(x_1 \ldots x_N) := \hat{A}\ f(x_1 \ldots x_N) \qquad \text{eine antimetrische}$$

Funktion konstruiert, denn für beliebige $\hat{P}_{jk}$ gilt

$$\hat{P}_{jk}\ \hat{S} = \sum_{P \varepsilon S_N} \hat{P}_{jk}\ \hat{P} = \sum_{P \varepsilon S_N} \hat{P} = \hat{S} \quad ,$$

und

$$\begin{aligned}
\hat{P}_{jk}\ \hat{A} &= \sum_{P \varepsilon S_N} \text{sign}(P) \cdot (\hat{P}_{jk}\ \hat{P}) \\
&= \sum_{P \varepsilon S_N} \left[-\text{sign}(P_{jk}\ P)\right] \cdot (\hat{P}_{jk} \hat{P}) \\
&= \sum_{P \varepsilon S_N} \left[-\text{sign}(P)\right] \cdot \hat{P} \\
&= -\ \hat{A}
\end{aligned}$$

und somit $$\hat{P}_{jk}\ \Psi_S = \Psi_S$$

$$\hat{P}_{jk}\ \Psi_A = -\ \Psi_A \qquad \text{für alle (jk)} \ .$$

Zu einem gegebenen Vielteilchen-Hamilton-Operator kann man mit dieser Konstruktionsvorschrift i.allg. sowohl symmetrische als auch antimetrische Eigenfunktionen konstruieren. Im folgenden werden wir eine weitere Aussage von fundamentaler Wichtigkeit plausibel machen, die man üblicherweise als das Symmetriepostulat bezeichnet:

Der Hilbertraum der Zustandsfunktionen eines Systems identischer Teilchen enthält entweder nur symmetrische oder nur antimetrische Funktionen.

Im ersten Fall bezeichnet man die Teilchen als Bosonen, im zweiten als Fermionen. Das sogenannte Spin-Statistik-Theorem (W. Pauli, Phys.Rev. 58,716(1940)), das wir hier nicht beweisen werden, besagt darüber hinaus, daß Bosonen stets ganzzahligen Spin und Fermionen stets halbzahligen Spin besitzen.

Zum Beweis des Symmetriepostulats gehen wir von einer Eigenfunktion Ψ_o des Hamilton-Operators mit definierter Symmetrie aus, d.h. Ψ_o ist entweder symmetrisch oder antimetrisch. Eine beliebige Zustandsfunktion Φ des Systems charakterisiert man sinnvollerweise durch die Eigenschaft, daß sie nichtverschwindenden Überlapp mit mindestens einem Zustand $\hat{B}\Psi_o$ haben soll, den man von Ψ_o aus durch Anwenden irgendeines zulässigen Operators $\hat{B}$ erhält. Gilt $\hat{P}_{jk}\Psi_o = p\Psi_o$ (p= +1 oder -1), so folgt aus Gleichung (1.2) :

$$<\hat{P}_{jk}\Phi|\hat{B}\Psi_o> = <\Phi|\hat{B}\hat{P}_{jk}\Psi_o> = p\cdot<\Phi|\hat{B}\Psi_o>$$

$$= <p\cdot\Phi|\hat{B}\Psi_o> \qquad ,$$

d.h. es gilt

$$\hat{P}_{jk}\,\Phi = p\cdot\Phi$$

auf dem gesamten von Ψ_o aus 'zugänglichen' Raum. Mit anderen Worten: Alle Funktionen des Zustandsraums müssen dieselbe Vertauschungssymmetrie besitzen.

Wir betrachten nun als Beispiel ein System nichtwechselwirkender, identischer Teilchen, die sich unter dem Einfluß eines äußeren Potentials bewegen. Dann lautet der Hamilton-Operator

$$\hat{H}_o = \sum_{i=1}^{N} \hat{h}_i = \sum_{i=1}^{N} (\hat{t}_i + \hat{u}_i) = \sum_{i=1}^{N} \left[-\frac{\hbar^2}{2m} \underline{\nabla}_i^{\,2} + u(x_i) \right] .$$

Nehmen wir nun an, wir hätten das zugehörige Einteilchen-Problem

$$\hat{h}\ \varphi_\nu(x) = \varepsilon_\nu \cdot \varphi_\nu(x)$$

gelöst; griechische Indizes bezeichnen im folgenden stets die Quantenzahlensätze, welche die Einteilchen-Orbitale charakterisieren, z.B. $\nu = (n,l,m)$. Durch Anwendung der obigen Sym- / Antimetrisierungsoperatoren $\hat{S}$ und $\hat{A}$ auf einfache Produkte der Einteilchen-Orbitale lassen sich dann sofort symmetrische und antimetrische Lösungen $\Phi^{(S)}$ und $\Phi^{(A)}$ des vollen Problems konstruieren :

$$\Phi^{(S)} = \frac{1}{\sqrt{N!}\sqrt{\prod_{k=1}^{K} n_k!}} \cdot \sum_{P \varepsilon S_N} P \left[\varphi_{\nu_1}(x_1) \cdot \varphi_{\nu_2}(x_2) \ldots \cdot \varphi_{\nu_N}(x_N) \right] \tag{1.3}$$

$$\Phi^{(A)} = \frac{1}{\sqrt{N!}} \cdot \sum_{P \varepsilon S_N} \operatorname{sign}(P) \cdot P \left[\varphi_{\nu_1}(x_1) \cdot \varphi_{\nu_2}(x_2) \ldots \varphi_{\nu_N}(x_N) \right]$$

$$= \frac{1}{\sqrt{N!}} \cdot \det \begin{bmatrix} \varphi_{\nu_1}(x_1) \ldots \varphi_{\nu_1}(x_N) \\ \vdots \qquad\qquad \vdots \\ \varphi_{\nu_N}(x_1) \ldots \varphi_{\nu_N}(x_N) \end{bmatrix} \tag{1.4}$$

Die Vorfaktoren wurden dabei so gewählt, daß $\Phi^{(S)}$ und $\Phi^{(A)}$ auf 1 normiert sind. Sind in $\Phi^{(S)}$ nur K (<N) <u>verschiedene</u> Orbitale besetzt, so steht n_k für die Anzahl der Teilchen, die sich im Zustand ν_k befinden. Ein entsprechender zusätzlicher Vorfaktor macht bei $\Phi^{(A)}$ keinen Unterschied, da die Determinante für $n_k > 1$ ohnehin verschwindet.

Die so definierten Funktionen sind Eigenfunktionen von $\hat{H}_o$

$$\hat{H}_o\ \Phi^{(S/A)} = E\cdot\Phi^{(S/A)} \quad \text{zum Eigenwert} \quad E = \sum_{i=1}^{N} \varepsilon_{\nu_i} \quad .$$

Dies werden wir im folgenden kurz für den Fall N = 2 überprüfen. Für beliebige N verläuft der Beweis völlig analog :

$$\Phi^{(S/A)}(x_1,x_2) = \frac{1}{\sqrt{2}}\left\{ \varphi_1(x_1)\cdot\varphi_2(x_2) \pm \varphi_1(x_2)\cdot\varphi_2(x_1) \right\}$$

$$\begin{aligned}
\hat{H}_o\ \Phi^{(S/A)}(x_1,x_2) &= \hat{h}_1 \frac{1}{\sqrt{2}}\left\{ \varphi_1(x_1)\varphi_2(x_2) \pm \varphi_1(x_2)\varphi_2(x_1) \right\} \\
&\quad + \hat{h}_2 \frac{1}{\sqrt{2}}\left\{ \varphi_1(x_1)\varphi_2(x_2) \pm \varphi_1(x_2)\varphi_2(x_1) \right\} \\
&= \frac{1}{\sqrt{2}}\left\{ \varepsilon_1\varphi_1(x_1)\varphi_2(x_2) \pm \varepsilon_2\varphi_1(x_2)\varphi_2(x_1) \right. \\
&\qquad \left. +\varepsilon_2\varphi_1(x_1)\varphi_2(x_2) \pm \varepsilon_1\varphi_1(x_2)\varphi_2(x_1) \right\} \\
&= (\ \varepsilon_1 + \varepsilon_2\ )\frac{1}{\sqrt{2}}\left\{ \varphi_1(x_1)\varphi_2(x_2)\pm\varphi_1(x_2)\varphi_2(x_1) \right\} \\
&= (\ \varepsilon_1 + \varepsilon_2\ )\cdot\Phi^{(S/A)}(x_1,x_2) \quad .
\end{aligned}$$

Die obige Fermionen-Wellenfunktion $\Phi^{(A)}$ bezeichnet man als Slater-Determinante. An ihr kann man zwei interessante Tatsachen ablesen :

1. Sind zwei Zeilen gleich: $\nu_i=\nu_j$ für ein $i\neq j$,

   so gilt $\Phi^{(A)} = o$.

2. Sind zwei Spalten gleich: $x_i=x_j$ für ein $i\neq j$,

   so gilt $\Phi^{(A)} = o$.

In beiden Fällen verschwindet die Wellenfunktion und damit die Wahrscheinlichkeit, einen solchen Zustand zu finden. Das bedeutet anschaulich :

1. Es ist unmöglich, zwei Fermionen in denselben Zustand zu bringen; ein Zustand kann höchstens mit einem Teilchen besetzt sein.

2. Es ist unmöglich, zwei Fermionen mit gleicher Spinprojektion an denselben Ort zu bringen.

Diese Aussagen sind der Inhalt des Pauli-Prinzips. Wesentlich für seine Formulierung ist die Voraussetzung, daß sich die Teilchen unabhängig, d.h. ohne Wechselwirkung untereinander bewegen, so daß eine Charakterisierung des Vielteilchenzustands durch besetzte und unbesetzte Einteilchenorbitale überhaupt möglich ist. Die Aussage wurde von Pauli ursprünglich als Prinzip für Atome formuliert. Dem liegt die Vorstellung zugrunde, daß man ein Atom einigermaßen realistisch als ein System unabhängiger Teilchen behandeln kann, d.h. man hofft, die Elektron-Elektron-Wechselwirkung näherungsweise durch ein effektives äußeres Potential beschreiben zu können. Diese Vorstellung werden wir im späteren Kapitel über das Hartree-Fock-Verfahren weiter vertiefen.
Es ist zu betonen, daß eine entsprechende Aussage für Bosonen nicht existiert. Insbesondere können beliebig viele Bosonen denselben Einteilchen-Zustand besetzen.

Der symmetrisierte Zustand $\Phi^{(S)}$ ist vollständig festgelegt durch die Angabe der in ihm enthaltenen Einteilchen-Orbitale, z.B. :

$$\Phi^{(S)}_{(\nu_1\nu_4\nu_4)} = \frac{1}{\sqrt{12}} \sum_{P\varepsilon S_3} P\left[\varphi_{\nu_1}(x_1)\cdot\varphi_{\nu_4}(x_2)\cdot\varphi_{\nu_4}(x_3)\right] \quad .$$

Der antimetrisierte Zustand $\Phi^{(A)}$ ist dagegen durch die in ihm enthaltenen Einteilchen-Orbitale nur bis auf ein Vorzeichen festgelegt. Zum Beispiel kann man den aus φ_{ν_1} und φ_{ν_4} zusammengesetzten Zweiteilchen-Zustand

$$\text{durch} \quad \Phi^{(A)}_{(\nu_1\nu_4)} := \frac{1}{\sqrt{2}} \begin{vmatrix} \varphi_{\nu_1}(x_1) & \varphi_{\nu_1}(x_2) \\ \varphi_{\nu_4}(x_1) & \varphi_{\nu_4}(x_2) \end{vmatrix}$$

$$\text{oder durch} \quad \Phi^{(A)}_{(\nu_1\nu_4)} := \frac{1}{\sqrt{2}} \begin{vmatrix} \varphi_{\nu_4}(x_1) & \varphi_{\nu_4}(x_2) \\ \varphi_{\nu_1}(x_1) & \varphi_{\nu_1}(x_2) \end{vmatrix} \quad \text{definieren.}$$

Diese lästige Vieldeutigkeit der Fermionen-Wellenfunktion können wir beseitigen, indem wir eine beliebige, aber für die Zukunft feste Reihenfolge der ν_i vorgeben

$$\begin{array}{cccc} \nu_1 & \nu_2 & \nu_3 & \dots \\ \downarrow & \downarrow & \downarrow & \\ \varphi_1(x) & \varphi_2(x) & \varphi_3(x) & \dots \end{array}$$

und die zugehörigen Einteilchen-Orbitale gemäß dieser Reihenfolge einfach durchnumerieren.
Mit der Angabe eines <u>geordneten</u> N-Tupels von Indizes

$$c = (c_1, c_2, \dots, c_N) \text{ mit } c_i \in \mathbb{N} \quad \text{und} \quad c_1 < c_2 < \dots < c_N$$

ist dann die Slater-Determinante durch

$$\Phi_c^{(A)}(x_1, \dots, x_N) := \frac{1}{\sqrt{N!}} \sum_{P \in S_N} \text{sign}(P) \cdot P\left(\varphi_{c_1}(x_1) \cdot \varphi_{c_2}(x_2) \dots \cdot \varphi_{c_N}(x_N) \right)$$

eindeutig festgelegt, denn durch die Vorgabe der Reihenfolge wird dasjenige Produkt von Einteilchen-Orbitalen, das sich durch monoton steigende Indizes auszeichnet und

somit der identischen Permutation entspricht, mit positivem Signum definiert. Damit sind die Vorzeichen aller anderen Vertauschungen auch festgelegt.
Beim obigen Beispiel hätten wir etwa

$$c=(1,4) \Rightarrow \Phi_c^{(A)}(x_1,x_2) = \frac{1}{\sqrt{2}} \sum_{P\varepsilon S_2} \operatorname{sign}(P)\cdot P\left[\varphi_1(x_1)\cdot\varphi_4(x_2)\right]$$

$$= \frac{1}{\sqrt{2}}\left[\varphi_1(x_1)\varphi_4(x_2) - \varphi_1(x_2)\varphi_4(x_1)\right]$$

$$= \frac{1}{\sqrt{2}}\begin{vmatrix} \varphi_1(x_1) & \varphi_1(x_2) \\ \varphi_4(x_1) & \varphi_4(x_2) \end{vmatrix}$$

$$= \frac{1}{\sqrt{2}}\begin{vmatrix} \varphi_1(x_1) & \varphi_4(x_1) \\ \varphi_1(x_2) & \varphi_4(x_2) \end{vmatrix} \quad .$$

Natürlich bleibt der Wert der Determinante unverändert, wenn wir alle Zeilen mit allen Spalten unter Beibehaltung der Reihenfolge vertauschen.
Schreiben wir symbolisch für die Permutation von N Elementen

$$P(\,1,2,..,N\,) = (\,P(1),P(2),..,P(N)\,) \quad ,$$

also etwa

$$P(\,1,2,3\,) = (3,2,1) \Rightarrow P(1)=3, P(2)=2, P(3)=1 \quad ,$$

so können wir die Slater-Determinante darstellen durch die beiden Möglichkeiten :

$$\Phi_c^{(A)}(x_1,..,x_N) = \frac{1}{\sqrt{N!}} \sum_{P\varepsilon S_N} \operatorname{sign}(P)\cdot\varphi_{c_1}(x_{P(1)})\cdot\ldots\cdot\varphi_{c_N}(x_{P(N)})$$

$$= \frac{1}{\sqrt{N!}} \sum_{P\varepsilon S_N} \operatorname{sign}(P)\cdot\varphi_{c_{P(1)}}(x_1)\cdot\ldots\cdot\varphi_{c_{P(N)}}(x_N) \quad .$$

Diese beiden Möglichkeiten entsprechen gerade der Zeilen-Spalten-Vertauschung in der Determinante. Die beiden Darstellungsmöglichkeiten gibt es natürlich auch für die vollständig symmetrisierte Wellenfunktion $\Phi_c^{(S)}$ (wir werden in Zukunft auch die symmetrischen Funktionen durch geordnete Index-N-Tupel c charakterisieren, auch wenn hier die Reihenfolge keine Rolle spielt) .

Im verbleibenden Teil dieses Abschnitts werden wir noch einige wichtige Aussagen über die Vielteilchen-Wellenfunktionen $\Phi^{(S)}$ und $\Phi^{(A)}$ beweisen :

Für jede Observable B eines Systems identischer Teilchen gilt

$$\int d^N x\ \Phi_b^* \ \hat{B}\ \Phi_c = \frac{\sqrt{N!}}{\sqrt{\prod_{k=1}^{K} n_k^{(c)}!}} \int d^N x\ \Phi_b^* \ \hat{B}\ \varphi_{c_1}(x_1)\cdot \ldots \cdot \varphi_{c_N}(x_N) \tag{1.5}$$

sowohl mit $\Phi=\Phi^{(S)}$ als auch mit $\Phi=\Phi^{(A)}$
(im letzteren Fall ist $\prod_{k=1}^{K} n_k^{(c)}! = 1$) .

Wir führen den Beweis nur für Slater-Determinanten $\Phi^{(A)}$, für $\Phi^{(S)}$ geht alles analog.

$$\int d^N x\ \Phi_b^* \ \hat{B}\ \Phi_c = \int d^N x\ \Phi_b^* \ \hat{B}\ \frac{1}{\sqrt{N!}} \sum_P \operatorname{sign}(P)\cdot P\left\{\varphi_{c_1}(x_1)\cdot \ldots \cdot \varphi_{c_N}(x_N)\right\}$$

Da für Observable des Systems gilt $\hat{B}\hat{P} = \hat{P}\hat{B}$, erhalten wir

$$= \frac{1}{\sqrt{N!}} \int d^N x\ \Phi_b^* \cdot \sum_P \operatorname{sign}(P)\cdot P\left(\hat{B}\ \varphi_{c_1}(x_1)\cdot \ldots \cdot \varphi_{c_N}(x_N) \right)$$

$$= \frac{1}{\sqrt{N!}} \int d^N x\ \sum_P \operatorname{sign}(P)\cdot P\ (P^{-1}\Phi_b^*)\hat{B}\ \varphi_{c_1}(x_1)\cdot \ldots \cdot \varphi_{c_N}(x_N) \ .$$

Wegen $P^{-1}\Phi_b^* = \operatorname{sign}(P^{-1})\cdot \Phi_b^* = \operatorname{sign}(P)\cdot \Phi_b^*$ gilt weiter :

$$= \frac{1}{\sqrt{N!}} \sum_P \operatorname{sign}^2(P) \cdot P \int d^N x \; \Phi_b^* \; \hat{B} \; \varphi_{c_1}(x_1) \cdot \ldots \cdot \varphi_{c_N}(x_N) \quad .$$

Da der Wert des Integrals sich durch eine Umbenennung der Integrationsvariablen $x_i \to x_{P(i)}$ nicht ändert, erhalten wir für jede Permutation (also insgesamt N!-mal) denselben Wert, und damit die Behauptung

$$= \sqrt{N!} \int d^N x \; \Phi_b^*(x_1,\ldots,x_N) \; \hat{B} \; \varphi_{c_1}(x_1) \cdot \ldots \cdot \varphi_{c_N}(x_N) \quad ,$$

q.e.d.

Mit Hilfe dieses Ergebnisses können wir sehr leicht beweisen, daß aus der Orthonormalität der Einteilchen-Orbitale $\{\varphi_\nu(x)\}$ sofort auch die Orthonormalität der Vielteilchen-Funktionensysteme $\{\Phi_c^{(S)}\}$ und $\{\Phi_c^{(A)}\}$ folgt. Zu zeigen ist also :

$$\int d^N x \; \Phi_b^* \; \Phi_c \quad = \quad \delta_{b,c} \quad . \qquad (1.6)$$

Es sei zunächst $b=c$, dann gilt für $\Phi^{(A)}$:

$$\int \Phi_c^* \; \Phi_c \; d^N x = \sqrt{N!} \int d^N x \; \Phi_c^* \; \varphi_{c_1}(x_1) \cdot \ldots \cdot \varphi_{c_N}(x_N)$$

$$= \sqrt{N!} \int d^N x \frac{1}{\sqrt{N!}} \sum_P \operatorname{sign}(P) \cdot \varphi^*_{c_{P(1)}}(x_1) \ldots \varphi^*_{c_{P(N)}}(x_N) \cdot \varphi_{c_1}(x_1) \ldots \varphi_{c_N}(x_N)$$

$$= \sum_P \operatorname{sign}(P) \int dx_1 \; \varphi^*_{c_{P(1)}}(x_1) \cdot \varphi_{c_1}(x_1) \cdot \int dx_2 \ldots \cdot \underbrace{\int dx_N \; \varphi^*_{c_{P(N)}}(x_N) \; \varphi_{c_N}(x_N)}_{= \delta_{P(N),N}}$$

$$= \quad 1 \quad .$$

Auf Grund der vorausgesetzten Orthogonalität der φ_i ergibt das Integralprodukt nur bei der identischen Permutation

$$P(1)=1\ ,\ P(2)=2\ ,\ \ldots\ ,\ P(N)=N$$

einen von Null verschiedenen Wert, und dieser ist Eins wegen sign(Id)=1 und der Normiertheit der Einteilchen-Orbitale.

Ist nun $b \neq c$, so gibt es mindestens einen Index b_j, der nicht in c vorkommt. Folglich verschwindet immer mindestens ein Faktor im obigen Integralprodukt und das Gesamtergebnis ist Null.

Für symmetrische Funktionen $\Phi^{(S)}$ läuft der Beweis ähnlich. Sind dabei einige Einteilchenzustände mehrfach besetzt, so enthält die Summe über alle Permutationen mehrere nicht-verschwindende Summanden, deren Beitrag sich aber gerade gegen den Faktor $\prod_{k=1}^{K} n_k^{(c)}!$ kürzt.

Zum Abschluß beweisen wir noch den äußerst wichtigen <u>Vollständigkeitssatz</u> :

> Ist das System $\{\varphi_\nu(x)\}$ vollständig, so sind auch die Vielteilchen-Funktionensysteme $\{\Phi_c^{(A)}\}$ und $\{\Phi_c^{(S)}\}$ vollständig in den entsprechenden Hilberträumen der antimetrischen bzw. symmetrischen Vielteilchenfunktionen.

Bei lokalisierten Systemen spinloser Teilchen bedeutet dies beispielsweise :

Ist $\{\varphi_\nu(\underline{r})$ vollständig in $L_2(\mathbb{R}^3)$, so ist

$$\{\Phi_c^{(A)}(\underline{r}_1 .. \underline{r}_N)\} \text{ vollständig in } L_2^{(A)}\underbrace{(\mathbb{R}^3 \times \mathbb{R}^3 \times \ldots \mathbb{R}^3)}_{N \text{ mal}}$$

$$\{\Phi_c^{(S)}(\underline{r}_1 .. \underline{r}_N)\} \text{ vollständig in } L_2^{(S)}\overbrace{(\mathbb{R}^3 \times \mathbb{R}^3 \times \ldots \mathbb{R}^3)}\ ,$$

wobei $L_2^{(S/A)}(\mathbb{R}^3 \times \ldots \times \mathbb{R}^3)$ den Hilbertraum der quadratintegrablen auf $\mathbb{R}^3 \times .. \times \mathbb{R}^3$ sym-/antimetrischen Funktionen bezeichnet.

Zum Beweis zeigen wir zuerst, daß man eine beliebige Vielteilchen-Wellenfunktion nach Produkten von Einteilchen-Funktionen entwickeln kann: Wir denken uns dazu zunächst N-1 Koordinaten festgehalten und entwickeln bezüglich der letzten :

$$\Psi(x_1, x_2^{(o)}, .., x_N^{(o)}) = \sum_{\nu_1} a_{\nu_1} \varphi_{\nu_1}(x_1) \quad .$$

Die Entwicklungskoeffizienten sind dann natürlich Funktionen der festgehaltenen Koordinaten :

$$a_{\nu_1} = a_{\nu_1}(x_2^{(o)}, x_3^{(o)}, .., x_N^{(o)}) \quad ,$$

d.h.

$$\Psi(x_1, x_2, .., x_N) = \sum_{\nu_1} a_{\nu_1}(x_2, .., x_N) \varphi_{\nu_1}(x_1) \quad .$$

Entwickeln wir wieder

$$a_{\nu_1}(x_2, .., x_N) = \sum_{\nu_2} a_{\nu_1 \nu_2}(x_3, .., x_N) \varphi_{\nu_2}(x_2) \quad ,$$

so folgt :

$$\begin{aligned} \Psi(x_1, x_2, x_3, .., x_N) &= \sum_{\nu_1} \sum_{\nu_2} a_{\nu_1 \nu_2}(x_3, .., x_N) \varphi_{\nu_1}(x_1) \varphi_{\nu_2}(x_2) \\ &= \ldots \\ &= \sum_{\nu_1, \nu_2, .., \nu_N} a_{\nu_1 \nu_2 .. \nu_N} \varphi_{\nu_1}(x_1) .. \varphi_{\nu_N}(x_N) \quad . \end{aligned}$$

Hat die Funktion Ψ nun definierte Symmetrie

$$\hat{P}_{jk} \Psi = \pm \Psi \quad , \quad \text{"+" für Bosonen, "-" für Fermionen} \quad ,$$

so können wir die gleiche Symmetrie für die Entwicklungskoeffizienten $a_{\nu_1 \nu_2 .. \nu_N}$ folgern :

$$\sum_{\nu_1,\dots,\nu_N} \pm a_{\nu_1..\nu_j..\nu_k..\nu_N} \varphi_{\nu_1}(x_1)..\varphi_{\nu_j}(x_j)..\varphi_{\nu_k}(x_k)..\varphi_{\nu_N}(x_N)$$

$$= \pm \Psi(x_1,\dots,x_j,\dots,x_k,\dots,x_N)$$

$$= \hat{P}_{jk}\Psi(x_1,\dots,x_j,\dots,x_k,\dots,x_N)$$

$$= \Psi(x_1,\dots,x_k,\dots,x_j,\dots,x_N)$$

$$= \sum_{\nu_1..\nu_N} a_{\nu_1..\nu_j..\nu_k..\nu_N} \varphi_{\nu_1}(x_1)..\varphi_{\nu_j}(x_k)..\varphi_{\nu_k}(x_j)..\varphi_{\nu_N}(x_N)$$

$$= \sum_{\nu_1..\nu_N} a_{\nu_1..\nu_k..\nu_j..\nu_N} \varphi_{\nu_1}(x_1)..\varphi_{\nu_k}(x_k)..\varphi_{\nu_j}(x_j)..\varphi_{\nu_N}(x_N) .$$

Bei der letzten Identität wurden einfach die Indizes umbenannt, $\nu_k \leftrightarrow \nu_j$. Vergleichen wir mit der ersten Zeile, so folgt (aus der linearen Unabhängigkeit der Produktfunktionen) :

$$\pm a_{\nu_1..\nu_j..\nu_k..\nu_N} = a_{\nu_1..\nu_k..\nu_j..\nu_N} = P_{jk}\, a_{\nu_1..\nu_j..\nu_k..\nu_N} .$$

Hieraus folgt sofort, daß sich Koeffizienten zu permutierten Indexkombinationen

$$(\nu_1' \; \nu_2' \; .. \; \nu_N') = P(\nu_1 \; \nu_2 \; .. \; \nu_N)$$

höchstens um ein Vorzeichen unterscheiden, nämlich

$$a_{\nu_1'\dots\nu_N'} = \begin{Bmatrix} + \\ \mathrm{sign}(P) \end{Bmatrix} \cdot a_{\nu_1\dots\nu_N} , \quad \begin{matrix} \text{"+" für Bosonen} \\ \text{"sign(P)" für Fermionen.} \end{matrix}$$

Im letzten Schritt des Beweises ersetzen wir nun noch die Vielfachsumme über alle Indizes in

$$\Psi(x_1,\dots,x_N) = \sum_{\nu_1,\dots,\nu_N} \varphi_{\nu_1}(x_1)\dots\varphi_{\nu_N}(x_N) \cdot a_{\nu_1\dots\nu_N}$$

durch eine (unendliche) Summe über alle geordneten Kombinationen $c=(\nu_1,..,\nu_N)$ und eine anschließende (endliche) Summe über alle Permutationen $P(\nu_1,..,\nu_N)$ dieser Kombinationen :

$$= \sum_{c=(\nu_1,...,\nu_N)} \sum_{\substack{P(c)= \\ P(\nu_1,..,\nu_N)}} P\left\{a_{\nu_1..\nu_N} \varphi_{\nu_1}(x_1)..\varphi_{\nu_N}(x_N)\right\} .$$

Unter Verwendung des obigen Resultats

$$a_{P(\nu_1...\nu_N)} = a_{P(c)} = \begin{pmatrix} + \\ \mathrm{sign}(P) \end{pmatrix} \cdot a_c$$

folgt schließlich :

$$\Psi(x_1,..,x_N) = \sum_c a_c \cdot \sum_{P\varepsilon S_N} \begin{pmatrix} + \\ \mathrm{sign}(P) \end{pmatrix} \cdot P\left\{ \varphi_{\nu_1}(x_1)...\varphi_{\nu_N}(x_N) \right\}$$

$$=: \sum_c f_c \cdot \Phi_c^{(S/A)}(x_1,..,x_N) .$$

Damit ist gezeigt, daß wir eine beliebige symmetrische bzw. antimetrische Funktion nach den $\Phi_c^{(S)}$ bzw. den $\Phi_c^{(A)}$ entwickeln können. Der Koeffizient a_c unterscheidet sich von f_c durch die Normierung der Funktion $\Phi_c^{(S/A)}$.

2. Zweite Quantisierung für Fermionen

Im folgenden werden wir die sogenannten Vernichtungs- und Erzeugungs-Operatoren definieren als Abbildungen zwischen Vielteilchen-Hilberträumen, die zu verschiedenen Teilchenzahlen gehören

$$\hat{a}_k \; : \; H(N) \to H(N-1) \tag{2.1}$$

$$\hat{a}_k^+ \; : \; H(N-1) \to H(N) \quad , \quad k \in \mathbb{N} \quad . \tag{2.2}$$

Für lokalisierte Systeme kann man sich unter

$$H(N) \quad \text{z.B.} \quad L_2^{(A)} \underbrace{(\mathbb{R}^3 \times \mathbb{R}^3 \times \ldots \times \mathbb{R}^3)}_{\text{N-mal}} \quad ,$$

den Hilbertraum der quadratintegrablen, auf $\mathbb{R}^3 \times \ldots \times \mathbb{R}^3$ antimetrischen Funktionen vorstellen.

Wie wir im letzten Kapitel bewiesen haben, bilden die Slater-Determinanten $\Phi_c(x_1,..,x_N)$ eine Basis des N-Fermionen-Hilbertraumes. Wir definieren die Wirkung des Vernichtungs-Operators $\hat{a}_k$ auf dieser Basis durch:

$$\hat{a}_k \, \Phi_{(c_1,..,c_N)}(x_1,..,x_N) := 0 \qquad \text{falls} \quad k \notin \{c_1,..,c_N\}$$

und falls $k = c_j$:

$$\hat{a}_k \Phi_{(c_1,\ldots,c_N)}(x_1,\ldots,x_N) := (-1)^{j-1} \, \Phi_{(c_1 \ldots c_{j-1} c_{j+1} \ldots c_N)}(x_1 \ldots x_{n-1})$$

$$= \frac{(-1)^{j-1}}{\sqrt{(N-1)!}} \sum_{P \in S_{N-1}} \text{sign}(P) \cdot P\Big(\varphi_{c_1}(x_1) \cdot \ldots \cdot \varphi_{c_{j-1}}(x_{j-1}) \cdot \varphi_{c_{j+1}}(x_j) \ldots \Big) \, .$$

Die Variablen x_i stehen hier nur zur Verdeutlichung, als Operatoren zwischen Hilberträumen wirken die $\hat{a}_k$ natürlich auf abstrakte Funktionen. Auch wenn die Anzahl der Argumente auf beiden Seiten des Gleichheitszeichens nicht übereinstimmt, führt diese allgemein übliche Schreibweise nicht zu Mißverständnissen.

Im wesentlichen streicht man also das Orbital mit Index k aus der Slater-Determinante heraus. Das heißt anschaulich:

das Teilchen, das sich in diesem Orbital befand, wird "vernichtet". Bei der Festlegung des Vorzeichens ist es wichtig, sich daran zu erinnern, daß die Slater-Determinante Φ_c <u>eindeutig</u> nur durch ein <u>geordnetes</u> Index-N-Tupel, d.h. $c=(c_1,c_2,..,c_N)$ mit $c_1<c_2...<c_N$, $c_i \in \mathbb{N}$ festgelegt ist. Das Orbital φ_k , das durch die Wirkung von $\hat{a}_k$ herausgeworfen wird, hat also einen 'festen Platz' innerhalb der Slater-Determinante. Das Vorzeichen der obigen Definition entspricht der Vorschrift, die zu streichende Zeile in die oberste Zeile der Determinante zu bringen und erst dann zu streichen. Die Vorteile dieser Vorzeichen-Konvention werden im folgenden noch deutlich werden. Ist etwa $k=c_j$, so kann man sich die Wirkung von $\hat{a}_k$ folgendermaßen veranschaulichen :

$$\hat{a}_k \frac{1}{\sqrt{N!}} \cdot \begin{vmatrix} \varphi_{c_1}(x_1) & \dots & \varphi_{c_1}(x_N) \\ \vdots & & \vdots \\ \varphi_{c_j}(x_1) & \dots & \varphi_{c_j}(x_N) \\ \vdots & & \vdots \\ \varphi_{c_N}(x_1) & \dots & \varphi_{c_N}(x_N) \end{vmatrix}$$

entspricht den Operationen :

1.) Vertausche die Zeile mit $c_j=k$ so lange, bis sie in der ersten Zeile steht; dies liefert einen Vorfaktor $(-1)^{j-1}$:
2.) Streiche dann die 1. Zeile und letzte Spalte heraus :
3.) Normiere die neue Determinante :

$$= \frac{(-1)^{j-1}}{\sqrt{N!}} \cdot \begin{vmatrix} \varphi_{c_j}(x_1) & \dots & \varphi_{c_j}(x_N) \\ \varphi_{c_1}(x_1) & \dots & \varphi_{c_1}(x_N) \\ \varphi_{c_2}(x_1) & .. & \\ \vdots & & \\ \varphi_{c_{j-1}} & .. & \\ \varphi_{c_{j+1}} & .. & \\ \vdots & & \\ \varphi_{c_N}(x_1) & .. & \varphi_{c_N}(x_N) \end{vmatrix}$$

$$= \frac{(-1)^{j-1}}{\sqrt{(N-1)!}} \cdot \begin{vmatrix} \varphi_{c_1}(x_1) & \dots & \varphi_{c_1}(x_{N-1}) \\ \vdots & & \vdots \\ \varphi_{c_{j-1}}(x_1) & :: & :: \\ \varphi_{c_{j+1}}(x_1) & .. & .. \\ \vdots & & \vdots \\ \varphi_{c_N}(x_1) & \dots & \varphi_{c_N}(x_{N-1}) \end{vmatrix} .$$

Wir definieren $\hat{a}_k$ als linearen Operator auf dem Hilbertraum $H(N)$. Damit ist die Wirkung von $\hat{a}_k$ auf eine allgemeine Vielteilchen-Wellenfunktion Ψ durch deren Entwicklung nach Slater-Determinanten $\Psi = \sum_c f_c \Phi_c$ vollständig festgelegt:

$$\hat{a}_k \Psi = \hat{a}_k \left(\sum_c f_c \cdot \Phi_c \right) := \sum_c f_c \cdot (\hat{a}_k \Phi_c) \quad .$$

Den Erzeugungs-Operator $\hat{a}_k^+$ definieren wir als den zu $\hat{a}_k$ adjungierten Operator. Die Wirkung von $\hat{a}_k^+$ auf Slater-Determinanten ergibt sich dann sofort aus der Definition des adjungierten Operators: Sei $\Phi_c \in H(N-1)$ und $\Phi_b \in H(N)$, dann gilt

$$\langle \hat{a}_k^+ \Phi_c | \Phi_b \rangle = \langle \Phi_c | \hat{a}_k \Phi_b \rangle$$

$$= \begin{cases} (-1)^{j-1} \langle \Phi_c | \Phi_{b-\{k\}} \rangle & \text{falls es ein } j \text{ gibt mit } k=b_j \\ 0 & \text{sonst} \end{cases}$$

und mit Gleichung (1.6)

$$= \begin{cases} (-1)^{j-1} \cdot \delta_{c,b-\{k\}} & \text{falls es ein } j \text{ gibt mit } k=b_j \\ 0 & \text{sonst} \end{cases}$$

$$= \sum_{i=1}^{N} (-1)^{i-1} \cdot \delta_{c_1 b_1} \cdot \delta_{c_2 b_2} \cdot \ldots \cdot \delta_{c_{i-1} b_{i-1}} \cdot \delta_{k\, b_i} \cdot \delta_{c_i b_{i+1}} \cdot \ldots \cdot \delta_{c_{N-1} b_N}$$

$$= \begin{cases} (-1)^{j-1} \cdot \delta_{\tilde{c},b} & \text{falls es ein } j \text{ gibt mit } c_{j-1}<k<c_j \\ 0 & \text{sonst} \end{cases} ,$$

wobei $\tilde{c}$ aus c durch Einfügen von k zwischen c_{j-1} und c_j entsteht. Weiter gilt:

$$= \begin{cases} (-1)^{j-1} \langle \Phi_{\tilde{c}} | \Phi_b \rangle & \text{falls es ein } j \text{ gibt mit } c_{j-1}<k<c_j \\ 0 & \text{sonst} \end{cases} \quad .$$

Damit ist gezeigt :

$$\hat{a}_k^+ \Phi_c = \begin{cases} (-1)^{j-1} \cdot \Phi_{\tilde{c}} & \text{falls es ein j gibt mit } c_{j-1} < k < c_j \\ 0 & \text{sonst} \end{cases} .$$

Anschaulich bedeutet dieses Ergebnis (falls $c_\ell < k < c_{\ell+1}$):

$$\hat{a}_k^+ \frac{1}{\sqrt{N!}} \cdot \begin{vmatrix} \varphi_{c_1}(x_1) & \dots & \varphi_{c_1}(x_N) \\ \vdots & & \vdots \\ \varphi_{c_N}(x_1) & \dots & \varphi_{c_N}(x_N) \end{vmatrix} := \frac{1}{\sqrt{(N+1)!}} \cdot \begin{vmatrix} \varphi_k(x_1) & \dots & \varphi_k(x_{N+1}) \\ \varphi_{c_1}(x_1) & \dots & \varphi_{c_1}(x_{N+1}) \\ \vdots & & \vdots \\ \varphi_{c_N}(x_1) & \dots & \varphi_{c_N}(x_{N+1}) \end{vmatrix}$$

$$= \frac{(-1)^\ell}{\sqrt{(N+1)!}} \cdot \begin{vmatrix} \varphi_{c_1}(x_1) & \dots & \varphi_{c_1}(x_{N+1}) \\ \vdots & & \\ \varphi_{c_\ell}(x_1) & \dots & \\ \varphi_k(x_1) & \dots & \varphi_k(x_{N+1}) \\ \varphi_{c_{\ell+1}}(x_1) & \dots & \\ \vdots & & \\ \varphi_{c_N}(x_1) & \dots & \varphi_{c_N}(x_{N+1}) \end{vmatrix} .$$

Es wird also ein zusätzliches Teilchen im Zustand φ_k "erzeugt". Durch die Linearität des adjungierten Operators ist auch die Wirkung von $\hat{a}_k^+$ auf einen beliebigen Vielteilchenzustand Ψ klar:

$$\hat{a}_k^+ \Psi = \hat{a}_k^+ \left(\sum_c f_c \Phi_c \right) = \sum_c f_c \cdot (\hat{a}_k^+ \Phi_c) .$$

Gemäß (2.1) und (2.2) bilden die so definierten Erzeugungs- und Vernichtungs-Operatoren Hilberträume zu <u>fester</u> Teilchenzahl ineinander ab. Der Formalismus der zweiten Quantisierung eignet sich aber speziell auch für Probleme mit variabler Teilchenzahl. Dabei ist es günstig, die Hilberträume $(\mathcal{H}(N), \langle | \rangle_N)$ der antimetrischen Wellenfunktionen zur Teilchenzahl N zum direkten Produkt-Hilbertraum $\mathcal{F} := \bigoplus_{N=0}^{\infty} \mathcal{H}(N)$ mit dem üblichen Skalarprodukt

$$\left\langle \bigoplus_{N=0}^{\infty} \varphi_N \,\middle|\, \bigoplus_{N=0}^{\infty} \tilde{\varphi}_N \right\rangle := \sum_{N=0}^{\infty} \langle \varphi_N | \tilde{\varphi}_N \rangle_N$$

zusammenzufassen.

Damit können wir $\hat{a}_k$ und $\hat{a}_k^+$, anstatt als Scharen von Operatoren <u>zwischen</u> verschiedenen Hilberträumen $\mathcal{H}(N)$, als Operatoren <u>in</u> dem Raum $\mathcal{F}$, dem sogenannten <u>Fock-Raum</u>, auffassen.

Genauso wie man in der Einteilchen-Quantenmechanik Zustände in der Dirac-Schreibweise durch Quantenzahlen darstellt,

z.B. $|n\ell m\rangle$ mit der Ortsdarstellung $\langle \underline{r}|n\ell m\rangle = \varphi_{n\ell m}(\underline{r})$,

können wir Slater-Determinanten durch die zugeordneten Index-N-Tupel charakterisieren :

$|c\rangle$ mit der Ort-Spin-Darstellung $\langle x_1,..,x_N|c\rangle = \Phi_c(x_1,..,x_N)$.

Eine andere, hierzu äquivalente Möglichkeit ist die sogenannte <u>Besetzungszahl-Darstellung</u>

$$|c\rangle = |c_1,..,c_N\rangle =: |n_1\, n_2\, n_3 .....\rangle$$

$$\text{mit } n_i = 0 \text{ falls } i \notin \{c_1,..,c_N\}$$
$$\text{und } n_i = 1 \text{ falls } i \in \{c_1,..,c_N\} \quad .$$

Beispiel : Seien φ_1, φ_3 und φ_4 besetzt, also $c=(1,3,4)$. Dann ist

$$|\, 1\ 3\ 4\,\rangle = |\, 1_1\ 0_2\ 1_3\ 1_4\ 0_5\ 0_6 ...\rangle \quad .$$

Es ist dabei im Auge zu behalten, daß die Ort-Spin-Darstellung eines solchen abstrakten Zustandsvektors nach wie vor nichts anderes als eine gewöhnliche Slater-Determinante ist. Mit Hilfe der Besetzungszahl-Darstellung können wir allerdings die Wirkung der Erzeugungs- und Vernichtungs-Operatoren etwas kompakter schreiben :

$$\hat{a}_k\, |n_1 ... 1_k ...\rangle = (-1)^{\left(\sum_{j<k} n_j\right)} |n_1 ... 0_k ...\rangle$$

$$\hat{a}_k\, |n_1 ... 0_k ...\rangle = 0 \quad ,$$

oder zusammengefaßt :

$$\hat{a}_k\, |n_1 ... n_k ...\rangle = \theta_k \cdot n_k \cdot |n_1 ... 0_k ...\rangle \text{ mit } \theta_k := (-1)^{\left(\sum_{j<k} n_j\right)} \quad .$$

Ebenso gilt :

$$\hat{a}_k^+ \, |n_1 \dots 0_k \dots\rangle = \theta_k \cdot |n_1 \dots 1_k \dots\rangle$$

$$\hat{a}_k^+ \, |n_1 \dots 1_k \dots\rangle = 0$$

und daher :

$$\hat{a}_k^+ \, |n_1 \dots n_k \dots\rangle = \theta_k \cdot (1-n_k) \cdot |n_1 \dots 1_k \dots\rangle \quad .$$

Wirken wir mit einem Vernichtungsoperator $\hat{a}_k$ auf eine "Determinante", die überhaupt nur den Zustand φ_k enthält, so verbleibt eine "nullreihige Determinante", in der überhaupt kein Zustand mehr besetzt ist. Diesen Zustand definieren wir als Vakuum.

$$\hat{a}_k \, |0_1 \dots 0_{k-1} 1_k 0_{k+1} \dots\rangle =: |vac\rangle = |o\rangle \quad .$$

Offensichtlich ist

$$\hat{a}_k \, |o\rangle = 0 \qquad \text{für alle } k \text{ aus } \mathbb{N}.$$

Durch Anwenden von Erzeugungsoperatoren auf das Vakuum kann man sich offenbar jeden beliebigen N-Teilchen-Zustand generieren. Die Basisfunktionen erhält man durch

$$|c_1,..,c_N\rangle = \hat{a}^+_{c_1} \hat{a}^+_{c_2} \dots \hat{a}^+_{c_N} |o\rangle = \prod_{k=1}^{\infty} (\hat{a}_k^+)^{n_k} |o\rangle \quad .$$

Diese Korrespondenz von $\hat{a}^+_{c_1} \dots \hat{a}^+_{c_N} |o\rangle$ zu der Determinante mit den Elementen $\varphi_{c_i}(x_j)$ enthielte jetzt störende Minuszeichen, wenn wir in der Definition der $\hat{a}_k$ den Faktor $(-1)^{j-1}$ nicht eingeschlossen hätten.

Kommen wir nun zum Beweis der wichtigsten Eigenschaft der Fermionen-Erzeugungs- und Vernichtungs-Operatoren, ihren Antivertauschungsrelationen :

$$\{\hat{a}_\ell, \hat{a}_k\} = 0$$

$$\{\hat{a}_\ell^+, \hat{a}_k^+\} = 0$$

$$\{\hat{a}_\ell^+, \hat{a}_k\} = \delta_{\ell,k} \quad . \qquad (2.3)$$

Beweis der Antivertauschungsrelationen :

$$\hat{a}_k \hat{a}_\ell |n_1..n_k..n_\ell..> = \theta_\ell \cdot n_\ell \cdot \hat{a}_k |n_1..n_k..0_\ell..>$$

$$= \theta_\ell \cdot \theta_k \cdot n_\ell \cdot n_k \cdot |n_1..0_k..0_\ell..>$$

$$\hat{a}_\ell \hat{a}_k |n_1..n_k..n_\ell..> = \theta_k \cdot n_k \cdot \hat{a}_\ell |n_1..0_k..n_\ell..>$$

$$= \theta_k \cdot \tilde{\theta}_\ell \cdot n_k \cdot n_\ell \cdot |n_1..0_k..0_\ell..>$$

$\tilde{\theta}_\ell$ ist aber gerade $-\theta_\ell$, es sei denn wir hätten $n_k=o$; in diesem Fall verschwindet aber ohnehin der ganze Ausdruck, so daß wir schreiben können :

$$= -\theta_k \cdot \theta_\ell \cdot n_k \cdot n_\ell \cdot |n_1..0_k..0_\ell..> \quad .$$

Somit gilt $(\hat{a}_k\hat{a}_\ell + \hat{a}_\ell\hat{a}_k)|n_1..n_k..n_\ell..>=o$ für beliebige Slater-Determinanten. Damit folgt die erste der obigen Antivertauschungsrelationen. Der Beweis der übrigen Relationen verläuft analog. Exemplarisch zeigen wir noch die letzte für den Fall $\ell=k$:

$$\hat{a}_k \hat{a}_k^+ |n_1..n_k..> = \hat{a}_k \theta_k \cdot (1-n_k) \cdot |n_1..1_k..>$$

$$= \theta_k \cdot \theta_k \cdot (1-n_k) \cdot 1 \cdot |n_1..0_k..> = (1-n_k) \cdot |n_1..0_k..>$$

$$\hat{a}_k^+ \hat{a}_k |n_1..n_k..> = \hat{a}_k^+ \theta_k \cdot n_k \cdot |n_1..0_k..>$$

$$= \theta_k \cdot \theta_k \cdot n_k \cdot (1-0) \cdot |n_1..1_k..> = n_k \cdot |n_1..1_k..> \quad .$$

Damit ist

$$(\hat{a}_k^+\hat{a}_k + \hat{a}_k\hat{a}_k^+)|n_1..n_k..> = \begin{cases} |n_1..1_k..> & \text{falls } n_k=1 \\ |n_1..0_k..> & \text{falls } n_k=0 \end{cases}$$

$$= |n_1..n_k..> \quad ,$$

d.h.

$$\{\hat{a}_k^+,\hat{a}_k\} = 1 \quad .$$

Auf Grund der Eigenschaft $\hat{a}_k^+ \hat{a}_k |n_1 n_2 ..> = n_k \cdot |n_1 n_2 ..>$
können wir durch

$$\hat{N} := \sum_{k=1}^{\infty} \hat{a}_k^+ \hat{a}_k \tag{2.4}$$

den <u>Teilchenzahloperator</u> einführen, denn es gilt offenbar

$$\hat{N} |n_1 n_2 ...> = \left(\sum_{k=1}^{\infty} n_k \right) \cdot |n_1 n_2 ...> = N \cdot |n_1 n_2 ...>$$

für Slater-Determinanten.
Für beliebige Zustände erhält man, wenn man sie nach Slater-Determinanten (bzw. nach vollständig symmetrisierten Funktionen im Bosonen-Fall) entwickelt :

$$|\Psi> = \sum_c f_c \cdot |\Phi_c> \Longrightarrow \hat{a}_\ell^+ \hat{a}_\ell |\Psi> = \sum_c f_c \cdot \hat{a}_\ell^+ \hat{a}_\ell |\Phi_c> = \sum_c f_c \cdot n^{(c)} \cdot |\Phi_c> .$$

Für den Erwartungswert der Zahl der Teilchen im Zustand ℓ bezüglich des Vielteilchen-Zustandes $|\Psi>$ ergibt sich :

$$<n_\ell> := <\Psi| \hat{a}_\ell^+ \hat{a}_\ell |\Psi> = \sum_c \sum_{c'} f_{c'} \cdot f_c \cdot n_\ell^{(c)} \cdot <\Phi_{c'}|\Phi_c> = \sum_c |f_c|^2 \cdot n_\ell^{(c)} .$$

Wegen $\sum_c |f_c|^2 = 1$ folgt hieraus für Fermionen ($n_\ell^{(c)} = 0$ oder 1) sofort

$$0 \leq <n_\ell> \leq 1 \quad .$$

Im folgenden werden wir "normale" Operatoren (d.h. die uns von der ersten Quantisierung bekannten Operatoren) durch die Erzeugungs- und Vernichtungs-Operatoren ausdrücken. Das Ergebnis bezeichnet man dann als Darstellung der Operatoren in <u>zweiter</u> <u>Quantisierung</u>. Wir werden zeigen, daß gilt

a) für Einteilchen-Operatoren

$$\hat{H}_o = \sum_{i=1}^{N} \hat{h}(x_i) = \sum_{i,j=1}^{\infty} <i|\hat{h}|j> \hat{a}_i^+ \hat{a}_j \tag{2.5}$$

mit $<i|\hat{h}|j> = \int \varphi_i^*(x) \, \hat{h}(x) \, \varphi_j(x) \, dx$

b) für lokale Zweiteilchen-Operatoren

$$\hat{V} = \frac{1}{2}\cdot \sum_{\substack{i,j=1 \\ i\neq j}}^{N} \hat{v}(x_i,x_j) = \frac{1}{2}\cdot \sum_{ijk\ell=1}^{\infty} \langle ij|\hat{v}|k\ell\rangle \hat{a}_i^+ \hat{a}_j^+ \hat{a}_\ell \hat{a}_k \qquad (2.6)$$

$$\text{mit} \quad \langle ij|\hat{v}|k\ell\rangle = \iint \varphi_i^*(x)\varphi_j^*(x')v(x,x')\varphi_k(x)\varphi_\ell(x')dx\, dx' .$$

Die Wirkung der Operatoren in zweiter Quantisierung ist in der angegebenen Form zunächst nur auf Slater-Determinanten definiert. Um die Wirkung auf eine beliebige Vielfermionen-Funktion zu bestimmen, muß man diese nach Slater-Determinanten entwickeln. Dagegen wirken Operatoren in erster Quantisierung direkt auf die Koordinaten der Vielteilchen-Funktion. Es ist aber zu betonen, daß mit (2.5) und (2.6) wirklich Gleichheit der Operatoren in erster und zweiter Quantisierung gemeint ist, d.h. die Wirkung auf eine beliebige Vielfermionen-Wellenfunktion führt zum selben Ergebnis.

Zum Beweis der angegebenen Identitäten müssen wir zeigen, daß die Wirkung der Operatoren auf dem vollständigen System von Slater-Determinanten übereinstimmt, also :

$$\sum_{i=1}^{N} \hat{h}(x_i)|\Phi_c\rangle = \sum_{i,j=1}^{\infty} \langle i|\hat{h}|j\rangle\, \hat{a}_i^+ \hat{a}_j |\Phi_c\rangle \qquad \text{für alle } \Phi_c$$

und

$$\frac{1}{2}\cdot \sum_{\substack{i\neq j \\ i,j=1}}^{N} \hat{v}(x_i,x_j)|\Phi_c\rangle = \frac{1}{2}\cdot \sum_{ijk\ell=1}^{\infty} \langle ij|\hat{v}|k\ell\rangle \hat{a}_i^+ \hat{a}_j^+ \hat{a}_\ell \hat{a}_k |\Phi_c\rangle \qquad \text{für alle } \Phi_c .$$

Um diese Identitäten nachzuweisen, entwickeln wir die Zustände links und rechts wieder nach dem vollständigen System $\{\Phi_b\}$ und zeigen, daß die Entwicklungskoeffizienten gleich sind, d.h. die Matrixelemente

$$\sum_{i=1}^{N} \langle\Phi_b|\hat{h}(x_i)|\Phi_c\rangle = \sum_{i,j=1}^{\infty} \langle i|\hat{h}|j\rangle \langle\Phi_b|\hat{a}_i^+ \hat{a}_j|\Phi_c\rangle \quad \text{für alle } \Phi_c \text{ und } \Phi_b$$

und

$$\sum_{\substack{i,j=1\\ i\neq j}}^{N} \langle\Phi_b|\hat{v}(x_i,x_j)|\Phi_c\rangle = \sum_{ijk\ell=1}^{\infty} \langle ij|\hat{v}|k\ell\rangle\langle\Phi_b|\hat{a}_i^+\hat{a}_j^+\hat{a}_\ell\hat{a}_k|\Phi_c\rangle$$

für alle Φ_b und Φ_c .

Wir beginnen mit den Einteilchen-Operatoren in erster Quantisierung: Nach Gleichung (1.5) gilt:

$$\sum_{i=1}^{N}\langle\Phi_b|\hat{h}(x_i)|\Phi_c\rangle = \sum_{i=1}^{N}\sqrt{N!}\int d^Nx\ \Phi_b^*(x_1\dots x_N)\hat{h}(x_i)\varphi_{c_1}(x_1)\dots\varphi_{c_N}(x_N)$$

$$= \sum_{i=1}^{N}\ \sum_{P\varepsilon S_N} \text{sign}(P)\cdot\left(\int\varphi^*_{b_{P(1)}}(x_1)\ \varphi_{c_1}(x_1)\ dx_1\right)\cdot\dots$$

$$\dots\cdot\left(\int\varphi^*_{b_{P(i)}}(x_i)\ \hat{h}(x_i)\ \varphi_{c_i}(x_i)\ dx_i\right)\cdot\ \dots\ \cdot\left(\int..dx_N\right) .$$

Unterscheiden sich die beiden Index-N-Tupel b und c in zwei oder mehr Indizes, so verschwindet offenbar das Matrixelement $\langle\Phi_b|\hat{H}_o|\Phi_c\rangle$, denn das Produkt der (N-1) Integrale, in welchen $\hat{h}(x_i)$ nicht vorkommt, enthält dann mindestens einen Faktor, in dem sich die Indizes der Einteilchen-Orbitale unterscheiden, und der somit verschwindet. Es bleiben also nur noch zwei Fälle zu diskutieren :

1.) b=c

$$\langle\Phi_c|\hat{H}_o|\Phi_c\rangle = \sum_{i=1}^{N}\sum_{P\varepsilon S_N} \text{sign}(P)\cdot\left(\int\ \varphi^*_{c_{P(1)}}(x_1)\ \varphi_{c_1}(x_1)\ dx_1\right)\ ..$$

$$..\left(\int\varphi^*_{c_{P(i)}}(x_i)\ \hat{h}(x_i)\ \varphi_{c_i}(x_i)\ dx_i\right)\ \dots$$

Das Produkt der (N-1) Integrale, die $\hat{h}(x_i)$ nicht enthalten, verschwindet nur dann nicht, wenn gilt :

$$c_{P(1)}=c_1\ ,\ c_{P(2)}=c_2\ ,\dots,\ c_{P(i-1)}=c_{i-1}\ ,\ c_{P(i+1)}=c_{i+1}\ ,\dots .$$

Hieraus folgt dann aber auch $c_{P(i)} = c_i$, so daß wir ein von Null verschiedenes Ergebnis nur für die identische Permutation erhalten :

$$<\Phi_c|\hat{H}_o|\Phi_c> = \sum_{i=1}^{N} \int \varphi^*_{c_i}(x_i)\ \hat{h}(x_i)\ \varphi_{c_i}(x_i)\ dx_i = \sum_{i=1}^{N} <c_i|\hat{h}|c_i> \quad . \tag{2.7}$$

2.) b und c unterscheiden sich um <u>einen</u> Index, d.h. etwa $b_k \notin c$ und $c_\ell \notin b$ oder ausführlich :

$$\begin{array}{lcl} b_1 & = & c_1 \\ \vdots & & \vdots \\ b_{k-1} & = & c_{k-1} \\ b_k & & \\ b_{k+1} & = & c_k \\ \vdots & & \vdots \\ b_\ell & = & c_{\ell-1} \\ & & c_\ell \\ b_{\ell+1} & = & c_{\ell+1} \\ \vdots & & \vdots \\ b_N & = & c_N \end{array}$$

In diesem Fall kann sich überhaupt nur dann ein von Null verschiedener Wert ergeben, wenn das Integral mit $\hat{h}(x_i)$ die beiden unterschiedlichen Orbitale φ_{c_ℓ} und φ_{b_k} enthält. Die Summe über i liefert also nur einen Wert für $i=\ell$, während die Summe über alle Permutationen nur für jene Permutation P_o einen von Null verschiedenen Beitrag liefert, für die gilt :

$$P_o(1)=1,\ldots,P_o(k-1)=k-1,P_o(k)=k+1,\ldots,P_o(\ell-1)=\ell,P_o(\ell)=k,$$
$$P_o(\ell+1)=\ell+1,\ldots,P_o(N)=N \quad .$$

Somit ergibt sich in diesem Fall :

$$<\Phi_b|\hat{H}_o|\Phi_c> = \text{sign}(P_o)\cdot<b_k|\hat{h}|c_\ell> \quad .$$

Wollen wir nun überprüfen, ob die Darstellung von $\hat{H}_o$ in zweiter Quantisierung dieselben Matrixelemente liefert :

$$\sum_{i,j=1}^{\infty} \langle i|\hat{h}|j\rangle\langle\Phi_b|\hat{a}_i^+\hat{a}_j|\Phi_c\rangle = \sum_{i,j=1}^{\infty} \langle i|\hat{h}|j\rangle\langle\hat{a}_i\Phi_b|\hat{a}_j\Phi_c\rangle \quad .$$

Gilt etwa $i=b_r$ und $j=c_s$, so gilt :

$$\langle\hat{a}_i\Phi_b|\hat{a}_j\Phi_c\rangle = \pm\langle b_i\ldots\cancel{b_r}\ldots b_N|c_1\ldots\cancel{c_s}\ldots c_N\rangle \quad .$$

Das Matrixelement verschwindet offensichtlich, falls sich b und c in mehr als einem Index unterscheiden. Es sind also wieder zu betrachten die beiden Fälle :

1.) b=c

$$\langle\hat{a}_i\Phi_c|\hat{a}_j\Phi_c\rangle = \begin{cases} o & \text{für } i\neq j \\ \langle\Phi_c|\hat{a}_i^+\hat{a}_i|\Phi_c\rangle = n_i\cdot\langle\Phi_c|\Phi_c\rangle = n_i & \text{für } i=j \end{cases} ,$$

also : $$\langle\Phi_c|\hat{H}_o|\Phi_c\rangle = \sum_{i=1}^{\infty} n_i\cdot\langle i|\hat{h}|i\rangle = \sum_{i=1}^{N} \langle c_i|\hat{h}|c_i\rangle \quad .$$

2.) $b_k \notin c$ und $c_\ell \notin b$

Es gilt $$\langle\hat{a}_i\Phi_b|\hat{a}_j\Phi_c\rangle = \begin{cases} \pm 1 & \text{falls } i=b_k \text{ und } j=c_\ell \\ o & \text{sonst} \end{cases}$$

wobei das Vorzeichen genau dem obigen $\text{sign}(P_o)$ entspricht, so daß wir erhalten :

$$\langle\Phi_b|\hat{H}_o|\Phi_c\rangle = \text{sign}(P_o)\cdot\langle b_k|\hat{h}|c_\ell\rangle \quad .$$

Damit ist die Behauptung für Einteilchen-Operatoren bewiesen.

Für Zweiteilchen-Operatoren wird die Rechnung (besonders in erster Quantisierung) ziemlich lang. Im Detail erhält man:

1.) b=c : $<\Phi_c|\hat{V}|\Phi_c> = \frac{1}{2} \cdot \sum_{i,j=1}^{N} (<c_i c_j|\hat{v}|c_i c_j> - <c_i c_j|\hat{v}|c_j c_i>)$

(2.8)

2.) $b_k \neq c_k$ für ein k , aber $b_s = c_s$ für $s \neq k$:

$$<\Phi_b|\hat{V}|\Phi_c> = \sum_{i=1}^{N} (<c_i b_k|\hat{v}|c_i c_k> - <b_k c_i|\hat{v}|c_i c_k>)$$

3.) $b_k \neq c_k$ und $b_\ell \neq c_\ell$ für ein k und ein ℓ ,
aber $b_s = c_s$ für $s \neq k, \ell$:

$$<\Phi_b|\hat{V}|\Phi_c> = (<b_k b_\ell|\hat{v}|c_k c_\ell> - <b_\ell b_k|\hat{v}|c_k c_\ell>)$$

4.) Unterscheiden sich die Slater-Determinanten Φ_b und Φ_c um drei oder mehr Indizes, so verschwindet das Matrixelement :

$$<\Phi_b|\hat{V}|\Phi_c> = 0 \quad .$$

Zu 2.) und 3.) ist zu bemerken, daß sich höchstens das Gesamtvorzeichen ändert, wenn die unterschiedlichen Orbitale nicht in derselben Zeile der Determinante stehen.

Der Nachweis dafür, daß die Matrixelemente der Zweiteilchen-Operatoren in erster und zweiter Quantisierung gleich sind, soll hier nicht erbracht werden. Die Rechnung verläuft ähnlich wie bei Einteilchen-Operatoren. Exemplarisch zeigen wir hier nur die Relation 1.) mit zweiter Quantisierung, da wir diese Gleichung später noch benutzen werden :

$$<\Phi_c|\hat{V}|\Phi_c> = \frac{1}{2} \cdot \sum_{ijk\ell=1}^{\infty} <ij|\hat{v}|k\ell><\Phi_c|\hat{a}_i^+ \hat{a}_j^+ \hat{a}_\ell \hat{a}_k|\Phi_c> \quad .$$

Das zweite Matrixelement ist nur dann von Null verschieden, wenn gilt

$$\hat{a}_i^+ \, \hat{a}_j^+ \, \hat{a}_\ell \, \hat{a}_k \, |\Phi_c> = \pm|\Phi_c> \quad .$$

Hieraus folgt, daß entweder gilt 1.) $k=j$ und $\ell=i$

oder 2.) $k=i$ und $\ell=j$.

In diesen Fällen erhalten wir mit Hilfe der Antivertauschungsrelationen (2.3):

1.) $\hat{a}_i^+\hat{a}_j^+\hat{a}_\ell\hat{a}_k|\Phi_c\rangle = \hat{a}_i^+\hat{a}_j^+\hat{a}_i\hat{a}_j|\Phi_c\rangle =$

$$= \delta_{ij}\cdot\hat{a}_i^+\hat{a}_i|\Phi_c\rangle - \hat{a}_i^+\hat{a}_i\hat{a}_j^+\hat{a}_j|\Phi_c\rangle = \delta_{ij}\cdot n_i|\Phi_c\rangle - n_i\cdot n_j\cdot|\Phi_c\rangle$$

2.) $\hat{a}_i^+\hat{a}_j^+\hat{a}_\ell\hat{a}_k|\Phi_c\rangle = \hat{a}_i^+\hat{a}_j^+\hat{a}_j\hat{a}_i|\Phi_c\rangle = -\hat{a}_i^+\hat{a}_j^+\hat{a}_i\hat{a}_j|\Phi_c\rangle$

$$= -\delta_{ij}\hat{a}_i^+\hat{a}_i|\Phi_c\rangle + \hat{a}_i^+\hat{a}_i\hat{a}_j^+\hat{a}_j|\Phi_c\rangle = -\delta_{ij}n_i|\Phi_c\rangle + n_i\cdot n_j|\Phi_c\rangle ,$$

also insgesamt :

$$\langle\Phi_c|\hat{V}|\Phi_c\rangle = \frac{1}{2}\cdot\sum_{i,j=1}^{\infty} n_i\cdot n_j\cdot(\ \langle ij|\hat{v}|ij\rangle - \langle ij|\hat{v}|ji\rangle\ )$$

$$= \frac{1}{2}\cdot\sum_{i,j=1}^{N}(\ \langle c_i c_j|\hat{v}|c_i c_j\rangle - \langle c_i c_j|\hat{v}|c_j c_i\rangle\ ) .$$

Wir haben gesehen, daß die sogenannte zweite Quantisierung in dem hier gesteckten Rahmen nichts anderes ist als eine alternative Formulierung der Quantenmechanik, die zur üblichen Formulierung völlig äquivalent ist. Allerdings stellt die zweite Quantisierung - wie bereits erwähnt - ein Werkzeug dar, das auch Prozesse wie etwa die Erzeugung und Vernichtung von Teilchen zu beschreiben erlaubt, die man nicht auf der Basis der Schrödingergleichung, sondern nur im Rahmen von Quantenfeldtheorien diskutieren kann.

3. Zweite Quantisierung für Bosonen

Die zweite Quantisierung für Bosonen verläuft völlig parallel zu jener für Fermionen: Man definiert die Wirkung von Vernichtungs- und Erzeugungs-Operatoren auf dem vollständigen System von symmetrisierten Funktionen

$$\Phi_c(x_1,\ldots,x_N) = \frac{1}{\sqrt{N!}}\,\frac{1}{\sqrt{\prod_{k=1}^{\infty} n_k^{(c)}!}} \sum_{P\in S_N} P\left[\varphi_{c_1}(x_1)\cdot\ldots\cdot\varphi_{c_N}(x_N)\right] \quad . \tag{3.1}$$

Diese Zustände charakterisieren wir in der Dirac-Schreibweise wieder durch Besetzungszahlen n_i , welche besagen, daß der Zustand i in $(c_1\ldots c_N)$ genau n_i-mal vorkommt :

$$|c\rangle \;=\; |c_1\ldots c_N\rangle \;=:\; |n_1 n_2 n_3\ldots\rangle$$

mit der Ort-Spin-Darstellung: $\langle x_1..x_N|n_1..\rangle = \Phi_c(x_1..x_N)$.

Gegenüber den Fermionenfunktionen fällt jetzt allerdings die Beschränkung auf die Besetzungszahlen 0 und 1 weg.

Erinnern wir uns zunächst noch einmal an die Definition der Fermionen-Erzeugungs- und Vernichtungs-Operatoren :

$$\hat{a}_k\,|\ldots n_k\ldots\rangle := \theta_k\cdot n_k\cdot|\ldots,(n_k-1),\ldots\rangle$$

$$\hat{a}_k^+\,|\ldots n_k\ldots\rangle = \begin{cases}\theta_k\cdot(n_k+1)\cdot|\ldots,(n_k+1),\ldots\rangle & \text{falls } n_k=0\\ 0 & \text{falls } n_k=1\end{cases} \quad .$$

Lassen wir hierin das Vorzeichen θ_k sowie die Beschränkung auf Besetzungszahlen ≤ 1 weg, so erhalten wir praktisch schon die Definition der Bosonen-Operatoren.

Explizit lauten diese :

$$\hat{b}_k \;|\ldots,n_k,\ldots\rangle := \sqrt{n_k}\cdot|\ldots,(n_k-1),\ldots\rangle$$

$$\hat{b}_k^+ \;|\ldots,n_k,\ldots\rangle = \sqrt{n_k+1}\cdot|\ldots,(n_k+1),\ldots\rangle \quad .$$

Die Definition mit der Quadratwurzel (die wir bei den Fermionen-Operatoren $\hat{a}_k$ und $\hat{a}_k^+$ ohne Änderung der Wirkung auch hätten hinzufügen können) ist gerade so gewählt, daß der Teilchenzahloperator wie bei Fermionen eingeführt werden kann durch

$$\hat{N} := \sum_{k=1}^{\infty} \hat{b}_k^+ \hat{b}_k \quad , \tag{3.2}$$

denn es gilt

$$\hat{b}_k^+ \hat{b}_k \;|\ldots n_k\ldots\rangle = \sqrt{n_k}\cdot\hat{b}_k^+ \;|\ldots(n_k-1)\ldots\rangle = n_k\cdot|\ldots n_k\ldots\rangle \quad .$$

Durch Anwendung der Erzeugungs-Operatoren auf das Vakuum können wir alle Basisfunktionen vom Typ (3.1) generieren:

$$|n_1 n_2 n_3\ldots\rangle = \prod_{k=1}^{\infty} \frac{(\hat{b}_k^+)^{n_k}}{\sqrt{n_k!}} \;|o\rangle \quad .$$

Man kann sich weiterhin davon überzeugen, daß $\hat{b}_k$ und $\hat{b}_k^+$ zueinander adjungiert sind und daß die folgenden Vertauschungsrelationen gelten :

$$\left[\hat{b}_\ell,\hat{b}_k\right] = 0$$

$$\left[\hat{b}_\ell^+,\hat{b}_k^+\right] = 0$$

$$\left[\hat{b}_\ell,\hat{b}_k^+\right] = \delta_{\ell,k} \quad . \tag{3.3}$$

Die Darstellung von Einteilchen- und Zweiteilchen-Operatoren ist für Bosonen identisch mit jener für Fermionen :

$$\hat{H}_o = \sum_{i=1}^{N} \hat{h}(x_i) = \sum_{i,j=1}^{\infty} \langle i|\hat{h}|j\rangle \, \hat{b}_i^+ \, \hat{b}_j \tag{3.4}$$

und

$$\hat{V} = \frac{1}{2} \cdot \sum_{\substack{i,j=1 \\ i \neq j}}^{N} \hat{v}(x_i, x_j) = \frac{1}{2} \cdot \sum_{ijk\ell=1}^{\infty} \langle ij|\hat{v}|kl\rangle \, \hat{b}_i^+ \, \hat{b}_j^+ \, \hat{b}_\ell \, \hat{b}_k \, . \tag{3.5}$$

4. UNITÄRE TRANSFORMATIONEN UND FELDOPERATOREN

Bei allen bisherigen Überlegungen wurde stets eine feste Orthonormalbasis von Einteilchenfunktionen $\{\varphi_k(x)\}$ zugrunde gelegt. Im folgenden werden wir untersuchen, was geschieht, wenn man zu einer zweiten Orthonormalbasis $\{\chi_k(x)\}$ übergeht.

Als erstes entwickeln wir die alten Basisfunktionen nach den neuen :

$$\varphi_k(x) = \sum_j D_{kj} \cdot \chi_j(x) \quad . \tag{4.1}$$

Da es sich um Orthonormalbasen handelt, muß die Transformation D unitär sein

$$D^+ \cdot D = 1 = D \cdot D^+ \quad .$$

Die Umkehrtransformation lautet dann :

$$\chi_k(x) = \sum_j (D^+)_{kj} \cdot \varphi_j(x) = \sum_j D^*_{jk} \cdot \varphi_j(x) \quad . \tag{4.2}$$

Die Wellenfunktion $\varphi_k(x)$ ist aber gerade die x-Darstellung des abstrakten Hilbertraumvektors $\hat{a}^+_k|o\rangle$, d.h. es gilt

$$\langle x|\hat{a}^+_k|o\rangle = \varphi_k(x) = \sum_j D_{kj} \cdot \chi_j(x)$$

$$=: \sum_j D_{kj} \cdot \langle x|c^+_j|o\rangle = \langle x|\sum_j D_{kj} c^+_j|o\rangle \quad .$$

Fassen wir nun die neuen Basisfunktionen $\chi_j(x)$ als x-Darstellung von Hilbertraumvektoren $\hat{c}^+_j|o\rangle$ auf, d.h. die Operatoren $\hat{c}^+_j$ sollen bezüglich der Basis $\{\chi_j(x)\}$ so wirken wie die $\hat{a}^+_j$ bezüglich der Basis $\{\varphi_k(x)\}$, so muß für die neuen Erzeugungs-Operatoren gelten :

$$\hat{a}^+_k = \sum_j D_{kj} \hat{c}^+_j \quad . \tag{4.3}$$

Entsprechend lautet die Umkehrung :

$$\hat{c}_k^+ = \sum_j D_{jk}^* \hat{a}_j^+ \quad . \qquad (4.4)$$

Der Übergang zu einer neuen Einteilchenbasis entspricht also einer unitären Transformation der Erzeugungs-Operatoren. Solche unitären Transformationen werden in späteren Kapiteln eine äußerst wichtige Rolle spielen.

Definieren wir den zu $\hat{c}_j^+$ gehörenden Vernichtungs-Operator als den zu $\hat{c}_j^+$ adjungierten Operator

$$\hat{c}_j := (\hat{c}_j^+)^+ \quad ,$$

so können wir sofort eine Relation zu den Vernichtungs-Operatoren $\hat{a}_k$ herstellen :

$$\langle\Psi|\hat{a}_k|\Phi\rangle = \langle\Phi|\hat{a}_k{}^+|\Psi\rangle^* = \langle\Phi|\sum_j D_{kj}\hat{c}_j{}^+|\Psi\rangle^* = \langle \sum_j D_{kj}\hat{c}_j{}^+\Psi|\Phi\rangle$$

$$= \sum_{jj} D_{kj}^* \cdot \langle\hat{c}_j{}^+\Psi|\Phi\rangle = \sum_j D_{kj}^* \langle\Psi|\hat{c}_j|\Phi\rangle \quad (\text{da } (\hat{c}_j^+)^+ = \hat{c}_j)$$

$$= \langle\Psi| \sum_j D_{kj}^* \hat{c}_j |\Phi\rangle \quad ,$$

also :

$$\hat{a}_k = \sum_j D_{kj}^* \hat{c}_j \quad . \qquad (4.5)$$

Die Umkehrung ergibt sich aus

$$\sum_k D_{ki} \hat{a}_k = \sum_j \underbrace{\sum_k D_{ki} \cdot D_{kj}^*}_{= \delta_{ij}} \hat{c}_j = \hat{c}_i \quad . \qquad (4.6)$$

Die Transformation zwischen den Vernichtungs-Operatoren $\hat{a}_k$ und $\hat{c}_k$ ist somit natürlich wieder unitär; sie entspricht gerade der transponierten Erzeuger-Transformation.

Von entscheidender Wichtigkeit ist die Tatsache, daß die unitär transformierten Erzeugungs- und Vernichtungs-Operatoren dieselben Vertauschungsrelationen erfüllen wie die ursprünglichen Operatoren. Zum Beispiel folgt aus

$$\left[\hat{a}_\ell, \hat{a}_k^+\right] = \delta_{\ell,k} \quad ,$$

daß auch gilt :

$$\left[\hat{c}_\ell, \hat{c}_k^+\right] = \sum_i \sum_j D_{i\ell} \cdot D_{jk}^* \cdot \underbrace{\left[\hat{a}_i, \hat{a}_j^+\right]}_{= \delta_{ij}} = \sum_j D_{j\ell} \cdot D_{jk}^* = \delta_{\ell,k} \quad .$$

Ferner bleibt die Darstellung von Operatoren formal identisch, so gilt etwa :

$$\hat{H}_o = \sum_i \sum_j \langle i|\hat{h}|j\rangle\, \hat{a}_i^+\, \hat{a}_j$$

$$= \sum_i \sum_j \langle i|\hat{h}|j\rangle \cdot \sum_k D_{ik}\, \hat{c}_k^+ \cdot \sum_\ell D_{j\ell}^*\, \hat{c}_\ell$$

$$= \sum_k \sum_\ell \underbrace{\sum_i D_{ik} \langle i|}_{= \langle k|}\, \hat{h}\, \underbrace{\sum_j D_{j\ell}^* |j\rangle}_{= |\ell\rangle}\, \hat{c}_k^+\, \hat{c}_\ell \qquad \text{(mit Gleichung (4.2))}$$

$$= \sum_k \sum_\ell \langle k|\hat{h}|\ell\rangle\, \hat{c}_k^+\, \hat{c}_\ell \quad .$$

Wir wollen nun ein spezielles Beispiel für eine solche Basistransformation betrachten: Als neue Basis wählen wir Eigenfunktionen des x-Operators in x-Darstellung (zur Erinnerung: $x=(\underline{r},s)$=(Ort,Spin)), also Deltafunktionen :

$$\chi_k(y) \quad \text{entspricht} \quad \delta(x-y) \quad .$$

Dem Index k entspricht hier also die kontinuierliche Variable x. Die Funktionen $\delta(x-y)$ bilden ein sehr anschauliches System von Einteilchen-Orbitalen: es werden offensichtlich Teilchen beschrieben, die am (Ort-Spin-) Punkt x lokalisiert sind, denn die Aufenthaltswahrscheinlichkeit verschwindet für alle anderen Punkte $y \neq x$. Das System von Deltafunktionen bildet offenbar eine Basis, denn man kann jede beliebige Einteilchenfunktion nach Deltafunktionen 'entwickeln' :

$$f(y) = \int f(x) \cdot \delta(x-y)\, dx \quad .$$

Außerdem sind die Deltafunktionen untereinander orthogonal :

$$\int \delta(x-y) \cdot \delta(z-y)\, dy = \delta(x-z) \quad .$$

Allerdings sind sie nicht im üblichen Sinn normierbar, was aber im gegebenen Zusammenhang nicht zu Problemen führt.

Die obige Basistransformation

$$\varphi_j(y) = \sum_k D_{jk} \cdot \chi_k(y)$$

nimmt jetzt folgende Gestalt an :

$$\varphi_j(y) = \int dx\ \varphi_j(x) \cdot \delta(x-y) \quad .$$

Es übernimmt die Variable x wiederum nur die Rolle des Index k.

Die korrespondierende Transformation zu den neuen Erzeugungs-Operatoren

$$\hat{c}_k^{\,+} = \sum_j D_{jk}^{*} \cdot \hat{a}_j^{+}$$

lautet somit :

$$\hat{\psi}^{+}(x) = \sum_j \varphi_j^{*}(x)\ \hat{a}_j^{+} \quad , \qquad (4.7)$$

und für die Vernichtungs-Operatoren gilt

$$\hat{\psi}(x) = \sum_j \varphi_j(x)\ \hat{a}_j \quad . \qquad (4.8)$$

Die Operatoren $\hat{\psi}^{+}(x)$ und $\hat{\psi}(x)$ werden traditionell als Feldoperatoren bezeichnet. Wesentlich ist, daß sie dieselben Vertauschungsrelationen erfüllen, wie die ursprünglichen $\hat{a}_i^{\,+}$, $\hat{a}_i$ bzw. $\hat{b}_i^{\,+}$, $\hat{b}_i$; also

für Fermionen
$$\{ \hat{\psi}(x), \hat{\psi}(x') \} = 0$$
$$\{ \hat{\psi}^+(x), \hat{\psi}^+(x') \} = 0$$
$$\{ \hat{\psi}(x), \hat{\psi}^+(x') \} = \delta(x-x') , \qquad (4.9)$$

und

für Bosonen
$$[\hat{\psi}(x), \hat{\psi}(x')] = 0$$
$$[\hat{\psi}^+(x), \hat{\psi}^+(x')] = 0$$
$$[\hat{\psi}(x), \hat{\psi}^+(x')] = \delta(x-x') . \qquad (4.10)$$

Die Darstellung von Einteilchen- und Zweiteilchen-Operatoren durch die Feldoperatoren lautet gemäß Gleichung (2.5) und (2.6) bzw. (3.4) und (3.5) für Fermionen und Bosonen gleichermaßen :

$$\hat{H}_o = \int dx \; \hat{\psi}^+(x) \; h(x) \; \hat{\psi}(x) \qquad (4.11)$$

$$\hat{V} = \frac{1}{2} \cdot \iint dx \, dx' \; \hat{\psi}^+(x) \; \hat{\psi}^+(x') \; v(x,x') \; \hat{\psi}(x') \; \hat{\psi}(x) \qquad (4.12)$$

Zum Abschluß wollen wir nun noch die anschauliche Interpretation der Feldoperatoren diskutieren: Der Operator $\hat{a}_i^+$ erzeugt ein Teilchen im Zustand φ_i, der durch den Quantenzahlensatz mit Nummer i charakterisiert ist. In gleicher Weise erzeugt der Operator $\hat{\psi}^+(x)$ ein Teilchen, das am Punkt x lokalisiert ist. Die Ort-Spin-Darstellung des Zustandes $\hat{\psi}^+(x)|o\rangle$ muß also wieder eine auf x zentrierte Deltafunktion ergeben, falls der ganze Formalismus konsistent ist.

Diesen Konsistenztest wollen wir noch kurz durchrechnen :

$$\hat{\psi}^+(x) \; |o\rangle = \sum_i \varphi_i^*(x) \; \hat{c}_i^+ \; |o\rangle = \sum_i \varphi_i^*(x) \; |0_1 \ldots 1_i 0_{i+1} \ldots\rangle \quad ,$$

also
$$\langle y|\hat{\psi}^+(x)|o\rangle = \sum_i \varphi_i^*(x) \; \langle y|0_1 \ldots 1_i 0_{i+1} \ldots\rangle$$
$$= \sum_i \varphi_i^*(x) \; \varphi_i(y) = \delta(x-y) \qquad \text{q.e.d.}$$

5. Ein Beispiel: Der Hamilton-Operator translationsinvarianter Systeme in zweiter Quantisierung

Der Hamilton-Operator eines wechselwirkenden Vielteilchensystems, für das wir der Einfachheit halber spinunabhängige Potentiale voraussetzen wollen, lautet in erster Quantisierung

$$\hat{H} = \hat{T} + \hat{U} + \hat{V}$$

$$= \sum_{i=1}^{N} \frac{\hat{p}_i^2}{2m} + \sum_{i=1}^{N} u(\underline{r}_i) + \frac{1}{2} \cdot \sum_{\substack{i,j=1 \\ i \neq j}}^{N} v(\underline{r}_i, \underline{r}_j) \quad .$$

Für translationsinvariante Systeme muß das äußere Potential konstant sein

$$u(\underline{r}) = u = \text{const} \quad ,$$

und die Teilchen-Teilchen-Wechselwirkung darf nur vom Relativabstand der Teilchen abhängen

$$v(\underline{r}, \underline{r}') = v(\underline{r} - \underline{r}') \quad .$$

Translationsinvariante Systeme sind zwangsläufig unendlich ausgedehnt. Diese Idealisierung bedeutet, daß wir Systeme betrachten, für die man Oberflächeneffekte vernachlässigen kann.

Will man den Hamilton-Operator für ein translationsinvariantes System in zweiter Quantisierung darstellen, so stellt sich als erstes die Frage nach einer geeigneten Einteilchen-Basis. Hierzu betrachtet man das Problem zunächst auf einem großen Würfel der Kantenlänge L.# Um der Translationsinvarianz Rechnung zu tragen, fordert man

Ganz am Ende der Rechnung (siehe z.B. Kapitel 9) führt man dann den sogenannten thermodynamischen Limes $N \to \infty$, $\Omega \to \infty$ mit $N/\Omega = \text{const}$ durch.

periodische Randbedingungen bezüglich der Flächen des Würfels. Löst man die Einteilchen-Schrödingergleichung ohne äußeres Potential mit solchen Randbedingungen, so erhält man als Eigenfunktionen ein geeignetes Funktionensystem, nämlich

$$\text{ebene Wellen} \quad \varphi_{\underline{k}\sigma}(x) = \frac{1}{\sqrt{\Omega}} \cdot e^{i\underline{k}\cdot\underline{r}} \cdot \chi_\sigma(s) \tag{5.1}$$

zu den diskreten Impulswerten $\underline{k} = \frac{2\pi}{L}(n_x\underline{e}_x + n_y\underline{e}_y + n_z\underline{e}_z)$, wobei n_x, n_y, n_z beliebige ganze Zahlen und $\underline{e}_x, \underline{e}_y, \underline{e}_z$ die Einheitsvektoren in x,y,z-Richtung sind. $\Omega := L^3$ steht für das Volumen des Würfels. Für Fermionen mit Spin 1/2 (auf solche Systeme werden wir uns im folgenden beschränken) bezeichnet $\chi_\sigma(s)$ die üblichen Pauli-Spinoren:

$$\chi_+(s) = \begin{cases} 1 & \text{für } s = +1/2 \\ 0 & \text{für } s = -1/2 \end{cases} ,$$

$$\chi_-(s) = \begin{cases} 0 & \text{für } s = +1/2 \\ 1 & \text{für } s = -1/2 \end{cases} . \tag{5.2}$$

(Die Darstellung von $\chi_\sigma(s)$ als Funktion der zweiwertigen Variablen $s = \pm 1/2$ ist zur traditionellen Schreibweise in Form von Zweiervektoren $\chi_+ = \binom{1}{0}$, $\chi_- = \binom{0}{1}$ äquivalent.)

Die abzählbar unendlich vielen Funktionen (5.1) bilden offensichtlich ein Orthonormalsystem

$$\int_\Omega \varphi^*_{\underline{k}'\sigma'}(x) \cdot \varphi_{\underline{k}\sigma}(x)\, dx = \frac{1}{\Omega} \cdot \int_\Omega e^{i(\underline{k}-\underline{k}')\cdot\underline{r}}\, d^3r \cdot \sum_s \chi^*_\sigma(s)\chi_{\sigma'}(s)$$
$$= \delta_{\underline{k},\underline{k}'} \cdot \delta_{\sigma,\sigma'} = \delta_{n_x n'_x} \cdot \delta_{n_y n'_y} \cdot \delta_{n_z n'_z} \cdot \delta_{\sigma,\sigma'} .$$

Nach dem Satz über Fourier-Reihen ist das System $\{\varphi_{\underline{k}\sigma}\}$ vollständig in dem Raum der bezüglich des Würfels periodischen, quadratintegrablen Funktionen. Uns interessieren hier zwar nur Funktionen, die auf dem Gebiet des Würfels selbst definiert sind, aber dort gilt die Vollständigkeit natürlich erst recht.

Nach Gleichung (2.5) lautet die Darstellung des Operators der kinetischen Energie in zweiter Quantisierung bezüglich der Einteilchen-Basis (5.1) :

$$\hat{T} = \sum_{(\underline{k},\sigma)} \sum_{(\underline{k}'\sigma')} \langle\underline{k}'\sigma'|\frac{\hat{\underline{p}}^2}{2m}|\underline{k}\sigma\rangle \, \hat{a}^+_{\underline{k}'\sigma'} \, \hat{a}_{\underline{k}\sigma} \quad .$$

Für die Matrixelemente ergibt sich

$$\langle\underline{k}'\sigma'|\frac{\hat{\underline{p}}^2}{2m}|\underline{k}\sigma\rangle = \sum_{s} \int_{\Omega} d^3r \, \frac{1}{\sqrt{\Omega}} \cdot e^{-i\,\underline{k}'\cdot\underline{r}} \cdot \chi^*_{\sigma'}(s) \cdot \left(-\frac{\hbar^2\Delta}{2m}\right) \frac{1}{\sqrt{\Omega}} \cdot e^{i\,\underline{k}\cdot\underline{r}} \cdot \chi_\sigma(s)$$

$$= \frac{\hbar^2 k^2}{2m} \cdot \frac{1}{\Omega} \cdot \int_{\Omega} d^3r \; e^{i\,(\underline{k}-\underline{k}')\cdot\underline{r}} \cdot \sum_{s} \chi^*_{\sigma'}(s) \cdot \chi_\sigma(s)$$

$$= \frac{\hbar^2 k^2}{2m} \cdot \delta_{\underline{k},\underline{k}'} \cdot \delta_{\sigma,\sigma'} \quad .$$

Somit erhält man insgesamt

$$\hat{T} = \sum_{\underline{k}\sigma} \frac{\hbar^2 k^2}{2m} \, \hat{a}^+_{\underline{k}\sigma} \, \hat{a}_{\underline{k}\sigma} \quad . \tag{5.3}$$

In gleicher Weise ergibt sich für das (konstante) äußere Potential die Darstellung

$$\hat{U} = \sum_{\underline{k}\sigma} u \cdot \hat{a}^+_{\underline{k}\sigma} \cdot \hat{a}_{\underline{k}\sigma} = u \cdot \hat{N} \quad .$$

Zur Berechnung des Wechselwirkungsterms entwickeln wir das Teilchen-Teilchen-Potential in eine Fourier-Reihe

$$v(\underline{r}-\underline{r}') = \frac{1}{\Omega}\cdot\sum_{\underline{q}} v_{\underline{q}}\cdot e^{i\underline{q}\cdot(\underline{r}-\underline{r}')} \tag{5.4}$$

mit den Komponenten

$$v_{\underline{q}} = \int_{\Omega} d^3r\; v(\underline{r})\cdot e^{-i\underline{q}\cdot\underline{r}} \quad . \tag{5.5}$$

Dann gilt

$$\hat{V} = \frac{1}{2}\cdot \sum_{\substack{i,j=1\\ i\neq j}}^{N} v(\underline{r}_i-\underline{r}_j) = \frac{1}{2\Omega}\sum_{\underline{q}} v_{\underline{q}}\cdot \sum_{\substack{i,j=1\\ i\neq j}}^{N} e^{i\underline{q}\cdot(\underline{r}_i-\underline{r}_j)} \quad ,$$

und die Darstellung in zweiter Quantisierung lautet nach Gleichung (2.6)

$$\hat{V} = \frac{1}{2\Omega}\sum_{\underline{q}} v_{\underline{q}}\cdot \sum\sum\sum\sum_{\substack{(\underline{k}_1\sigma_1),(\underline{k}_2\sigma_2)\\ (\underline{k}_3\sigma_3),(\underline{k}_4\sigma_4)}} \langle(\underline{k}_1\sigma_1)(\underline{k}_2\sigma_2)|e^{i\underline{q}\cdot(\underline{r}-\underline{r}')}|(\underline{k}_3\sigma_3)(\underline{k}_4\sigma_4)\rangle \cdot \hat{a}^+_{\underline{k}_1\sigma_1}\cdot\hat{a}^+_{\underline{k}_2\sigma_2}\cdot\hat{a}_{\underline{k}_4\sigma_4}\cdot\hat{a}_{\underline{k}_3\sigma_3} \quad .$$

Die Potentialmatrixelemente lauten

$$\langle(\underline{k}_1\sigma_1)(\underline{k}_2\sigma_2)|e^{i\,\underline{q}\cdot(\underline{r}-\underline{r}')}|(\underline{k}_3\sigma_3)(k_4\sigma_4)\rangle$$

$$= \frac{1}{\Omega^2}\int_{\Omega}\int_{\Omega} d^3r\; d^3r'\; \sum_s \chi^*_{\sigma_1}(s)\cdot\chi_{\sigma_3}(s)\cdot e^{i\,\underline{r}\cdot(\underline{k}_3-\underline{k}_1)}\cdot e^{i\,\underline{q}\cdot(\underline{r}-\underline{r}')} \cdot e^{i\,\underline{r}'\cdot(\underline{k}_4-\underline{k}_2)}\cdot\sum_{s'}\chi^*_{\sigma_2}(s')\cdot\chi_{\sigma_4}(s')$$

$$= \delta_{\sigma_1\sigma_3}\cdot\delta_{\sigma_2\sigma_4}\cdot\frac{1}{\Omega}\cdot\int d^3r\; e^{i\left((\underline{k}_3+\underline{q})-\underline{k}_1\right)\cdot\underline{r}}\cdot\frac{1}{\Omega}\int d^3r'\; e^{i\left((\underline{k}_4-\underline{q})-\underline{k}_2\right)\cdot\underline{r}'}$$

$$= \delta_{\sigma_1\sigma_3}\cdot\delta_{\sigma_2\sigma_4}\cdot\delta_{(\underline{k}_3+\underline{q}),\underline{k}_1}\cdot\delta_{(\underline{k}_4-\underline{q}),\underline{k}_2} \quad .$$

Setzen wir dieses Resultat in die Darstellung des Wechselwirkungspotentials ein, so erhalten wir nach Umbenennung der Summationsindizes

$$\sigma:=\sigma_1 \;,\; \sigma':=\sigma_2 \;,\; \underline{k}:=\underline{k}_3 \;,\; \underline{k}':=\underline{k}_4 \quad ,$$

schließlich das Endergebnis

$$\hat{H} = \sum_{(\underline{k}\sigma)} \left(\frac{\hbar^2 k^2}{2m} + u \right) \hat{a}^+_{\underline{k}\sigma} \hat{a}_{\underline{k}\sigma}$$

$$+ \frac{1}{2\Omega} \sum_{\underline{q}} \sum_{(\underline{k}\sigma)} \sum_{(\underline{k}'\sigma')} v_{\underline{q}} \hat{a}^+_{(\underline{k}+\underline{q})\sigma} \hat{a}^+_{(\underline{k}'-\underline{q})\sigma'} \hat{a}_{\underline{k}'\sigma'} \hat{a}_{\underline{k}\sigma} \; . \qquad (5.6)$$

Die Verwendung von ebenen Wellen als Einteilchen-Basis hat also zweierlei Vorteile :

1. Die kinetische Energie ist diagonal.
2. Die Translationsinvarianz des Wechselwirkungspotentials erlaubt eine Fourier-Transformation bezüglich der Differenzkoordinate ($\underline{r}-\underline{r}'$), d.h. es sind nicht zwei getrennte Fourier-Entwicklungen bezüglich $\underline{r}$ und $\underline{r}'$ erforderlich. Dadurch reduziert sich die Anzahl der unabhängigen Summen in der zweitquantisierten Darstellung von $\hat{V}$ auf drei.

Das Ergebnis (5.6) werden wir später bei der Diskussion des homogenen Elektronengases weiterverwenden.

6. DICHTEOPERATOREN

In diesem Kapitel werden wir Operatoren diskutieren, deren Erwartungswert der Teilchendichte entspricht. Betrachten wir zunächst nur ein einziges Teilchen. Dann ist die Wahrscheinlichkeit dafür, das Teilchen bei x im Zustand ν anzutreffen gegeben durch

$$\rho_\nu(x) = \varphi_\nu^*(x) \cdot \varphi_\nu(x) = \langle\nu|x\rangle\langle x|\nu\rangle \quad .$$

Hier bieten sich offensichtlich zwei Möglichkeiten an, einen Dichteoperator zu definieren :

(a) $\hat{\rho}(x) := |x\rangle\langle x|$

Dann ist die Wahrscheinlichkeitsdichte $\rho_\nu(x)$ gerade der Erwartungswert des Operators $\hat{\rho}(x)$ bezüglich des Zustandes $|\nu\rangle$:

$$\langle\nu|\hat{\rho}(x)|\nu\rangle = \langle\nu|x\rangle\langle x|\nu\rangle = \rho_\nu(x) \quad .$$

(b) $\hat{n}_\nu := |\nu\rangle\langle\nu|$

Bei dieser zweiten Definition eines Dichteoperators ergibt sich $\rho_\nu(x)$ als Erwartungswert von n_ν bezüglich der $\hat{x}$ - Eigenfunktion $|x\rangle$:

$$\langle x|\hat{n}_\nu|x\rangle = \langle x|\nu\rangle\langle\nu|x\rangle = \rho_\nu(x) \quad .$$

Die beiden Dichteoperatoren sind keineswegs identisch, wenn auch die Konstruktion formal übereinstimmt : $\hat{\rho}(x)$ ist der Projektor auf $|x\rangle$ und $\hat{n}_\nu$ ist der Projektor auf $|\nu\rangle$, x-Darstellung und ν-Darstellung vertauschen gewissermaßen nur ihre Rolle.

Für spätere Zwecke berechnen wir jetzt noch die x-Darstellung (Ort-Spin-Darstellung) des Operators $\hat{\rho}(x)$:

$$\begin{aligned} \langle x_1' | \hat{\rho}(x) | x_1 \rangle &= \langle x_1' | x \rangle \langle x | x_1 \rangle \\ &= \delta(x_1' - x) \cdot \delta(x - x_1) \\ &= \delta(x_1' - x_1) \cdot \delta(x - x_1) \quad . \end{aligned}$$

$\hat{\rho}(x)$ ist also in der x-Darstellung ein schöner lokaler Multiplikationsoperator. Genauso, wie wir für lokale Potentiale meist nur das Diagonalelement hinschreiben und die δ-Funktion implizieren

$$\hat{v} = v(x_1) \quad ,$$

setzen wir für den Dichteoperator

$$\hat{\rho}(x) = \delta(x - x_1) \quad .$$

Kommen wir nun zur Diskussion von Vielteilchensystemen : Wenn sich das System in einem (symmetrischen oder antimetrischen) Zustand $\Psi(x_1,..,x_n)$ befindet, dann ist die Wahrscheinlichkeitsdichte dafür, bei x ein Teilchen zu finden, gegeben durch

$$\rho_\Psi(x) = N \cdot \int d^{N-1}x \; \Psi^*(x,x_2,..,x_N) \cdot \Psi(x,x_2,..,x_N) \quad . \tag{6.1}$$

Diese Dichte ist vernünftigerweise auf die Teilchenzahl N normiert. Es gibt wiederum zwei Möglichkeiten, einen Dichteoperator zu definieren :

(a) Die konsistente Vielteilchenverallgemeinerung des obigen Operators $\hat{\rho}(x)$ lautet (in x-Darstellung)

$$\hat{\rho}(x) = \sum_{i=1}^{N} \delta(x - x_i) \quad ,$$

d.h. wir haben in der x-Darstellung einen einfachen Multiplikationsoperator. Aus dieser Definition folgt dann

$$\langle \Psi | \hat{\rho}(x) | \Psi \rangle = \int d^N x \; \Psi^*(x_1 \dots x_N) \left(\sum_{i=1}^{N} \delta(x - x_i) \right) \Psi(x_1 \dots x_N)$$

und wegen der vorausgesetzten Antimetrie oder Symmetrie von Ψ

$$= N\cdot\int d^{N-1}x\ \Psi^*(x,x_2,..,x_N)\cdot\Psi(x,x_2,..,x_N)$$

$$= \rho_\Psi(x) \qquad .$$

Im folgenden geben wir noch die Darstellung dieses Operators in zweiter Quantisierung an

$$\hat{\rho}(x) = \sum_{i=1}^{N} \delta(x - x_i) =: \sum_{i=1}^{N} \hat{\sigma}_x(x_i)$$

also

$$\hat{\rho}(x) = \sum_{i,j=1}^{\infty} \langle i|\hat{\sigma}_x|j\rangle\cdot\hat{c}_i^+\hat{c}_j$$

mit
$$\langle i|\sigma_x|j\rangle = \int dy\ \varphi_i^*(y)\cdot\hat{\sigma}_x(y)\cdot\varphi_j(y)$$

$$= \int dy\ \varphi_i^*(y)\cdot\delta(x-y)\cdot\varphi_j(y)$$

$$= \varphi_i^*(x)\cdot\varphi_j(x) \qquad .$$

Somit haben wir

$$\hat{\rho}(x) = \sum_{i,j=1}^{\infty} \varphi_i^*(x)\cdot\varphi_j(x)\ \hat{c}_i^+\ \hat{c}_j = \hat{\psi}^+(x)\ \hat{\psi}(x) \qquad . \tag{6.2}$$

Dieses Endergebnis ist keineswegs erstaunlich, denn im Kapitel über die zweite Quantisierung wurde ja ganz allgemein gezeigt, daß der Operator $(\hat{a}_k^+\cdot\hat{a}_k)$ die Teilchen im Zustand k zählt. Da aber die Feldoperatoren völlig diesen Erzeugungs- und Vernichtungs-Operatoren entsprechen, zählt somit auch der Operator $\hat{\psi}^+(x)\ \hat{\psi}(x)$ die Teilchen im Zustand x, d.h. die Teilchen am Ort $\underline{r}$ mit Spin s. Es ist daher zu erwarten, daß man durch Integration von $\hat{\rho}(x)$ über alle x den früher definierten Operator (2.4) für die Gesamtteilchenzahl erhält:

$$\int\hat{\rho}(x)\ dx = \int\hat{\psi}^+(x)\ \hat{\psi}(x)\ dx = \sum_{i,j=1}^{\infty} \hat{c}_i^+\ \hat{c}_j \underbrace{\int\varphi_i^*(x)\cdot\varphi_j(x)\ dx}_{\delta_{ij}}$$

$$= \sum_{i=1}^{\infty} \hat{c}_i^+ \hat{c}_i = \hat{N} \qquad .$$

(b) Die zweite Möglichkeit, einen Dichteoperator zu definieren, lautet

$$\hat{n}_\Psi = \sum_{k,\ell=1}^{\infty} |k\rangle\, n_{k\ell}\, \langle \ell|$$

$$\text{mit } n_{k\ell} = \langle\Psi|\hat{c}_\ell^+ \hat{c}_k|\Psi\rangle \qquad .$$

Dann gilt

$$\langle x|\hat{n}_\Psi|x\rangle = \sum_{k,\ell=1}^{\infty} \langle x|k\rangle \cdot n_{k\ell} \cdot \langle \ell|x\rangle$$

$$= \sum_{k,\ell=1}^{\infty} \varphi_\ell^*(x) \cdot \varphi_k(x) \cdot \langle\Psi|\hat{c}_\ell^+ \hat{c}_k|\Psi\rangle$$

$$= \langle\Psi|\hat{\rho}(x)|\Psi\rangle = \rho_\Psi(x) \qquad .$$

Während beim Einteilchenfall ν- und x-Darstellung gleichwertig waren, ist im Vielteilchenproblem die Korrespondenz zwischen $\hat{\rho}(x)$ und $\hat{n}_\Psi$ offenbar nicht mehr so einfach. Insbesondere ist $\hat{\rho}(x)$ ein Operator im Vielteilchen-Hilbertraum, während $\hat{n}_\Psi$ im Einteilchen-Hilbertraum wirkt. Die Spur von $\hat{n}_\Psi$ ist dabei gerade die Teilchenzahl, wie man in der x-Darstellung sofort verifiziert :

$$Sp(n_\Psi) = \int dx\, \langle x|n_\Psi|x\rangle = \int dx\, \rho_\Psi(x) = N \qquad .$$

Die obigen Zahlen $n_{k\ell}$ sind offenbar gerade die Matrixelemente des Operators $\hat{n}_\Psi$ bezüglich der zugrundeliegenden Einteilchenbasis

$$\langle i|\hat{n}_\Psi|j\rangle = \sum_{k,\ell=1}^{\infty} \underbrace{\langle i|k\rangle}_{=\delta_{ik}} n_{k\ell} \underbrace{\langle \ell|j\rangle}_{=\delta_{\ell j}} = n_{ij} \qquad .$$

Die Matrix $n_{k\ell}$ ist ferner hermitesch, denn

$$n_{k\ell}^* = \langle\Psi|\hat{c}_\ell^+ \hat{c}_k|\Psi\rangle^*$$

$$= \langle\Psi|(\hat{c}_\ell^+ \hat{c}_k)^+|\Psi\rangle$$

$$= \langle\Psi|\hat{c}_k^+ \hat{c}_\ell|\Psi\rangle = n_{\ell k} \quad .$$

Folglich kann man eine unitäre Transformation D finden, die $(n_{k\ell})$ auf Diagonalgestalt bringt :

$$(D^+ n D)_{k\ell} = n_\ell \cdot \delta_{k\ell} \quad .$$

Die Matrixelemente auf der Diagonalen ergeben sich aus

$$n_\ell = \sum_{kj} (D^+)_{\ell k} n_{kj} D_{j\ell}$$

$$= \sum_{kj} D_{k\ell}^* \cdot D_{j\ell} \cdot \langle\Psi|\hat{c}_j^+ \cdot \hat{c}_k|\Psi\rangle$$

$$= \langle\Psi|(\sum_j D_{j\ell} \hat{c}_j^+) \cdot (\sum_k D_{k\ell}^* \hat{c}_k)|\Psi\rangle \quad .$$

Setzen wir

$$\hat{a}_\ell := \sum_k D_{k\ell}^* \hat{c}_k$$

und

$$\hat{a}_\ell^+ := \sum_j D_{j\ell} \hat{c}_j^+ \quad ,$$

so sind $\hat{a}_\ell^+$ und $\hat{a}_\ell$ zueinander adjungierte Operatoren, und es gilt :

$$n_\ell = \langle\Psi|\hat{a}_\ell^+ \hat{a}_\ell|\Psi\rangle \quad .$$

Hätten wir also von Anfang an die Einteilchenbasis $\langle x|\hat{a}_\ell^+|0\rangle$ zugrunde gelegt, so wäre die Matrix $n_{k\ell}$ von Anbeginn diagonal gewesen und der Operator $\hat{n}_\Psi$ hätte folgende Form angenommen:

$$\hat{n}_\Psi = \sum_{k=1}^{\infty} n_k \, |k\rangle\langle k| \quad . \tag{6.3}$$

In dieser Diagonalform besitzen die Zahlen n_k eine sehr anschauliche Bedeutung : Es ist n_k offenbar die Besetzungswahrscheinlichkeit für das Orbital $|k\rangle$ im Vielteilchenzustand $|\Psi\rangle$.

Mit Hilfe des Operators $\hat{n}_\Psi$ können wir den Erwartungswert eines beliebigen Einteilchen-Operators

$$\hat{F} = \sum_{i,j=1}^{\infty} \langle i|\hat{f}|j\rangle \hat{c}_i^+ \hat{c}_j$$

bezüglich des Vielteilchenzustands Ψ in kompakter Weise als Spur schreiben :

$$\underline{\langle\Psi|\hat{F}|\Psi\rangle} = \sum_{i,j=1}^{\infty} \langle i|\hat{f}|j\rangle \underbrace{\langle\Psi|\hat{c}_i^+\hat{c}_j|\Psi\rangle}_{=n_{ji}}$$

$$= \sum_{i,j=1}^{\infty} \langle i|\hat{f}|j\rangle\langle j|\hat{n}_\Psi|i\rangle = \underline{Sp(\hat{f}\hat{n}_\Psi)} \quad .$$

Zum Abschluß dieses Kapitels betrachten wir noch die <u>Dichtematrix</u>. Sie ist bekanntlich definiert durch :

$$\rho_\Psi(x,x') := N \int \Psi^*(x',x_2,..,x_N)\cdot\Psi(x,x_2,..,x_N)\,d^{N-1}x \quad . \tag{6.4}$$

Auch bei der Dichtematrix kann man zwei verschiedene Operatoren definieren, deren Matrixelemente (6.4) ergeben :

(a) $\hat{\rho}(x,x') := \sum_{i=1}^{N} \delta(x'-x_i')\cdot\delta(x-x_i)$

Der so definierte 'Dichtematrix-Operator' ist nichtlokal in der x-Darstellung; das bedeutet ausführlich

$$\langle x_1 \ldots x_N|\hat{\rho}(x,x')|x_1' \ldots x_N'\rangle$$

$$= \sum_{i=1}^{N} \delta(x_1-x_1')\cdot\delta(x_2-x_2')\cdot\ldots\cdot\left(\delta(x'-x_i')\cdot\delta(x-x_i)\right)'\cdot\ldots\cdot\delta(x_N-x_N') \quad .$$

Hieraus ergibt sich, daß die Dichtematrix der Erwartungswert des Operators $\hat{\rho}(x,x')$ bezüglich des Vielteilchenzustandes $|\Psi\rangle$ ist :

$$\langle\Psi|\hat{\rho}(x,x')|\Psi\rangle$$

$$= \int d^N x \int d^N x' \langle\Psi|x_1'..x_N'\rangle\langle x_1'..x_N'|\hat{\rho}(x,x')|x_1..x_N\rangle\langle x_1..x_N|\Psi\rangle$$

$$= \int d^N x \int d^N x' \Psi^*(x_1'..x_N') \cdot \sum_{i=1}^N \delta(x_1-x_1')\cdot ...$$

$$..\cdot\delta(x'-x_i')\cdot\delta(x-x_i)\cdot ...\cdot\delta(x_N-x_N')\cdot\Psi(x_1..x_N)$$

$$= \sum_{i=1}^N \int d^N x\, \Psi^*(x_1,..,x',x_{i+1},..,x_N)\cdot\delta(x-x_i)\cdot$$

$$\cdot\Psi(x_1,..,x_i,..,x_N)$$

$$= N\cdot\int d^{N-1}x\, \Psi^*(x',x_2,..,x_N)\cdot\Psi(x,x_2,..,x_N)$$

$$= \rho_\Psi(x,x') \quad .$$

Wir leiten nun noch die Darstellung des Dichtematrix-Operators in zweiter Quantisierung her :

$$\hat{\rho}(x,x') = \sum_{i=1}^N \delta(x'-x_i')\cdot\delta(x-x_i) \quad =: \sum_{i=1}^N \langle x_i'|\hat{\sigma}_{x,x'}|x_i\rangle$$

$$= \sum_{i,j=1}^\infty \hat{c}_i^+\hat{c}_j \langle i|\hat{\sigma}_{x,x'}|j\rangle$$

mit $\langle i|\hat{\sigma}_{x,x'}|j\rangle = \int dy \int dy' \langle i|y'\rangle\langle y'|\hat{\sigma}_{x,x'}|y\rangle\langle y|j\rangle$

$$= \int dy \int dy' \varphi_i^*(y')\cdot\delta(x'-y')\cdot\delta(x-y)\cdot\varphi_j(y)$$

$$= \varphi_i^*(x')\cdot\varphi_j(x) \quad ,$$

also

$$\hat{\rho}(x,x') = \sum_{i,j=1}^\infty \hat{c}_i^+\hat{c}_j\cdot\varphi_i^*(x')\cdot\varphi_j(x) = \hat{\psi}^+(x')\hat{\psi}(x) \quad . \quad (6.5)$$

(b) Bei der zweiten Darstellungsmöglichkeit der Dichtematrix verwenden wir den oben definierten Operator $\hat{n}_\Psi$ und bilden ein (nichtdiagonales) Matrixelement in der x-Darstellung:

$$\begin{aligned}
\langle x|\hat{n}_\Psi|x'\rangle &= \sum_{k,\ell=1}^{\infty} \langle x|k\rangle \cdot n_{k\ell} \cdot \langle \ell|x'\rangle \\
&= \sum_{k,\ell=1}^{\infty} \varphi_\ell^*(x') \cdot \varphi_k(x) \cdot \langle\Psi|\hat{c}_\ell^+ \hat{c}_k|\Psi\rangle \\
&= \langle\Psi|\hat{\rho}(x,x')|\Psi\rangle = \rho_\Psi(x,x') \quad .
\end{aligned}$$

Wir beweisen nun noch eine wichtige Aussage über den Dichteoperator $\hat{n}_\Psi$: Es sei Ψ eine Fermionen-Wellenfunktion. Dann gilt:

$$\hat{n}_\Psi^2 = \hat{n}_\Psi \quad \Longleftrightarrow \quad \Psi \text{ ist Slater-Determinante} .$$

Beweis: "=>" Wir gehen aus von einer Einteilchen-Basis, in der die Matrix $(n_{k\ell})$ diagonal ist.

$$\begin{aligned}
\hat{n}_\Psi^2 &= \sum_{k=1}^{\infty} \sum_{\ell=1}^{\infty} n_\ell \cdot |\ell\rangle \underbrace{\langle\ell|k\rangle}_{=\delta_{\ell k}} \langle k| \cdot n_k \\
&= \sum_{k=1}^{\infty} n_k^2 \cdot |k\rangle\langle k| = \sum_{k=1}^{\infty} n_k \cdot |k\rangle\langle k|
\end{aligned}$$

also $n_k^2 = n_k$ und somit n_k ist 0 oder 1

d.h. Ψ ist Slater-Determinante

"<=" Sei $|\Psi\rangle = \hat{a}_1^+ \hat{a}_2^+ \dots \hat{a}_N^+|0\rangle$

also

$$n_{k\ell} = \langle\Psi|\hat{a}_\ell^+ \hat{a}_k|\Psi\rangle = \begin{cases} 0 : k \neq \ell \\ n_k : k = \ell \end{cases}$$

$$\text{mit} \quad n_k = \begin{cases} 1 : k \leqslant N \\ 0 : k > N \end{cases}$$

und somit $\hat{n}_\Psi = \sum_{k=1}^{\infty} n_k \cdot |k\rangle\langle k| = \sum_{k=1}^{N} |k\rangle\langle k|$ und $\hat{n}_\Psi^2 = \hat{n}_\Psi$.

Für eine Slater-Determinante hat also die Dichtematrix die Form

$$\rho(x,x') = \langle x|\hat{n}_\Psi|x'\rangle = \sum_{k=1}^{N} \langle x|k\rangle\langle k|x\rangle = \sum_{k=1}^{N} \varphi_k^*(x')\,\varphi_k(x) \quad . \tag{6.6}$$

7. Das Hartree-Fock-Verfahren

Das Hartree-Fock-Verfahren gründet sich auf die Hoffnung, daß man ein System wechselwirkender Fermionen näherungsweise durch ein effektives Einteilchenproblem beschreiben kann. Man geht dabei von der Vorstellung aus, daß sich jedes Teilchen in einem mittleren Einteilchenpotential (mean-field) bewegt, das durch alle anderen Teilchen und gegebenenfalls ein äußeres Potential erzeugt wird.

Für den exakten Hamilton-Operator des Systems

$$\hat{H} = \sum_{i=1}^{N} (\hat{t}_i + \hat{u}_i) + \frac{1}{2} \cdot \sum_{\substack{i,j=1 \\ i \neq j}}^{N} \hat{v}_{ij}$$

nehmen wir der Einfachheit halber an, daß die Potentiale lokal in der x-Darstellung sind, d.h.

$$\hat{H} = \sum_{i=1}^{N} \left(- \frac{\hbar^2}{2m} \Delta_i + u(x_i) \right) + \frac{1}{2} \cdot \sum_{\substack{i,j=1 \\ i \neq j}}^{N} v(x_i, x_j) \quad .$$

Unser Ziel ist es, diesen Zweiteilchen-Operator durch einen effektiven Einteilchen-Operator zu 'approximieren'

$$\hat{H}_{HF} = \sum_{i=1}^{N} \hat{h}_{HF}^{(i)} = \sum_{i=1}^{N} (\hat{t}_i + \hat{v}_{HF}^{(i)}) \quad ,$$

wobei das effektive Einteilchenpotential $\hat{v}_{HF}$, das 'Hartree-Fock-Potential', zunächst noch unbestimmt ist.
Die einfachsten, korrekt antimetrisierten Lösungen der zugehörigen Eigenwertgleichung

$$\hat{H}_{HF} \, \Phi = E \cdot \Phi$$

sind dann Slater-Determinanten

$$\Phi = \frac{1}{\sqrt{N!}} \det(\varphi_i(x_j)) \quad ,$$

deren Einteilchenorbitale sich formal aus der Gleichung

$$\hat{h}_{HF}\,\varphi_j = \tilde{\varepsilon}_j \cdot \varphi_j$$

ergeben. Solange wir das Hartree-Fock-Potential aber noch nicht kennen, können natürlich die Einteilchenorbitale nicht aus dieser Gleichung ausgerechnet werden. Durch das Modell unabhängiger, in einem effektiven Einteilchenpotential bewegter Fermionen wird somit zunächst nur der Ansatz der Vielteilchen-Wellenfunktion als Slater-Determinante suggeriert. Nach dem Ritzschen Theorem besteht eine vernünftige Möglichkeit zur Optimierung dieses Ansatzes darin, diejenige Slater-Determinante zu bestimmen, die die Gesamtenergie des Systems minimiert.
Wir variieren also den Erwartungswert des <u>exakten</u> Hamilton-Operators bezüglich einer Slater-Determinante nach den Einteilchenorbitalen

$$\frac{\delta}{\delta\varphi_\alpha^*(x)}\left(\langle\Phi|\hat{H}|\Phi\rangle - \sum_{i=1}^{N} \varepsilon_i \cdot \int dy\; \varphi_i(y)\cdot\varphi_i^*(y) \right) = 0 \quad . \qquad (7.1)$$

Mit den Lagrangeparametern ε_i berücksichtigen wir die Nebenbedingung, daß die Einteilchenorbitale normiert sein sollen. Die Stationarität des Ausdruckes in der großen Klammer, also das Verschwinden seiner ersten Variation, ist eine notwendige Bedingung dafür, daß die Gesamtenergie des Systems ein Minimum bezüglich Slater-Determinanten als Vergleichsfunktionen annimmt. (Es sei daran erinnert, daß voneinander unabhängige Variationen nur nach (Re φ_α) und (Im φ_α) möglich sind. Diese lassen sich aber in formal unabhängige Variationen nach φ_α und φ_α^* umschreiben. Bei dem oben betrachteten reellwertigen Funktional erhält man so, wie üblich, paarweise zueinander adjungierte Gleichungen, von denen wir nur jeweils eine berücksichtigen müssen.)
Der Erwartungswert von $\hat{H}$ bezüglich einer Slater-Determinante wurde bereits im Rahmen der Einführung der zweiten Quantisierung berechnet (vgl. (2.7) und (2.8)) :

$$\langle\Phi|\hat{H}|\Phi\rangle = \sum_{i=1}^{N}\langle i|\hat{h}|i\rangle + \frac{1}{2}\left(\sum_{i,j=1}^{N}\langle ij|\hat{v}|ij\rangle - \sum_{i,j=1}^{N}\langle ij|\hat{v}|ji\rangle\right) . \tag{7.2}$$

Der Erwartungswert des Wechselwirkungspotentials besteht aus zwei Termen; den ersten bezeichnet man traditionell als den direkten Term, den zweiten als den Austauschterm.

Ausführlich lauten damit die Variationsgleichungen (7.1) :

$$0 = \frac{\delta}{\delta\varphi_\alpha^*(x)}\left(\sum_{i=1}^{N}\int dy\ \varphi_i^*(y)\left(-\frac{\hbar^2}{2m}\Delta + u(y)\right)\varphi_i(y)\right.$$

$$+ \frac{1}{2}\cdot\sum_{i,j=1}^{N}\iint dy\,dy'\ \varphi_i^*(y)\cdot\varphi_j^*(y')\cdot v(y,y')\cdot\varphi_i(y)\cdot\varphi_j(y')$$

$$- \frac{1}{2}\cdot\sum_{i,j=1}^{N}\iint dy\,dy'\ \varphi_i^*(y)\cdot\varphi_j^*(y')\cdot v(y,y')\cdot\varphi_j(y)\cdot\varphi_i(y')$$

$$\left. - \sum_{i=1}^{N}\varepsilon_i\cdot\int dy\ \varphi_i^*(y)\cdot\varphi_i(y)\right)$$

$$= \left(\frac{\hbar^2}{2m}\Delta + u(x)\right)\cdot\varphi_\alpha(x)$$

$$+ \frac{1}{2}\cdot\sum_{j=1}^{N}\int dy'\ \varphi_j^*(y')\cdot v(x,y')\cdot\varphi_\alpha(x)\cdot\varphi_j(y')$$

$$+ \frac{1}{2}\cdot\sum_{i=1}^{N}\int dy\ \ \varphi_i^*(y)\cdot v(y,x)\cdot\varphi_i(y)\cdot\varphi_\alpha(x)$$

$$- \frac{1}{2}\cdot\sum_{j=1}^{N}\int dy'\ \varphi_j^*(y')\cdot v(x,y')\cdot\varphi_j(x)\cdot\varphi_\alpha(y')$$

$$- \frac{1}{2}\ \sum_{i=1}^{N}\int dy\ \ \varphi_i^*(y)\cdot v(y,x)\cdot\varphi_\alpha(y)\cdot\varphi_i(x)$$

$$- \varepsilon_\alpha\ \varphi_\alpha(x) \quad .$$

Dabei sind der 2. und 3. und der 4. und 5. Term untereinander gleich.

Verwenden wir noch die Darstellung (6.6) der Dichte und Dichtematrix für Slater-Determinanten

$$\rho(y) = \sum_{i=1}^{N} \varphi_i^*(y)\cdot\varphi_i(y) \quad \text{und} \quad \rho(x,y) = \sum_{i=1}^{N} \varphi_i^*(y)\cdot\varphi_i(x) \quad ,$$

so ergibt sich insgesamt

$$\left(-\frac{\hbar^2}{2m}\Delta + u(x) + \int dy\ \rho(y)\cdot v(x,y)\right)\cdot\varphi_\alpha(x)$$

$$-\int \rho(x,y)\cdot v(x,y)\cdot\varphi_\alpha(y)\ dy \quad = \varepsilon_\alpha\varphi_\alpha(x) \quad . \quad (7.3)$$

Dies ist die <u>Hartree-Fock-Gleichung</u>. Die Minimierung der Gesamtenergie hat somit letztendlich eine Vorschrift zur optimalen Konstruktion des effektiven Einteilchenpotentials ergeben. Sie lautet:

$$\hat{v}_{HF} = u(x) + \int dy\ \rho(y)\cdot v(x,y) - \int \rho(x,y)\cdot v(x,y)\ \_\_\ dy \quad .$$

Neben dem äußeren Potential u(x) und der klassischen potentiellen Energie $\int dy\rho(y)v(x,y)$ enthält das Hartree-Fock-Potential einen nichtlokalen Anteil, den sogenannten Austausch-Operator. Vernünftigerweise ist das Hartree-Fock-Potential für alle Einteilchenorbitale gleich; das entspricht unserer Vorstellung von 'identischen Teilchen'. Man rechnet leicht nach, daß $\hat{v}_{HF}$ hermitesch ist:

Dazu bemerken wir vorweg, daß $\rho^*(x,y) = \rho(y,x)$ gilt (vgl. Gleichung (6.6)). Damit ergibt sich

$$\begin{aligned}
\underline{\langle f|\hat{v}_{HF}|g\rangle} &= \int f^*(x)\cdot\int\rho(y)\cdot v(x,y)\cdot g(x)\ dy\ dx \\
&\quad -\int f^*(x)\cdot\int\rho(x,y)\cdot v(x,y)\cdot g(y)\ dy\ dx + \langle f|\hat{u}|g\rangle \\
&= \left(\int f(x)\cdot\int\rho(y)\cdot v(x,y)\ dy\ g^*(x)\ dx\right)^* \\
&\quad -\left(\int f(x)\int\rho^*(x,y)\cdot v(x,y)\cdot g^*(y)\ dy\ dx\right)^* + \langle f|\hat{u}|g\rangle \\
&= \left(\int g^*(x)\int\rho(y)\cdot v(x,y)dy\ f(x)\ dx\right)^* + \left(\langle g|\hat{u}|f\rangle\right)^* \\
&\quad -\left(\int g^*(y)\int\rho(y,x)\cdot v(y,x)f(x)\ dx\ dy\right)^* = \underline{\left(\langle g|\hat{v}_{HF}|f\rangle\right)^*} .
\end{aligned}$$

Da $\hat{v}_{HF}$ und $\hat{h}_{HF}$ hermitesche Operatoren sind, müssen die Lagrange-Parameter ε_α, die in (7.3) als Eigenwerte, d.h. als Einteilchenenergien, erscheinen, reell und die Eigenfunktionen φ_α paarweise orthogonal sein. Es zeigt sich also im nachhinein, daß es nicht nötig war, die Orthogonalität der Einteilchenorbitale durch einen Term $\sum_{i,j=1}^{N} \varepsilon_{ij} \cdot \int \varphi_i^*(x) \cdot \varphi_j(x)\, dx$ im Variationsprinzip zu erzwingen.

Der direkte und der Austausch-Term enthalten die Dichtematrix und sind somit selbst von den noch zu bestimmenden Einteilchenorbitalen abhängig. Man kann folglich die Hartree-Fock-Gleichung nicht wie ein gewöhnliches Eigenwertproblem lösen. Statt dessen verwendet man ein sogenanntes selbstkonsistentes Verfahren :

Man beginnt mit einer

(0) Anfangsnäherung $\varphi_i(x)$, $i=1,..,N$,

berechnet dann das

(1) Hartree-Fock-Potential $\hat{v}_{HF}$
zu der Dichtematrix $\rho(x,y) = \sum_{i=1}^{N} \varphi_i^*(y)\varphi_i(x)$

und löst die Eigenwertgleichung

(2) $(\hat{t} + \hat{v}_{HF})\,\varphi_\alpha = \varepsilon_\alpha \cdot \varphi_\alpha$.

Diese besitzt im allgemeinen unendlich viele Lösungen. Der letzte Schritt besteht in der

(3) Auswahl der zu den N niedrigsten Eigenwerten
gehörenden Einteilchenorbitale $\varphi_\alpha^{(neu)}$.

Aus diesen berechnet man wieder ein Hartree-Fock-Potential gemäß Schritt (1). Das obige Schema iteriert man so lange, bis 'Selbstkonsistenz', d.h. Konvergenz des Verfahrens, erreicht ist.

Es sei nochmals hervorgehoben, daß man als Lösungen des Eigenwertproblems nicht nur die besetzten Einteilchen-Orbitale erhält, die zur Bestimmung von $\rho(x,y)$ und v_{HF} notwendig sind, sondern im Prinzip auch noch unendlich viele unbesetzte, welche alle zusammen eine Orthonormalbasis des Einteilchen-Hilbertraumes bilden.

Nehmen wir nun an, wir hätten die Hartree-Fock-Gleichungen für ein Vielteilchensystem gelöst. Dann ergibt sich die Gesamtenergie des Systems, indem man die Slater-Determinante der besetzten Orbitale in den oben hergeleiteten Ausdruck (7.2)

$$E_{HF} = \sum_{i=1}^{N} <i|\hat{t}+\hat{u}|i> + \frac{1}{2}\cdot\sum_{\substack{j=1\\i=1}}^{N} \Big(<ij|\hat{v}|ij> - <ij|\hat{v}|ji> \Big)$$

einsetzt. Wenn wir die Doppelsumme noch einmal addieren und sofort wieder subtrahieren, erhalten wir weiter

$$= \sum_{i=1}^{N} \int dx\ \varphi_i^*(x) \Big[\Big(- \frac{\hbar^2}{2m} + u(x) + \sum_{j=1}^{N} \int dy \varphi_j^*(y) v(x,y) \varphi_j(y) \Big) \varphi_i(x)$$

$$- \sum_{j=1}^{N} \int dy\ \varphi_j^*(y) v(x,y) \varphi_i(y) \varphi_j(x) \Big]$$

$$- \frac{1}{2} \cdot \sum_{i,j=1}^{N} (<ij|\hat{v}|ij> - <ij|\hat{v}|ji>) \quad .$$

Setzt man hierin die Hartree-Fock-Gleichung (7.3) ein, so ergibt sich

$$= \sum_{i=1}^{N} \int dx\ \varphi_i^*(x) \cdot \varepsilon_i \cdot \varphi_i(x) - \frac{1}{2} \cdot \sum_{i,j=1}^{N} (<ij|\hat{v}|ij> - <ij|\hat{v}|ji>) \quad .$$

Aus der Normiertheit der Einteilchenorbitale folgt schließlich

$$\boxed{\begin{aligned} E_{HF} &= \sum_{i=1}^{N} \varepsilon_i - \frac{1}{2} \sum_{i,j=1}^{N} (<ij|\hat{v}|ij> - <ij|\hat{v}|ji>) \\ &= \frac{1}{2} \cdot \sum_{i=1}^{N} (\varepsilon_i + <i|\hat{t}+\hat{u}|i>) \end{aligned}} \quad . \qquad (7.4)$$

Die letztere Gleichheit erhält man sofort durch eine völlig analoge Rechnung, indem man statt der Doppelsumme die Einfachsumme in zwei gleiche Teile aufspaltet. Wir formulieren noch explizit die verwendete Beziehung

$$\varepsilon_\alpha = <\alpha|\hat{t} + \hat{u}|\alpha> + \sum_{j=1}^{N} (<\alpha j|\hat{v}|\alpha j> - <\alpha j|\hat{v}|j\alpha>) \quad , \qquad (7.5)$$

die aus der Hartree-Fock-Gleichung durch Multiplikation mit $\varphi_\alpha^*(x)$ und Integration über x folgt.

An dieser Stelle drängt sich die Frage auf, warum eigentlich die Hartree-Fock-Energie nicht mit der Summe der Einteilchenenergien ε_i übereinstimmt. Wären wir bei der intuitiven Anfangsidee, den exakten Hamilton-Operator $\hat{H}$ durch einen effektiven Einteilchenoperator (d.h. im Endeffekt $\hat{H}_{HF}$) zu approximieren, stehengeblieben, so hätte sich die genäherte Gesamtenergie des Systems tatsächlich aus $\sum \varepsilon_i$ ergeben. Bei der weiteren Herleitung wurde diese Idee aber nur zur Begründung des Slater-Determinanten - Ansatzes im Variationsprinzip verwendet. Die mit diesem Ansatz optimierte Gesamtenergie sollte daher besser sein als $\sum \varepsilon_i$. Daß dies tatsächlich der Fall ist, können wir durch ein einfaches störungstheoretisches Argument zeigen : Wir nehmen an, wir hätten die Hartree-Fock-Gleichungen gelöst und somit das selbstkonsistente Potential bestimmt. Kürzen wir dann die Wechselwirkungsterme im Hartree-Fock-Potential mit dem Einteilchenoperator $\hat{f}$ ab, so läßt sich der exakte Hamilton-Operator schreiben in der Form :

$$\hat{H} = \sum_{i=1}^{N} (\hat{t}_i + \hat{u}_i + \hat{f}_i) + (\frac{1}{2} \cdot \sum_{\substack{i \neq j \\ i,j=1}}^{N} \hat{v}_{ij} - \sum_{i=1}^{N} \hat{f}_i)$$

$$= \hat{H}_{HF} + \hat{H}' \qquad .$$

Fassen wir $\hat{H}'$ als Störung auf, so ergibt sich in nullter Ordnung Störungstheorie

$$E^{(o)} = \langle\Phi|\hat{H}_{HF}|\Phi\rangle = \sum_{i=1}^{N} \varepsilon_i$$

und in erster Ordnung

$$E^{(1)} = \langle\Phi|\hat{H}'|\Phi\rangle = \langle\Phi|\frac{1}{2} \cdot \sum_{\substack{i \neq j \\ i,j=1}}^{N} \hat{v}_{ij}|\Phi\rangle - \langle\Phi| \sum_{i=1}^{N} \hat{f}_i|\Phi\rangle$$

$$= \frac{1}{2} \sum_{i,j=1}^{N} (\langle ij|\hat{v}|ij\rangle - \langle ij|\hat{v}|ji\rangle)$$

$$- \sum_{i,j=1}^{N} (\langle ij|\hat{v}|ij\rangle - \langle ij|\hat{v}|ji\rangle) \quad .$$

Wir sehen :

$$\underline{E_{HF} = E^{(o)} + E^{(1)}} \quad .$$

Die per Variationsprinzip optimierte Energie E_{HF} stimmt also gerade mit der Störungsentwicklung bis zur ersten Ordnung überein, während die Summe der Einteilchenenergien ε_i nur der nullten Ordnung entspricht. Die Tatsache, daß im Ausdruck für E_{HF} von der Summe der Orbitalenergien gerade noch einmal die gesamte Wechselwirkungsenergie abgezogen wird, besitzt ferner eine sehr anschauliche Bedeutung: Jedes einzelne ε_i enthält nach Gleichung (7.5)

$$\varepsilon_i = \langle i|\hat{t} + \hat{u}|i\rangle + \sum_{j=1}^{N} (\langle ij|\hat{v}|ij\rangle - \langle ij|\hat{v}|ji\rangle)$$

$$= \langle i|\hat{t} + \hat{u}|i\rangle + \sum_{\substack{j=1 \\ j\neq i}}^{N} (\langle ij|\hat{v}|ij\rangle - \langle ij|\hat{v}|ji\rangle)$$

die Wechselwirkungsenergie mit allen besetzten Orbitalen, d.h. ε_1 enthält die Wechselwirkung mit Teilchen 2, mit Teilchen 3 usw. bis Teilchen N; ε_2 enthält aber noch einmal die Wechselwirkung von Teilchen 2 mit Teilchen 1 usw.; in der Summe über die ε_i wird also die gesamte Wechselwirkungsenergie

$$\frac{1}{2} \sum_{i,j=1}^{N} (\langle ij|\hat{v}|ij\rangle - \langle ij|\hat{v}|ji\rangle)$$

doppelt gezählt. Dieser zuviel gezählte Beitrag ist in E_{HF} gerade abgezogen.

Wir wollen hier noch eine zweite Herleitung der Hartree-Fock-Gleichungen geben, die eine weitere, sehr anschauliche

Eigenschaft des Hartree-Fock-Operators hervorhebt:
Dazu führen wir die Variation des Energiefunktionals ausführlich aus :

$$0 = \frac{\partial}{\partial\eta} \left. \frac{\langle\Phi + \eta\cdot\chi|H|\Phi\rangle}{\langle\Phi + \eta\cdot\chi|\Phi\rangle} \right|_{\eta=0}$$

und beschränken uns dabei auf solche Variationen, bei denen

1.) $\Phi + \eta\chi$ ebenso wie Φ eine Slater-Determinante ist

und

2.) nur <u>ein</u> Orbital abgeändert wird :

$$\Phi+\eta\chi = \det \begin{vmatrix} \varphi_1(x_1) & \varphi_2(x_2) & \cdots \\ \cdots\cdots & & \\ (\varphi_p+\eta\psi)(x_1) & (\varphi_p+\eta\psi)(x_2) & \cdots \\ \cdots\cdots & & \\ \varphi_N(x_1) & \varphi_N(x_2) & \cdots \end{vmatrix}$$

$$= \det|\varphi_1,\ldots,\varphi_p,\ldots| + \eta\cdot\det|\varphi_1,\ldots,\psi,\ldots| \quad .$$

Für ψ setzen wir jetzt die Elemente des (noch zu bestimmenden) vollständigen Orthonormalsystems bestehend aus den besetzten Orbitalen $\varphi_1,\ldots,\varphi_N$ und den unbesetzten Orbitalen $\varphi_{N+1},\ldots$ ein. Für erstere verschwindet die Variation offensichtlich. Ersetzen wir nun φ_p mit $p \leq N$ durch $\varphi_p + \eta\cdot\varphi_q$ mit $q > N$, betrachten also einen 'bezüglich $|\Phi\rangle$ einfach angeregten' Zustand

$$|\chi\rangle = \hat{a}_q^+ \hat{a}_p |\Phi\rangle =: |\Phi_{qp}\rangle \qquad \begin{cases} p \leq N \\ q > N \end{cases} ,$$

so ergibt die obige Variationsgleichung

$$0 = \frac{\partial}{\partial\eta} \left. \frac{\langle\Phi|\hat{H}|\Phi\rangle + \eta\cdot\langle\Phi_{qp}|\hat{H}|\Phi\rangle}{\underbrace{\langle\Phi|\Phi\rangle}_{=1} + \eta\cdot\underbrace{\langle\Phi_{qp}|\Phi\rangle}_{=o}} \right|_{\eta=0} = \langle\Phi_{qp}|\hat{H}|\Phi\rangle$$

, da die $\{\varphi_i\}$ orthonormiert

$$= \langle\Phi_{qp}| \sum_{i=1}^{N} (\hat{t}_i + \hat{u}_i)|\Phi\rangle + \langle\Phi_{qp}| \frac{1}{2}\cdot \sum_{\substack{i\neq j \\ i,j=1}}^{N} \hat{v}_{ij} |\Phi\rangle \quad .$$

Als Ergebnis der Variation erhalten wir also :

$$0 = \langle q|\hat{t} + \hat{u}|p\rangle + \sum_{j=1}^{N} \left(\langle qj|\hat{v}|pj\rangle - \langle qj|\hat{v}|jp\rangle \right) \quad \text{für alle } q>N,\ p\leq N .$$

Daraus folgt in der Tat die Hartree-Fock-Gleichung, denn wenn wir den Hartree-Fock-Operator $\hat{h}_{HF}$ wie früher definieren, bedeutet diese Gleichung

$$\langle q|\hat{h}_{HF}|p\rangle = 0 \quad \text{für alle } q>N,\ p\leq N .$$

Der Hartree-Fock-Operator besitzt also keine von Null verschiedenen Matrixelemente zwischen besetzten und unbesetzten Zuständen. Aus diesem Grund können wir den hermiteschen Operator $\hat{h}_{HF}$ mit einer unitären Transformation $\hat{D}$ diagonalisieren, die besetzte Zustände nur in besetzte und unbesetzte nur in unbesetzte transformiert:

$$\begin{bmatrix} \varepsilon_1 & & & \\ & \ddots \; \varepsilon_N & & \\ & & \varepsilon_{N+1} & \\ & & & \ddots \end{bmatrix} = \left[\begin{array}{c|c} D_b^+ & 0 \\ \hline 0 & D_u^+ \end{array}\right] \left[\begin{array}{c|c} \text{besetzte} & 0 \\ \hline 0 & \text{unbes.} \end{array}\right] \left[\begin{array}{c|c} D_b & 0 \\ \hline 0 & D_u \end{array}\right]$$

Es ist wichtig, sich klar zu machen, daß $\hat{h}_{HF}$ gerade <u>wegen dieser Blockgestalt der Transformationsmatrix forminvariant</u> unter dieser Diagonalisierungs-Transformation ist. Mit dieser Forminvarianz bedeutet aber die obige Matrizengleichung

$$\varepsilon_i = \langle i|\hat{h}_{HF}|i\rangle = \langle i|\hat{t} + \hat{u}|i\rangle + \sum_{j=1}^{N} \left(\langle ij|\hat{v}|ij\rangle - \langle ij|\hat{v}|ji\rangle \right)$$

und das sind im Prinzip die Hartree-Fock-Gleichungen!

Die für Anwendungen wichtige Eigenschaft der Hartree-Fock-Wellenfunktion, daß die Matrixelemente von $\hat{H}$ zwischen ihr und den bezüglich ihr einfach angeregten Zuständen verschwinden

$$\langle \Phi_{qp} |\, \hat{H} \,| \Phi\rangle = 0 \quad ,$$

wird vielfach als <u>Brillouin-Theorem</u> bezeichnet.

Als Beispiel werden wir im folgenden die Hartree-Fock-Gleichung für atomare Systeme betrachten

$$\left\{ -\frac{\hbar^2}{2m}\Delta - \frac{Z\cdot e^2}{r} + e^2 \int \frac{\rho(\underline{r}')}{|\underline{r}-\underline{r}'|}\, d^3r' \right\} \cdot \varphi_\alpha(\underline{r},s)$$

$$- e^2 \sum_{s'} \int \frac{\rho(\underline{r}\ s,\underline{r}'\ s')}{|\underline{r} - \underline{r}'|} \cdot \varphi_\alpha(\underline{r}'s')\, d^3r' \quad = \quad \varepsilon_\alpha \cdot \varphi_\alpha(\underline{r}\ s)\ . \tag{7.6}$$

Im direkten Term wurde hierin

$$\rho(\underline{r}) = \sum_s \rho(x) = \sum_s \rho(\underline{r}\ s)$$

gesetzt. Eine analoge Spin-Elimination ist im Austauschterm nicht möglich. Hier zeigt sich, daß das Hartree-Fock-Potential selbst dann spinabhängig ist, wenn der exakte Hamiltonoperator des Systems nicht vom Spin abhängt.

Der direkte Anteil des Hartree-Fock-Potentials ist offenbar gerade das elektrostatische Potential, das durch die Ladungsdichte sämtlicher Elektronen erzeugt wird. Diese Tatsache erscheint auf den ersten Blick unsinnig, denn das effektive Potential sollte nicht das elektrostatische Potential desjenigen Orbitals enthalten, auf das es gerade wirkt, sondern nur das der <u>anderen</u> Elektronen. Glücklicherweise hebt sich dieser 'selbstwechselwirkende' Term mit einem entsprechenden Ausdruck des Austauschpotentials weg :

$$\varepsilon_\alpha \cdot \varphi_\alpha(x) = \left(-\frac{\hbar^2}{2m}\Delta - \frac{Z\cdot e^2}{r} \right) \varphi_\alpha(x) + \sum_{i=1}^{N} \int dx' \frac{\varphi_i^*(x')\varphi_i(x')}{|\underline{r} - \underline{r}'|} \varphi_\alpha(x)$$

$$- \sum_{i=1}^{N} \int dx' \frac{\varphi_i^*(x')\varphi_i(x)}{|\underline{r} - \underline{r}'|} \varphi_\alpha(x')$$

$$= \left(-\frac{\hbar^2}{2m}\Delta - \frac{Z\cdot e^2}{r} \right) \varphi_\alpha(x) + \sum_{\substack{i=1 \\ i\neq\alpha}}^{N} \int dx' \frac{\varphi_i^*(x')\varphi_i(x')}{|\underline{r} - \underline{r}'|} \varphi_\alpha(x)$$

(für $\alpha<N$)

$$- \sum_{\substack{i=1 \\ i\neq\alpha}}^{N} \int dx' \frac{\varphi_i^*(x')\varphi_i(x)}{|\underline{r} - \underline{r}'|} \varphi_\alpha(x')$$

Es ist zu betonen, daß sich diese Terme nur dann wegheben, wenn $\varphi_\alpha(x)$ ein besetztes Orbital ist. Die unbesetzten Orbitale stehen also formal mit N Teilchen in Wechselwirkung.

Im folgenden werden wir noch kurz diskutieren, inwieweit man ionisierte und angeregte Zustände im Rahmen der Hartree-Fock-Näherung behandeln kann.
Zunächst ist nochmals zu betonen, daß das Hartree-Fock-Verfahren eine Näherung darstellt und daß folglich den Orbitalenergien keine exakte physikalische Bedeutung zukommt. Man kann sie jedoch (beim Atom) näherungsweise mit Ionisierungsenergien in Verbindung bringen, indem man einen einfach ionisierten Zustand durch eine Slater-Determinante beschreibt, die alle Grundzustandsorbitale bis auf das am schwächsten gebundene enthält. Man geht also von der Vorstellung aus, daß sich beim Entfernen dieses Elektrons die restlichen Orbitale nicht allzusehr ändern. Der Energieerwartungswert der Determinante, die alle Grundzustandsorbitale außer φ_k enthält, beträgt nach Gleichung (7.2) :

$$E_{HF}(N-1_k) = \sum_{\substack{i=1\\ i\neq k}}^{N} \langle i|\hat{t} + \hat{u}|i\rangle + \frac{1}{2}\cdot \sum_{\substack{i,j=1\\ i\neq k\neq j}}^{N} (\langle ij|\hat{v}|ij\rangle - \langle ij|\hat{v}|ji\rangle)$$

$$= E_{HF}(N) - \langle k|\hat{t} + \hat{u}|k\rangle - \frac{1}{2}\cdot \sum_{i=1}^{N}(\langle ik|\hat{v}|ik\rangle-\langle ik|\hat{v}|ki\rangle)$$

$$- \frac{1}{2}\cdot \sum_{j=1}^{N}(\langle kj|\hat{v}|kj\rangle-\langle kj|\hat{v}|jk\rangle) ,$$

und aus $\langle ij|v|k\ell\rangle=\langle ji|v|\ell k\rangle$ folgt weiter

$$= E_{HF}(N) - \left(\langle k|\hat{t}+\hat{u}|k\rangle - \sum_{j=1}^{N}(\langle kj|\hat{v}|kj\rangle-\langle kj|\hat{v}|jk\rangle)\right)$$

$$= E_{HF}(N) - \varepsilon_k \quad .$$

Somit ergibt sich für die Ionisierungsenergien I_k das <u>Theorem von Koopmans</u> :

$$I_k = E_{HF}(N-1_k) - E_{HF}(N) = - \varepsilon_k \; . \quad (7.7)$$

Die so berechneten Ionisierungsenergien stimmen recht gut mit dem Experiment überein. Entsprechendes gilt für die Photoabsorptions-Schwellen beim Herausschlagen von Elektronen aus tieferliegenden Schalen.

Es liegt nahe, in analoger Weise auch angeregte Vielteilchen-Zustände durch eine Wellenfunktion $\hat{a}_k^+\hat{a}_\ell|\Phi_o\rangle$ zu beschreiben, bei der ein im Hartree-Fock-Grundzustand besetztes Orbital durch ein unbesetztes ersetzt ist :

$$E_{HF}(N-1_\ell+1_k) = \langle \hat{a}_k^+\hat{a}_\ell\Phi_o|\hat{H}|\hat{a}_k^+\hat{a}_\ell\Phi_o\rangle$$

$$= \sum_{\substack{i=1\\ i\neq\ell}}^{N}\langle i|\hat{t}+\hat{u}|i\rangle + \langle k|\hat{t}+\hat{u}|k\rangle$$

$$+ \underbrace{\frac{1}{2}\cdot\sum_{\substack{i,j=1\\ i\neq\ell\neq j}}^{N}\left(\langle ij|\hat{v}|ij\rangle - \langle ij|\hat{v}|ji\rangle\right)}_{=\frac{1}{2}\cdot\sum_{i,j=1}^{N}(\ldots) - \sum_{j=1}^{N}(\langle\ell j|\hat{v}|\ell j\rangle-\langle\ell j|\hat{v}|j\ell\rangle)}$$

$$\underbrace{+\frac{1}{2}\sum_{\substack{i=1\\ i\neq\ell}}^{N}(\langle ik|\hat{v}|ik\rangle-\langle ik|\hat{v}|ki\rangle) + \sum_{\substack{j=1\\ j\neq\ell}}^{N}(\langle kj|\hat{v}|kj\rangle-\langle kj|\hat{v}|jk\rangle)}_{=\sum_{\substack{j=1\\ j\neq\ell}}^{N}(\langle kj|\hat{v}|kj\rangle-\langle kj|\hat{v}|jk\rangle)}$$

$$= \sum_{i=1}^{N}\langle i|\hat{t}+\hat{u}|i\rangle + \frac{1}{2}\cdot\sum_{i,j=1}^{N}\left(\langle ij|\hat{v}|ij\rangle - \langle ij|\hat{v}|ji\rangle\right)$$

$$- \langle\ell|\hat{t}+\hat{u}|\ell\rangle - \sum_{j=1}^{N}\left(\langle\ell j|\hat{v}|\ell j\rangle - \langle\ell j|\hat{v}|j\ell\rangle\right)$$

$$+ \langle k|\hat{t}+\hat{u}|k\rangle + \sum_{\substack{j=1\\ j\neq\ell}}^{N}\left(\langle kj|\hat{v}|kj\rangle - \langle kj|\hat{v}|jk\rangle\right)$$

$$= E_{HF}(N) - \varepsilon_\ell + \varepsilon_k - \left(\langle k\ell|\hat{v}|k\ell\rangle - \langle k\ell|\hat{v}|\ell k\rangle\right) \quad .$$

Die Anregungsenergie

$$(\Delta E)_{\ell k} = E_{HF}(N-1_\ell+1_k) - E_{HF}(N)$$

beträgt somit :

$$(\Delta E)_{\ell k} = \varepsilon_k - \varepsilon_\ell - (\langle k\ell|\hat{v}|k\ell\rangle - \langle k\ell|\hat{v}|\ell k\rangle) \quad . \tag{7.8}$$

Es ist zunächst zu betonen, daß die so berechneten Energien angeregter Zustände im Gegensatz zur Hartree-Fock-Grund=zustandsenergie im allgemeinen keine oberen Schranken der exakten Energien sind. Ferner stehen, wie wir schon diskutiert haben, im Grundzustand unbesetzte Orbitale formal mit N Teilchen in Wechselwirkung und nicht, wie es für das Orbital eines angeregten Zustandes korrekt wäre, mit (N-1) Teilchen. Für sehr große Systeme spielt der Unterschied zwischen (N-1) Teilchen und N Teilchen keine wichtige Rolle, bei atomaren Systemen aber hat er drastische Konsequenzen : Betrachten wir etwa ein <u>neutrales</u> Atom, so spürt ein im Grundzustand unbesetztes Orbital im wesentlichen das elektrostatische Gesamtpotential von Kern und Elektronen, welches asymptotisch exponentiell abfällt, da sich das (-Z/r)-Potential des Kerns und Beiträge der Z Elektronen asymptotisch gegenseitig wegheben. Ein echtes angeregtes Elektron sollte dagegen asymptotisch das Kernpotential und das Potential von nur (Z-1) Elektronen spüren, also insgesamt etwa (-1/r). Da die angeregten Elektronen anschaulich außen im Atom sitzen, wird ihre Energie wesentlich durch die Asymptotik des Potentials bestimmt. Folglich sind die mit dem Hartree-Fock-Verfahren bestimmten unbesetzten Orbitale viel zu schwach gebunden. Man kann also nicht erwarten, daß die nach obiger Formel berechneten Anregungsenergien für Atome besonders gut mit dem Experiment übereinstimmen.

Die obige Formel ist aber noch aus einem anderen Grund interessant: Das Variationsprinzip, aus dem wir die Hartree-Fock-Gleichungen hergeleitet haben, garantiert ja lediglich die <u>Stationarität</u> von E_{HF} bezüglich kleiner Variationen der Einteilchen-Orbitale. Somit ist es immer nützlich, Kriterien zu finden, die eine Aussage darüber erlauben, ob es sich bei der gefundenen Lösung tatsächlich um ein <u>Minimum</u> handelt. Eine notwendige Bedingung dafür ist sicherlich

$$E_{HF}(N) < E_{HF}(N-1_\ell+1_k) \quad , \text{ d.h. } \quad (\Delta E)_{\ell k} > 0$$

oder $$\varepsilon_k > \varepsilon_\ell + (\langle k\ell|\hat{v}|k\ell\rangle - \langle k\ell|\hat{v}|\ell k\rangle) \quad \text{für alle } \begin{matrix}\ell\leq N\\ k>N\end{matrix}$$

Für Systeme mit sehr vielen Teilchen können wir die Potentialmatrixelemente vernachlässigen, so daß sich in diesem Fall das Kriterium auf $\varepsilon_k > \varepsilon_\ell$ reduziert, d.h. die Orbitalenergien der besetzten Zustände müssen tiefer liegen als die der unbesetzten. Im folgenden geben wir nun noch eine grobe Abschätzung an, die zeigt, daß die Matrixelemente des Wechselwirkungspotentials im Mittel um einen Faktor (1/N) kleiner sind als die Einteilchenenergien. (Für Beispiele etwa aus der Festkörperphysik liegt dabei N in der Größenordnung von 10^{23}.)

Wir betrachten hier nur den Fall ohne äußere Potentiale und beschränken uns auf Wechselwirkungen, die homogen vom Grad (-1) in den Ortskoordinaten sind, wie etwa die Coulomb-Wechselwirkung. Unter dieser Voraussetzung gilt das Virialtheorem, an das wir kurz erinnern wollen :
Sei Φ eine durch freie Variation, d.h. nicht bloß durch Anpassen einiger Parameter, erhaltbare Lösung eines Minimalproblems vom Typ

$$0 = \delta\langle\Phi|\hat{T} + \hat{V}_{int}|\Phi\rangle \quad .$$

Wir betrachten speziell die (auf 1 normierten) Vergleichsfunktionen

$$\Phi_\alpha(\underline{r}_1 s_1,..,\underline{r}_N s_N) := \alpha^{3/2}\ \Phi(\alpha\underline{r}_1 s_1,..,\alpha\underline{r}_N s_N) \ ,$$

die durch Skalentransformation aus Φ hervorgehen. Dann gilt :

$$0 = \frac{\partial}{\partial\alpha}\Big|_{\alpha=1} \langle\Phi_\alpha|\hat{T}+\hat{V}_{int}|\Phi_\alpha\rangle$$

$$= \frac{\partial}{\partial\alpha}\Big|_{\alpha=1}\left(\langle\Phi_\alpha|\hat{T}|\Phi_\alpha\rangle + \langle\Phi_\alpha|\hat{V}_{int}|\Phi_\alpha\rangle\right)$$

$$= \frac{\partial}{\partial\alpha}\Big|_{\alpha=1}\left(\alpha^2\langle\Phi_{\alpha=1}|\hat{T}|\Phi_{\alpha=1}\rangle + \alpha\langle\Phi_{\alpha=1}|\hat{V}_{int}|\Phi_{\alpha=1}\rangle\right)$$

$$= 2\cdot 1\cdot\langle\Phi_{\alpha=1}|\hat{T}|\Phi_{\alpha=1}\rangle + \langle\Phi_{\alpha=1}|\hat{V}_{int}|\Phi_{\alpha=1}\rangle \ ,$$

also

$$2\langle\Phi|\hat{T}|\Phi\rangle = -\langle\Phi|\hat{V}_{int}|\Phi\rangle \quad \text{(Virialtheorem)} \quad .$$

Die Hartree-Fock-Lösung wird nicht durch freie Variation gemäß des Ritz-Prinzips gewonnen, sondern unter Beschränkung auf Slater-Determinanten. Da aber Skalentransformationen Slater-Determinanten in ebensolche überführen, gilt unter den gemachten Voraussetzungen ebenfalls :

$$2\cdot\langle T\rangle_{HF} = -\langle V\rangle_{HF} \quad . \tag{7.9}$$

Damit sehen wir unter Benutzung des oben hergeleiteten Zusammenhangs zwischen Gesamtenergie und Einteilchenenergien

$$\sum_{i=1}^{N}\varepsilon_i - \langle V\rangle_{HF} = E_{HF} = \langle T\rangle_{HF} + \langle V\rangle_{HF}$$

$$= -\frac{1}{2}\langle V\rangle_{HF} + \langle V\rangle_{HF} \quad ,$$

also

$$\sum_{i=1}^{N}\varepsilon_i = \frac{3}{2}\langle V\rangle_{HF} = \frac{3\cdot 1}{2\cdot 2}\sum_{ij}(\langle ij|\hat{v}|ij\rangle - \langle ij|\hat{v}|ji\rangle) \quad .$$

Wir führen gemittelte Größen ein :

$$N\cdot\overline{\varepsilon} = \frac{3}{4}N^2\,\overline{(\langle ij|\hat{v}|ij\rangle - \langle ij|\hat{v}|ji\rangle)} \quad ,$$

und haben damit gezeigt, daß die Differenz der Matrixelemente in etwa proportional zu $\overline{\varepsilon}/N$ ist.

Zum Abschluß dieses Kapitels wollen wir noch kurz das sogenannte Hartree-Verfahren diskutieren, das der historische Vorläufer des Hartree-Fock-Verfahrens war. Hier setzt man für die Wellenfunktion des Systems ein Produkt von Einteilchenorbitalen an:

$$\Phi_H(x_1,\ldots,x_N) = \varphi_1(x_1)\cdot\ldots\cdot\varphi_N(x_N) \quad .$$

Man geht also wieder vom Modell unabhängiger Teilchen aus, berücksichtigt aber nicht die geforderte Antimetrie der Wellenfunktion. Variiert man die aus diesem Produktansatz resultierende Gesamtenergie unter der Nebenbedingung der Normiertheit der Einteilchenorbitale, so ergeben sich die Hartree-Gleichungen:

$$\left[-\frac{\hbar^2}{2m}\Delta+u(x)+\sum_{\substack{\nu=1\\ \nu\neq\alpha}}^{N}\int dy\,\varphi_\nu^*(y)\,\varphi_\nu(y)\,v(x,y)\right]\varphi_\alpha(x) = \varepsilon_\alpha\cdot\varphi_\alpha(x) \quad . \tag{7.10}$$

Die zu einer selbstkonsistenten Lösung dieses Gleichungssystems korrespondierende Gesamtenergie lautet:

$$E_H = \sum_{i=1}^{N}\varepsilon_i - \frac{1}{2}\cdot\sum_{\substack{i,j=1\\ i\neq j}}^{N}\langle ij|\hat{v}|ij\rangle \quad .$$

Es wird also wie bei der Hartree-Fock-Energie die in der Summe der Orbitalenergien doppelt gezählte Wechselwirkungsenergie abgezogen (vgl.(7.4)).

Das effektive Hartree-Potential unterscheidet sich vom Hartree-Fock-Potential durch das Fehlen des Austauschterms. Das Hartree-Potential ist folglich ein <u>lokaler</u> Operator, was die selbstkonsistente Lösung von (7.10) im Vergleich zu den Hartree-Fock-Gleichungen (7.3) wesentlich erleichtert. Allerdings ist das Hartree-Potential für jeden Zustand ein anderes. Diese Eigenschaft ist nicht nur physikalisch falsch (sie widerspricht der Ununterscheidbarkeit identischer Mikroteilchen), sondern auch numerisch mißlich, da man für jedes Orbital eine andere Eigenwertgleichung lösen muß. Dies hat weiterhin zur Folge, daß man die Hartree-Einteilchenorbitale, da sie verschiedenen Eigenwertproblemen entstammen, i.allg. nicht orthogonal wählen kann.

Im Gegensatz zu Φ_H hat die Hartree-Fock-Wellenfunktion Φ_{HF} als Slater-Determinante die Eigenschaft

$$\Phi_{HF}(x_1,\ldots,x_N)\xrightarrow[x_i\to x_j]{} 0 \quad .$$

Dies war gerade die Aussage des Pauli-Prinzips, demgemäß sich zwei Fermionen mit gleichem Spin $s_i=s_j$ nicht am selben Ort $\underline{r}_i=\underline{r}_j$ aufhalten können. Im Gegensatz zum Hartree-Modell ist hier also die Bewegung von Fermionen mit gleichem Spin korreliert. Für zwei Teilchen mit verschiedenem Spin gibt es allerdings keine solche Beschränkung; sie bewegen sich weitgehend unkorreliert. Eine repulsive Teilchen-Teilchen-Wechselwirkung, wie etwa das Coulomb-Potential für Elektronen, sollte es aber unwahrscheinlich machen, daß sich die Teilchen nahe kommen (auch wenn sie entgegengesetzten Spin haben). Die Hartree-Fock-Energie wird also hauptsächlich auf Grund dieser Tatsache zu hoch liegen. Daher hat sich für die Differenz zur exakten Grundzustandsenergie der Name Korrelationsenergie eingebürgert. Ein wesentliches Ziel dieses Buches ist es, Methoden zur systematischen Berechnung der Korrelationsenergie zu entwickeln. Im folgenden Kapitel werden wir allerdings zunächst noch einige, für die Praxis besonders wichtige Varianten des Hartree-Fock-Verfahrens kennenlernen.

8. EINGESCHRÄNKTE HARTREE-FOCK-VERFAHREN UND DAS SYMMETRIE-DILEMMA

Der Hamilton-Operator nichtrelativistischer Atome vertauscht mit den Operatoren für Betragsquadrat und z-Projektion des Gesamtbahndrehimpulses und des Gesamtspins:

$$[\hat{H},\hat{L}^2] = [\hat{H},\hat{L}_z] = 0 = [\hat{H},\hat{S}^2] = [\hat{H},\hat{S}_z] \quad .$$

Die exakten Lösungen der Vielteilchen-Schrödingergleichung sollten daher gleichzeitige Eigenfunktionen all dieser Operatoren sein. Der Hartree-Fock - Hamilton-Operator vertauscht dagegen mit keinem dieser Operatoren; die Lösungen der Hartree-Fock-Gleichung sind folglich nicht symmetriegerecht.

Die uneingeschränkte Variation des Hartree-Fock-Ansatzes liefert Einteilchenorbitale der Form

$$\varphi_\nu(x) = \varphi_\nu^{(+)}(\underline{r})\cdot\chi_+(s)+\varphi_\nu^{(-)}(\underline{r})\cdot\chi_-(s) \quad , \tag{8.1}$$

wobei $\chi_\sigma(s)$ die Pauli-Spinoren (5.2) bezeichnet. Die einfachste Möglichkeit, Hartree-Fock-Wellenfunktionen mit besseren Symmetrieeigenschaften zu konstruieren, besteht darin, die Form der Einteilchenorbitale von vornherein einzuschränken; z.B. auf

$$\begin{aligned} \varphi_\nu^{UHF}(x) &= \varphi_\nu^{(+)}(\underline{r})\cdot\chi_+(s) && \text{für } \nu = 1,\ldots,N_+ \\ \varphi_{N_++\nu}^{UHF}(x) &= \varphi_\nu^{(-)}(\underline{r})\cdot\chi_-(s) && \text{für } \nu = 1,\ldots,N_- \quad , \end{aligned} \tag{8.2}$$

wobei $N_++N_-=N$ der Gesamtteilchenzahl entspricht. Die so gewählten Orbitale sind Eigenfunktionen des Spinprojektionsoperators

$$\hat{s}_z\varphi_\mu^{UHF}(x) = \begin{cases} +\frac{\hbar}{2}\varphi_\mu^{UHF}(x) & \text{für } \mu = 1,\ldots,N_+ \\ -\frac{\hbar}{2}\varphi_\mu^{UHF}(x) & \text{für } \mu = N_++1,\ldots,N \end{cases} \quad ,$$

so daß für die zugehörige Slater-Determinante Φ^{UHF} gilt

$$\hat{S}_z \Phi^{UHF}(x_1 \ldots x_N) = (N_+ - N_-) \cdot \frac{\hbar}{2} \cdot \Phi^{UHF}(x_1 \ldots x_N) \quad .$$

Variiert man den Erwartungswert $\langle\Phi^{UHF}|\hat{H}|\Phi^{UHF}\rangle$ bezüglich der Einteilchenorbitale (8.2), so erhält man ein vereinfachtes selbstkonsistentes Verfahren. Dieses eingeschränkte, aber in der Praxis sehr häufig verwendete Verfahren wird in der Fachliteratur oft als das Hartree-Fock-Verfahren schlechthin bezeichnet. (Diesem Sprachgebrauch werden wir uns in den spä-späteren Kapiteln dieses Buches ebenfalls anschließen.) Will man den Unterschied zu noch stärker eingeschränkten Verfahren betonen, so gebraucht man für diese Näherung häufig den Namen "Unrestricted Hartree-Fock" (UHF), eine strenggenommen etwas irreführende Bezeichnung, denn der Ansatz (8.2) stellt gegenüber den allgemeinen Hartree-Fock-Orbitalen (8.1) sehr wohl eine Einschränkung dar.

Der großen praktischen Bedeutung halber werden wir im folgenden die UHF-Gleichungen für den Fall spinunabhängiger Potentiale herleiten. Der Energieerwartungswert lautet nach Gleichung (7.2):

$$\begin{aligned}
&\langle\Phi^{UHF}|\hat{H}|\Phi^{UHF}\rangle \\
&\quad = \sum_{i=1}^{N} \int dx\, \varphi_i^*(x) \left(-\frac{\hbar^2}{2m}\Delta + u(\underline{r})\right) \varphi_i(x) \\
&\quad + \frac{1}{2}\sum\sum_{i,j=1}^{N} \iint dx\,dx'\, \varphi_i^*(x)\varphi_j^*(x')\, v(\underline{r},\underline{r}')\, \varphi_i(x)\varphi_j(x') \\
&\quad - \frac{1}{2} \sum_{i,j=1}^{N} \iint dx\,dx'\, \varphi_i^*(x)\varphi_j^*(x')\, v(\underline{r},\underline{r}')\, \varphi_j(x)\varphi_i(x')
\end{aligned}$$

$$= \int d^3r \sum_s \sum_{i=1}^{N} \varphi_i^*(x) \left[-\frac{\hbar^2}{2m}\Delta + u(r)\right] \varphi_i(x)$$

$$+ \frac{1}{2} \int d^3r \int d^3r' \left(\sum_s \sum_{i=1}^{N} \varphi_i^*(x)\, \varphi_i(x)\right) v(\underline{r},\underline{r}')$$

$$\cdot \left(\sum_{s'} \sum_{j=1}^{N} \varphi_j^*(x')\varphi_j(x')\right)$$

$$- \frac{1}{2} \int d^3r \int d^3r' \sum_{s,s'} \left(\sum_{i=1}^{N} \varphi_i^*(x)\varphi_i(x')\right) v(\underline{r},\underline{r}')$$

$$\cdot \left(\sum_{j=1}^{N} \varphi_j^*(x')\varphi_j(x)\right) .$$

Setzt man in $\sum_{j=1}^{N} \varphi_j^*(x')\ \varphi_j(x)$

den UHF-Ansatz (8.2) explizit ein

$$= \sum_{j=1}^{N_+} \varphi_j^{(+)}(\underline{r}')^*\ \varphi_j^{(+)}(\underline{r})\ \chi_+^*(s')\ \chi_+(s)$$

$$+ \sum_{j=1}^{N_-} \varphi_j^{(-)}(\underline{r}')^*\ \varphi_j^{(-)}(\underline{r})\ \chi_-^*(s')\ \chi_-(s)$$

und definiert die spinunabhängigen Dichtematrizen durch

$$\rho^{(\pm)}(\underline{r},\underline{r}') := \sum_{j=1}^{N_\pm} \varphi_j^{(\pm)}(\underline{r}')^*\ \varphi_j^{(\pm)}(\underline{r})$$

mit der Diagonalen

$$\rho^{(\pm)}(\underline{r}) := \rho^{(\pm)}(\underline{r},\underline{r})$$

und der Gesamtdichte

$$\rho(\underline{r}) = \rho^{(+)}(\underline{r}) + \rho^{(-)}(\underline{r}) \quad ,$$

so folgt schließlich unter Verwendung von $\sum_s \chi_\sigma^*(s)\chi_{\sigma'}(s) = \delta_{\sigma\sigma'}$:

$$
\begin{aligned}
&\langle\Phi^{UHF}|\hat{H}|\Phi^{UHF}\rangle \\
&= \sum_{j=1}^{N_+} \int d^3r\varphi_j^{(+)}(\underline{r})^*\left(-\frac{\hbar^2}{2m}\Delta\right)\varphi_j^{(+)}(\underline{r}) \\
&+ \sum_{j=1}^{N_-} \int d^3r\varphi_j^{(-)}(\underline{r})^*\left(-\frac{\hbar^2}{2m}\Delta\right)\varphi_j^{(-)}(\underline{r}) \\
&+ \int d^3r\ \rho(\underline{r})u(r) + \frac{1}{2}\int d^3r \int d^3r'\ \rho(\underline{r})v(\underline{r},\underline{r}')\rho(\underline{r}') \\
&- \frac{1}{2}\int d^3r\int d^3r'\left[\rho^{(+)}(\underline{r},\underline{r}')v(\underline{r},\underline{r}')\rho^{(+)}(\underline{r}',\underline{r})\right. \\
&\qquad \left. + \rho^{(-)}(\underline{r},\underline{r}')v(\underline{r},\underline{r}')\rho^{(-)}(\underline{r}',\underline{r})\right] \ . \qquad (8.3)
\end{aligned}
$$

Die Struktur des letzten Ausdrucks zeigt deutlich, daß zur Austauschenergie nur die Wechselwirkung zwischen Teilchen gleichen Spins beiträgt. Durch Variation von (8.3) nach den rein ortsabhängigen Funktionen $\varphi_j^{(+)}(\underline{r})$ und $\varphi_j^{(-)}(\underline{r})$ erhält man völlig analog zur Herleitung der Hartree-Fock-Gleichung (7.3) die folgenden gekoppelten Gleichungen:

$$
\begin{aligned}
&\left[-\frac{\hbar^2}{2m}\Delta + u(\underline{r}) + \int\rho(\underline{r}')v(\underline{r},\underline{r}')d^3r'\right]\varphi_j^{(+)}(\underline{r}) \\
&\quad - \int\rho^{(+)}(\underline{r},\underline{r}')v(\underline{r},\underline{r}')\varphi_j^{(+)}(\underline{r}')d^3r' = \varepsilon_j^{(+)}\cdot\varphi_j^{(+)}(\underline{r}) \quad , \quad j=1,\dots,N_+ \\
&\left[-\frac{\hbar^2}{2m}\Delta + u(\underline{r}) + \int\rho(\underline{r}')v(\underline{r},\underline{r}')d^3r'\right]\varphi_j^{(-)}(\underline{r}) \\
&\quad - \int\rho^{(-)}(\underline{r},\underline{r}')v(\underline{r},\underline{r}')\varphi_j^{(-)}(\underline{r}')d^3r' = \varepsilon_j^{(-)}\cdot\varphi_j^{(-)}(\underline{r}) \quad , \quad j=1,\dots,N_- \ .
\end{aligned}
$$

(8.4)

Speziell für atomare Systeme erhält man:

$$\left[-\frac{\hbar^2}{2m}\Delta - \frac{Ze^2}{|\underline{r}|} + e^2\cdot\int\frac{\rho(\underline{r}')}{|\underline{r}-\underline{r}'|}\,d^3r'\right]\varphi_j^{(\pm)}(\underline{r})$$

$$-\,e^2\cdot\int\frac{\rho^{(\pm)}(\underline{r},\underline{r}')}{|\underline{r}-\underline{r}'|}\,\varphi_j^{(\pm)}(\underline{r}')\,d^3r' = \varepsilon_j^{(\pm)}\cdot\varphi_j^{(\pm)}(\underline{r})\ . \quad (8.5)$$

Formal kann man den Austauschterm als elektrostatisches Potential schreiben

$$-\,e^2\cdot\int\frac{\rho^{(\pm)}(\underline{r},\underline{r}')}{|\underline{r}-\underline{r}'|}\,\varphi_j^{(\pm)}(\underline{r}')\,d^3r' = -\,e^2\cdot\int\frac{\rho_{\underline{r},j}^{(\pm)}(\underline{r}')}{|\underline{r}-\underline{r}'|}\,d^3r'\,\varphi_j^{(\pm)}(\underline{r})\ ,$$

das durch eine fiktive "Austauschladungsdichte"

$$\rho_{\underline{r},j}^{(\pm)}(\underline{r}') = \varphi_j^{(\pm)}(\underline{r}')\cdot\rho^{(\pm)}(\underline{r},\underline{r}')\ /\ \varphi_j^{(\pm)}(\underline{r})$$

erzeugt wird. Die Form dieser Austauschladungsdichte hängt vom jeweiligen Aufenthaltsort $\underline{r}$ des Elektrons, auf das sie wirkt, sowie von dessen Zustand j und dessen Spin ab. Die zugehörige Austauschladung entspricht dagegen stets genau einer einer Elementarladung (vorausgesetzt, es handelt sich bei $\varphi_j^{(\pm)}$ um einen besetzten Zustand):

$$\int\rho_{\underline{r},j}^{(\pm)}(\underline{r}')\,d^3r' = \sum_{i=1}^{N_\pm}\underbrace{\int\varphi_j^{(\pm)}(\underline{r}')\,\varphi_i^{(\pm)}(\underline{r}')^*\,d^3r'}_{\delta_{ji}}\,\varphi_i^{(\pm)}(\underline{r})\ /\ \varphi_j^{(\pm)}(\underline{r}) = 1\ .$$

Jedes Elektron ist also gewissermaßen von einem "Austausch-Loch", d.h. von einer entgegengesetzt geladenen Wolke mit Gesamtladung +e umgeben, die anschaulich durch Polarisation des Mediums, d.h. durch Abstoßung der Elektronen gleichen Spins entsteht.

Schreibt man gegenüber (8.2) noch weitere Eigenschaften der Einteilchenorbitale vor, etwa daß sie guten Drehimpuls haben

$$\varphi_\nu(x) = R_{n_\nu}(r)\cdot Y_{\ell_\nu,m_\nu}(\theta,\varphi)\cdot\chi_{\sigma_\nu}(s) \quad ,$$

so erhält man die sogenannten "Restricted Hartree-Fock" (RHF) - Verfahren, deren Lösungen oft bessere Symmetrieeigenschaften haben. In unserem Beispiel gilt etwa

$$\hat{\ell}_z\ \varphi_\nu(x) = \hbar\cdot m_\nu\cdot\varphi_\nu(x)$$

und daher $$\hat{L}_z\ \Phi^{RHF}(x_1,\dots,x_N) = \hbar\cdot(\sum_\nu m_\nu)\cdot\Phi^{RHF}(x_1,\dots,x_N) \quad .$$

Eine spezielle Variante ist das sogenannte analytische Hartree-Fock- oder Hartree-Fock-Roothaan-Verfahren. Dabei gibt man parametrisierte Einteilchenorbitale $\varphi_\nu(x;\alpha_1^{(\nu)},\dots,\alpha_M^{(\nu)})$ vor, deren analytische Form festliegt. Die optimalen Parameter werden bestimmt, indem man die Ableitung des Energieerwartungswertes nach den Parametern Null setzt.

An dieser Stelle ist zu betonen, daß die mit den eingeschränkten Hartree-Fock-Verfahren berechneten Grundzustandsenergien um so höher liegen, je stärker man die Orbitale einschränkt. Hier steht man offenbar vor einem grundsätzlichen Problem: Will man die bestmögliche Grundzustandsenergie erzielen, so sind die Hartree-Fock-Orbitale <u>frei</u> zu variieren, und man erhält eine Wellenfunktion mit schlechtem Symmetrieverhalten. Erzwingt man dagegen die Symmetrie durch eingeschränkte Orbitale, so verschlechtert sich die Grundzustandsenergie. Diesen Sachverhalt bezeichnet man gelegentlich als das "Symmetrie-Dilemma" der Hartree-Fock-Methode. Einen Ausweg bieten hier Projektionsmethoden, mit denen man versucht, aus frei variierten Hartree-Fock-Lösungen denjenigen Anteil herauszuholen, der minimale Energie hat und dennoch symmetriegerecht ist (siehe z.B. L. Zülicke: Quantenchemie, VEB Deutscher Verlag der Wissenschaften (Berlin,1973), Band 1 , Kapitel 7).

9. Hartree-Fock für translationsinvariante Systeme

Die nun folgenden Überlegungen werden zeigen, daß das Selbstkonsistenzproblem des Hartree-Fock-Verfahrens für translationsinvariante Systeme trivial lösbar ist. Hierunter verstehen wir unendlich ausgedehnte Systeme, deren äußeres Potential konstant ist und deren Teilchen-Teilchen-Wechselwirkung nur vom Relativabstand zweier Teilchen abhängt. Für solche Systeme sind die in Kapitel 5 diskutierten ebenen Wellen (Gleichung (5.1)) bereits Lösungen der Hartree-Fock-Gleichungen (genauer gesagt, der UHF-Gleichungen). Um dies nachzuweisen, müssen wir zeigen, daß die Matrixelemente des UHF-Operators (vgl. (8.4))

$$\begin{aligned}\langle\beta|\hat{h}^{(+)}_{UHF}|\alpha\rangle &= \int d^3r\ \varphi^{(+)}_{\beta}(\underline{r})^*\left(-\frac{\hbar^2}{2m}\Delta+u\right)\varphi^{(+)}_{\alpha}(\underline{r})\\ &+\int d^3r\ \varphi^{(+)}_{\beta}(\underline{r})^*\int\rho(\underline{r}')\cdot v(\underline{r}-\underline{r}')\,d^3r'\cdot\varphi^{(+)}_{\alpha}(\underline{r})\\ &-\int d^3r\ \varphi^{(+)}_{\beta}(\underline{r})^*\int\rho^{(+)}(\underline{r},\underline{r}')\cdot v(\underline{r}-\underline{r}')\cdot\varphi^{(+)}_{\alpha}(\underline{r}')\,d^3r'\end{aligned}$$

und die entsprechenden Matrixelemente $\langle\beta|\hat{h}^{(-)}_{UHF}|\alpha\rangle$ für Teilchen mit negativem Spin diagonal sind bezüglich ebener Wellen

$$\varphi^{(\pm)}_{\nu}(\underline{r}) = \frac{1}{\sqrt{\Omega}}e^{i\cdot\underline{k}\cdot\underline{r}} \quad .$$

Wir weisen die Diagonalität für den Einteilchenterm, den direkten- und den Austauschterm separat nach; dabei setzen wir $\underline{k}$ für den Index α und $\underline{k}'$ für den Index β :

$$\begin{aligned}&\int_{\Omega} d^3r\ \frac{1}{\sqrt{\Omega}}e^{-i\cdot\underline{k}'\cdot\underline{r}}\left(-\frac{\hbar^2}{2m}\nabla^2+u\right)\frac{1}{\sqrt{\Omega}}e^{i\cdot\underline{k}\cdot\underline{r}}\\ &= \left(\frac{\hbar^2k^2}{2m}+u\right)\cdot\frac{1}{\Omega}\cdot\int_{\Omega}d^3r\ e^{i\cdot(\underline{k}-\underline{k}')\cdot\underline{r}}\\ &= \left(\frac{\hbar^2k^2}{2m}+u\right)\cdot\delta_{\underline{k},\underline{k}'} \qquad \text{(da } u(\underline{r})=\text{const)} \quad .\end{aligned}$$

Zur Berechnung des direkten Terms bestimmen wir erst die Dichte

$$\rho(\underline{r}) = \sum_{\nu=1}^{N_+} \varphi_\nu^{(+)}(\underline{r})^* \varphi_\nu^{(+)}(\underline{r}) + \sum_{\mu=1}^{N_-} \varphi_\mu^{(-)}(\underline{r})^* \varphi_\mu^{(-)}(\underline{r})$$

$$= \sum_{\nu=1}^{N_+} \frac{1}{\Omega} + \sum_{\mu=1}^{N_-} \frac{1}{\Omega} = \frac{N_+ + N_-}{\Omega} = \frac{N}{\Omega} \quad ,$$

setzen diese in den direkten Term ein

$$\text{dir. Term} = \int d^3r \, \frac{1}{\sqrt{\Omega}} e^{-i\cdot\underline{k}'\cdot\underline{r}} \int \frac{N}{\Omega} v(\underline{r}-\underline{r}')d^3r' \, \frac{1}{\sqrt{\Omega}} e^{i\cdot\underline{k}\cdot\underline{r}}$$

und entwickeln das Wechselwirkungspotential in eine Fourier-Reihe

$$v(\underline{r}-\underline{r}') = \frac{1}{\Omega} \sum_{\underline{q}} v_{\underline{q}} \cdot e^{i\cdot\underline{q}\cdot(\underline{r}-\underline{r}')} \quad .$$

Damit ergibt sich für den direkten Term:

$$\sum_{\underline{q}} v_{\underline{q}} \frac{N}{\Omega^3} \int d^3r \int d^3r' \, e^{i\cdot(\underline{k}-\underline{k}')\cdot\underline{r}} \, e^{i\cdot\underline{q}\cdot(\underline{r}-\underline{r}')}$$

$$= \sum_{\underline{q}} v_{\underline{q}} \cdot \frac{N}{\Omega^3} \cdot \int d^3r' \, e^{-i\cdot\underline{q}\cdot\underline{r}'} \cdot \int d^3r \, e^{i\cdot(\underline{q}+\underline{k}-\underline{k}')\cdot\underline{r}}$$

$$= \sum_{\underline{q}} v_{\underline{q}} \cdot \frac{N}{\Omega} \cdot \delta_{\underline{q},\underline{o}} \cdot \delta_{(\underline{q}+\underline{k}),\underline{k}'} = \frac{N}{\Omega} \cdot v_{\underline{q}=\underline{o}} \cdot \delta_{\underline{k},\underline{k}'} \quad .$$

Entscheidend ging hier die vorausgesetzte Translationsinvarianz des Wechselwirkungspotentials ein, welche eine einfache Fourierentwicklung in ($\underline{r}-\underline{r}'$) erlaubt und keine doppelte nach $\underline{r}$ und $\underline{r}'$ erforderlich macht.

Betrachten wir nun noch den Austauschterm :
Die Dichtematrix lautet, wenn $\sum_{\underline{\kappa}}^{+}$ die Summe über alle Impulse $\underline{\kappa}$ bezeichnet, die mit Teilchen positiven Spins besetzt sind :

$$\rho^{(+)}(\underline{r},\underline{r}') = \sum_{\nu=1}^{N_+} \varphi_\nu^{(+)}(\underline{r}')^* \cdot \varphi_\nu^{(+)}(\underline{r}) = \frac{1}{\Omega} \sum_{\underline{\kappa}}^{+} e^{i\cdot\underline{\kappa}\cdot(\underline{r}-\underline{r}')} \quad .$$

Wir entwickeln das Wechselwirkungspotential wieder in eine Fourier-Reihe und erhalten weiter :

$$\int d^3r \int d^3r' \frac{1}{\sqrt{\Omega}}\, e^{-i\cdot \underline{k}'\cdot \underline{r}} \frac{1}{\Omega}\sum_{\underline{\kappa}}^{+} e^{i\cdot \underline{\kappa}\cdot(\underline{r}-\underline{r}')} \frac{1}{\Omega}\sum_{\underline{q}} v_{\underline{q}}\, e^{i\cdot \underline{q}\cdot(\underline{r}-\underline{r}')} \frac{1}{\sqrt{\Omega}} e^{i\cdot \underline{k}\cdot \underline{r}'}$$

$$= \sum_{\underline{\kappa}}^{+} \sum_{\underline{q}} v_{\underline{q}} \frac{1}{\Omega^3}\cdot \underbrace{\int d^3r'\, e^{i\cdot(\underline{k}-\underline{\kappa}-\underline{q})\cdot \underline{r}'}}_{=\,\Omega\cdot\delta_{\underline{q},(\underline{k}-\underline{\kappa})}} \cdot \underbrace{\int d^3r\, e^{i\cdot(\underline{q}-\underline{k}'+\underline{\kappa})\cdot \underline{r}}}_{=\,\Omega\cdot\delta_{\underline{q},(\underline{k}'-\underline{\kappa})}}$$

$$= \frac{1}{\Omega}\sum_{\underline{\kappa}}^{+} \delta_{(\underline{k}-\underline{\kappa}),(\underline{k}'-\underline{\kappa})}\cdot v_{(\underline{k}-\underline{\kappa})} = \frac{1}{\Omega}\sum_{\underline{\kappa}}^{+} v_{(\underline{k}-\underline{\kappa})}\cdot \delta_{\underline{k},\underline{k}'} \qquad .$$

Damit ist die Behauptung bewiesen.
Die diagonalen Matrixelemente des Hartree-Fock-Operators, also die Einteilchenenergien#, lauten somit insgesamt

$$\varepsilon_{\underline{k}}^{(\pm)} = \frac{\hbar^2 k^2}{2m} + u + \frac{N}{\Omega} v_{\underline{q}=0} - \frac{1}{\Omega}\sum_{\underline{\kappa}}^{\pm} v_{(\underline{k}-\underline{\kappa})} \qquad .$$

Für die Gesamtenergie

$$E_{HF} = \sum_{i=1}^{N} \langle i|\hat{t}+\hat{u}|i\rangle + \frac{1}{2}\cdot \sum_{\substack{i,j=1\\ i\neq j}}^{N} \left(\langle ij|\hat{v}|ij\rangle - \langle ij|\hat{v}|ji\rangle\right)$$

erhalten wir in analoger Weise

$$E_{HF} = \sum_{\underline{k}}^{+}\left(\frac{\hbar^2\cdot k^2}{2m}\right) + \sum_{\underline{k}}^{-}\left(\frac{\hbar^2\cdot k^2}{2m}\right) + N\cdot u + \frac{1}{2}\cdot N\cdot \frac{N}{\Omega}\cdot v_{q=0}$$

$$- \frac{1}{2\Omega}\cdot \sum_{\underline{k}}^{+}\sum_{\underline{\kappa}}^{+} v_{(\underline{k}-\underline{\kappa})} - \frac{1}{2\Omega}\cdot \sum_{\underline{k}}^{-}\sum_{\underline{\kappa}}^{-} v_{(\underline{k}-\underline{\kappa})} \qquad .$$

Von entscheidender Wichtigkeit ist die Tatsache, daß die ebenen Wellen die Hartree-Fock-Gleichung immer erfüllen, völlig unabhängig davon, welche Impuls-Zustände überhaupt besetzt sind, und auch unabhängig davon, wieviele

Die Funktion $\varepsilon_{\underline{k}}$ bezeichnet man auch als Dispersionsrelation. Diese Bezeichnung ist der Optik entlehnt, wo man generell von Dispersion spricht, wenn eine Größe von der Wellenlänge abhängt.

der besetzten Zustände positiven und wieviele negativen Spin tragen. Da die Hartree-Fock-Gleichungen ja nur die Stationarität des Energiefunktionals garantieren, stellt sich an dieser Stelle natürlich die Frage, für welche Besetzung und insbesondere für welche Spinverteilung die Hartree-Fock-Energie minimal ist. Eine mögliche Verteilung ergibt sich aus der Vorschrift,

mit den N_+ Teilchen positiven Spins alle Zustände in der

Impulsraumkugel: $|\underline{k}| = 0,\ldots,k_+$

zu besetzen und entsprechend mit den N_- Teilchen negativen Spins alle Zustände in der

Impulsraumkugel: $|\underline{k}| = 0,\ldots,k_-$

zu besetzen.

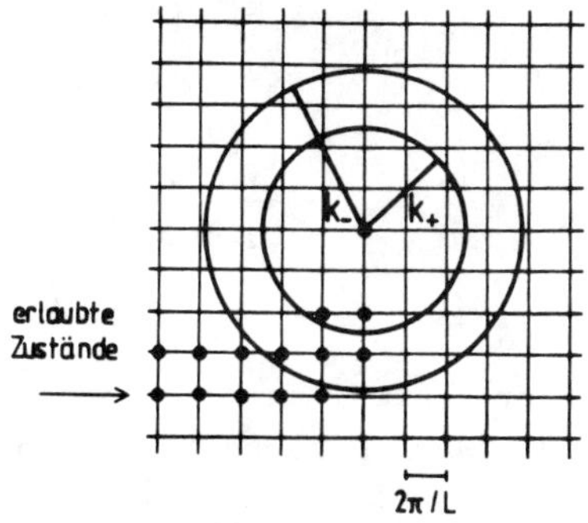

Ist die Fourier-Transformierte der Teilchen-Teilchen-Wechselwirkung eine nur von $|\underline{q}|$ abhängende, monoton fallende Funktion, so erhält man durch diese Besetzungsvorschrift bei vorgegebenen Zahlen N_+ und N_- sicherlich die tiefstmögliche Hartree-Fock-Energie, weil man durch diese Wahl gleichzeitig

1. die kinetische Energie, welche in E_{HF} ja positiv zu Buche schlägt, so klein wie möglich hält

2. die Austauschenergie, welche in E_{HF} negativ zu Buche schlägt, betragsmäßig so groß wie möglich macht, denn eine Kugel ist sicher dasjenige geometrische Objekt, für das die innerhalb gelegenen Punkte die kleinstmöglichen Abstände voneinander besitzen, so daß $\sum_{\underline{k},\underline{\kappa}} v_{|\underline{k}-\underline{\kappa}|}$ für monoton fallendes v_q maximal wird.

Für diese Besetzung der Zustände gilt dann

$$\varepsilon_{\underline{k}}^{(\pm)} = \frac{\hbar^2 k^2}{2m} + u + \frac{N}{\Omega}\cdot v_{\underline{q}=0} - \frac{1}{\Omega}\cdot\sum_{\underline{\kappa}=0}^{k_\pm} v_{(\underline{k}-\underline{\kappa})}$$

und

$$E_{HF} = \sum_{k=0}^{k_+} \frac{\hbar^2 k^2}{2m} + \sum_{k=0}^{k_-} \frac{\hbar^2 k^2}{2m} + N\cdot u + \frac{1}{2}\cdot N\cdot\frac{N}{\Omega}\cdot v_{\underline{q}=0}$$

$$- \frac{1}{2\Omega}\sum_{k=0}^{k_+}\sum_{\kappa=0}^{k_+} v_{(\underline{k}-\underline{\kappa})} \quad - \frac{1}{2\Omega}\sum_{k=0}^{k_-}\sum_{\kappa=0}^{k_-} v_{(\underline{k}-\underline{\kappa})} \quad .$$

Zur expliziten Berechnung dieser Energien ersetzen wir die Summen durch Integrale nach der Vorschrift :

$$\sum_{k=0}^{K} f(\underline{k}) \longrightarrow \frac{\Omega}{(2\pi)^3}\int^{K} d^3k \; f(\underline{k}) \quad .$$

Diese Approximation wird im thermodynamischen Limes, d.h. für einen unendlich großen Würfel, exakt. Sie entspricht gerade dem Übergang von der Fourier-Reihe zum Fourier-Integral. Das von jedem erlaubten Zustand im Impulsraum eingenommene Volumen ist gerade ein Würfel der Kantenlänge $(2\pi/L)$ (siehe obige Zeichnung). Somit enthält jedes Impulsraumvolumenelement d^3k

$$d^3k \,/\, \left[(2\pi)/L\right]^3 = \frac{\Omega}{(2\pi)^3}\, d^3k$$

Zustände. Dies ist der Ursprung des Normierungsfaktors im obigen Impulsintegral.

Die Zahl der Teilchen mit positivem bzw. negativem Spin ergibt sich dann aus

$$N_+ = \frac{\Omega}{(2\pi)^3}\int^{k_+} 1\cdot d^3k = \frac{\Omega}{(2\pi)^3}\cdot 4\pi\,\frac{k_+^{\,3}}{3} = \frac{\Omega}{2}\cdot\frac{k_+^{\,3}}{3\pi^2} \tag{9.1}$$

und

$$N_- = \frac{\Omega}{2}\cdot\frac{k_-^{\,3}}{3\pi^2} \quad . \tag{9.2}$$

Somit beträgt die Dichte des Systems

$$\frac{N}{\Omega} = \frac{N_+}{\Omega} + \frac{N_-}{\Omega} = \frac{1}{2}\cdot\frac{k_+^3}{3\pi^2} + \frac{1}{2}\cdot\frac{k_-^3}{3\pi^2} \quad .$$

Für unpolarisierte Systeme, d.h.

$$N_+ = N_- = N/2 \qquad \text{und damit} \qquad k_+ = k_- =: k_F \quad ,$$

ergibt sich der fundamentale Zusammenhang

$$\frac{N}{\Omega} = \frac{k_F^3}{3\pi^2} \quad . \tag{9.3}$$

Den Impuls k_F des energetisch höchsten, besetzten Zustands bezeichnet man als Fermi-Impuls.

Für die Orbitalenergien erhält man

$$\varepsilon_{\underline{k}}^{(\pm)} = \frac{\hbar^2 k^2}{2m} + u + \frac{N}{\Omega}\cdot v_{\underline{q}=o} - \int^{k_\pm} \frac{d^3\kappa}{(2\pi)^3} v_{(\underline{k}-\underline{\kappa})} \tag{9.4}$$

und die Hartree-Fock-Gesamtenergie beträgt:

$$E_{HF} = \Omega\int^{k_+} \frac{d^3k}{(2\pi)^3}\,\frac{\hbar^2k^2}{2m} + \Omega\int^{k_-} \frac{d^3k}{(2\pi)^3}\,\frac{\hbar^2k^2}{2m}$$

$$+ N\cdot u + \frac{1}{2}\cdot N\cdot\frac{N}{\Omega}\cdot v_{\underline{q}=o}$$

$$- \frac{\Omega}{2}\int^{k_+}\int^{k_+} \frac{d^3k}{(2\pi)^3}\,\frac{d^3\kappa}{(2\pi)^3}\, v_{(\underline{k}-\underline{\kappa})} - \frac{\Omega}{2}\int^{k_-}\int^{k_-} \frac{d^3k}{(2\pi)^3}\,\frac{d^3\kappa}{(2\pi)^3}\, v_{(\underline{k}-\underline{\kappa})} \quad .$$

Im folgenden führen wir den thermodynamischen Limes explizit aus, d.h. wir lassen das Volumen Ω des zugrundeliegenden Würfels und gleichzeitig die Teilchenzahl N derart gegen Unendlich gehen, daß die Dichten (N_+/Ω) und (N_-/Ω) konstant bleiben. Dann bleiben die Impulse

$$k_{\pm} = \left(6\pi^2 \cdot \frac{N_{\pm}}{\Omega}\right)^{1/3}$$

konstant, und es wird offensichtlich, daß alle Energiebeiträge von E_{HF} divergieren. Dies ist angesichts der Tatsache, daß die Energie eine extensive Größe ist, nicht weiter verwunderlich. Man betrachtet daher sinnvollerweise die Hartree-Fock-Energie pro Teilchen (oder pro Volumen). Ferner kann man die kinetischen Energiebeiträge elementar integrieren. Dies führt zum folgenden Gesamtergebnis für die Hartree-Fock-Energie pro Teilchen:

$$\begin{aligned} E_{HF}/N = {} & \frac{\hbar^2}{10m\cdot 2\pi^2}\cdot\frac{1}{(N/\Omega)}\cdot(k_+^5+k_-^5) + u + \frac{1}{2}\cdot\left(\frac{N}{\Omega}\right)\cdot v_{\underline{q}=0} \\ & - \frac{1}{2(N/\Omega)}\cdot\int^{k_+}\!\!\int^{k_+}\frac{d^3k}{(2\pi)^3}\,\frac{d^3\kappa}{(2\pi)^3}\,v_{(\underline{k}-\underline{\kappa})} \\ & - \frac{1}{2(N/\Omega)}\cdot\int^{k_-}\!\!\int^{k_-}\frac{d^3k}{(2\pi)^3}\,\frac{d^3\kappa}{(2\pi)^3}\,v_{(\underline{k}-\underline{\kappa})} \quad . \end{aligned} \qquad (9.5)$$

10. Das homogene Elektronengas in Hartree-Fock-Näherung

In diesem Kapitel werden wir als Beispiel eines translationsinvarianten Systems das homogene Elektronengas (auch Jellium oder freies Elektronengas genannt) diskutieren.
Dabei handelt es sich um ein Modell für manche Metalle, bei dem man annimmt, daß die Ladungsdichte des Ionenhintergrunds gleichmäßig verschmiert ist, so daß sich die Elektronen praktisch frei durch das Material bewegen können. Diese drastische Annahme kann natürlich nur dann als einigermaßen vernünftig gelten, wenn die Elektronen der Ionenrümpfe abgeschlossene Edelgasschalen bilden, so daß die Valenzelektronen nur schwach gebunden und daher im Gitter des Festkörpers nur schwach lokalisiert sind. Daher sollte das Modell des freien Elektronengases insbesondere bei den Alkalimetallen, bei denen das Valenzelektron ja sehr schwach gebunden ist, halbwegs vernünftige Ergebnisse liefern. In der Tat werden wir die Kohäsion der Alkalimetalle recht gut mit dem Modell des freien Elektronengases in Hartree-Fock-Näherung beschreiben können. (Während der Zusammenhalt eines Ionenkristalls wie etwa NaCl unmittelbar aus der elektrostatischen Anziehung der Ionen resultiert, ist die Kohäsion eines Alkalimetalls auf den ersten Blick nicht so einsichtig; sie entsteht anschaulich gerade durch die Delokalisation der Elektronen, d.h. durch die Tatsache, daß die Bindung der Valenzelektronen an 'viele' Ionenrümpfe einen Zustand niedrigerer Energie ergibt als der Zustand separierter Atome.)
Der vollständige Hamilton-Operator für das freie Elektronengas lautet :

$$\hat{H} = \hat{H}_i + \hat{H}_e + \hat{V}_{e-i} \quad .$$

Dabei ist $\hat{H}_i$ der elektrostatische Energieinhalt des Ionen-

Hintergrundes

$$\hat{H}_i = \frac{e^2}{2} \cdot \int\limits_{\Omega} d^3R \int\limits_{\Omega} d^3R' \; \frac{\rho_i(\underline{R}) \cdot \rho_i(\underline{R}')}{|\underline{R} - \underline{R}'|} = \frac{e^2}{2} \cdot \int\limits_{\Omega} d^3R \int\limits_{\Omega} d^3R' \; \frac{(N/\Omega)^2}{|\underline{R} - \underline{R}'|} ,$$

also einfach eine Konstante. $\hat{H}_e$ enthält die kinetische Energie der Elektronen sowie deren wechselseitige Coulomb-Abstoßung:

$$\hat{H}_e = \sum_{i=1}^{N} \frac{\hat{p}_i^{\,2}}{2m} + \frac{1}{2} \cdot \sum_{\substack{i,j=1 \\ i \neq j}}^{N} \frac{e^2}{|\underline{r}_i - \underline{r}_j|} ,$$

und $\hat{V}_{e-i}$ ist die Wechselwirkung der Elektronen mit dem Ionenhintergrund. $\hat{V}_{e-i}$ entspricht also dem externen Potential $\hat{U}$ in der bisherigen Notation:

$$\hat{U} \equiv \hat{V}_{e-i} = - \sum_{i=1}^{N} \int\limits_{\Omega} d^3R \left(\frac{N}{\Omega}\right) \cdot \frac{e^2}{|\underline{r}_i - \underline{R}|} .$$

Zur weiteren Auswertung entwickeln wir das Coulomb-Potential in eine Fourier-Reihe (periodisch bezüglich des zugrundeliegenden Würfels)

$$\frac{e^2}{|\underline{r} - \underline{r}'|} = \frac{1}{\Omega} \sum_{\underline{q}} v_{\underline{q}} \cdot e^{i\underline{q} \cdot (\underline{r} - \underline{r}')} \tag{10.1}$$

mit

$$v_q = \int\limits_{\Omega} d^3R \; e^{-i\underline{q} \cdot \underline{R}} \cdot \frac{e^2}{|\underline{R}|} = \begin{cases} \dfrac{4\pi e^2}{q^2} & \text{für } q \neq 0 \\[2ex] \displaystyle\int\limits_{\Omega} d^3R \; \frac{e^2}{|\underline{R}|} & \text{für } q = 0 \end{cases} .$$

Hieraus folgt

$$\hat{U} = \hat{V}_{e-i} = - \sum_{i=1}^{N} \int\limits_{\Omega} d^3R \left(\frac{N}{\Omega}\right) \cdot \frac{1}{\Omega} \cdot \left(\sum_{q \neq 0} \frac{4\pi e^2}{q^2} \, e^{i\underline{q} \cdot (\underline{r}_i - \underline{R})} + \int\limits_{\Omega} d^3X \; \frac{e^2}{|\underline{X}|} \right)$$

$$= -\left(\frac{N}{\Omega}\right)\cdot\frac{1}{\Omega}\cdot\sum_{i=1}^{N}\Bigg(\underbrace{\sum_{q\neq 0}\frac{4\pi e^2}{q^2}\cdot\underbrace{\int_\Omega d^3R\; e^{i\underline{q}\cdot(\underline{r}_i-\underline{R})}}_{\Omega\cdot\delta_{q,0}}}_{=0} + \underbrace{\int_\Omega d^3R}_{\Omega}\int_\Omega d^3X\;\frac{e^2}{|\underline{X}|}\Bigg)$$

$$= -\,N\cdot\left(\frac{N}{\Omega}\right)\int_\Omega d^3X\;\frac{e^2}{|\underline{X}|} \quad . \tag{10.2}$$

Die Tatsache, daß sich hier ein konstantes Potential ergibt, liegt natürlich an der geforderten (künstlichen) Periodizität des Problems bezüglich des Würfels; man löst gewissermaßen die Poisson-Gleichung mit periodischen Randbedingungen.

Verwendet man Gleichung (9.4) für die Hartree-Fock-Einteilchenenergien, so hebt sich das externe Potential

$$u = U/N = -(N/\Omega)\cdot\int_\Omega d^3X\;\frac{e^2}{|\underline{X}|}$$

gerade mit dem direkten Term $(N/\Omega)\cdot v_{q=o}$ (siehe (10.1)) weg. Somit erhalten wir

$$\varepsilon_{\underline{k}}^{(\pm)} = \frac{\hbar^2 k^2}{2m} - \int^{k_\pm}\frac{d^3k'}{(2\pi)^3}\;\frac{4\pi e^2}{|\underline{k}-\underline{k}'|} \quad .$$

Bei der Berechnung der Gesamtenergie ist der konstante Energiebeitrag H_i des Ionenhintergrundes mitzurechnen. Auf Grund der geforderten Periodizität erhalten wir mit der Substitution $\underline{X} := \underline{R} - \underline{R}'$

$$H_i = \frac{1}{2}\cdot\left(\frac{N}{\Omega}\right)^2\cdot\int_\Omega d^3R\int_\Omega d^3R'\;\frac{e^2}{|\underline{R}-\underline{R}'|}$$

$$= \frac{1}{2}\cdot\left(\frac{N}{\Omega}\right)^2\cdot\underbrace{\int_\Omega d^3R}_{\Omega}\int_\Omega d^3X\;\frac{e^2}{|\underline{X}|}$$

$$= \frac{1}{2}\cdot N\cdot\left(\frac{N}{\Omega}\right)\cdot\int d^3x\ \frac{e^2}{|\underline{x}|} \qquad . \qquad (10.3)$$

Verwendet man nun die Gleichung (9.5) für die Hartree-Fock-Energie pro Teilchen, so heben sich die konstanten Terme u und $\frac{1}{2}\cdot(\frac{N}{\Omega})\cdot v_{\underline{q}=0}$ gerade mit dem Beitrag des Ionenhintergrundes weg, so daß sich insgesamt ergibt :

$$E_{HF}^{e-gas}/N = H_i/N + E_{HF}/N$$

$$= \frac{\hbar^2}{10m\cdot 2\pi^2}\cdot\frac{1}{(N/\Omega)}\cdot(k_+^{\ 5} + k_-^{\ 5})$$

$$- \frac{1}{2(N/\Omega)}\cdot\int^{k_+}\int^{k_+}\frac{d^3k}{(2\pi)^3}\ \frac{d^3k'}{(2\pi)^3}\ \frac{4\pi e^2}{|\underline{k}-\underline{k}'|}$$

$$- \frac{1}{2(N/\Omega)}\cdot\int^{k_-}\int^{k_-}\frac{d^3k}{(2\pi)^3}\ \frac{d^3k'}{(2\pi)^3}\ \frac{4\pi e^2}{|\underline{k}-\underline{k}'|} \qquad .$$

Die Berechnung des Austauschintegrals sei im folgenden kurz angedeutet. Wir wählen die z-Achse bei der Integration über $\underline{k}'$ parallel zum jeweiligen $\underline{k}$. Dann folgt

$$|\underline{k}-\underline{k}'|^2 = (\underline{k}-\underline{k}')\cdot(\underline{k}-\underline{k}') = k^2 + k'^2 - 2\,k\,k'\cdot\cos\theta$$

mit der Kugelkoordinate θ. Somit ergibt sich :

$$\frac{4\pi\ e^2}{(2\pi)^3}\int^{k_\pm} d^3k'\ \frac{1}{|\underline{k}-\underline{k}'|^2} = \frac{4\pi\ e^2}{(2\pi)^3}\int_0^{k_\pm} k'^2 dk'\int_0^{\pi}\int_0^{2\pi}\frac{\sin\theta\,d\theta\,d\varphi}{k^2+k'^2-2k'k\cos\theta} \ ,$$

und die Substitution $x := \cos\theta$ liefert :

$$= \frac{4\pi\ e^2}{(2\pi)^2}\int_0^{k_\pm} k'^2 dk'\int_{-1}^{1}\frac{dx}{k^2+k'^2-2k\,k'\,x}$$

$$= \frac{e^2}{\pi}\cdot\int_0^{k_\pm} dk'\ \frac{k'}{k}\ \ln\left|\frac{k+k'}{k-k'}\right| \qquad .$$

Auch dieses Integral läßt sich elementar auswerten. Letztendlich erhalten wir für die Einteilchenenergien damit :

$$\varepsilon_{\underline{k}}^{(\pm)} = \frac{\hbar^2 k^2}{2m} - \frac{e^2}{\pi} \cdot \left\{ k_\pm + \frac{1}{2k}(k_\pm^2 - k^2) \cdot \ln\left|\frac{k_\pm + k}{k_\pm - k}\right| \right\} \quad .$$

Zur Berechnung des Austauschbeitrags zur Gesamtenergie pro Teilchen ist eine weitere (eindimensionale) Integration über k erforderlich, welche ebenfalls elementar durchführbar ist. Das Endergebnis lautet :

$$E_{HF}^{e-gas}/N = \frac{\hbar^2}{10m \cdot 2\pi^2} \cdot \frac{1}{(N/\Omega)} \cdot (k_+^5 + k_-^5)$$

$$- \frac{e^2}{(2\pi)^3} \cdot \frac{1}{(N/\Omega)} \cdot (k_+^4 + k_-^4) \quad . \qquad (10.4)$$

Eine häufig verwendete Darstellung der Hartree-Fock-Energie pro Teilchen ergibt sich, wenn man die Fermi-Impulse k_+ und k_- durch die Dichte

$$n := \frac{N}{\Omega}$$

und die Magnetisierung oder Spinpolarisation

$$\xi := \frac{N_+ - N_-}{N}$$

ausdrückt. Ein unpolarisiertes System entspricht dann dem Spezialfall $\xi=0$, während man für $\xi=\pm 1$ ein total polarisiertes ("ferromagnetisches") System erhält.

Aus $\quad N_- = N - N_+ \quad$, also $\quad \xi = \dfrac{2N_+ - N}{N} \quad$,

folgt dann $\left\{ \begin{array}{l} N_+ = (1+\xi) \cdot N/2 \\ N_- = (1-\xi) \cdot N/2 \end{array} \right.$, so daß sich nach Gleichung (9.1) und (9.2) ergibt

$$k_\pm = \left(6\pi^2 \cdot N_\pm/\Omega\right)^{1/3} = \left(3\pi^2 \left(\frac{N}{\Omega}\right)(1\pm\xi)\right)^{1/3} = (3\pi^2 n)^{1/3} \cdot (1\pm\xi)^{1/3} \quad .$$

Setzt man diesen Ausdruck in Gleichung (10.4) ein, so ergibt sich

$$E_{HF}^{e-gas}/N = \frac{\hbar^2}{m}\cdot\frac{3}{10}\cdot(3\pi^2 n)^{2/3}\cdot\frac{1}{2}\cdot\left[(1+\xi)^{5/3} + (1-\xi)^{5/3}\right]$$

$$- e^2\cdot\frac{3}{4\pi}\cdot(3\pi^2 n)^{1/3}\cdot\frac{1}{2}\cdot\left[(1+\xi)^{4/3} + (1-\xi)^{4/3}\right] \qquad (10.5)$$

Eine weitere Darstellung dieses Resultats ergibt sich, wenn man die Energie pro Teilchen nicht als Funktion der Dichte, sondern statt dessen als Funktion des sogenannten Wigner-Seitz-Radius r_s ausdrückt. Diese Größe ist definiert als Radius derjenigen Kugel, die dem Volumen pro Teilchen entspricht :

$$\frac{\Omega}{N} = \frac{1}{n} = \frac{4\pi}{3} r_s^3 \quad . \qquad (10.6)$$

Setzt man diese Definition in Gleichung (10.5) ein und vereinbart weiter, daß alle Längen in Einheiten des Bohrschen Radius $a_o=\hbar^2/(me^2)$ gemessen werden, so erhält man

$$E_{HF}^{e-gas}/N = \frac{e^2}{2a_o}\cdot\left\{\frac{2.21}{r_s^2}\cdot\frac{1}{2}\cdot\left[(1+\xi)^{5/3} + (1-\xi)^{5/3}\right]\right.$$

$$\left. - \frac{0.916}{r_s}\cdot\frac{1}{2}\cdot\left[(1+\xi)^{4/3} + (1-\xi)^{4/3}\right]\right\} \quad . \qquad (10.7)$$

Aus dieser allgemeinen Formel können wir unter anderem entnehmen, daß für das unpolarisierte Elektronengas gilt :

$$E_{HF}^{e-gas}(\xi=0)/N = \frac{e^2}{2a_o}\left(\frac{2.21}{r_s^2} - \frac{0.916}{r_s}\right) \quad , \qquad (10.8)$$

und daß für das total polarisierte Elektronengas gilt

$$E_{HF}^{e-gas}(\xi=1)/N < E_{HF}^{e-gas}(\xi=0)/N \quad ,$$

wenn r_s größer als etwa $5.45\cdot a_o$ ist.

Daher ist für diesen Fall ein Phasenübergang in den ferromagnetischen Zustand zu erwarten. Leider gibt es keine Metalle mit so niedrigen Dichten, man kann also einen derartigen Phasenübergang nicht beobachten. Immerhin ergibt sich aus dem Modell des freien Elektronengases richtigerweise, daß die Alkalimetalle (für die das Modell ja in erster Linie gemacht war) nicht ferromagnetisch sind. Der bei anderen Substanzen auftretende Ferromagnetismus ist allerdings ein viel komplizierteres Phänomen.

Tragen wir die Energie pro Teilchen (für ein unpolarisiertes System) gegen r_s auf, so ergibt sich etwa folgendes Bild :

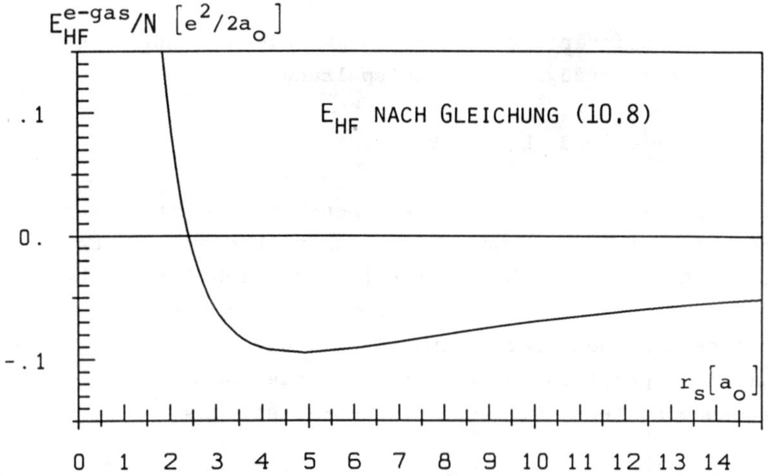

Da die Hartree-Fock-Energie kleiner als Null wird und andererseit eine obere Schranke der exakten Grundzustandsenergie bildet, haben wir mithin bewiesen, daß das System gebunden ist. Damit haben wir ein einfaches Modell für die Kohäsion der Alkalimetalle gefunden. Die theoretisch berechneten Werte

$$(E^{e-gas}_{HF}/N)^{min} = -1.29 \text{ eV} \quad , \quad r_s^{min} = 4.83 \, a_o$$

stimmen überraschend gut mit dem Experiment überein, das z.B. für Natrium liefert

$$(E/N)^{exp}_{Na} = -1.13 \text{ eV} \quad , \quad r_s^{exp} = 3.96 \, a_o \quad .$$

In Kapitel 7 wurde allgemein gezeigt, daß die Hartree-Fock-Energie gerade der Störungsentwicklung bis zur ersten Ordnung

$$E_{HF} = E^{(0)} + E^{(1)} = \langle\Phi|\hat{H}_o|\Phi\rangle + \langle\Phi|\hat{H}'|\Phi\rangle \qquad (10.9)$$

entspricht, wenn man die Differenz zwischen dem exakten Hamilton-Operator und dem Hartree-Fock-Operator als Störung betrachtet :

$$\hat{H}_o = \hat{H}_{HF} \quad \text{und} \quad \hat{H}' = \hat{H} - \hat{H}_{HF} = \hat{V} - \sum_i \hat{f}_i \ .$$

Bei translationsinvarianten Systemen im obigen Sinne gilt (10.9) aber auch bezüglich der Aufspaltung

$$\hat{H}_o = \sum_i \frac{\hat{p}_i^{\,2}}{2m} \quad \text{und} \quad \hat{H}' = \hat{V} \quad ,$$

bei der man die volle Teilchen-Teilchen-Wechselwirkung als Störung betrachtet. Auch wenn diese Behauptung angesichts der obigen Diskussion schon fast offensichtlich ist, wollen wir sie im folgenden für das Elektronengas noch einmal explizit nachrechnen. Dazu verwenden wir die Darstellung (5.6) des Hamilton-Operators in zweiter Quantisierung mit den Fourier-Komponenten (10.1) des Coulomb-Potentials :

$$\hat{H} = \hat{H}_i + \hat{V}_{e-i} + \hat{H}_e$$

$$= \hat{H}_i + \hat{V}_{e-i} + \sum_{(\underline{k}\sigma)} \frac{\hbar^2 k^2}{2m} \hat{a}^+_{\underline{k}\sigma} \hat{a}_{\underline{k}\sigma} + \frac{1}{2\Omega}\cdot(N^2-N)\cdot v_{\underline{q}=0}$$

$$+ \frac{1}{2\Omega} \sum_{\underline{q}\neq 0} \sum_{(\underline{k}\sigma)} \sum_{(\underline{k}'\sigma')} \frac{4\pi e^2}{q^2} \hat{a}^+_{(\underline{k}+\underline{q})\sigma} \hat{a}_{(\underline{k}'-\underline{q})\sigma'} \hat{a}_{\underline{k}'\sigma'} \hat{a}_{\underline{k}\sigma} \ .$$

Der Beitrag der Fourier-Komponente $v_{q=0}$ wurde dabei unter Verwendung der Fermi-Vertauschungsrelationen (2.3) separat berechnet. Die konstanten Terme $\hat{H}_i$, $\hat{V}_{e-i}$ und $\frac{N^2}{2\Omega}\cdot v_{q=0}$ heben sich gegenseitig weg (vgl. (10.1), (10.2) und (10.3)).
Der verbleibende konstante Ausdruck

$$-\frac{N}{2\Omega}\cdot v_{\underline{q}=0} = -\frac{N}{2\Omega}\cdot\int_{\Omega} d^3R\ \frac{e^2}{|\underline{R}|}$$

kann im thermodynamischen Limes vernachlässigt werden. Um dies einzusehen, transformieren wir auf den Einheitswürfel durch die Skalierung $R^{neu}=R^{alt}/L$. Dies liefert

$$-\frac{N}{2\Omega}\cdot v_{\underline{q}=0} = -\frac{N}{2\Omega}\cdot L^2\cdot\int_{-1}^{1} d^3R\ \frac{e^2}{|\underline{R}|} = -\frac{c\cdot N}{2\cdot\Omega^{1/3}}$$

mit einer vom Volumen unabhängigen Konstanten c. Der entsprechende Energiebeitrag <u>pro Teilchen</u> wird daher im thermodynamischen Grenzwert proportional zu $\Omega^{-1/3}$ verschwinden.
Somit verbleibt insgesamt

$$\hat{H} = \sum_{(\underline{k}\sigma)} \frac{\hbar^2k^2}{2m}\,\hat{a}^+_{\underline{k}\sigma}\hat{a}_{\underline{k}\sigma} + \frac{1}{2\Omega}\sum_{\substack{(\underline{k}\sigma)\\(\underline{k}'\sigma')}}\ \sum_{\underline{q}\neq o}\frac{4\pi e^2}{q^2}\,\hat{a}^+_{(\underline{k}+\underline{q})\sigma}\hat{a}^+_{(\underline{k}'-\underline{q})\sigma'}\hat{a}_{\underline{k}'\sigma'}\hat{a}_{\underline{k}\sigma}\ . \tag{10.10}$$

Wir wollen nun diese Darstellung des Hamilton-Operators zum Beweis der obigen Behauptung benutzen, daß die Hartree-Fock-Energie des Elektronengases gerade der nullten plus ersten Ordnung Störungstheorie entspricht, wenn man die volle Wechselwirkung als Störung betrachtet. Da die nullte Ordnung direkt die kinetische Energie des Elektronengases liefert, bleibt nur zu zeigen, daß das Matrixelement erster Ordnung

$$E^{(1)} = \frac{1}{2\Omega}\cdot\sum_{(\underline{k}\sigma)}\sum_{(\underline{k}'\sigma')}\ \sum_{\underline{q}\neq o}\frac{4\pi e^2}{q^2}\langle\Phi|\hat{a}^+_{(\underline{k}+\underline{q})\sigma}\hat{a}^+_{(\underline{k}'-\underline{q})\sigma'}\hat{a}_{\underline{k}'\sigma'}\hat{a}_{\underline{k}\sigma}|\Phi\rangle$$

bezüglich der Grundzustands-Slater-Determinante $|\Phi\rangle$ gerade den oben berechneten Austauschterm der Hartree-Fock-Energie liefert. Das auftretende Matrixelement ist höchstens dann von Null verschieden, wenn die erzeugten Zustände gerade den vernichteten entsprechen, also wenn

entweder

$$(\underline{k}+\underline{q},\sigma) = (\underline{k}',\sigma') \quad \text{und} \quad (\underline{k}'-\underline{q},\sigma') = (\underline{k},\sigma)$$

oder

$$(\underline{k}+\underline{q},\sigma) = (\underline{k},\sigma) \quad \text{und} \quad (\underline{k}'-\underline{q},\sigma') = (\underline{k}',\sigma')$$

gilt. Die zweite Möglichkeit entfällt, da sie gleichbedeutend mit $\underline{q}=o$ und somit in der Summe gerade ausgeschlossen ist. Das Matrixelement hat folglich nur dann von Null verschiedene Werte, wenn $\underline{q}=\underline{k}'-\underline{k}$ und $\sigma=\sigma'$ gilt. Wir können also schreiben :

$$\langle\Phi|\hat{a}^+_{(\underline{k}+\underline{q})\sigma}\,\hat{a}^+_{(\underline{k}'-\underline{q})\sigma'}\,\hat{a}_{\underline{k}'\sigma'}\,\hat{a}_{\underline{k}\sigma}|\Phi\rangle$$

$$= \delta_{\underline{q},(\underline{k}'-\underline{k})}\cdot\delta_{\sigma\sigma'}\cdot\langle\Phi|\hat{a}^+_{\underline{k}'\sigma}\,\hat{a}^+_{\underline{k}\sigma}\,\hat{a}_{\underline{k}'\sigma}\,\hat{a}_{\underline{k}\sigma}|\Phi\rangle \quad .$$

Da wegen $\underline{q}\neq o$ und $\underline{k}'=\underline{k}+\underline{q}$ stets $\underline{k}\neq\underline{k}'$ gilt, können wir die beiden mittleren Operatoren antivertauschen und erhalten weiter

$$= -\delta_{\underline{q},(\underline{k}'-\underline{k})}\cdot\delta_{\sigma\sigma'}\cdot\langle\Phi|\hat{a}^+_{\underline{k}'\sigma}\,\hat{a}_{\underline{k}'\sigma}\,\hat{a}^+_{\underline{k}\sigma}\,\hat{a}_{\underline{k}\sigma}|\Phi\rangle$$

$$= -\delta_{\underline{q},(\underline{k}'-\underline{k})}\cdot\delta_{\sigma\sigma'}\cdot n_{\underline{k}'\sigma}\cdot n_{\underline{k}\sigma} \quad .$$

Für die Energieverschiebung erster Ordnung gilt also :

$$E^{(1)} = -\frac{1}{2\Omega}\cdot\sum_{\sigma}\sum_{\underline{k},\underline{k}'}\frac{4\pi e^2}{|\underline{k}-\underline{k}'|^2}\cdot n_{\underline{k}'\sigma}\cdot n_{\underline{k}\sigma} \quad .$$

Wählen wir nun die oben diskutierte Grundzustandsbesetzung

$$n_{\underline{\kappa}\sigma} = \begin{cases} \theta(k_+-\kappa) & \text{für } \sigma = \text{"+"} \\ \theta(k_--\kappa) & \text{für } \sigma = \text{"-"} \end{cases} ,$$

so ergibt sich genau der frühere Austauschterm

$$E^{(1)} = -\frac{1}{2\Omega}\sum_{\underline{k}=o}^{k_+}\sum_{\underline{k}'=o}^{k_+}\frac{4\pi e^2}{|\underline{k}-\underline{k}'|^2} - \frac{1}{2\Omega}\cdot\sum_{\underline{k}=o}^{k_-}\sum_{\underline{k}'=o}^{k_-}\frac{4\pi e^2}{|\underline{k}-\underline{k}'|^2} \quad ,$$

was zu beweisen war.

An dieser Stelle drängt sich die Frage auf, ob man nicht einen Teil der Korrelation in einfacher Weise durch Einschließung höherer störungstheoretischer Ordnungen berechnen kann. Diese Frage kann zwar grundsätzlich mit ja beantwortet werden, die Berechnung ist allerdings alles andere als einfach. Es zeigt sich nämlich, daß jede weitere störungstheoretische Ordnung für sich genommen divergiert.
Erst die Aufsummation der gesamten Reihe, die für den Grenzfall hoher Dichten ($r_s \to o$) mit diagrammatischen Methoden möglich ist, liefert ein endliches, vernünftiges Ergebnis. Nach einer ausgiebigen Diskussion der Feynman-Graphen werden wir auf dieses Problem zurückkommen. Vorerst werden wir allerdings eine andere Möglichkeit zur Berücksichtigung wenigstens eines Teils der Korrelationsenergie diskutieren, die auf der Beobachtung beruht, daß die im Vorstehenden erwähnten Divergenzen in den höheren störungstheoretischen Ordnungen durch den langreichweitigen Schwanz des Coulomb-Potentials entstehen. Es liegt daher nahe, die volle Coulomb-Wechselwirkung in einen kurzreichweitigen und einen langreichweitigen Beitrag aufzuspalten. Die Korrelationsenergie des kurzreichweitigen Anteils kann man dann z.B. in Störungstheorie zweiter Ordnung berechnen, denn dieser Anteil sollte nicht zu divergenten Ausdrücken führen. Zur Berechnung der langreichweitigen Korrelation ist dann allerdings ein nichtperturbatives Verfahren (oder die Aufsummation unendlich vieler Ordnungen) erforderlich.

Die Aufspaltung in einen langreichweitigen und einen kurzreichweitigen Anteil kann man folgendermaßen vornehmen :

$$\hat{H} = \sum_i \frac{\hat{p}_i^2}{2m} + \frac{1}{2} \cdot \sum_{i \neq j} \sum_{\underline{k} \neq o} \frac{4\pi e^2}{\Omega \cdot k^2} \cdot e^{i \cdot \underline{k} \cdot (\underline{r}_i - \underline{r}_j)} = \sum_i \frac{\hat{p}_i^2}{2m} + \hat{V}_{sr} + \hat{V}_{lr}$$

mit

$$\hat{V}_{sr} = \frac{1}{2} \cdot \sum_{i \neq j} \sum_{k > k_c} \frac{4\pi e^2}{\Omega \cdot k^2} \cdot e^{i \cdot \underline{k} \cdot (\underline{r}_i - \underline{r}_j)} \qquad (10.11)$$

und

$$\hat{V}_{lr} = \frac{1}{2} \cdot \sum_{i \neq j} \sum_{\substack{k \leq k_c \\ k \neq o}} \frac{4\pi e^2}{\Omega \cdot k^2} \cdot e^{i \cdot \underline{k} \cdot (\underline{r}_i - \underline{r}_j)} \quad . \qquad (10.12)$$

Dabei ist der "Grenzimpuls" k_c eine geeignet gewählte Konstante, auf deren genaue Bestimmung wir später zurückkommen.

Daß V_{sr} tatsächlich ein kurzreichweitiges Potential ist, zeigt die Fourier-Rücktransformation :

$$\sum_{k > k_c} \frac{4\pi/\Omega}{k^2} \cdot e^{i \cdot \underline{k} \cdot (\underline{r}_i - \underline{r}_j)} = \frac{F(k_c \cdot |\underline{r}_i - \underline{r}_j|)}{|\underline{r}_i - \underline{r}_j|}$$

mit

$$F(y) = 1 - \frac{2}{\pi} \cdot \int_o^y \frac{\sin(x)}{x} \, dx = 1 - \frac{2}{\pi} \cdot \mathrm{Si}(y) \quad .$$

Aus den Eigenschaften des Integralsinus Si folgt, daß F(y) für große y oszillierend gegen 0 strebt und daß der Funktionswert F(0) gleich 1 ist. Man erhält also in der Tat ein vernünftig abgeschirmtes Coulomb-Potential.

Der langreichweitige Anteil, der sich gerade aus der Differenz mit dem exakten Coulomb-Potential ergibt zu

$$\frac{(2/\pi) \cdot \mathrm{Si}(k_c \cdot |\underline{r}_i - \underline{r}_j|)}{|\underline{r}_i - \underline{r}_j|} \quad ,$$

ist endlich bei $\underline{r}_i - \underline{r}_j = \underline{o}$ und hat dort den Wert $(2/\pi) k_c$.

Zum Abschluß dieses Kapitels sei noch das Resultat für die Korrelationsenergie des kurzreichweitigen Anteils in Störungstheorie zweiter Ordnung angegeben.

Zu berechnen ist:

$$E_{corr}^{(sr)} = -\sum_n \frac{|\langle \Phi_n | \hat{V}_{sr} | \Phi_o \rangle|^2}{E_n - E_o}$$

Φ_o ist die Slater-Determinante der ebenen Wellen in Grundzustandsbesetzung und E_o die zugehörige kinetische Energie ($\hat{H}_o$-Erwartungswert). Die Summe läuft im Prinzip über das gesamte vollständige System aller Konfigurationen Φ_n, die man aus ebenen Wellen aufbauen kann. Das Matrixelement

$$\langle \Phi_n | \hat{V}_{sr} | \Phi_o \rangle = \frac{1}{2\Omega} \cdot \sum_{\substack{(\underline{p}\sigma) \\ (\underline{p}'\sigma')}} \sum_{k>k_c} \frac{4\pi e^2}{k^2} \langle \Phi_n | \hat{a}^+_{(\underline{p}+\underline{k})\sigma} \hat{a}^+_{(\underline{p}'-\underline{k})\sigma'} \hat{a}_{\underline{p}'\sigma'} \hat{a}_{\underline{p}\sigma} | \Phi_o \rangle$$

verschwindet allerdings, sobald sich die Konfiguration Φ_n um mehr als zwei Orbitale von Φ_o unterscheidet. Auf diese Weise kann man die Summe drastisch reduzieren. Die verbleibenden Terme lassen sich aufintegrieren mit dem Ergebnis
Many-Electron Theory, North-Holland (Amsterdam,1972), Kapitel 4.4 und 9.4). Die dominanten Beiträge in (k_c/k_F) lauten

$$E_{corr}^{(sr)} / N = \left(\frac{2}{\pi^2}(1-\ln 2) \cdot \ln(k_c/k_F)^2 \right) \frac{e^2}{2a_o} + C \quad . \tag{10.13}$$

Für die Konstante C verwenden wir die von Raimes angegebene heuristische Abschätzung

$$C = -0.0095 \frac{e^2}{2a_o} \quad .$$

Solange der Wert von k_c nicht festgelegt ist, kann man allerdings mit diesem Ergebnis nicht viel anfangen. Die endgültige Bestimmung von k_c erfolgt im nächsten Kapitel, wenn wir die langreichweitige Korrelation mit dem Konzept der Plasmaschwingungen diskutieren.

11. Langreichweitige Korrelation im Elektronengas : Plasmonen

Ein Gas geladener Teilchen, die sich vor einem neutralisierenden Hintergrund entgegengesetzt geladener Teilchen bewegen, bezeichnet man als neutrales Plasma. Schon aus der klassischen Plasmaphysik, etwa von Gasentladungsröhren, weiß man, daß ein solches System kollektive Dichteschwingungen, sogenannte Plasma-Oszillationen, ausführen kann. Die grundlegende Frequenz solcher Schwingungen kann man sich leicht anhand einer klassischen Überlegung herleiten: Nehmen wir an, wir verschieben eine Gruppe von Ladungen um eine Strecke $\underline{x}$. Ist n die Teilchendichte dieser Ladungen, so entsteht dadurch eine Polarisation

$$\underline{P} = n \cdot e \cdot \underline{x} \quad ,$$

welche wiederum ein elektrisches Feld

$$\underline{E} = - 4\pi \cdot \underline{P}$$

entstehen läßt. Dieses wirkt als rücktreibende Kraft $e\underline{E}$ auf die Ladungsgruppe zurück, so daß deren Bewegung durch die Newtonsche Gleichung

$$m \cdot \ddot{\underline{x}} = - 4 \cdot \pi \cdot n \cdot e^2 \cdot \underline{x}$$

beschrieben wird. Dies ist die Gleichung eines harmonischen Oszillators mit der Frequenz

$$\omega_p = \sqrt{\frac{4 \pi e^2 \cdot n}{m}} \quad , \tag{11.1}$$

die man allgemein als Plasmafrequenz bezeichnet.

Man kann erwarten, daß auch das Elektronengas in Metallen solche Plasmaschwingungen auszuführen vermag, und man findet in der Tat einen deutlichen experimentellen Hinweis :

Beschießt man das Metall mit Elektronen einer festen Energie, so zeigt das Energieverlustspektrum, also die Rate $N(\Delta E)/N$ derjenigen Elektronen, die einen Energieverlust ΔE erlitten haben, deutliche Maxima bei ganzzahligen Vielfachen von $\hbar\omega_p$. Es werden also ein oder mehrere Plasmaschwingungsquanten, sogenannte Plasmonen, angeregt.

Verwenden wir die Definition (10.6) des atomaren Radius r_s, so können wir die Plasmafrequenz durch diesen ausdrücken :

$$\hbar\,\omega_p = \frac{\sqrt{3}}{r_s^{3/2}} \cdot \frac{e^2}{a_o} \quad .$$

Bei metallischen Dichten ergeben sich für $\hbar\omega_p$ Werte zwischen 3 und 30 eV. Verglichen mit thermischen Anregungen der Elektronen von ca. 0.02 eV bei Zimmertemperatur sind dies sehr große Werte.

Wenn solche Plasmaschwingungen des Elektronengases auftreten können, dann liegt es nahe, zu versuchen, den Hamilton-Operator derart umzuformen, daß er explizit einen Harmonischen-Oszillator-Anteil der Form

$$\frac{1}{2}\left(\hat{P}^+_{\underline{k}}\hat{P}_{\underline{k}} + \omega_p^2\, \hat{Q}^+_{\underline{k}}\hat{Q}_{\underline{k}} \right)$$

in geeigneten kollektiven Koordinaten $Q_{\underline{k}}$ und zugehörigen Impulsen $P_{\underline{k}}$ enthält. Ein solches Vorgehen wurde erstmalig von D. Bohm und D. Pines (Phys.Rev. 82,625(1951); 85,338 (1952); 92,609(1953)) vorgeschlagen. Die Transformation des Hamilton-Operators besteht aus mehreren Schritten: Zuerst suchen wir geeignete kollektive Koordinaten

$$\hat{Q}_{\underline{k}} = Q_{\underline{k}}(\hat{\underline{r}}_1,\ldots,\hat{\underline{r}}_N) \quad ,$$

die zunächst als Funktionen der Elektronenkoordinaten dargestellt werden. Solange wir lediglich einen Teil des Hamilton-Operators durch diese kollektiven Koordinaten ausdrücken, gewinnen wir noch nicht viel. Entscheidend ist vielmehr, daß wir unabhängige Variable $Q_{\underline{k}}$ einführen und als Nebenbedingung

$$\hat{Q}_{\underline{k}} \quad \text{entspricht} \quad \hat{\tilde{Q}}_{\underline{k}} = \tilde{Q}_{\underline{k}}(\hat{\underline{r}}_i)$$

verwenden. Wir werden sehen, in welchem Sinn die Operatoren $\hat{Q}_{\underline{k}}$ die Operatoren $\hat{\tilde{Q}}_{\underline{k}}$ ersetzen können. Grundsätzlich suchen wir Lösungen der Schrödingergleichung

$$H(\hat{\underline{r}}_i,\hat{\underline{p}}_i)\ \Psi(\underline{r}_i) = E\cdot\Psi(\underline{r}_i) \quad ,$$

die unabhängig von $Q_{\underline{k}}$ sind, d.h.

$$\frac{\partial}{\partial Q_{\underline{k}}}\Psi = 0$$

oder ausgedrückt durch die kanonischen Impulse $\hat{P}_{\underline{k}} = -i\hbar\frac{\partial}{\partial Q_{\underline{k}}}$

$$\hat{P}_{\underline{k}}\ \Psi = 0 \ . \tag{11.2}$$

Unter dieser Bedingung können wir die Schrödingergleichung etwas umformen, indem wir Null addieren :

$$\left[\, H(\hat{\underline{r}}_i,\hat{\underline{p}}_i) + \tilde{H}(\hat{P}_{\underline{k}})\,\right]\Psi(\underline{r}_i) = E\cdot\Psi(\underline{r}_i) \ .$$

Die veränderte Schrödingergleichung werden wir schließlich in die gewünschte Form bringen, indem wir eine unitäre Transformation $\hat{U}$ ausführen derart, daß die entstehende Gleichung

$$\underbrace{(\hat{U}^{+}(\hat{H}+\hat{\tilde{H}})\hat{U})}_{=:\ \mathcal{H}(\hat{Q}_{\underline{k}},\hat{P}_{\underline{k}},\hat{\underline{r}}_i,\hat{\underline{p}}_i)}\ (\hat{U}^{+}\Psi) = E\cdot\underbrace{(\hat{U}^{+}\Psi)}_{=:\ \Psi(Q_{\underline{k}},\underline{r}_i)} \tag{11.3}$$

einen Harmonischen-Oszillator-Anteil enthält. Die transformierte Wellenfunktion ist jetzt explizit von den kollektiven Koordinaten abhängig. Nach wie vor sind wir aber nur an solchen Lösungen interessiert, die die (transformierte) Bedingung (11.2) erfüllen :

$$0 = (\hat{U}^{+}\hat{P}_{\underline{k}}\hat{U}) \hat{U}^{+}(\Psi(\underline{r}_i))$$

$$= (\hat{U}^{+}\hat{P}_{\underline{k}}\hat{U}) \Psi(\underline{r}_i, Q_{\underline{k}}) \quad .$$

Das so erhaltene Problem lösen wir in Störungstheorie, wobei der Oszillator-Anteil und die verbleibende kinetische Energie der Elektronen als H_o-Problem gewählt wird. Die Grundzustandswellenfunktion nullter Ordnung wird sich daher aus einer Slater-Determinante von ebenen Wellen und einem Produkt von Oszillatorfunktionen bezüglich der kollektiven Koordinaten zusammensetzen. Im folgenden diskutieren wir die einzelnen Schritte der Transformation im Detail :

Zur Definition der kollektiven Koordinaten betrachten wir zunächst die Fourier-Zerlegung der Dichte :

$$\rho(\underline{r}) = \frac{1}{\Omega} \sum_{\underline{k}} \rho_{\underline{k}} \, e^{i \cdot \underline{k} \cdot \underline{r}}$$

mit $\rho_{\underline{k}} = \int \rho(\underline{r}) \, e^{-i \cdot \underline{k} \cdot \underline{r}} \, d^3r$

Fassen wir die Dichte als Matrixelement des früher definierten Dichteoperators $\hat{\rho}(\underline{r})$ (vergleiche Kapitel 6) auf

$$\rho(\underline{r}) = \langle \Psi | \hat{\rho}(\underline{r}) | \Psi \rangle$$

und führen Operatoren $\hat{\rho}_{\underline{k}}$ ein durch

$$\rho_{\underline{k}} =: \langle \Psi | \hat{\rho}_{\underline{k}} | \Psi \rangle$$

so können wir die Fourier-Zerlegung auch als Operatorgleichung deuten :

$$\hat{\rho}(\underline{r}) = \frac{1}{\Omega} \sum_{\underline{k}} e^{i \cdot \underline{k} \cdot \underline{r}} \, \hat{\rho}_{\underline{k}}$$

Die Fourier-Komponenten lauten explizit :

$$\hat{\rho}_{\underline{k}} = \int \hat{\rho}(\underline{r})\, e^{-i\cdot\underline{k}\cdot\underline{r}}\, d^3r$$

$$= \int \left(\sum_{j=1}^{N} \delta(\underline{r}-\hat{\underline{r}}_j) \right) e^{-i\cdot\underline{k}\cdot\underline{r}}\, d^3r$$

$$= \sum_{j=1}^{N} e^{-i\cdot\underline{k}\cdot\hat{\underline{r}}_j} \quad .$$

Diese Impulskomponenten entsprechen anschaulich sich bewegenden Dichtegrüppchen, die gemäß der obigen klassischen Überlegung Schwingungen ausführen. Es liegt daher nahe, diese als kollektive Koordinaten zu wählen. Aus Bequemlichkeit schließen wir noch einen konstanten Faktor mit ein und definieren :

$$\tilde{Q}_{\underline{k}}(\hat{r}_i) := i\, M_k\, \hat{\rho}_{\underline{k}} \qquad \text{mit} \quad M_k := \sqrt{\frac{4\pi e^2}{k^2\, \Omega}} \quad .$$

Offensichtlich gilt

$$(\hat{\rho}_{\underline{k}})^+ = \sum_{j=1}^{N} e^{+i\cdot\underline{k}\cdot\hat{\underline{r}}_j^+} = \sum_{j=1}^{N} e^{-i\cdot(-\underline{k})\cdot\hat{\underline{r}}_j} = \hat{\rho}_{(-\underline{k})} \quad ,$$

und daher

$$\hat{\tilde{Q}}_{\underline{k}}^{\,+} = -\hat{\tilde{Q}}_{(-\underline{k})} \quad ,$$

in Übereinstimmung mit der Eigenschaft der $\hat{\tilde{Q}}_{\underline{k}}$, den Impuls einer ebenen Welle $\varphi_\nu(\underline{r}_\nu) = \exp(i\cdot\underline{k}'\cdot\underline{r}_\nu)$ um $\underline{k}$ zu ändern :

$$\hat{\tilde{Q}}_{\underline{k}}\, \varphi_\nu(\underline{r}_\nu) = i\, M_k\, e^{-i\cdot\underline{k}\cdot\underline{r}_\nu}\, e^{i\cdot\underline{k}'\cdot\underline{r}_\nu}$$

$$= i\, M_k\, e^{i\cdot(\underline{k}'-\underline{k})\cdot\underline{r}_\nu} \quad .$$

Die Operatoren $\tilde{Q}_{\underline{k}}$ sind also <u>nicht</u> selbstadjungiert.

Damit könnten wir im Prinzip die ganze Coulomb-Wechselwirkung umschreiben als :

$$\hat{H} = \sum_{i=1}^{N} \frac{\hat{p}_i^2}{2m} + \frac{1}{2} \cdot \sum_{\substack{i,j=1 \\ i \neq j}}^{N} \sum_{k \neq o} \frac{4\pi e^2}{k^2 \, \Omega} e^{i \cdot \underline{k} \cdot (\hat{\underline{r}}_i - \hat{\underline{r}}_j)}$$

$$= \sum_{i=1}^{N} \frac{\hat{p}_i^2}{2m} + \frac{1}{2} \cdot \sum_{i,j=1}^{N} \sum_{k \neq o} \frac{4\pi e^2}{k^2 \, \Omega} e^{i \cdot (\hat{\underline{r}}_i - \hat{\underline{r}}_j) \cdot \underline{k}} - \frac{N}{2} \cdot \sum_{k \neq o} \frac{4\pi e^2}{k^2 \Omega}$$

$$= \sum_{i=1}^{N} \frac{\hat{p}_i^2}{2m} + \frac{1}{2} \cdot \sum_{k \neq o} \hat{Q}^+_{\underline{k}} \cdot \hat{Q}_{\underline{k}} - \frac{N}{2} \cdot \sum_{k \neq o} \frac{4\pi e^2}{k^2 \, \Omega} \quad .$$

Da nun aber die Plasma-Schwingungen kollektive Bewegungen vieler Elektronen darstellen, wird für sie vor allem der langreichweitige Teil der Coulomb-Wechselwirkung verantwortlich sein. Es erscheint daher sinnvoll, die Transformation auf Kollektiv-Koordinaten nur für diesen Anteil durchzuführen und den kurzreichweitigen Anteil als Funktion der elektronischen Koordinaten stehenzulassen.
Mit der im letzten Kapitel hergeleiteten Aufspaltung des Coulomb-Potentials in einen langreichweitigen und einen kurzreichweitigen Anteil (Gleichung (10.11) und (10.12)) erhält man :

$$\hat{H} = \sum_{i=1}^{N} \frac{\hat{p}_i^2}{2m} + \frac{1}{2} \cdot \sum_{0 \neq k < k_c} (\hat{\tilde{Q}}^+_{\underline{k}} \, \hat{\tilde{Q}}_{\underline{k}} - N \cdot M_k^2) + \hat{V}_{sr} \; .$$

Bisher haben wir den Hamilton-Operator nur umgeschrieben. Im nächsten Schritt führen wir die $\hat{Q}_{\underline{k}}$ als unabhängige Koordinaten ein. (Letztlich sollen sie ja die $\hat{\tilde{Q}}_{\underline{k}}$ ersetzen.) Wir fordern, daß auch für sie gilt :

$$\hat{Q}_{\underline{k}}^+ = - \hat{Q}_{(-\underline{k})} \quad .$$

Für die kanonisch konjugierten Operatoren $\hat{P}_{\underline{k}}$ folgt aus

$$[\hat{Q}_{\underline{k}},\hat{P}_{\underline{k}'}] = i\hbar\cdot\delta_{\underline{k},\underline{k}'}$$

auch

$$[\hat{Q}^+_{\underline{k}},\hat{P}^+_{\underline{k}'}] = - [\hat{Q}_{\underline{k}},\hat{P}_{\underline{k}'}]^+ = -(i\hbar\cdot\delta_{\underline{k},\underline{k}'})^* = i\hbar\cdot\delta_{\underline{k},\underline{k}'} \quad .$$

Diese Vertauschungsrelationen sind nur konsistent, wenn gilt :

$$\hat{P}_{\underline{k}}^{\;+} = - \hat{P}_{(-\underline{k})} \quad ,$$

denn

$$[\hat{Q}_{\underline{k}'},\hat{P}^+_{\underline{k}}] = [-\hat{Q}^+_{(-\underline{k}')},\hat{P}^+_{\underline{k}}] = - i\hbar\cdot\delta_{\underline{k},(-\underline{k}')}$$

$$= - i\hbar\cdot\delta_{\underline{k}',(-\underline{k})} = [\hat{Q}_{\underline{k}'},(-\hat{P}_{(-\underline{k})}] \quad .$$

Es sei noch angemerkt, daß die kollektiven Operatoren $\hat{Q}_{\underline{k}}$ natürlich ebenso wie die $\hat{\hat{Q}}_{\underline{k}}$ untereinander vertauschen sollen.

Für den Zusatzterm wählen wir den Operator

$$\hat{\hat{H}} := \frac{1}{2}\cdot\sum_{k<k_c} (\hat{P}^+_{\underline{k}} - 2\hat{\hat{Q}}^+_{\underline{k}})\hat{P}_{\underline{k}} = \sum_{k<k_c} (\tfrac{1}{2}\hat{P}^+_{\underline{k}}\hat{P}_{\underline{k}} + iM_k\hat{\rho}^+_{\underline{k}}\hat{P}_{\underline{k}}) \quad ,$$

der in Anlehnung an feldtheoretische Konstruktionen ein freies Feld $\hat{P}_{\underline{k}}$ sowie dessen Wechselwirkung mit dem elektronischen Feld $\hat{\rho}_{\underline{k}}$ beschreibt. Dieser Operator ist, wie man nach den obigen Bemerkungen und einer Umbenennung des Summationsindex $\underline{k} \rightarrow -\underline{k}$ sofort sieht, selbstadjungiert ($\hat{\hat{Q}}_{\underline{k}}$ und $\hat{P}_{\underline{k}}$ vertauschen natürlich, da sie auf verschiedene Koordinatensätze wirken). In Anwendung auf die gesuchte Lösungsfunktion liefert $\hat{\hat{H}}$ offensichtlich keinen Beitrag.

Als Transformation $\hat{U}$ verwenden wir :

$$\hat{U} = \exp\left[+ i/\hbar \sum_{k<k_c} \hat{Q}^+_{\underline{k}} \hat{\hat{Q}}_{\underline{k}} \right]$$

$$= \exp\left[- 1/\hbar \sum_{k<k_c} \hat{Q}^+_{\underline{k}} M_k \hat{\rho}_{\underline{k}} \right] .$$

Der so definierte Operator $\hat{U}$ ist unitär, denn

$$\hat{U}^+ = \exp\left[- i/\hbar \sum_{k<k_c} \hat{\hat{Q}}^+_{\underline{k}} \hat{Q}_{\underline{k}} \right]$$

$$= \exp\left[- i/\hbar \sum_{k<k_c} (-\hat{Q}^+_{(-\underline{k})})(-\hat{\hat{Q}}_{(-\underline{k})}) \right] = \hat{U}^{-1} .$$

Unter Verwendung der Identität

$$\exp(-\hat{S})\, \hat{A}\, \exp(+\hat{S}) = \hat{A} + [\hat{A},\hat{S}] \quad \text{falls} \quad \left[[\hat{A},\hat{S}],\hat{S}\right] = 0$$

rechnet man schnell die folgenden Beziehungen nach :

$$\hat{U}^+ \hat{Q}_{\underline{k}} \hat{U} = \hat{Q}_{\underline{k}}$$

$$\hat{U}^+ \hat{\hat{Q}}_{\underline{k}} \hat{U} = \hat{\hat{Q}}_{\underline{k}}$$

$$\hat{U}^+ \hat{\underline{r}}_i \hat{U} = \hat{\underline{r}}_i$$

$$\hat{U}^+ \hat{P}^+_{\underline{k}} \hat{U} = \hat{P}^+_{\underline{k}} + \left[\hat{P}^+_{\underline{k}}, (i/\hbar) \sum_{\kappa<k_c} \hat{Q}^+_{\underline{\kappa}} \hat{\hat{Q}}_{\underline{\kappa}} \right]$$

$$= \hat{P}^+_{\underline{k}} + (i/\hbar)(-i\hbar) \sum_{\kappa<k_c} \delta_{\underline{k},\underline{\kappa}} \hat{\hat{Q}}_{\underline{\kappa}}$$

$$= \hat{P}^+_{\underline{k}} + \hat{\hat{Q}}_{\underline{k}}$$

$$\hat{U}^+ \hat{\underline{p}}_i \hat{U} = \hat{\underline{p}}_i + \left[\hat{\underline{p}}_i, (i/\hbar) \sum_{k<k_c} \hat{Q}^+_{\underline{k}}\, i\, M_k \sum_j e^{-i\underline{k}\cdot\hat{\underline{r}}_j} \right]$$

$$= \hat{\underline{p}}_i + \sum_{k<k_c} (i/\hbar)\hat{Q}^+_{\underline{k}}\, i\, M_k \sum_j \hbar\delta_{i,j}(-\underline{k})\, e^{-i\underline{k}\cdot\hat{\underline{r}}_j}$$

$$= \hat{\underline{p}}_i + \sum_{k<k_c} \underline{k}\, M_k\, \hat{Q}^+_{\underline{k}}\, e^{-i\underline{k}\cdot\hat{\underline{r}}_i}$$

$$= \hat{\underline{p}}_i + \sum_{k<k_c} \underline{k}\, M_k\, \hat{Q}_{\underline{k}}\, e^{+i\underline{k}\cdot\hat{\underline{r}}_i} \quad .$$

Mit diesen Relationen, die wir noch einmal in Kurzform zusammenstellen :

$$\hat{Q}_{\underline{k}}^{(neu)} = \hat{Q}_{\underline{k}}^{(alt)} \quad , \quad \hat{\underline{r}}_i^{(neu)} = \hat{\underline{r}}_i^{(alt)} \quad , \quad \hat{P}_{\underline{k}}^{(neu)} = \hat{P}_{\underline{k}}^{(alt)} + \hat{\hat{Q}}_{\underline{k}}^{(alt/neu)}$$

und

$$\hat{\underline{p}}_i^{(neu)} = \hat{\underline{p}}_i^{(alt)} + \left(\sum_{k<k_c} \hat{Q}_{\underline{k}}\, \underline{k}\, M_k\, e^{i\underline{k}\cdot\hat{\underline{r}}_i} \right)^{(alt/neu)} ,$$

können wir sofort den transformierten Hamilton-Operator $\hat{H}$ (vgl.(11.3)) ausrechnen :

$$\hat{H} = \left(\sum_{i=1}^{N} \frac{\hat{p}_i^2}{2m} + \hat{V}_{sr} \right) + \hat{H}_{pl} + \hat{H}^{(I)}_{el-pl} + \hat{H}^{(II)}_{el-pl} \tag{11.4}$$

mit

$$\hat{H}_{pl} = \frac{1}{2} \sum_{\substack{k<k_c \\ k\neq 0}} \left(\hat{P}^+_{\underline{k}}\hat{P}_{\underline{k}} + \omega_p^2\, \hat{Q}^+_{\underline{k}}\hat{Q}_{\underline{k}} - N\, \frac{4\pi e^2}{k^2\, \Omega} \right)$$

$$\hat{H}^{(I)}_{el-pl} = \sum_{i=1}^{N} \sum_{0<k<k_c} \frac{M_k}{2m}\, \underline{k}\cdot(2\hat{\underline{p}}_i - \hbar\underline{k})\, \hat{Q}_{\underline{k}}\, e^{i\underline{k}\cdot\hat{\underline{r}}_i}$$

$$\hat{H}^{(II)}_{el-pl} = \sum_{i=1}^{N} \sum_{\substack{0<k,k'<k_c \\ -\underline{k}\neq\underline{k}'}} \frac{M_k M_{k'}}{2m}\, \underline{k}\cdot\underline{k}'\, \hat{Q}_{\underline{k}'}\, \hat{Q}_{\underline{k}}\, e^{i(\underline{k}+\underline{k}')\cdot\hat{\underline{r}}_i} \quad .$$

Wir erhalten also einen Anteil, der nur von den Elektronenkoordinaten $\hat{\underline{p}}_i$ und $\hat{\underline{r}}_i$ abhängt und der für sich genommen ein Elektronengas mit kurzreichweitiger Wechselwirkung beschreibt. Weiterhin haben wir einen Oszillator-Anteil bezüglich der kollektiven Koordinaten, der die Plasmaschwingungen wiedergibt, und schließlich ergeben sich zwei Terme, die sowohl Teilchenkoordinaten als auch kollektive Koordinaten enthalten und somit zu einer Elektron-Plasmon-Wechselwirkung führen.

Um die einzelnen Beiträge genauer zu verstehen, gehen wir zur zweiten Quantisierung über. Dazu definieren wir zuerst die üblichen Oszillatorquanten-Erzeuger und -Vernichter (die Nichthermitizität der Operatoren $\hat{P}_{\underline{k}}$ und $\hat{Q}_{\underline{k}}$ läßt sich leicht berücksichtigen und führt nicht zu Komplikationen):

$$\hat{b}^+_{\underline{k}} := \frac{1}{\sqrt{2\hbar\omega_p}} \left(\omega_p \, \hat{Q}^+_{\underline{k}} - i \, \hat{P}_{\underline{k}} \right)$$

$$\hat{b}_{\underline{k}} = \frac{1}{\sqrt{2\hbar\omega_p}} \left(\omega_p \, \hat{Q}_{\underline{k}} + i \, \hat{P}^+_{\underline{k}} \right) \quad .$$

Für sie gilt

$$\hat{b}^+_{\underline{k}} \hat{b}_{\underline{k}} = \frac{1}{2\hbar\omega_p} \left(\omega_p^2 \, \hat{Q}^+_{\underline{k}}\hat{Q}_{\underline{k}} + \hat{P}_{\underline{k}}\hat{P}^+_{\underline{k}} + i\omega_p \, \hat{Q}^+_{\underline{k}}\hat{P}^+_{\underline{k}} - i\omega_p \, \hat{P}_{\underline{k}}\hat{Q}_{\underline{k}} \right)$$

und weiter mit $[\hat{Q}_{\underline{k}},\hat{P}_{\underline{k}}]=i\hbar$

$$\hat{b}^+_{\underline{k}} \hat{b}_{\underline{k}} = \frac{1}{2\hbar\omega_p} \left(\omega_p^2 \, \hat{Q}^+_{\underline{k}}\hat{Q}_{\underline{k}} + \hat{P}^+_{\underline{k}}\hat{P}_{\underline{k}} + i\omega_p (\hat{Q}^+_{\underline{k}}\hat{P}^+_{\underline{k}} - \hat{Q}_{\underline{k}}\hat{P}_{\underline{k}}) - \hbar\omega_p \right) \quad .$$

Analog ergibt sich :

$$\hat{b}_{\underline{k}} \hat{b}^+_{\underline{k}} = \frac{1}{2\hbar\omega_p} \left(\omega_p^2 \, \hat{Q}^+_{\underline{k}}\hat{Q}_{\underline{k}} + \hat{P}^+_{\underline{k}}\hat{P}_{\underline{k}} + i\omega_p (\hat{Q}^+_{\underline{k}}\hat{P}^+_{\underline{k}} - \hat{Q}_{\underline{k}}\hat{P}_{\underline{k}}) + \hbar\omega_p \right) \quad .$$

Damit folgt sofort die Vertauschungsrelation

$$[\hat{b}_{\underline{k}},\hat{b}^+_{\underline{k}}] = 1 \quad ;$$

die Plasmonen sind also, wie man es von Oszillatorquanten nicht anders erwarten konnte, Bosonen.

Ferner gilt

$$\sum_{0<\underline{k}<k_c} \hbar\omega_p \left(\hat{b}^+_{\underline{k}}\hat{b}_{\underline{k}} + \frac{1}{2} \right)$$

$$= \sum_{0<\underline{k}<k_c} \frac{1}{2} \left(\omega_p^2 \hat{Q}^+_{\underline{k}}\hat{Q}_{\underline{k}} + \hat{P}^+_{\underline{k}}\hat{P}_{\underline{k}} + i\omega_p (\hat{Q}^+_{\underline{k}}\hat{P}^+_{\underline{k}} - \hat{Q}_{\underline{k}}\hat{P}_{\underline{k}}) \right) .$$

Im letzten Ausdruck verschwindet offenbar der Anteil

$$\frac{1}{2} i\omega_p \sum_{0<\underline{k}<k_c} (\hat{Q}^+_{\underline{k}}\hat{P}^+_{\underline{k}} - \hat{Q}_{\underline{k}}\hat{P}_{\underline{k}}) ,$$

wenn man die Relationen $\hat{Q}^+_{\underline{k}}=-\hat{Q}_{(-\underline{k})}$ und $\hat{P}^+_{\underline{k}}=-\hat{P}_{(-\underline{k})}$ einsetzt und berücksichtigt, daß in der Kugel mit dem Radius k_c zu jedem Vektor $\underline{k}$ auch der Vektor $(-\underline{k})$ enthalten ist :

$$\sum_{0<\underline{k}<k_c} \hat{Q}^+_{\underline{k}}\hat{P}^+_{\underline{k}} = \sum_{0<\underline{k}<k_c} (-\hat{Q}_{(-\underline{k})})(-\hat{P}_{(-\underline{k})}) = \sum_{0<\underline{k}<k_c} \hat{Q}_{\underline{k}}\hat{P}_{\underline{k}} .$$

Somit können wir den reinen Plasmonenanteil des Hamilton-Operators schreiben in der Form

$$\hat{H}_{pl} = \sum_{\substack{k<k_c \\ k\neq o}} \left[\hbar\,\omega_p \left(\hat{b}^+_{\underline{k}}\hat{b}_{\underline{k}} + \frac{1}{2} \right) - \frac{N}{\Omega}\cdot\frac{2\pi e^2}{k^2} \right] . \qquad (11.5)$$

Den Operator $\hat{H}^{(I)}_{el-pl}$ können wir zunächst nach dem üblichen Schema bezüglich der Elektronenkoordinaten in zweiter Quantisierung schreiben. Unter Verwendung von

$$\langle \underline{p}'\sigma' | \, e^{i\cdot\underline{k}\cdot\underline{r}} \, | \underline{p}\sigma \rangle = \delta_{\sigma,\sigma'}\cdot\delta_{\underline{p}',(\underline{k}+\underline{p})}$$

erhalten wir :

$$\hat{H}^{(I)}_{el-pl} = \sum_{i} \sum_{\substack{k<k_c \\ k\neq o}} \frac{M_k}{2m} (2\, \underline{k}\cdot\hat{\underline{p}}_i - \hbar k^2) \, \hat{Q}_{\underline{k}} \, e^{i\cdot\underline{k}\cdot\underline{r}_i}$$

$$= \sum_{\underline{p}\sigma} \sum_{\substack{k<k_c \\ k\neq o}} \frac{M_k}{2m} (2\, \underline{k}\cdot\underline{p} - \hbar k^2) \, \hat{Q}_{\underline{k}} \, \hat{a}^{+}_{(\underline{k}+\underline{p})\sigma} \, \hat{a}_{\underline{p}\sigma} \quad .$$

Wir kehren die obige Definition der Plasmonen-Erzeuger und -Vernichter um

$$\hat{Q}_{\underline{k}} = \sqrt{\frac{\hbar}{2\omega_p}} \, (\hat{b}_{\underline{k}} - \hat{b}^{+}_{-\underline{k}})$$

und setzen ein :

$$\hat{H}^{(I)}_{el-pl} = \sum_{\underline{p}\sigma} \sum_{0<k<k_c} \frac{M_k}{2m} \sqrt{\frac{\hbar}{2\omega_p}} \, (2\underline{k}\cdot\underline{p} - \hbar k^2) \tag{11.6}$$

$$\cdot (\hat{b}_{\underline{k}} \hat{a}^{+}_{(\underline{k}+\underline{p})\sigma} \hat{a}_{\underline{p}\sigma} - \hat{b}^{+}_{-\underline{k}} \hat{a}_{(\underline{k}+\underline{p})\sigma} \hat{a}_{\underline{p}\sigma}) \quad .$$

Dieser Operator beinhaltet somit Prozesse, bei denen der Impuls $\underline{k}$ an ein Elektron übertragen wird entweder durch Absorption (Vernichtung) eines Plasmons mit Impuls $\underline{k}$ (erster Term) oder durch Emission (Erzeugung) eines Plasmons mit Impuls $(-\underline{k})$ (zweiter Term).

Der zweite Elektron-Plasmon-Wechselwirkungsoperator $\hat{H}^{(II)}_{el-pl}$ wird meist mit der Begründung weggelassen, daß sich die Summe über die Phasenfaktoren

$$\sum_{i=1}^{N} e^{i(\underline{k}'+\underline{k})\cdot\underline{r}_i}$$

bei einigermaßen statistisch verteilten Elektronen-Ortskoordinaten $\underline{r}_i$ insgesamt wegmittelt. Diese Näherung bezeichnet man daher auch als random phase approximation (RPA). Schreiben wir diesen Operator in zweiter Quantisierung, so ergibt sich :

$$\hat{H}^{(II)}_{el-pl} = \sum_{\substack{0<k,k'<k_c \\ -\underline{k}\neq\underline{k}'}} \sum_{\underline{p}\sigma} \frac{\hbar\omega_p}{4N} \left(\frac{\underline{k}}{k}\right) \cdot \left(\frac{\underline{k}'}{k'}\right) \tag{11.7}$$

$$\cdot \left(\hat{b}_{\underline{k}}\hat{b}_{\underline{k}'} + \hat{b}^+_{-\underline{k}}\hat{b}^+_{-\underline{k}'} - \hat{b}^+_{-\underline{k}}\hat{b}_{\underline{k}'} - \hat{b}_{\underline{k}}\hat{b}^+_{-\underline{k}'}\right) \hat{a}^+_{(\underline{k}+\underline{k}'+\underline{p})\sigma}\hat{a}_{\underline{p}\sigma} \quad .$$

Die Vernachlässigung dieses Anteils bedeutet also Vernachlässigung aller Prozesse, bei denen der Impuls $(\underline{k}+\underline{k}')$ auf ein Elektron übertragen wird entweder unter Absorption zweier Plasmonen (mit Impulsen $\underline{k},\underline{k}'$) oder unter Emission zweier Plasmonen (mit Impulsen $-\underline{k},-\underline{k}'$) oder unter Absorption und Emission je eines Plasmons.

Damit haben wir insgesamt den ursprünglichen Hamilton-Operator umgeschrieben in einen Hamilton-Operator, der zwei verschiedene Teilchensorten, Elektronen und Plasmonen, enthält, wobei die Elektronen zwar auch mit den Plasmonen aber untereinander nur noch kurzreichweitig wechselwirken. Die Frage, ob die ganze Transformation gut war, läßt sich über die obigen einfachen Argumente hinausgehend letzten Endes nur beantworten, indem man zeigt, daß die Wechselwirkungsterme klein sind. Dies ist in der Tat der Fall. Die langwierige Rechnung soll hier nicht im Detail vorgeführt werden. Es sei nur erwähnt, daß man den Nachweis durch eine weitere unitäre Transformation erbringen kann, bei der dann die verbleibenden Restterme echt vernachlässigbar sind. Diese Transformation ändert die bisher großen Terme derart, daß die Elektronen eine effektive, k-abhängige Masse bekommen und die Plasmonen eine k-abhängige Eigenfrequenz, also Dispersion zeigen :

$$m \rightarrow m^*(k) \quad \text{und} \quad \omega_p \rightarrow \omega(k) \quad .$$

Für die folgenden Überlegungen wollen wir diese sehr kleinen Effekte aber völlig vernachlässigen und die Grundzustandsenergie in erster Ordnung Störungstheorie berechnen.

Als H_o-Problem wählen wir die wechselwirkungsfreien Terme :

$$\hat{H}_o = \sum_{i=1}^{N} \frac{\hat{p}_i^{\,2}}{2m} + \hat{H}_{pl} \quad .$$

Die Wellenfunktion nullter Ordnung ist dann offensichtlich gegeben durch

$$\Psi_o(Q_{\underline{k}},x_i) = \varphi(Q_{\underline{k}})\cdot\Phi(x_i) \quad ,$$

wobei der Kollektivanteil ein Produkt von Oszillator-Grundzustandsfunktionen ist

$$\varphi(Q_{\underline{k}}) = C\cdot \prod_{0<k<k_c} e^{-(1/2)(\omega_p/\hbar)Q_{\underline{k}}^{*}Q_{\underline{k}}}$$

(C ist eine Normierungskonstante),
während der Elektronenanteil durch die übliche Slater-Determinante von ebenen Wellen gegeben ist

$$\Phi(x_i) = \frac{1}{\sqrt{N!}} \det_{\substack{k<k_F\\ \sigma}} \left(e^{i\underline{k}_j\cdot\underline{r}_i}\, \chi_{\sigma_j}(s_i) \right) \quad .$$

In nullter Ordnung ergibt sich für die Energie

$$E^{(o)} = \langle\Psi_o|\sum_i \frac{\hat{p}_i^{\,2}}{2m} + \hat{H}_{pl}|\Psi_o\rangle = \langle\Phi|\sum_i \frac{\hat{p}_i^{\,2}}{2m}|\Phi\rangle + \langle\varphi|\hat{H}_{pl}|\varphi\rangle \quad .$$

Die kinetische Energie wurde bereits im letzten Kapitel (vgl.(10.8)) berechnet, mit dem Ergebnis

$$\langle\Phi|\sum_i \frac{\hat{p}_i^{\,2}}{2m}|\Phi\rangle = N\,\frac{2.21}{r_s^{\,2}}\left[\frac{e^2}{2a_0}\right] \quad .$$

Für den Plasmonenanteil verwenden wir, da ja die Grundzustandsenergie berechnet werden soll, nur die Energie der Nullpunktsschwingungen :

$$\langle\varphi|\hat{H}_{pl}|\varphi\rangle = \sum_{\substack{k<k_c \\ k\neq o}} \left(\frac{\hbar\,\omega_p}{2} - \frac{N}{\Omega}\frac{2\pi e^2}{k^2} \right)$$

$$= \frac{\Omega}{(2\pi)^3} \int_o^{k_c} 4\,\pi\,k^2\;dk \left(\frac{\hbar\,\omega_p}{2} - \frac{N}{\Omega}\,\frac{2\pi e^2}{k^2} \right)$$

$$= \frac{\Omega\,\hbar\,\omega_p\,k_c^3}{12\;\pi^2} - \frac{N\,e^2\,k_c}{\pi} \quad .$$

Mit $k_F^{\,3} = 3\pi^2\frac{N}{\Omega}$ und der Definition $\beta := k_c/k_F$ nimmt dieses Ergebnis die Form

$$\langle\varphi|\hat{H}_{pl}|\varphi\rangle = \frac{1}{4}\,N\,\hbar\,\omega_p\,\beta^3 - \frac{1}{\pi}\,N\,e^2\,k_F\,\beta$$

an.

Den kurzreichweitigen Anteil der Elektron-Elektron-Wechselwirkung betrachten wir als Störung und erhalten als Korrektur der Grundzustandsenergie in erster Ordnung :
(Der Operator $\hat{H}^{(I)}_{el-pl}$ ändert, wie man der Darstellung (11.6) in zweiter Quantisierung sofort ansieht, die Anzahl der Plasmonen; jedes Matrixelement zwischen Zuständen gleicher Plasmonenzahl verschwindet also. Speziell gilt das für den Erwartungswert bezüglich $|\Psi_o\rangle$, so daß dieser Teil des Hamilton-Operators nicht zu $E^{(1)}$ beiträgt.)

$$E^{(1)} = \langle\Psi_o|\hat{V}_{sr}|\Psi_o\rangle = \langle\Phi|\hat{V}_{sr}|\Phi\rangle$$

$$= -\frac{4\pi e^2}{\Omega} \sum_{\substack{k,k'<k_F \\ |\underline{k}-\underline{k}'|>k_c}} \frac{1}{|\underline{k}-\underline{k}'|^2}$$

$$= -\frac{4\pi e^2}{\Omega}\left(\frac{\Omega}{(2\pi)^3}\right)^2 \underset{|\underline{k}-\underline{k}'|>k_c}{\int^{k_F} d^3k \int^{k_F} d^3k'}\; \frac{1}{|\underline{k}-\underline{k}'|^2}$$

Dieses Integral kann elementar ausgeführt werden (siehe z.B. S. Raimes: The Wave Mechanics of Electrons in Metals, North-Holland (Amsterdam,1961), Kapitel 10.6). Man erhält :

$$E^{(1)} = -\frac{3Ne^2k_F}{4\pi}\left(1+\frac{\beta^2}{2}-\frac{\beta^4}{48}\right) + \frac{1}{\pi}\cdot N\cdot e^2\cdot k_F\cdot\beta \ .$$

Mit $\hbar\omega_p = \sqrt{3} / r_s^{3/2}\ [e^2/a_o]$ ergibt sich insgesamt :

$$E^{(o)} + E^{(1)} = N\left(\frac{2.21}{r_s^2} + \frac{0.866\beta^3}{r_s^{3/2}} - \frac{0.916}{r_s}\left(1+\frac{\beta^2}{2}-\frac{\beta^4}{48}\right)\right)\frac{e^2}{2a_o} \ . \qquad (11.8)$$

Damit haben wir die Energie berechnet als Funktion der noch unbekannten Größe β bzw. k_c . Die folgende Überlegung soll zeigen, daß es legitim ist, β so zu bestimmen, daß die obige Energie $E^{(o)}+E^{(1)}$ minimal wird.

Es gilt ja :

$$\begin{aligned} E^{(o)}+E^{(1)} &= \langle\varphi\Phi|\hat{T}_e + \hat{H}_{pl} + \hat{V}_{sr} + \hat{H}^{(I)}_{el-pl}|\varphi\Phi\rangle \\ &\cong \langle\varphi\Phi|\hat{T}_e + \hat{H}_{pl} + \hat{V}_{sr} + \hat{H}^{(I)}_{el-pl} + \hat{H}^{(II)}_{el-pl}|\varphi\Phi\rangle \\ &= \langle\varphi\Phi|\hat{U}^+\hat{U}(\hat{T}_e+\hat{H}_{pl}+\hat{H}^{(I)}_{el-pl}+\hat{H}^{(II)}_{el-pl}+\hat{V}_{sr})\hat{U}^+\hat{U}|\varphi\Phi\rangle \\ &= \langle\hat{U}\varphi\Phi|\hat{H}+\hat{\hat{H}}|\hat{U}\varphi\Phi\rangle \\ &\cong \langle\hat{U}\varphi\Phi|\ \hat{H}\ |\hat{U}\varphi\Phi\rangle \ . \end{aligned}$$

Nach Integration über die Plasmonenkoordinaten verbleibt der Erwartungswert des ursprünglichen Hamilton-Operators bezüglich des elektronischen Anteils. Dieser ist nicht der exakte Grundzustand, sondern nur eine Näherung dafür. Speziell ist er noch von k_c abhängig :

$$E^{(o)} + E^{(1)} \cong \langle\Psi(k_c)|\hat{H}|\Psi(k_c)\rangle \ .$$

Nach dem Ritzschen Theorem kommen wir der exakten Grundzustandsenergie am nächsten, wenn wir nach k_c minimieren. Vernachlässigen wir dabei den sehr kleinen Beitrag proportional β^4 in (11.8) (eine genauere Betrachtung zeigt, daß dieser Term von gleicher Größenordnung ist, wie die im Rahmen der bisherigen Näherungen ohnehin vernachlässigten Beiträge), so ergibt sich

$$k_c = 0.677 \cdot r_s^{-1/2} = 0.353 \cdot r_s^{+1/2} \cdot k_F \quad ,$$

also

$$\beta = 0.353 \cdot r_s^{1/2} \quad .$$

Als Beispiel zur Veranschaulichung der Größenordnung betrachten wir Natrium mit $r_s \cong 4a_o$. Dann gilt $\beta=0.71$ und $k_c^{-1}=2.95a_o$, d.h. die übrigbleibende kurzreichweitige Kraft ist wirklich auf wenige Nachbarn beschränkt.

Mit dem so bestimmten β ist die Energie (11.8) nun endgültig festgelegt. Bei der Berechnung wurde allerdings die Nebenbedingung (11.2) völlig außer acht gelassen. Man überzeugt sich leicht, daß die transformierte Nebenbedingung

$$\begin{aligned} 0 &= (\hat{U}^+ \hat{P}_{\underline{k}}^{(alt)} \hat{U}) \; \hat{U}^+ \Psi^{(alt)}(x_j) \\ &= (\hat{P}_{\underline{k}}^{(alt)} + \hat{\hat{Q}}_{\underline{k}}) \; \Psi^{(neu)}(Q_{\underline{k}}, x_j) \end{aligned} \tag{11.9}$$

von der obigen Wellenfunktion $\Psi_o(Q_{\underline{k}}, x_j) = \varphi(Q_{\underline{k}}) \cdot \Phi(x_j)$ nicht erfüllt wird. Man kann allerdings nachweisen (D. Bohm, K. Huang, D. Pines, Phys.Rev. 107,71(1957)), daß eine Abänderung der Wellenfunktion derart, daß sie (11.9) erfüllt, einen vernachlässigbaren Einfluß auf die Grundzustandsenergie hat. Eine entsprechende Aussage gilt jedoch nicht notwendigerweise für andere Observable des Systems.

Es ist zu betonen, daß die vorstehend erhaltene Energie (11.8) auf Grund der durchgeführten Transformation auf kollektive Koordinaten einen Teil der langreichweitigen Korrelation enthält. Um diesen Anteil zu isolieren, subtrahieren wir die Hartree-Fock-Energie (10.8). Pro Teilchen ergibt sich :

$$E_{corr}^{(lr)}/N = \left(E^{(o)} + E^{(1)} - E_{HF}^{e-gas} \right) / N$$

$$= \left(- \frac{0.458}{r_s}\cdot\beta^2 + \frac{0.866}{r_s^{3/2}}\cdot\beta^3 + \frac{0.019}{r_s}\cdot\beta^4 \right) \frac{e^2}{2a_o}$$

$$= -0.0190 \, \frac{e^2}{2a_o} + O(r_s) \quad .$$

Der bereits gegen Ende des letzten Kapitels berechneten kurzreichweitigen Korrelationsenergie (10.13) können wir mit dem obigen Wert für β nun auch einen endgültigen Wert zuweisen. Pro Teilchen erhalten wir :

$$E_{corr}^{(sr)}/N = \left(0.0622 \ln(r_s) - 0.139 \right) \frac{e^2}{2a_o} + O(r_s) \quad .$$

Addiert man langreichweitigen und kurzreichweitigen Anteil, so ergibt sich insgesamt für die Korrelationsenergie pro Teilchen :

$$E_{corr}/N = (0.0622 \ln(r_s) - 0.158) \frac{e^2}{2a_o} \quad . \qquad (11.10)$$

Diese genäherte Korrelationsenergie des freien Elektronengases werden wir später mit dem störungstheoretischen Ergebnis von Gell-Mann und Brueckner (Kapitel 22) vergleichen.

12. PHONONEN

In den letzten beiden Kapiteln haben wir das Ionengitter in einem Metall durch eine konstante Ladungsverteilung angenähert. Dies ist natürlich eine ziemlich grobe Näherung, die nur bei einigen einwertigen Metallen quantitativ halbwegs vernünftige Resultate liefert. Eine bessere Beschreibung bietet etwa der Hamilton-Operator

$$\hat{H} = \hat{H}_i + \hat{H}_e + \hat{V}_{e-i}$$

mit

$$\hat{H}_e = \sum_{i=1}^{N} \frac{\hat{p}_i^2}{2m} + \frac{e^2}{2} \sum_{\substack{i,j=1\\ i\neq j}}^{N} \frac{1}{|\underline{r}_i - \underline{r}_j|} =: \hat{T}_e + \hat{V}$$

$$\hat{H}_i = \sum_{j=1}^{J} \frac{\hat{p}_j^{\,2}}{2M_j} + \frac{1}{2} \sum_{\substack{j,k=1\\ j\neq k}}^{J} w(\underline{R}_j - \underline{R}_k) =: \hat{T}_i + \hat{W}$$

$$\hat{V}_{e-i} = \sum_{n=1}^{N} \sum_{j=1}^{J} v_{ei}(\underline{r}_n - \underline{R}_j) \quad .$$

Auch dies ist noch eine Näherung, da wir die Ionen als Teilchen ohne innere Struktur mit festem Wechselwirkungspotential $\hat{W}$ betrachten. Fassen wir den Satz Elektronenkoordinaten mit

$$\underline{\underline{r}} = (\underline{r}_1, \ldots, \underline{r}_N)$$

und den Satz Ionenkoordinaten mit

$$\underline{\underline{R}} = (\underline{R}_1, \ldots, \underline{R}_J)$$

zusammen, so ist

$$\hat{H} = \hat{H}(\underline{\underline{r}},\underline{\underline{R}}) = \hat{H}_i(\underline{\underline{R}}) + \hat{H}_e(\underline{\underline{r}}) + \hat{V}_{e-i}(\underline{\underline{r}},\underline{\underline{R}}) \quad .$$

Gesucht sind Lösungen der vollen Schrödingergleichung

$$\hat{H}\, \Psi_n(\underline{\underline{r}},\underline{\underline{R}}) = E_n \cdot \Psi_n(\underline{\underline{r}},\underline{\underline{R}}) \quad ,$$

in der die Ionenbewegung mit der Elektronenbewegung noch vollständig verkoppelt ist. Eine teilweise Entkopplung kann man mit der sogenannten Born-Oppenheimer-Näherung erreichen. Diese Näherung macht sich den großen Massenunterschied zwischen Elektronen und Ionenrümpfen zunutze. Auf Grund dieses Massenunterschieds bewegen sich die Ionen bei ihrer Schwingung um die Gleichgewichtslagen sehr viel langsamer als die Elektronen. Folglich sollten die Elektronen näherungsweise einen stationären Zustand in der jeweils 'momentan' vorhandenen Ionenkonstellation einnehmen, während umgekehrt diese stationäre Elektronenwolke eine geringfügige Modifikation des Ion-Ion-Potentials etwa im Sinne einer Abschirmung bewirkt.

Man löst daher zunächst die elektronische Schrödingergleichung

$$\left[\hat{H}_e(\underline{\underline{r}}) + \hat{V}_{e-i}(\underline{\underline{r}},\underline{\underline{R}}) \right] \psi_m(\underline{\underline{r}},\underline{\underline{R}}) = \varepsilon_m(\underline{\underline{R}}) \cdot \psi_m(\underline{\underline{r}},\underline{\underline{R}}) \tag{12.1}$$

für jeden fixierten Satz $\underline{\underline{R}}$ von Ionenkoordinaten. Dann ist $\{\psi_m(\underline{\underline{r}},\underline{\underline{R}})\}$ für jedes fixierte $\underline{\underline{R}}$ ein vollständiges System im elektronischen Vielteilchen-Hilbertraum. Für festgehaltenes $\underline{\underline{R}}$ können wir die exakte Vielteilchen-Wellenfunktion entwickeln:

$$\Psi_n(\underline{\underline{r}},\underline{\underline{R}}) = \sum_{m=1}^{\infty} \chi_{nm}(\underline{\underline{R}}) \cdot \psi_m(\underline{\underline{r}},\underline{\underline{R}}) \quad .$$

Zu jedem $\underline{\underline{R}}$ erhält man somit einen Satz Entwicklungskoeffizienten χ_{nm} . Setzt man diese noch völlig allgemeine Darstellung in die volle Schrödingergleichung ein, so ergibt sich :

$$\sum_m \psi_m(\underline{\underline{r}},\underline{\underline{R}}) \left(\hat{T}_i + \hat{W}(\underline{\underline{R}})\right)\chi_{nm}(\underline{\underline{R}}) + \sum_m \chi_{n,m}(\underline{\underline{R}}) \left(\hat{T}_i(\underline{\underline{R}})\psi_m(\underline{\underline{r}},\underline{\underline{R}})\right)$$

$$+ \sum_m \chi_{nm}(\underline{\underline{R}}) \underbrace{\left(\hat{T}_e + \hat{V} + \hat{V}_{e-i}\right)\psi_m(\underline{\underline{r}},\underline{\underline{R}})}_{= \varepsilon_m(\underline{\underline{R}}) \cdot \psi_m(\underline{\underline{r}},\underline{\underline{R}})} = E_n \cdot \sum_m \chi_{nm}(\underline{\underline{R}}) \, \psi_m(\underline{\underline{r}},\underline{\underline{R}}) \quad .$$

Multiplizieren wir diese Gleichung mit $\psi_k(\underline{\underline{r}},\underline{\underline{R}})$, integrieren über die elektronischen Koordinaten $d^{3N}r$ und verwenden die Orthonormalität der ψ_m, so erhalten wir :

$$\left[\hat{T}_i + \hat{W}(\underline{\underline{R}}) + \varepsilon_k(\underline{\underline{R}})\right] \chi_{nk}(\underline{\underline{R}}) + \sum_m \chi_{nm}(\underline{\underline{R}}) \langle\psi_k|\hat{T}_i(\underline{\underline{R}})|\psi_m\rangle$$

$$= E_n \cdot \chi_{nk}(\underline{\underline{R}}) \quad .$$

Die Matrixelemente $\langle\psi_k|\hat{T}_i(\underline{\underline{R}})|\psi_m\rangle$ sind Funktionen von $\underline{\underline{R}}$; integriert wird lediglich über die elektronischen Koordinaten. Man erhält somit ein System von unendlich vielen verkoppelten Gleichungen. Die Born-Oppenheimer-Näherung besteht nun darin, daß man die nichtdiagonalen Matrixelemente $\langle\psi_k|\hat{T}_i(\underline{\underline{R}})|\psi_m\rangle$ vernachlässigt. Auf diese Weise ergibt sich die genäherte Gleichung

$$\left[\hat{T}_i + W(\underline{\underline{R}}) + \varepsilon_k(\underline{\underline{R}}) + \langle\psi_k|\hat{T}_i(\underline{\underline{R}})|\psi_k\rangle\right] \chi_{nk}(\underline{\underline{R}}) = E_n \cdot \chi_{nk}(\underline{\underline{R}}) \quad , \tag{12.2}$$

in der die elektronischen Energieeigenwerte ε_k und die Matrixelemente $\langle\psi_k|\hat{T}_i|\psi_k\rangle$ als Potentialterme für die Ionenbewegung fungieren. Man kann somit die Schrödingergleichung (12.2) für die Ionenbewegung und die elektronische Schrödingergleichung (12.1) getrennt voneinander lösen. Wenn die anfangs beschriebene anschauliche Grundlage der Born-Oppenheimer-Näherung richtig ist, dann sollten die vernachlässigten nichtdiagonalen Kopplungsmatrixelemente klein sein. Diese Annahme kann man gegebenenfalls im nachhinein am Ende der Rechnung überprüfen.

Die elektronische Schrödingergleichung ist im Prinzip für jeden fixierten Satz $\underline{\underline{R}}$ von Ionenkoordinaten zu lösen. Das ist natürlich nicht möglich, aber z.B. beim Festkörper auch gar nicht erforderlich. Aus Erfahrung wissen wir, daß praktisch nur die Gleichgewichtsabstände des Kristallgitters wichtig sind. Es liegt daher nahe, alle auftretenden Potentiale um die Gleichgewichtspositionen zu entwickeln.

Bevor wir dies aber tun, schieben wir einen kurzen Exkurs über die Gleichgewichtspositionen selbst, d.h. über Kristallgitter, ein.

Ein ideales Kristallgitter ist eine periodische Anordnung von Punkten, welche invariant ist gegenüber den sogenannten primitiven Translationen

$$\underline{R}_m^{(o)} = m_1\underline{a}_1 + m_2\underline{a}_2 + m_3\underline{a}_3 \quad , \; m_i \varepsilon \mathbb{Z} \quad .$$

Die Wahl der linear unabhängigen Vektoren $\underline{a}_i$ ist, wie man anhand der folgenden Zeichnung erkennt, nicht eindeutig :

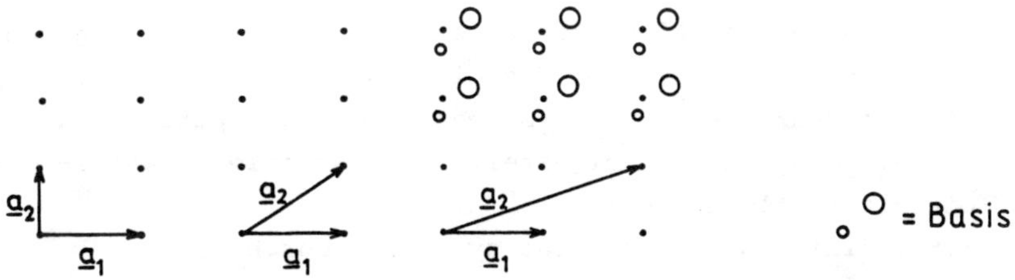

Die Gesamtheit dieser Punkte bezeichnet man auch als Bravais-Gitter. Man klassifiziert die einzelnen Bravais-Gitter gemäß zusätzlicher Deckoperationen, wie etwa Drehungen oder Spiegelungen. Durch die gleichzeitig geforderte Translationssymmetrie ist aber die Zahl der geometrisch verschiedenen Punktgitter stark eingeschränkt; so gibt es etwa im Zweidimensionalen 5 und im Dreidimensionalen 14 verschiedene Bravais-Gitter.

Besetzt man nun jeden Punkt des Bravais-Gitters mit einer Basis, die aus einem oder mehreren Atomen bzw. Ionen bestehen kann, so ergibt sich der reale Kristall. Es ist zu betonen, daß die Punktsymmetrien des Bravais-Gitters keine Punktsymmetrien des Kristalls zu sein brauchen, denn die Basis kann, falls sie aus mehreren Atomen besteht, diese Symmetrien brechen. Beispielsweise ist das oben abgebildete rechtwinklige Bravais-Gitter spiegelsymmetrisch bezüglich der Zellenhalbierenden, der Kristall mit der eingezeichneten Basis aber nicht.

Die von den $\underline{a}_i$ aufgespannten Parallelepipede bilden die Elementarzellen des Gitters. Sie erfüllen aneinandergereiht lückenlos den ganzen Raum. Meist verwendet man allerdings andere Elementarzellen, die sogenannten Wigner-Seitz-Zellen. Diese konstruiert man, indem man ausgehend von einem speziellen Gitterpunkt die Verbindungslinien zu den nächsten Nachbarn zeichnet und dann in deren Mitte senkrechte Ebenen errichtet, z.B. :

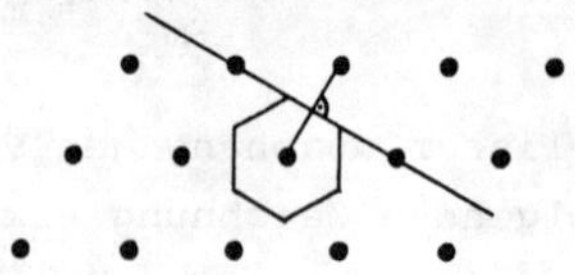

Die so gewählten Elementarzellen haben den Vorteil, gegenüber den Punktsymmetrien des Gitters invariant zu sein. Sie offenbaren also diese Symmetrie direkt optisch, wie man am Beispiel des dargestellten hexagonalen Bravais-Gitters deutlich sieht.
Wir definieren nun neue Basisvektoren durch

$$\underline{b}_1 := \frac{\underline{a}_2 \times \underline{a}_3}{(\underline{a}_1\underline{a}_2\underline{a}_3)} \qquad \underline{b}_2 := \frac{\underline{a}_3 \times \underline{a}_1}{(\underline{a}_1\underline{a}_2\underline{a}_3)} \qquad \underline{b}_3 := \frac{\underline{a}_1 \times \underline{a}_2}{(\underline{a}_1\underline{a}_2\underline{a}_3)} \quad .$$

Im Nenner steht dabei jeweils das Spatprodukt der Basisvektoren. Die Komponenten irgendeines Vektors bezüglich der einen oder anderen Basis nennt man im Tensor-Kalkül auch kontra- und kovariante Komponenten.

Gilt

$$\underline{x} = x_1\underline{a}_1 + x_2\underline{a}_2 + x_3\underline{a}_3 \quad \text{und} \quad \underline{y} = y_1\underline{b}_1 + y_2\underline{b}_2 + y_3\underline{b}_3 \ ,$$

so folgt sofort für das Skalarprodukt

$$\underline{x} \cdot \underline{y} = x_1y_1 + x_2y_2 + x_3y_3 \quad .$$

Die Gesamtheit der Punkte

$$\underline{G}_n := n_1(2\pi\underline{b}_1) + n_2(2\pi\underline{b}_2) + n_3(2\pi\underline{b}_3) \quad \text{mit} \quad n_i \varepsilon \mathbb{Z}$$

bezeichnet man als das (zu dem ursprünglichen Gitter) reziproke Gitter. Der Name rührt von der Tatsache her, daß die Basisvektoren $\underline{b}_i$ die Dimension einer reziproken Länge haben. Wie man leicht nachrechnet, sind die Gitter $\underline{R}_m^{(o)}$ und $\underline{G}_n$ zueinander reziprok, d.h. das zu $\underline{G}_n$ reziproke Gitter ist das ursprüngliche Gitter $\underline{R}_m^{(o)}$.

Die Wigner-Seitz-Zelle des reziproken Gitters $\underline{G}_n$ nennt man Brillouin-Zone. Das Skalarprodukt aus einem ursprünglichen Gittervektor und einem reziproken Gittervektor lautet nach der obigen allgemeinen Skalarproduktregel :

$$\underline{R}_m^{(o)} \cdot \underline{G}_n = 2\pi\,(m_1 n_1 + m_2 n_2 + m_3 n_3) =: 2\pi N \text{ mit } N \in \mathbb{Z} \quad . \tag{12.3}$$

Diese Beziehung werden wir im folgenden sehr häufig benutzen.

Wir betrachten nun ein makroskopisches Epiped Ω mit den Kanten $L_1\underline{a}_1$, $L_2\underline{a}_2$, $L_3\underline{a}_3$, das somit aus $L_1 \cdot L_2 \cdot L_3$ Elementarzellen aufgebaut ist. Für den Rest des Kapitels werden wir der Einfachheit halber ein einatomares Gitter voraussetzen, d.h. alle Elementarzellen sind mit jeweils nur einem Atom oder Ion besetzt. Die Zahl der Ionen ist also gleich der Zahl der Elementarzellen

$$J = L_1 \cdot L_2 \cdot L_3 \quad .$$

Zur Beschreibung der Volumeneigenschaften des Kristalls können wir uns das Epiped in allen drei Richtungen der $\underline{a}_i$ zyklisch fortgesetzt denken. (Dies Vorgehen kennen wir von der Diskussion translationsinvarianter Systeme.) Die eigentlich unendliche Gruppe der diskreten Translationen $\underline{R}_m^{(o)}$ wird damit eine zyklische Gruppe. Als abelsche Gruppe hat sie nur eindimensionale irreduzible Darstellungen. Aus der Tatsache, daß die Gruppe zyklisch ist, folgt dann, daß die Darstellungs-"Matrizen" Einheitswurzeln sind. Die $\underline{q}$-te irreduzible Darstellung des Elements $\underline{R}_m^{(o)}$ lautet somit

$$\Gamma_{\underline{q}}(\underline{R}_m^{(o)}) = e^{i\underline{q}\cdot\underline{R}_m^{(o)}} \quad \text{mit} \begin{cases} \underline{q} = q_1\underline{b}_1 + q_2\underline{b}_2 + q_3\underline{b}_3 \ , \\ q_i = 2\pi n_i/L_i \text{ mit } n_i \in \mathbb{Z} \quad . \end{cases}$$

Da diese Darstellungsmatrizen eindimensional sind, sind sie identisch mit den Gruppencharakteren. Aus den Orthogonalitätsrelationen für Charaktere ergeben sich dann sofort die beiden folgenden Aussagen :

$$\sum_{n_i=1}^{L_i} e^{i\,\underline{q}\cdot\underline{R}_m^{(o)}} = \begin{cases} J & \text{für } \underline{R}_m^{(o)} = \underline{O} \\ O & \text{sonst} \end{cases}$$

$$\sum_{m_i=1}^{L_i} e^{i\,\underline{q}\cdot\underline{R}_m^{(o)}} = \begin{cases} J & \text{für } \underline{q} \text{ ist reziproker Gittervektor } \underline{G} \\ O & \text{sonst} \end{cases} .$$

Bei der ersten Aussage entspricht die Summation über $n_i = 1,..,L_i$ gerade der Summation über alle $\underline{q}$-Vektoren, die in der durch die Vektoren $\underline{b}_i$ aufgespannten Elementarzelle liegen. Stattdessen können wir natürlich auch über die Brillouin-Zone (BZ) summieren. Verwenden wir noch

$$\underline{R}_m^{(o)} = m_1\underline{a}_1 + m_2\underline{a}_2 + m_3\underline{a}_3 = \underline{O}$$

genau dann wenn $\underline{m} = (m_1,m_2,m_3) = (O,O,O)$

so können wir kurz schreiben

$$\sum_{\underline{q}\,\varepsilon\,BZ} e^{i\,\underline{q}\cdot\underline{R}_m^{(o)}} = J\cdot\delta_{\underline{m},\underline{O}} \tag{12.4}$$

$$\sum_{R_m^{(o)}\,\varepsilon\,\Omega} e^{i\,\underline{q}\cdot\underline{R}_m^{(o)}} = J\cdot\Delta_{\underline{q},\underline{O}} \;. \tag{12.5}$$

In der zweiten Aussage haben wir Δ für ein "Kronecker-Delta modulo reziproker Gittervektoren $\underline{G}$ " gesetzt.

Soweit der kurze Exkurs über Kristallgitter.

Wir werden nun zuerst die Schrödingergleichung (12.2) für die Ionenbewegung weiter auswerten. Dazu fassen wir alle Potentialterme in einem Gesamtpotential $\tilde{W}(\underline{R}_1,..,\underline{R}_J)$ zusammen, dessen Abhängigkeit vom elektronischen Zustand ψ_k wir im folgenden zur Vereinfachung der Notation nicht mehr explizit aufführen. Dann lautet die Schrödingergleichung :

$$\left[\hat{T}_i + \tilde{W}(\underline{\underline{R}}) \right] \chi_\ell(\underline{\underline{R}}) = E_\ell \cdot \chi_\ell(R) \quad .$$

Da sich im Festkörper die Ionen überwiegend an den Gitterplätzen aufhalten, werden wir nun $\tilde{W}$ um diese Gleichgewichtspositionen entwickeln.
Mit

$$\underline{R}_j =: \underline{R}_j^{(o)} + \underline{u}_j$$

erhält man :

$$\begin{aligned}\tilde{W}(\underline{R}_1,\ldots,\underline{R}_J) = \; & \tilde{W}(\underline{R}_1^{(o)},\ldots,\underline{R}_J^{(o)}) \\ & + \sum_{m=1}^{J} \underline{u}_m \cdot \underline{\nabla}_{R_m} \tilde{W} \Big|_{\underline{\underline{R}}^{(o)}} \\ & + \frac{1}{2!} \sum_{m,n=1}^{J} \sum_{\mu,\nu=1}^{3} u_m^\mu \, u_n^\nu \, A_{mn}^{\mu\nu} \\ & + \frac{1}{3!} \sum_{m,n,\ell=1}^{J} \sum_{\mu,\nu,\lambda=1}^{3} u_m^\mu \, u_n^\nu \, u_\ell^\lambda \, B_{mn\ell}^{\mu\nu\lambda} + \ldots \quad .\end{aligned}$$

Die Koeffizienten ergeben sich aus den Ableitungen des Ion-Ion-Potentials, etwa

$$A_{mn}^{\mu\nu} = \frac{\partial^2 \tilde{W}}{\partial R_m^\mu \, \partial R_n^\nu} \Bigg|_{\underline{\underline{R}}^{(o)}} \quad .$$

Der lineare Term dieser Entwicklung verschwindet, da die Koeffizienten gerade der Summe aller Kräfte auf das jeweilige Ion entsprechen, nach der Definition der Gleichgewichtsabstände also Null sind. Damit können wir den Hamilton-Operator für die Ionenbewegung näherungsweise schreiben als

$$\hat{T}_i + \tilde{W}(\underline{\underline{R}}) = \tilde{W}(\underline{\underline{R}}^{(o)}) + \hat{H}_{ph} + \hat{H}_{ph\text{-}ph}$$

mit

$$\hat{H}_{ph} = \sum_{j=1}^{J} \frac{\hat{p}_j^2}{2M} + \frac{1}{2} \sum_{m,n=1}^{J} \sum_{\mu,\nu=1}^{3} u_m^\mu u_n^\nu A_{mn}^{\mu\nu} \qquad (12.6)$$

und

$$\hat{H}_{ph-ph} = \frac{1}{3!} \sum_{m,n,\ell=1}^{J} \sum_{\mu,\nu,\lambda=1}^{3} u_m^\mu u_n^\nu u_\ell^\lambda B_{mn\ell}^{\mu\nu\lambda} \quad . \qquad (12.7)$$

Der erste Term $\tilde{W}(\underline{\underline{R}}^{(o)})$ ist eine Konstante und daher für die Diskussion der Ionenbewegung nicht weiter interessant.

Im folgenden werden wir $\hat{H}_{ph}$ weiter vereinfachen. Dazu gehen wir, ähnlich wie bei den Plasmonen, über zu kollektiven Schwingungskoordinaten, sogenannten Normalkoordinaten

$$\hat{U}_{\underline{q}}^\mu := \frac{1}{\sqrt{J}} \sum_{\underline{R}_m^{(o)} \varepsilon \Omega} \hat{u}_m^\mu \, e^{-i\underline{q}\cdot\underline{R}_m^{(o)}} \quad , \quad \mu=1,2,3 \quad .$$

Summiert wird hier über alle Gitterpunkte in dem zugrundeliegenden Materialepiped mit Volumen Ω. Die Definition gilt zunächst für beliebige Vektoren $\underline{q}$. Wegen (12.3) gilt allerdings für beliebige Vektoren $\underline{G}$ des reziproken Gitters

$$\hat{\underline{U}}_{\underline{q}+\underline{G}} = \hat{\underline{U}}_{\underline{q}} \quad ,$$

so daß für gewöhnlich nur die Normalkoordinaten für $\underline{q}$-Vektoren in der ersten Brillouin-Zone diskutiert werden. Ferner ist es zweckmäßig, sich auf die oben diskutierten diskreten $\underline{q}$-Vektoren

$$\underline{q} = q_1\underline{b}_1 + q_2\underline{b}_2 + q_3\underline{b}_3 \qquad \text{mit} \quad q_i = 2\pi \frac{n_i}{L_i} \, , \; n_i \, \varepsilon \, \mathbf{Z}$$

zu beschränken. Dieser Vektorensatz ist natürlich quasikontinuierlich. Dann kann man aus dem Theorem (12.4) leicht die Umkehrrelation herleiten :

$$\frac{1}{\sqrt{J}} \sum_{\underline{q}\varepsilon BZ} \hat{U}_{\underline{q}}^\mu \, e^{i\underline{q}\cdot\underline{R}_m^{(o)}} = \sum_{\underline{R}_n^{(o)}\varepsilon\Omega} \hat{u}_m^\mu \underbrace{\frac{1}{J} \sum_{\underline{q}\varepsilon BZ} e^{i\underline{q}\cdot(\underline{R}_m^{(o)}-\underline{R}_n^{(o)})}}_{=\,\delta_{m,n}} = \hat{u}_m^\mu$$

Wir führen die zu den Normalkoordinaten $\hat{U}^{\mu}_{\underline{q}}$ konjugierten Operatoren

$$\hat{P}^{\mu}_{\underline{q}} := -i\hbar \frac{\partial}{\partial U^{\mu}_{\underline{q}}}$$

ein und drücken durch sie die Impulsoperatoren $\hat{\underline{p}}_j$ aus :

$$\hat{p}^{\mu}_{m} = -i\hbar \frac{\partial}{\partial R^{\mu}_{m}} = -i\hbar \frac{\partial}{\partial u^{\mu}_{m}} = -i\hbar \sum_{\underline{q}\varepsilon BZ} \sum_{\nu=1}^{3} \frac{\partial U^{\nu}_{\underline{q}}}{\partial u^{\mu}_{m}} \frac{\partial}{\partial U^{\nu}_{\underline{q}}}$$

$$= -i\hbar \sum_{\underline{q}\varepsilon BZ} \sum_{\nu=1}^{3} \frac{\delta_{\nu\mu}}{\sqrt{J}} e^{-i\underline{q}\cdot R_m^{(o)}} \frac{\partial}{\partial U^{\nu}_{\underline{q}}}$$

$$= \frac{1}{\sqrt{J}} \sum_{\underline{q}\varepsilon BZ} e^{-i\underline{q}\cdot\underline{R}_m^{(o)}} \hat{P}^{\mu}_{\underline{q}} \quad .$$

Die Umkehrung ergibt sich mit Gleichung (12.5) zu

$$\frac{1}{\sqrt{J}} \sum_{\underline{R}_m^{(o)}\varepsilon\Omega} e^{i\underline{q}\cdot\underline{R}_m^{(o)}} \hat{p}^{\mu}_{m} = \sum_{\underline{q}'\varepsilon BZ} \hat{P}^{\mu}_{\underline{q}'} \underbrace{\frac{1}{J} \sum_{\underline{R}_m^{(o)}\varepsilon\Omega} e^{i(\underline{q}-\underline{q}')\cdot\underline{R}_m^{(o)}}}_{=\Delta_{\underline{q},\underline{q}'}}$$

$$= \hat{P}^{\mu}_{\underline{q}} \quad .$$

Für die so definierten Koordinaten gilt offensichtlich

$$\hat{\underline{U}}^{+}_{\underline{q}} = \hat{\underline{U}}_{(-\underline{q})} \quad \text{und} \quad \hat{\underline{P}}^{+}_{\underline{q}} = \hat{\underline{P}}_{(-\underline{q})} \quad .$$

Wir drücken zunächst die kinetische Energie in (12.6) durch die neuen Koordinaten aus :

$$\frac{1}{2M} \sum_{\underline{m}} \hat{\underline{p}}_{\underline{m}}\cdot\hat{\underline{p}}_{\underline{m}} = \frac{1}{2M} \sum_{\underline{q},\underline{q}'\varepsilon BZ} \underbrace{\frac{1}{J} \sum_{\underline{m}} e^{-i(\underline{q}+\underline{q}')\cdot R_m^{(o)}}}_{=\Delta_{\underline{q}',-\underline{q}}} \hat{\underline{P}}_{\underline{q}'}\cdot\hat{\underline{P}}_{\underline{q}}$$

$$= \frac{1}{2M} \sum_{\underline{q}\varepsilon BZ} \hat{\underline{P}}_{(-\underline{q})} \cdot \hat{\underline{P}}_{\underline{q}} = \frac{1}{2M} \sum_{\underline{q}\varepsilon BZ} \hat{\underline{P}}^{+}_{\underline{q}} \cdot \hat{\underline{P}}_{\underline{q}} .$$

Anstatt über alle in Ω liegenden $\underline{R}_m^{(o)} = m_1\underline{a}_1 + m_2\underline{a}_2 + m_3\underline{a}_3$ zu summieren, haben wir hier die Summe über die entsprechenden ganzzahligen Vektoren $\underline{m} = (m_1, m_2, m_3)$ ausgeführt.

Für die potentielle Energie ergibt sich

$$\frac{1}{2} \sum_{\underline{m},\underline{n}} \sum_{\mu,\nu} \hat{u}^{\mu}_{m} \hat{u}^{\nu}_{n} A^{\mu\nu}_{mn}$$

$$= \frac{1}{2} \sum_{\underline{m},\underline{n}} \sum_{\mu,\nu} \frac{1}{J} \sum_{\underline{q},\underline{q}'\varepsilon BZ} \hat{U}^{\mu}_{\underline{q}'} \hat{U}^{\nu}_{\underline{q}} e^{i\underline{q}'\cdot\underline{R}_m^{(o)}} e^{i\underline{q}\cdot\underline{R}_n^{(o)}} A^{\mu\nu}_{mn}$$

$$= \frac{1}{2} \sum_{\underline{q},\underline{q}'\varepsilon BZ} \sum_{\mu,\nu} \hat{U}^{\mu}_{\underline{q}'} \hat{U}^{\nu}_{\underline{q}} \frac{1}{J} \sum_{\underline{m}} e^{i(\underline{q}+\underline{q}')\cdot\underline{R}_m^{(o)}} \sum_{\underline{n}} e^{i\underline{q}\cdot(\underline{R}_n^{(o)}-\underline{R}_m^{(o)})} A^{\mu\nu}_{mn}$$

Hierin können wir für die Differenz der Gittervektoren schreiben

$$\underline{R}_n^{(o)} - \underline{R}_m^{(o)} = n_1\underline{a}_1 + n_2\underline{a}_2 + n_3\underline{a}_3 - m_1\underline{a}_1 - m_2\underline{a}_2 - m_3\underline{a}_3 = \underline{R}^{(o)}_{n-m} .$$

Zur weiteren Vereinfachung des Ausdrucks für die potentielle Energie untersuchen wir, in welcher Form die Matrix

$$A^{\alpha\beta}_{ab} = \left. \frac{\partial^2 \tilde{W}(\underline{R}_1^{(o)} \ldots \underline{R}_a \ldots \underline{R}_b \ldots \underline{R}_J^{(o)})}{\partial R^{\alpha}_{a} \, \partial R^{\beta}_{b}} \right|_{\substack{\underline{R}_a = \underline{R}_a^{(o)} \\ \underline{R}_b = \underline{R}_b^{(o)}}}$$

die Translationsinvarianz des Problems aufzeigt.
Mit einem konstanten Vektor $\underline{C}$ gilt für $\underline{X}_m := \underline{R}_m - \underline{C}$ natürlich $\partial/\partial R^{\mu}_{m} = \partial/\partial X^{\mu}_{m}$ und wegen der Translationsinvarianz des Ion-Ion-Potentials

$$\tilde{W}(\underline{R}_1, \ldots, \underline{R}_J) = \tilde{W}(\underline{X}_1, \ldots, \underline{X}_J)$$

auch

$$A_{ab}^{\alpha\beta} = \left. \frac{\partial^2 \tilde{W}(\underline{X}_1^{(o)} \ldots \underline{X}_a \ldots \underline{X}_b \ldots \underline{X}_J^{(o)})}{\partial X_a^\alpha \; \partial X_b^\beta} \right|_{\substack{\underline{X}_a = \underline{X}_a^{(o)} \\ \underline{X}_b = \underline{X}_b^{(o)}}} .$$

Wählt man speziell $\underline{C} = \underline{R}_a^{(o)}$, ergibt sich

$$A_{ab}^{\alpha\beta} = \left. \frac{\partial^2 \tilde{W}}{\partial X_a^\alpha \; \partial X_b^\beta} \right|_{\substack{\underline{X}_a = \underline{0} \\ \underline{X}_b = \underline{R}_b^{(o)} - \underline{R}_a^{(o)} = \underline{R}^{(o)}_{b-a}}} = A_{o,b-a}^{\alpha\beta} . \tag{12.8}$$

Wir können jetzt den Ausdruck

$$\sum_{\underline{n}} e^{i\underline{q}\cdot(\underline{R}_n^{(o)} - \underline{R}_m^{(o)})} A_{mn}^{\mu\nu}$$

für jedes feste m unter Verwendung der zyklischen Randbedingungen auch über alle Differenzen $\underline{k} := \underline{n} - \underline{m}$ summieren :

$$\sum_{\underline{n}} e^{i\underline{q}\cdot(\underline{R}_n^{(o)} - \underline{R}_m^{(o)})} A_{mn}^{\mu\nu} = \sum_{\underline{k}} e^{i\underline{q}\cdot\underline{R}_k^{(o)}} A_{o,k}^{\mu\nu} =: \Lambda_{\underline{q}}^{\mu\nu} . \tag{12.9}$$

Damit verbleibt insgesamt für die potentielle Energie :

$$\frac{1}{2} \sum_{\underline{q},\underline{q}'\varepsilon BZ} \sum_{\mu,\nu} \hat{U}_{\underline{q}'}^{\mu} \, \hat{U}_{\underline{q}}^{\nu} \underbrace{\frac{1}{J} \sum_{\underline{m}} e^{i(\underline{q}+\underline{q}')\cdot\underline{R}_m^{(o)}}}_{= \Delta_{\underline{q}',-\underline{q}}} \Lambda_{\underline{q}}^{\mu\nu}$$

$$= \frac{1}{2} \sum_{\underline{q}\varepsilon BZ} \sum_{\mu,\nu} \hat{U}_{(-\underline{q})}^{\mu} \, \hat{U}_{\underline{q}}^{\nu} \, \Lambda_{\underline{q}}^{\mu\nu}$$

oder in Matrixschreibweise

$$= \frac{1}{2} \sum_{\underline{q}\varepsilon BZ} \underline{\hat{U}}_{\underline{q}}^{+} \, \Lambda_{\underline{q}} \, \underline{\hat{U}}_{\underline{q}} .$$

Wir zeigen im folgenden, daß die 3×3 - Matrix $\Lambda_{\underline{q}}$ für jedes $\underline{q}$ symmetrisch ist :

Zunächst gilt

$$A^{\alpha\beta}_{a,b} = A^{\alpha\beta}_{-a,-b} \tag{12.10}$$

wegen

$$\frac{\partial^2 \tilde{W}}{\partial R^\alpha_a \, \partial R^\beta_b} = \frac{\partial^2 \tilde{W}}{\partial(-R^\alpha_a) \, \partial(-R^\beta_b)} = \frac{\partial^2 \tilde{W}}{\partial R^\alpha_{-a} \, \partial R^\beta_{-b}} \; .$$

Außerdem folgt aus der Vertauschbarkeit der Ableitungen sofort

$$A^{\alpha\beta}_{a,b} = A^{\beta\alpha}_{b,a} \quad . \tag{12.11}$$

Verwenden wir nacheinander (12.11),(12.8) und (12.10), so ergibt sich

$$A^{\mu\nu}_{0,k} = A^{\nu\mu}_{k,0} = A^{\nu\mu}_{0,-k} = A^{\nu\mu}_{0,k} \quad ,$$

so daß letztendlich gilt

$$\Lambda^{\mu\nu}_{\underline{q}} = \sum_{\underline{k}} e^{i\,\underline{q}\cdot\underline{R}^{(0)}_k} A^{\mu\nu}_{0,k} = \sum_{\underline{k}} e^{i\,\underline{q}\cdot\underline{R}^{(0)}_k} A^{\nu\mu}_{0,k} = \Lambda^{\nu\mu}_{\underline{q}} \; .$$

Da die Matrix $\Lambda_{\underline{q}}$ somit symmetrisch ist, können wir sie mit einer orthogonalen Transformation $Y_{\underline{q}}$ diadonalisieren :

$$Y_{\underline{q}} \, \Lambda_{\underline{q}} \, Y^+_{\underline{q}} = \begin{pmatrix} \lambda^1_{\underline{q}} & 0 & 0 \\ 0 & \lambda^2_{\underline{q}} & 0 \\ 0 & 0 & \lambda^3_{\underline{q}} \end{pmatrix} \; .$$

Definieren wir nun neue Koordinaten durch

$$\begin{pmatrix} \hat{Q}^1_{\underline{q}} \\ \hat{Q}^2_{\underline{q}} \\ \hat{Q}^3_{\underline{q}} \end{pmatrix} := \begin{pmatrix} & & \\ & Y^{\mu\nu}_{\underline{q}} & \\ & & \end{pmatrix} \begin{pmatrix} \hat{U}^1_{\underline{q}} \\ \hat{U}^2_{\underline{q}} \\ \hat{U}^3_{\underline{q}} \end{pmatrix} ,$$

so nimmt die potentielle Energie folgende Gestalt an :

$$\frac{1}{2}\sum_{\underline{q}} \underline{\hat{U}}^+_{\underline{q}} \quad \Lambda_{\underline{q}} \quad \underline{\hat{U}}_{\underline{q}} = \frac{1}{2}\sum_{\underline{q}} \underline{\hat{U}}^+_{\underline{q}} Y^+_{\underline{q}} Y_{\underline{q}} \Lambda_{\underline{q}} Y^+_{\underline{q}} Y_{\underline{q}} \underline{\hat{U}}_{\underline{q}}$$

$$= \frac{1}{2}\sum_{\underline{q}} \sum_{\mu=1}^{3} \hat{Q}^{\mu\,+}_{\underline{q}} \lambda^{\mu}_{\underline{q}} \hat{Q}^{\mu}_{\underline{q}} \quad .$$

Man rechnet leicht nach, daß unter der Koordinatentransformation $Y_{\underline{q}}$ die kinetische Energie forminvariant bleibt. Für

$$\hat{P}^{\nu}_{\underline{q}}\,(\text{neu}) = -i\hbar \frac{\partial}{\partial Q^{\nu}_{\underline{q}}}$$

gilt

$$\hat{P}^{\nu}_{\underline{q}}\,(\text{alt}) = -i\hbar \frac{\partial}{\partial U^{\nu}_{\underline{q}}} = -i\hbar \sum_{\mu=1}^{3} \frac{\partial Q^{\mu}_{\underline{q}}}{\partial U^{\nu}_{\underline{q}}} \frac{\partial}{\partial Q^{\mu}_{\underline{q}}}$$

$$= -i\hbar \sum_{\mu=1}^{3} Y^{\mu\nu}_{\underline{q}} \frac{\partial}{\partial Q^{\mu}_{\underline{q}}} = \sum_{\mu=1}^{3} Y^{\mu\nu}_{\underline{q}} \hat{P}^{\mu}_{\underline{q}}\,(\text{neu}) ,$$

also in Matrixschreibweise : $\hat{\underline{P}}^{(\text{alt})}_{\underline{q}} = Y^+_{\underline{q}} \hat{\underline{P}}^{(\text{neu})}_{\underline{q}}$.

Weil das Skalarprodukt invariant gegenüber der orthogonalen Transformation $Y_{\underline{q}}$ ist, folgt :

$$\frac{1}{2M} \sum_{\underline{q}} \hat{\underline{P}}^{+(\text{alt})}_{\underline{q}} \cdot \hat{\underline{P}}^{(\text{alt})}_{\underline{q}} = \frac{1}{2M} \sum_{\underline{q}} \hat{\underline{P}}^{+(\text{neu})}_{\underline{q}} \cdot \hat{\underline{P}}^{(\text{neu})}_{\underline{q}} \quad .$$

Der Hamilton-Operator für die Ionenbewegung lautet somit insgesamt

$$\hat{H}_{ph} = \sum_{\mu=1}^{3} \sum_{\underline{q}\varepsilon BZ} \left(\frac{1}{2M} \hat{P}_{\underline{q}}^{\mu+} \hat{P}_{\underline{q}}^{\mu} + \frac{M}{2} \omega_{\underline{q},\mu}^{2} \hat{Q}_{\underline{q}}^{\mu+} \hat{Q}_{\underline{q}}^{\mu} \right) . \tag{12.12}$$

wobei wir

$$\omega_{\underline{q},\mu} := \sqrt{\frac{\lambda_{\underline{q}}^{\mu}}{M}} \tag{12.13}$$

gesetzt haben.

Damit ist es gelungen, die Ionenbewegung näherungsweise auf ein System unabhängiger Oszillatoren mit Eigenfrequenzen $\omega_{\underline{q},\mu}$ zu transformieren, deren Anregungsquanten man als Phononen bezeichnet. Die einzige Näherung, die wir dabei gemacht haben, war die Vernachlässigung der höheren Terme der Taylorentwicklung um die Gleichgewichtslagen. Diese werden wir später noch kurz diskutieren.

Für die Eigenfrequenzen gilt zunächst : $\omega_{\underline{q},\mu} = \omega_{(-\underline{q}),\mu}$.

Das folgt aus der Definitionsgleichung (12.9) mit Hilfe von Gleichung (12.10) :

$$\Lambda_{\underline{q}}^{\mu\nu} = \sum_{\underline{k}} e^{i\underline{q}\cdot\underline{R}_k^{(o)}} A_{o,k}^{\mu\nu} = \sum_{\underline{k}} e^{i\underline{q}\cdot\underline{R}_k^{(o)}} A_{o,(-k)}^{\mu\nu}$$

$$= \sum_{\underline{k}} e^{-i\underline{q}\cdot\underline{R}_{(-\underline{k})}^{(o)}} A_{o,(-\underline{k})}^{\mu\nu} = \Lambda_{-\underline{q}}^{\mu\nu} .$$

Die Matrizen $\Lambda_{\underline{q}}$ und $\Lambda_{-\underline{q}}$ stimmen überein, demnach auch (bei geeigneter Numerierung) die Eigenwerte $\omega_{\pm\underline{q}}^{\mu}$.

Außerdem folgt direkt aus der Definition (12.9) der Matrix $\Lambda_{\underline{q}}$,

daß gilt : $\omega_{\underline{q},\mu} = \omega_{(\underline{q}+\underline{G}),\mu}$.

Die Dispersionskurve $\omega(\underline{q})$ ist also nur innerhalb der ersten Brillouin-Zone zu berechnen. Die genaue Ausrechnung solcher

Kurven ist im Detail recht aufwendig, denn die Matrix $\Lambda_{\underline{q}}$, aus der sich die $\omega_{\underline{q},\mu}$ durch Diagonalisierung ergeben, besteht aus der Fourier-Transformierten der zweiten Ableitung des Wechselwirkungspotentials <u>sämtlicher</u> Ionen. Meistens nimmt man bei der Berechnung dann nur die nächsten und übernächsten Nachbarn mit. Typischerweise erhält man dabei folgendes Bild :

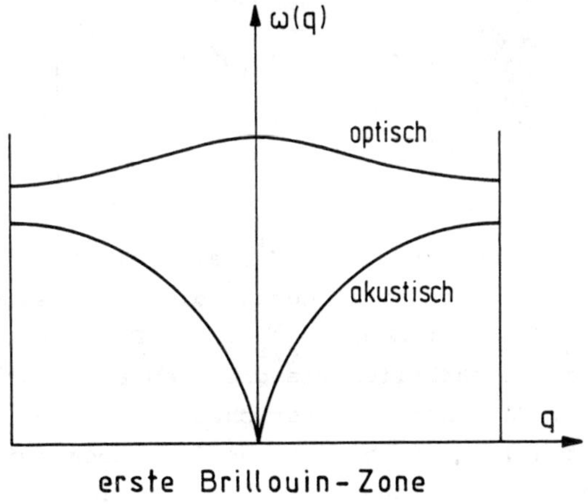

Enthält die Basis nur <u>ein</u> Ion, so ergibt sich eine Kurve, die für kleine q linear in q geht : $\omega(q \to 0) = c \cdot q$.
Kleine q-Werte entsprechen großen Wellenlängen, dies sind somit die normalen Schallausbreitungsprozesse im Festkörper.
Es ist

$$c = \left.\frac{d\omega}{dq}\right|_{q=0}$$

demnach die Schallgeschwindigkeit des betreffenden Mediums. Phononen mit einer derartigen Dispersionskurve nennt man akustische Phononen.

Enthält der Kristall verschiedenartige Atome, so treten zusätzlich noch sogenannte optische Zweige in den Dispersionskurven auf. Man nennt die Anregungsquanten optische Phononen, da sie durch Photonen angeregt werden können.

Bisher haben wir noch nichts über die Polarisation, d.h. die Schwingungsrichtung der drei einzelnen Moden $\omega_{\underline{q},\mu}$, $\mu=1,2,3$ ausgesagt. Diese haben wir aber implizit schon ausgerechnet, denn die drei Vektorkomponenten $Q^1_{\underline{q}}, Q^2_{\underline{q}}, Q^3_{\underline{q}}$, in denen die entkoppelten Schwingungen mit Frequenzen $\omega_{\underline{q},1}, \omega_{\underline{q},2}, \omega_{\underline{q},3}$ stattfinden, sind gerade die Projektionen der ursprünglichen Auslenkungsvektoren $\underline{U}_{\underline{q}}$ auf die Zeilenvektoren der orthogonalen Matrix $Y_{\underline{q}}$:

$$\underline{U} = Y^+ \underline{Q} = \begin{pmatrix} Y_{11}Q^1 + Y_{21}Q^2 + Y_{31}Q^3 \\ Y_{12}Q^1 + \dots \\ Y_{13}Q^1 + \dots \end{pmatrix} = Q^1\underline{\xi}_1 + Q^2\underline{\xi}_2 + Q^3\underline{\xi}_3 \ .$$

Die Spaltenvektoren der Matrix Y^+, also die Zeilenvektoren der Matrix Y , liefern somit gerade die Polarisationsrichtungen $\underline{\xi}_\mu$ der drei Moden $\omega_{\underline{q},\mu}$. Die Polarisationsrichtungen hängen natürlich wie die Frequenzen von $\underline{q}$ ab.
Je nachdem, wie die Schwingungsrichtung $\underline{\xi}_{\underline{q}\ \mu}$ zur Ausbreitungsrichtung $\underline{q}$ steht, unterscheidet man dann noch zwischen transversalen und longitudinalen Phononen :

$$\underline{\xi}_{\underline{q},\mu} \cdot \underline{q} = \begin{cases} 0 & \text{für rein transversale Phononen} \\ |\underline{\xi}_{\underline{q},\mu}| \cdot |\underline{q}| & \text{für rein longitudinale Phononen} \ . \end{cases}$$

Wir formulieren $\hat{H}_{ph}$ in zweiter Quantisierung, indem wir (genau wie bei den Plasmonen) Erzeugungs- und Vernichtungs-Operatoren einführen :

$$\hat{b}_{\underline{q},\mu} := (2\hbar M\omega_{\underline{q},\mu})^{-1/2} \ (M\omega_{\underline{q},\mu}\hat{Q}^{\mu}_{\underline{q}} + i\hat{P}^{\mu +}_{\underline{q}})$$

$$\hat{b}^+_{\underline{q},\mu} = (2\hbar M\omega_{\underline{q},\mu})^{-1/2} \ (M\omega_{\underline{q},\mu}\hat{Q}^{\mu +}_{\underline{q}} - i\hat{P}^{\mu}_{\underline{q}}) \ .$$

Man überzeugt sich leicht davon, daß diese Operatoren Bosonen-Vertauschungsrelationen erfüllen und daß man $\hat{H}_{ph}$ schreiben kann in der Form

$$\hat{H}_{ph} = \sum_{\underline{q}\varepsilon BZ} \sum_{\mu=1}^{3} \hbar\omega_{\underline{q},\mu} \left(\hat{b}^{+}_{\underline{q},\mu} \hat{b}_{\underline{q},\mu} + \frac{1}{2} \right) . \qquad (12.14)$$

Dies ist der Hamilton-Operator eines nichtwechselwirkenden Bosonen-Systems. Die bisher nicht betrachteten anharmonischen Terme, d.h. die höheren Glieder der Taylorentwicklung um die Gleichgewichtslagen, kann man als Phonon-Phonon-Wechselwirkung interpretieren. Um diese explizit hinzuschreiben, verwenden wir die Rücktransformation

$$\hat{Q}^{\mu}_{\underline{q}} = \left(\frac{\hbar}{2M\omega_{\underline{q},\mu}}\right)^{1/2} \left(\hat{b}_{\underline{q},\mu} + \hat{b}^{+}_{(-\underline{q}),\mu} \right) .$$

Es gilt

$$\hat{u}^{\mu}_{m} = \frac{1}{\sqrt{J}} \sum_{\underline{q}\varepsilon BZ} e^{i\underline{q}\cdot\underline{R}^{(o)}_{m}} \hat{U}^{\mu}_{\underline{q}}$$

$$= \frac{1}{\sqrt{J}} \sum_{\underline{q}\varepsilon BZ} e^{i\underline{q}\cdot\underline{R}^{(o)}_{m}} \sum_{\alpha=1}^{3} \hat{Q}^{\alpha}_{\underline{q}} \xi^{\mu}_{\underline{q},\alpha}$$

und somit

$$\hat{u}^{\mu}_{m} = \sum_{\underline{q}\varepsilon BZ} \sum_{\alpha=1}^{3} \left(\frac{\hbar}{2MJ\omega_{\underline{q},\alpha}}\right)^{1/2} e^{i\underline{q}\cdot\underline{R}^{(o)}_{m}} \xi^{\mu}_{\underline{q},\alpha} (\hat{b}_{\underline{q},\alpha} + \hat{b}^{+}_{(-\underline{q}),\alpha}) . \qquad (12.15)$$

Hierin steht $\xi^{\mu}_{\underline{q},\alpha}$ für die μ-te Komponente des Polarisationsvektors $\underline{\xi}_{\underline{q},\alpha}$.

Setzen wir diesen Ausdruck in den Term dritter Ordnung

$$\hat{H}_{ph\text{-}ph} = \frac{1}{3!} \sum_{m,n,\ell=1}^{J} \sum_{\mu,\nu,\lambda=1}^{3} u^{\mu}_{m} u^{\nu}_{n} u^{\lambda}_{\ell} B^{\mu\nu\lambda}_{mn\ell}$$

ein und verwenden außerdem

$$\sum_{m,n,\ell=1}^{J} e^{i\underline{q}\cdot\underline{R}_m^{(o)}}\; e^{i\underline{q}'\cdot\underline{R}_n^{(o)}}\; e^{i\underline{q}''\cdot\underline{R}_\ell^{(o)}}\; B_{mn\ell}^{\mu\nu\lambda}$$

$$= \sum_{\underline{m}} e^{i(\underline{q}+\underline{q}'+\underline{q}'')\cdot\underline{R}_m^{(o)}} \cdot \sum_{\underline{n}} e^{i\underline{q}'\cdot(\underline{R}_n^{(o)}-\underline{R}_m^{(o)})} \cdot \sum_{\underline{\ell}} e^{i\underline{q}''\cdot(\underline{R}_\ell^{(o)}-\underline{R}_m^{(o)})}$$

$$\cdot\, B^{\mu\ \ \ \nu\ \ \ \lambda}_{o,(n-m),(\ell-m)}$$

$$= \Delta_{(\underline{q}+\underline{q}'+\underline{q}''),\underline{0}} \cdot \sum_{\underline{k}} e^{i\underline{q}'\cdot\underline{R}_k^{(o)}} \cdot \sum_{\underline{g}} e^{i\underline{q}''\cdot\underline{R}_g^{(o)}}\; B^{\mu\ \nu\ \lambda}_{o,k,g}$$

und setzen schließlich

$$\Gamma^{\alpha\ \alpha'\ \alpha''}_{\underline{q},\underline{q}',\underline{q}''} := \sum_{\mu,\nu,\lambda} \xi^{\mu}_{\underline{q},\alpha}\, \xi^{\nu}_{\underline{q}',\alpha'}\, \xi^{\lambda}_{\underline{q},\alpha''} \sum_{\underline{k}} e^{i\underline{q}'\cdot\underline{R}_k^{(o)}}$$

$$\cdot \sum_{\underline{g}} e^{i\underline{q}''\cdot\underline{R}_g^{(o)}}\; B^{\mu\ \nu\ \lambda}_{o,k,g} \qquad ,$$

so ergibt sich als Phonon-Phonon-Wechselwirkung

$$\hat{H}_{ph-ph} = \frac{1}{3!}\left(\frac{\hbar}{2MJ}\right)^{3/2} \sum_{\substack{\underline{q}\ \underline{q}'\ \underline{q}''\\ \alpha\ \alpha'\ \alpha''}} \frac{\Gamma^{\alpha\ \alpha'\ \alpha''}_{\underline{q},\underline{q}',\underline{q}''}}{\sqrt{\omega_{\underline{q},\alpha}\,\omega_{\underline{q}',\alpha'}\,\omega_{\underline{q}'',\alpha''}}}$$

$$\cdot\Delta_{(\underline{q}+\underline{q}'+\underline{q}''),\underline{0}}\; (\hat{b}_{\underline{q},\alpha}+\hat{b}^{+}_{(-\underline{q}),\alpha})\,(\hat{b}_{\underline{q}',\alpha'}+\hat{b}^{+}_{(-\underline{q}'),\alpha'})$$

$$\cdot(\hat{b}_{\underline{q}'',\alpha''}+\hat{b}^{+}_{(-\underline{q}''),\alpha''}) \qquad .$$

Ausmultipliziert liefert dieser Ausdruck eine Summe von 3-Phononen-Prozessen, für die der Pseudo-Impuls-Erhaltungssatz $\underline{q} + \underline{q}' + \underline{q}'' = \underline{G}$ gilt.

Solche Prozesse spielen naturgemäß dann eine Rolle, wenn viele Phononen angeregt sind, also bei hohen Temperaturen. Sie sind wichtig bei der Beschreibung der Wärmeleitung und der thermischen Ausdehnung von Kristallgittern.

Nach diesen Bemerkungen zur Ionenbewegung kehren wir nun zum elektronischen Problem zurück. Die Taylorentwicklung des Elektron-Ion-Potentiales liefert bis zur ersten Ordnung :

$$
\begin{aligned}
V_{e-i}(\underline{\underline{r}},\underline{\underline{R}}) &= \sum_{n=1}^{N} \sum_{j=1}^{J} v_{ei}(\underline{r}_n - \underline{R}_j) \\
&= \sum_{n=1}^{N} \sum_{j=1}^{J} v_{ei}(\underline{r}_n - \underline{R}_j^{(o)} - \underline{u}_j) \\
&= \sum_{n=1}^{N} \sum_{j=1}^{J} \left\{ v_{ei}(\underline{r}_n - \underline{R}_j^{(o)}) - \underline{u}_j \cdot \underline{\nabla}_{\underline{R}_j} \left(v_{ei}(\underline{r}_n - \underline{R}_j) \right) \Big|_{\underline{R}_j^{(o)}} + \dots \right\} \\
&= \sum_n \sum_j v_{ei}(\underline{r}_n - \underline{R}_j^{(o)}) + \sum_n \sum_j \underline{u}_j \cdot \left(\underline{\nabla} v_{ei}(\underline{r}_n - \underline{R}_j^{(o)}) + \dots \right) .
\end{aligned}
$$

Damit lautet der gesamte Hamilton-Operator des elektronischen Problems (12.1) :

$$
\hat{H}_e + \hat{V}_{e-i} = \hat{H}_e^{(o)} + \hat{H}_{e-ph}
$$

mit

$$
\hat{H}_e^{(o)} = \hat{T}_e + \frac{1}{2} \sum_{\substack{i,\ell=1 \\ i \neq \ell}}^{N} \frac{e^2}{|\underline{r}_i - \underline{r}_\ell|} + \sum_{n=1}^{N} \sum_{j=1}^{J} v_{ei}(\underline{r}_n - \underline{R}_j^{(o)})
$$

und

$$
\hat{H}_{e-ph} = \sum_{n=1}^{N} \tilde{v}(\underline{r}_n) \quad ,
$$

worin wir von den höheren Gliedern der Taylorentwicklung

nur die der ersten Ordnung berücksichtigen wollen, also :

$$\tilde{v}(\underline{r}) = \sum_{j=1}^{J} \underline{u}_j \cdot \left[(\underline{\nabla} v_{ei})(\underline{r}-\underline{R}_j^{(o)}) \right] .$$

Die Lösung des $\hat{H}_e^{(o)}$-Problems, also die Berechnung der Elektronenzustände in einem festen gitterperiodischen Potential, geschieht meist mit sogenannten Pseudo-Potential-Methoden. Die Elektron-Elektron-Wechselwirkung wird dabei gewöhnlich nur als Abschirmung des Ionen-Potentials berücksichtigt. Die so berechneten Einelektron-Zustände nennt man Bloch-Zustände. Sie haben die Form

$$\psi_{\underline{k}\sigma}(x) = \frac{1}{\sqrt{J}} \; e^{i\underline{k}\cdot\underline{r}} \; \chi_\sigma(s) \; \varphi_{\underline{k}}(\underline{r})$$

mit

$$\varphi_{\underline{k}}(\underline{r}+\underline{R}_n^{(o)}) = \varphi_{\underline{k}}(\underline{r}) \quad \text{für alle Gittervektoren } \underline{R}_n^{(o)} .$$

Diese Einteilchenfunktionen wollen wir für das weitere als bekannt voraussetzen. Sind $\hat{c}^+_{\underline{k}\sigma}$ und $\hat{c}_{\underline{k}\sigma}$ Erzeuger und Vernichter dieser Einelektron-Zustände, so können wir den Operator $\hat{H}_{e-ph}$, der sich letzten Endes als Elektron-Phonon-Wechselwirkung entpuppen wird, in zweiter Quantisierung schreiben als

$$\hat{H}_{e-ph} = \sum_{\underline{k},\underline{k}'\varepsilon BZ} \sum_{\sigma} \langle \psi_{\underline{k}'\sigma} | \tilde{v} | \psi_{\underline{k}\sigma} \rangle \; \hat{c}^+_{\underline{k}'\sigma} \hat{c}_{\underline{k}\sigma} .$$

Da für die Blochfunktionen gilt

$$\psi_{\underline{k}\sigma} = \psi_{(\underline{k}+\underline{G})\sigma} ,$$

genügt es, die Doppelsumme über die erste Brillouin-Zone auszuführen.

Zur weiteren Auswertung entwickeln wir das Elektron-Ion-Potential in eine Fourier-Reihe :

$$v_{ei}(\underline{y}) = \frac{1}{\Omega} \sum_{\underline{q}} v_{ei}(\underline{q}) \; e^{i\underline{q}\cdot\underline{y}} \quad \text{und} \quad \underline{\nabla}_y v_{ei}(\underline{y}) = \frac{i}{\Omega} \sum_{q} \underline{q} \; v_{ei}(\underline{q}) \; e^{i\underline{q}\cdot\underline{y}} .$$

Damit erhalten wir :

$$\tilde{v}(\underline{r}) = \frac{i}{\Omega} \sum_{j=1}^{J} \underline{u}_j \cdot \sum_{\underline{q}} \underline{q}\, v_{ei}(\underline{q})\, e^{i\underline{q}\cdot(\underline{r}-\underline{R}_j^{(o)})}$$

$$= \frac{i}{\Omega} \sum_{\underline{q}} e^{i\underline{q}\cdot\underline{r}}\, v_{ei}(\underline{q})\, \underline{q}\cdot\left(\sum_j \underline{u}_j\, e^{-i\underline{q}\cdot\underline{R}_j^{(o)}} \right) .$$

Unter Verwendung von (12.15) ergibt sich weiter

$$\sum_{j=1}^{J} \underline{u}_j\, e^{-i\underline{q}\cdot\underline{R}_j^{(o)}}$$

$$= \sum_{\substack{\underline{q}'\varepsilon BZ\\ \alpha}} \left(\frac{\hbar}{2MJ\omega_{\underline{q}',\alpha}}\right)^{1/2} \underbrace{\sum_j e^{i(\underline{q}'-\underline{q})\cdot\underline{R}_j^{(o)}}}_{=J\Delta_{\underline{q},\underline{q}'}} \underline{\xi}_{\underline{q}',\alpha}(\hat{b}_{\underline{q}',\alpha}+\hat{b}^{+}_{(-\underline{q}'),\alpha})$$

$$= \sum_{\alpha} \left(\frac{\hbar J}{2M\omega_{\underline{q},\alpha}}\right)^{1/2} \underline{\xi}_{\underline{q},\alpha}\, (\hat{b}_{\underline{q},\alpha}+\hat{b}^{+}_{(-\underline{q}),\alpha}) ,$$

also insgesamt

$$\tilde{v}(\underline{r}) = \frac{i}{\Omega} \sum_{\underline{q},\alpha} \left(\frac{\hbar J}{2M\omega_{\underline{q},\alpha}}\right)^{1/2} e^{i\underline{q}\cdot\underline{r}}\, v_{ei}(\underline{q})\, \underline{q}\cdot\underline{\xi}_{\underline{q},\alpha}\, (\hat{b}_{\underline{q},\alpha}+\hat{b}^{+}_{(-\underline{q}),\alpha}) .$$

Hier zeigt sich bereits, daß die Elektron-Phonon-Wechselwirkung offenbar für rein transversale Phononen verschwindet, denn für diese gilt ja $\underline{q}\cdot\underline{\xi}_{\underline{q}} = 0$.

Ferner ist zu betonen, daß die Summe über $\underline{q}$, die ja von der Fourier-Transformation des Elektron-Ion-Potentials herrührt, alle erlaubten $\underline{q}$-Vektoren umfaßt, nicht etwa nur die Werte in der ersten Brillouin-Zone. Dagegen haben die erzeugten Phononen immer nur Impulse innerhalb der ersten Brillouin-Zone, denn es gilt

$$\hat{b}^{+}_{\underline{q},\alpha} = \hat{b}^{+}_{(\underline{q}+\underline{G}),\alpha} \quad \text{und} \quad \hat{b}_{\underline{q},\alpha} = \hat{b}_{(\underline{q}+\underline{G}),\alpha} .$$

Dies folgt direkt aus der Definition der Normalkoordinaten $\hat{U}^{\alpha}_{\underline{q}}$ und $\hat{P}^{\alpha}_{\underline{q}}$, aus denen sie ja durch Linearkombination gebildet wurden.

Da man jeden erlaubten $\underline{q}$-Vektor eindeutig darstellen kann als Summe eines Vektors in der ersten Brillouin-Zone und eines reziproken Gittervektors, können wir die Summe über $\underline{q}$ folgendermaßen aufspalten :

$$\sum_{\underline{q}} f(\underline{q}) = \sum_{q\varepsilon BZ} \sum_{\underline{G}} f(\underline{q}+\underline{G}) \; .$$

Mit

$$\omega_{\underline{q},\alpha} = \omega_{(\underline{q}+\underline{G}),\alpha} \quad \text{und} \quad \underline{\xi}_{\underline{q},\alpha} = \underline{\xi}_{(\underline{q}+\underline{G}),\alpha}$$

ergibt sich schließlich

$$\tilde{v}(\underline{r}) = \frac{i}{\Omega} \sum_{q\varepsilon BZ} \sum_{\alpha} \sum_{\underline{G}} \left(\frac{\hbar J}{2M\omega_{\underline{q},\alpha}}\right)^{1/2} e^{i(\underline{q}+\underline{G})\cdot\underline{r}} \, v_{ei}(\underline{q}+\underline{G}) \cdot$$
$$(\underline{q}+\underline{G})\cdot\underline{\xi}_{\underline{q},\alpha} \, (\hat{b}_{\underline{q},\alpha}+\hat{b}^{+}_{(-\underline{q}),\alpha}) \; .$$

Der einzige von $\underline{r}$ abhängende Teil ist hierin der Exponentialterm. Um $\hat{H}_{e-ph}$ in zweiter Quantisierung schreiben zu können, benötigen wir also lediglich noch das Matrixelement dieses Ausdrucks bezüglich der Blochfunktionen.:

$$\langle\psi_{\underline{k}'\sigma}|e^{i(\underline{q}+\underline{G})\cdot\underline{r}}|\psi_{\underline{k}\sigma}\rangle = \underbrace{\sum_{s}\chi^{*}_{\sigma}(s)\,\chi_{\sigma}(s)}_{=\,1} \; \frac{1}{J}\int d^3r \; e^{i(\underline{k}+\underline{q}+\underline{G}-\underline{k}')\cdot\underline{r}} \cdot \varphi^{*}_{\underline{k}'}(\underline{r}) \, \varphi_{\underline{k}}(\underline{r}) \; .$$

Bei der Berechnung des Integrals können wir ausnützen, daß die Funktionen $\varphi_{\underline{k}}(\underline{r})$ periodisch sind bezüglich eines Gitters, dessen 'Maschen' klein sind im Vergleich zur Skala, auf der sich die Exponentialfunktionen ändern. Es wird folglich eine sehr gute Näherung sein, das Produkt $\varphi^{*}_{\underline{k}'}(\underline{r})\varphi_{\underline{k}}(\underline{r})$ für jede Elementarzelle (und damit für das ganze Volumen Ω) durch den Zellenmittelwert $\overline{\varphi^{*}_{\underline{k}'}\varphi_{\underline{k}}}$ zu ersetzen. Das Matrixelement wird dann

$$\frac{1}{J}\,\overline{\varphi^{*}_{\underline{k}'}\,\varphi_{\underline{k}}}\int_{\Omega} d^3r \; e^{i(\underline{k}+\underline{q}+\underline{G}-\underline{k}')\cdot\underline{r}} = \frac{\Omega}{J}\,\overline{\varphi^{*}_{\underline{k}'}\varphi_{\underline{k}}}\;\delta_{\underline{k}',\underline{k}+\underline{q}+\underline{G}} \; .$$

Speziell für $\underline{k}'=\underline{k}+\underline{q}+\underline{G}$ gilt aber exakt

$$\frac{1}{J}\int_{\Omega} d^3r \; e^{i(\underline{k}+\underline{q}+\underline{G}-\underline{k}')\cdot\underline{r}} \quad \varphi^*_{\underline{k}'}(\underline{r}) \; \varphi_{\underline{k}}(\underline{r})$$

$$= \frac{1}{J}\int_{\Omega} d^3r \; \varphi^*_{\underline{k}+\underline{q}+\underline{G}}(\underline{r}) \; \varphi_{\underline{k}}(\underline{r}) \; = \; \int_{EZ} d^3r \; \varphi^*_{\underline{k}+\underline{q}+\underline{G}}(\underline{r}) \; \varphi_{\underline{k}}(\underline{r})$$

$$=: \; \langle \varphi_{\underline{k}+\underline{q}+\underline{G}} | \varphi_{\underline{k}} \rangle \quad ,$$

worin das Überlappintegral bezüglich einer Elementarzelle (EZ) auszuwerten ist. Der obige Zellenmittelwert ist also für $\underline{k}'=\underline{k}+\underline{q}+\underline{G}$ exakt gleich dem auf das Zellenvolumen normierten Überlappintegral

$$\overline{\varphi^*_{\underline{k}+\underline{q}+\underline{G}} \; \varphi_{\underline{k}}} \; = \; \frac{\langle \varphi_{\underline{k}+\underline{q}+\underline{G}} | \varphi_{\underline{k}} \rangle}{\Omega \; / \; J} \quad .$$

Es gilt somit insgesamt

$$\langle \psi_{\underline{k}'\sigma} | e^{i(\underline{q}+\underline{G})\cdot\underline{r}} | \psi_{\underline{k}\sigma} \rangle \; = \; \langle \varphi_{\underline{k}+\underline{q}+\underline{G}} | \varphi_{\underline{k}} \rangle \cdot \delta_{\underline{k}',\underline{k}+\underline{q}+\underline{G}} \quad .$$

Durch dieses Kronecker-Delta schrumpft nicht nur die Summe über $\underline{k}'$ auf einen Beitrag zusammen, es reduziert sich auch die Summe über die reziproken Gittervektoren $\underline{G}$. Zu vorgegebenen $\underline{k},\underline{q}\varepsilon BZ$ kann überhaupt nur ein einziges $\underline{G}(\underline{k},\underline{q})$ existieren derart, daß $\underline{k}'$ ebenfalls in der ersten Brillouin-Zone liegt. Dies sei an der folgenden Zeichnung verdeutlicht.

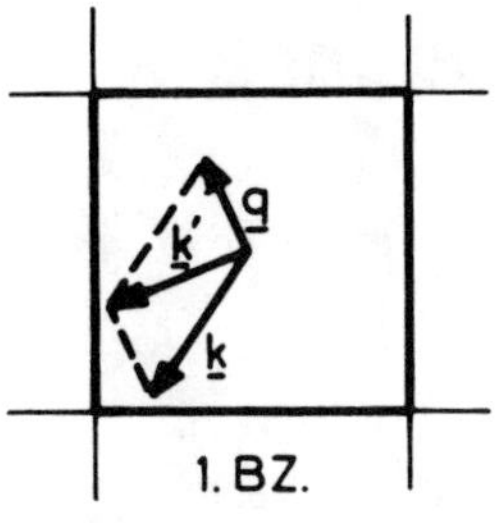

$\underline{k}' = \underline{k} + \underline{q}$

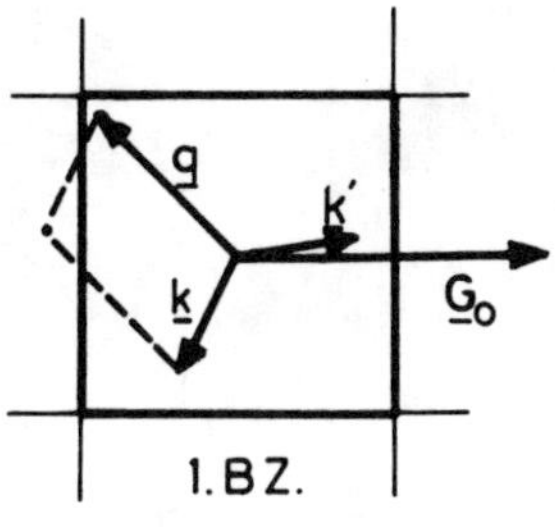

$\underline{k}' = \underline{k} + \underline{q} + \underline{G}_o$

Es ist

$$\underline{G}(\underline{k},\underline{q}) = \begin{cases} \underline{0} & \text{falls } \underline{k}+\underline{q} \text{ in der 1. BZ} \\ G_o & \text{sonst} \end{cases} .$$

Damit lautet die Elektron-Phonon-Wechselwirkung insgesamt :

$$\hat{H}_{e-ph} = \frac{i}{\Omega} \sum_{\underline{k},\underline{q}\varepsilon BZ} \sum_{\sigma} \sum_{\alpha=1}^{3} \left(\frac{\hbar J}{2M\omega_{\underline{q},\alpha}} \right)^{1/2} \langle \varphi_{\underline{k}+\underline{q}+\underline{G}} | \varphi_{\underline{k}} \rangle \, v_{ei}(\underline{q}+\underline{G}) \cdot$$

$$(\underline{q}+\underline{G}) \cdot \underline{\xi}_{\underline{q}.\alpha} \, (\hat{b}_{\underline{q},\alpha} + \hat{b}^{+}_{(-\underline{q}),\alpha}) \, \hat{c}^{+}_{(\underline{k}+\underline{q}+\underline{G})\sigma} \, \hat{c}_{\underline{k}\sigma} \; . \quad (12.16)$$

Es handelt sich um Prozesse, bei denen der Impuls $\underline{q}+\underline{G}$ auf ein Elektron ünertragen wird, entweder durch gleichzeitige Absorption eines Phonons mit Impuls $\underline{q}$ oder durch gleichzeitige Erzeugung eines Phonons mit Impuls $(-\underline{q})$. Ist dabei $\underline{G}=\underline{0}$, so spricht man von Normalprozessen, ist $\underline{G}=\underline{G}_o$ (siehe Zeichnung), so spricht man von Umklapp-Prozessen. (Eine solche Unterscheidung zwischen Normal- und Umklapp-Prozessen kann man übrigens auch für die oben diskutierte Phonon-Phonon-Wechselwirkung machen.) Die Elektron-Phonon-Wechselwirkung (12.16) spielt u.a. eine Rolle bei der Beschreibung der elektrischen Leitfähigkeit.

13. SUPRALEITUNG

Die wohl erstaunlichste Konsequenz der Elektron-Phonon-Wechselwirkung ist die Supraleitung: Unterhalb einer gewissen Temperatur, der Sprungtemperatur, verschwindet der Gleichstromwiderstand vieler Materialien. Wir können auf die Phänomenologie der Supraleitung in diesem Rahmen nicht eingehen und können auch nur die Grundzüge der Theorie von Bardeen, Cooper und Schrieffer (BCS) (Phys.Rev.108,1175(1957)) und Bogoliubov (Nuovo Cimento 7,794(1958); Zh.Eksperim.i Teor.Fiz.34,58(1958) {Soviet Phys.-JETP 7,41(1958)}) und Valatin (Nuovo Cimento 7, 843(1958)) ansprechen. Ziel ist es, anzudeuten, wie hilfreich die Konzepte der Vielteilchentheorie auch beim Verständnis der Supraleitung sind. Ferner soll auf die Bedeutung von Symmetrie-Brechung und anomalen Erwartungswerten hingewiesen werden.

Einen ersten Anhaltspunkt für die Natur des Phänomens bietet die Tatsache, daß die Sprungtemperatur verschiedener Isotope eines Elementes unterschiedlich ist. Das spricht dafür, daß Bewegungen der Kerne, also Phononen, eine Rolle spielen. Das System 'Elektronen plus Phononen' wird nach Kapitel 12 beschrieben durch einen Hamilton-Operator der Gestalt

$$\hat{H} = \hat{H}_e^{(o)} + \hat{H}_{e-ph} + \hat{H}_{ph} \quad .$$

Dabei enthält

$$\hat{H}_e^{(o)} = \sum_{\underline{k}\sigma} \varepsilon_k \, \hat{c}^+_{\underline{k}\sigma} \, \hat{c}_{\underline{k}\sigma}$$

schon die Wirkung des starren, periodischen Kristallgitters. Unter den 'Elektronen' dieses Kapitels haben wir uns also Bloch-Wellen vorzustellen. Zur späteren Verwendung führen wir den Grundzustand von $\hat{H}_e^{(o)}$ ein: Alle Zustände mit Einteilchenenergien ε_k unterhalb einer (durch die Vorgabe der Gesamtelektronenzahl bestimmten) Besetzungsgrenze, der Fermienergie ε_F , sind besetzt, die übrigen sind unbesetzt (wir setzen $\varepsilon_k = \varepsilon_{-k}$ voraus) :

$$|\Psi_n\rangle = \prod_{\substack{\varepsilon_k<\varepsilon_F\\ \sigma}} \hat{c}^+_{\underline{k}\sigma} |vac\rangle = \prod_{\varepsilon_k<\varepsilon_F} (\hat{c}^+_{\underline{k}\uparrow}\hat{c}^+_{-\underline{k}\downarrow})|vac\rangle \quad . \tag{13.1}$$

Der Operator

$$\hat{H}_{ph} = \sum_{q\varepsilon BZ} \omega_q \left(\hat{b}^+_{\underline{q}}\hat{b}_{\underline{q}} + \frac{1}{2} \right)$$

beschreibt die Phononen, deren Wechselwirkung untereinander hier vernachlässigt wird. (Der Einfachheit halber beschränken wir uns auf eine Polarisationsrichtung).
Die Elektron-Phonon-Wechselwirkung $\hat{H}_{e-ph}$ führt letztlich zu einer effektiven Elektron-Elektron-Wechselwirkung durch 'Austausch eines Phonons'. Wir schreiben $\hat{H}_{e-ph}$ als

$$\hat{H}_{e-ph} = \sum_{\underline{k},\underline{q}\varepsilon BZ} \sum_{\sigma} V_q (\hat{b}_{\underline{q}} + \hat{b}^+_{-\underline{q}}) \hat{c}^+_{(\underline{k}+\underline{q})\sigma} \hat{c}_{\underline{k}\sigma} \quad ,$$

wobei wir zur Vereinfachung Umklapp-Prozesse fortlassen und die Wechselwirkung V als nur vom Impulsübertrag abhängig ansehen. Dieser Operator vertauscht nicht mit dem Operator der Phononenanzahl $\sum_{\underline{q}} \hat{b}^+_{\underline{q}}\hat{b}_{\underline{q}}$, wohl aber mit dem der Elektronenanzahl $\sum_{\underline{k}\sigma} \hat{c}^+_{\underline{k}\sigma}\hat{c}_{\underline{k}\sigma}$.
Ein Zustand mit fester Phononenanzahl kann demnach nicht Eigenzustand zu $\hat{H}$ sein. Um ein Gefühl für die Wirkung von $\hat{H}$ zu bekommen, betrachten wir die Zeitentwicklung eines Zustands mit nur einem Elektron gemäß

$$f(t_o+\delta) \cong f(t_o) + \delta \cdot \left.\frac{\partial f}{\partial t}\right|_{t=t_o}$$

für ein infinitisimales Zeitinkrement δ :

$$|\phi(t=0)\rangle = \hat{c}^+_{\underline{k}\sigma} |vac\rangle$$

$$|\phi(t=\delta)\rangle \cong (1 - i\delta\hat{H}) \left.|\phi(t)\rangle\right|_{t=0}$$

$$= \left[(1 - i\delta\varepsilon_k)\hat{c}^+_{\underline{k}\sigma} - i\delta \sum_{\underline{q}} V_q \hat{b}^+_{-\underline{q}} \hat{c}^+_{(\underline{k}+\underline{q})\sigma} \right] |vac\rangle \quad .$$

Mit einer gewissen Wahrscheinlichkeit (V_q gibt die Wahrscheinlichkeitsamplitude) 'erzeugt das Elektron also ein Phonon'. In der weiteren Zeitentwicklung tritt nun neben dem 'Aussenden eines zweiten Phonons' auch die Möglichkeit der 'Reabsorption des Phonons' auf. Dieses einfache Argument zeigt bereits :

- Durch die Wechselwirkung $\hat{H}_{e-ph}$ umgeben sich die Elektronen mit einer Phononenwolke,
- dadurch werden ihre Eigenschaften, speziell die Dispersionsrelation ε_k , geändert.

So ergibt sich in zweiter Ordnung Störungstheorie eine Energieabsenkung: Um diese zu berechnen, verwenden wir die Standardformel

$$(\Delta E)^{(2)} = \sum_{n_e, n_{ph}} \frac{\langle \phi_{1,0} | \hat{H}_{e-ph} | \phi_{n_e, n_{ph}} \rangle \cdot \langle \phi_{n_e, n_{ph}} | \hat{H}_{e-ph} | \phi_{1,0} \rangle}{W_{1,0} - W_{n_e, n_{ph}}} .$$

Die Summe läuft über alle Eigenzustände $|\phi_{n_e, n_{ph}}\rangle$ von $(\hat{H}_e^{(o)} + \hat{H}_{ph})$ mit jeweils n_e Elektronen und n_{ph} Phononen.
Setzen wir

$$|\phi_{1,0}\rangle = \hat{c}^+_{\underline{k}\sigma} |vac\rangle \quad , \quad W_{1,0} = \varepsilon_k \quad ,$$

so gilt

$$\hat{H}_{e-ph} |\phi_{1,0}\rangle = \sum_{\underline{q}, \underline{p}, \alpha} V_q (\hat{b}_{\underline{q}} + \hat{b}^+_{-\underline{q}}) \hat{c}^+_{(\underline{p}+\underline{q})\alpha} \underbrace{\hat{c}_{\underline{p}\alpha} \hat{c}^+_{\underline{k}\sigma}}_{= \delta_{\underline{p},\underline{k}} \delta_{\alpha\sigma} - \hat{c}^+_{\underline{k}\sigma} \hat{c}_{\underline{p}\alpha}} |vac\rangle \quad ,$$

und wegen $\hat{b}_{\underline{q}} |vac\rangle = 0 = \hat{c}_{\underline{p}\alpha} |vac\rangle$ gilt weiter

$$= \sum_{\underline{q}} V_q \, \hat{b}^+_{-\underline{q}} \, \hat{c}^+_{(\underline{k}+\underline{q})\sigma} |vac\rangle \quad .$$

Von der Summe

$$\sum_{n_e, n_{ph}} |\phi_{n_e, n_{ph}}\rangle\langle\phi_{n_e, n_{ph}}|$$

liefert offenbar nur der Zustand

$$\hat{b}^+_{-\underline{q}}\;\hat{c}^+_{(\underline{k}+\underline{q})\sigma}|vac\rangle$$

mit Energie

$$W_{1,1} = \varepsilon_{k+q} + \omega_{-q} = \varepsilon_{k+q} + \omega_q$$

einen nichtverschwindenden Beitrag, so daß sich für die Energieverschiebung ergibt

$$(\Delta E)^{(2)}_{\underline{k}} = \sum_{\underline{q}} V_q \frac{1}{\varepsilon_k - (\varepsilon_{k+q} + \omega_q)} \langle\phi_{1,0}|\hat{H}_{e-ph}\;\hat{b}^+_{-\underline{q}}\;\hat{c}^+_{(\underline{k}+\underline{q})\sigma}|vac\rangle$$

$$= \sum_{\underline{q}} \frac{V_q}{\varepsilon_k - (\varepsilon_{k+q} + \omega_q)} \sum_{\underline{q}'\underline{p}'\alpha'} V_{q'} \langle vac|\hat{c}_{\underline{k}\sigma}(\hat{b}_{\underline{q}'} + \hat{b}^+_{-\underline{q}'})\hat{c}^+_{(\underline{p}'+\underline{q}')\alpha'}\;\hat{c}_{\underline{p}'\alpha'}\;\hat{b}^+_{-\underline{q}}\;\hat{c}^+_{(\underline{k}+\underline{q})\sigma}|vac\rangle$$

$$= \sum_{\underline{q}} \frac{V_q}{\varepsilon_k - (\varepsilon_{k+q} + \omega_q)} \sum_{\underline{q}'\underline{p}'\alpha'} V_{q'} \langle vac|\underbrace{\hat{b}_{\underline{q}'}\hat{b}^+_{-\underline{q}}}_{=\,\delta_{\underline{q}',-\underline{q}} + \hat{b}^+_{-\underline{q}}\hat{b}_{\underline{q}'}}\hat{c}_{\underline{k}\sigma}\hat{c}^+_{(\underline{p}'+\underline{q}')\alpha'}\underbrace{\hat{c}_{\underline{p}'\alpha'}\hat{c}^+_{(\underline{k}+\underline{q})\sigma}}_{=\,\delta_{\alpha'\sigma}\delta_{\underline{p}',(\underline{k}+\underline{q})} - \hat{c}^+_{(\underline{k}+\underline{q})\sigma}\hat{c}_{\underline{p}'\alpha'}}|vac\rangle$$

$$= \sum_{\underline{q}} \frac{V_q\;V_{-q}}{\varepsilon_k - (\varepsilon_{k+q} + \omega_q)} \underbrace{\langle vac|\hat{c}_{\underline{k}\sigma}\;\hat{c}^+_{\underline{k}\sigma}|vac\rangle}_{=\,1} .$$

Verwenden wir schließlich $V_{-q} = V^*_q$ (eine Bedingung, die für jedes im <u>Ortsraum</u> reelle Potential erfüllt sein muß), so ergibt sich

$$(\Delta E)^{(2)}_{\underline{k}} = \sum_{\underline{q}} \frac{|V_q|^2}{\varepsilon_k - (\varepsilon_{k+q} + \omega_q)} .$$

Wir erhalten also in der Tat eine geänderte Dispersionsrelation für das betrachtete Elektron. Man spricht von der "Renormierung der Elektron-Eigenschaften".

Berechnet man in gleicher Weise die Energieverschiebung zweiter Ordnung für einen Zweielektronenzustand

$$\hat{c}^+_{\underline{k}\sigma}\ \hat{c}^+_{\underline{k}'\sigma'}|vac\rangle \quad ,$$

so tritt zusätzlich zu dem gerade berechneten Ausdruck (jeweils für $\underline{k}$ und $\underline{k}'$) ein Beitrag auf, der durch 'Austausch eines Phonons mit Impuls $\underline{q}$ ' entsteht :

$$(\Delta E)^{(2)}_{\underline{k},\underline{k}'} = \sum_{\underline{q}} \frac{|V_{\underline{q}}|^2}{\varepsilon_k - (\varepsilon_{k+q} + \omega_q)} + \sum_{\underline{q}} \frac{|V_{\underline{q}}|^2}{\varepsilon_{k'} - (\varepsilon_{k'+q} + \omega_q)}$$

$$+ \sum_{\underline{q}} |V_q|^2 \left[\frac{1}{(\varepsilon_k + \cancel{\varepsilon_{k'}}) - (\varepsilon_{k+q} + \cancel{\varepsilon_{k'}} + \omega_q)} + \frac{1}{(\cancel{\varepsilon_k} + \varepsilon_{k'}) - (\varepsilon_{k'-q} + \cancel{\varepsilon_k} + \omega_q)}\right]$$

$$\cdot \langle vac|\hat{c}_{\underline{k}'\sigma'}\ \hat{c}_{\underline{k}\sigma}\ \hat{c}^+_{(\underline{k}+\underline{q})\sigma}\ \hat{c}^+_{(\underline{k}'-\underline{q})\sigma'}|vac\rangle$$

Es kommt uns nicht darauf an, das Matrixelement im letzten Beitrag auszurechnen (es verschwindet, falls nicht $\underline{q} = 0$ oder $\sigma = \sigma'$ und $\underline{k}'=\underline{k}+\underline{q}$, also auch $\underline{k}=\underline{k}'-\underline{q}$, gilt). Dagegen soll betont werden, daß dieser Term die Form eines Beitrags erster Ordnung Störungstheorie mit einer effektiven Elektron-Elektron-Wechselwirkung

$$\frac{1}{2} \sum_{\underline{q}} \sum_{\substack{k\sigma \\ k'\sigma'}} V^{eff}_q(\underline{k},\underline{k}')\ \hat{c}^+_{(\underline{k}+\underline{q})\sigma} \hat{c}^+_{(\underline{k}'-\underline{q})\sigma'}\ \hat{c}_{\underline{k}'\sigma'}\ \hat{c}_{\underline{k}\sigma}$$

mit

$$V^{eff}_q(\underline{k},\underline{k}') = |V_q|^2 \left(\frac{1}{\varepsilon_k - (\varepsilon_{k+q} + \omega_q)} + \frac{1}{\varepsilon_{k'} - (\varepsilon_{k'-q} + \omega_q)}\right) \tag{13.2}$$

hat. Auch ist klar, daß ein solcher Term (als ein Beitrag unter vielen) auch auftritt, wenn der Ausgangszustand neben ($\underline{k}\sigma$) und ($\underline{k}'\sigma'$) noch andere Elektronen und eventuell Phononen enthält, und daß er als Zwischenschritt auch in höheren störungstheoretischen Ordnungen vorkommt. Besonders wichtig sind dabei Prozesse, bei denen die Energie näherungsweise erhalten ist

$$\varepsilon_{k+q} - \varepsilon_k \cong \varepsilon_{k'} - \varepsilon_{k'-q} \tag{13.3}$$

(für das obige Beispiel zweiter Ordnung gilt (13.3) bei den nicht verschwindenden Anteilen natürlich exakt). In der Näherung (13.3) führt (13.2) zu :

$$V_q^{eff} \cong |V_q|^2 \cdot \frac{2\cdot\omega_q}{(\varepsilon_{k+q} - \varepsilon_k)^2 - \omega_q^2} \quad . \tag{13.4}$$

Damit dieser indirekte Streuprozess zweier Elektronen aneinander wirksam wird, müssen die Endzustände ($\underline{k}+\underline{q},\sigma$) und ($\underline{k}'-\underline{q},\sigma'$) unbesetzt sein. Gerade an der Grenze der Besetzung, bei der Fermienergie ε_F , liegen besetzte und unbesetzte Zustände dicht beisammen, können daher auch leicht gemischt werden, und die effektive Wechselwirkung (13.4) wird relativ groß und attraktiv :

$$\varepsilon_k \, , \, \varepsilon_{k'} \, , \, \varepsilon_{k+q} \, , \, \varepsilon_{k'-q} \cong \varepsilon_F \quad \Rightarrow \quad V_q^{eff} \cong - \frac{|V_q|^2}{\omega_q} \quad .$$

Hinter dieser attraktiven Wechselwirkung steckt der anschauliche Mechanismus: Das eine Elektron deformiert das Kristallgitter in seiner Umgebung, d.h. es erzeugt Phononen; die Deformation und Polarisation wirkt anziehend auf andere Elektronen.

Die vorstehenden elementaren Rechnungen lassen sich mit den Methoden, die in den folgenden Kapiteln besprochen werden, eleganter formulieren. Hier bleibt festzuhalten, daß die Elektron-Phonon-Kopplung zu einer effektiven Elektron-Elektron-Anziehung führen kann.
Zum weiteren Verständnis der Supraleitung ist es wichtig, sich an die Tatsache zu erinnern, daß eine schwache anziehende Wechselwirkung zwischen zwei Fermionen allein nicht zur Bildung eines gebundenen Zustands führen muß. Geht man für die beiden betrachteten Teilchen zu Schwerpunkts- und Relativ-Koordinaten über, so erhält man das Problem eines einzigen Teilchens in einem attraktiven Potential. Im dreidimensionalen Raum muß dieses

Potential bekanntlich eine gewisse Mindeststärke besitzen, ehe es gebundene Zustände liefert[#].

Als Modell betrachten wir einen

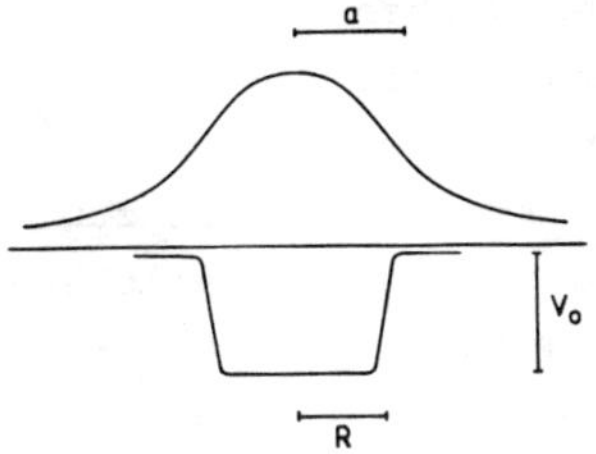

dreidimensionalen Potentialtopf mit einer für die Reichweite des Potentials charakteristischen Länge R und einer effektiven 'Tiefe' V_o . a sei eine für die Ausdehnung der Wellenfunktion charakteristische Länge.

Dann beträgt die potentiellle Energie ungefähr

$$E_{pot} \cong \begin{cases} -\left(\frac{R}{a}\right)^3 \cdot V_o & \text{für } R < a \\ -V_o & \text{für } a \leq R \end{cases}$$

und die kinetische Energie

$$E_{kin} \cong \left(\frac{\hbar}{a}\right)^2 / (2m) \quad .$$

Für die Gesamtenergie als Funktion von a ergibt sich dann nebenstehendes Bild.

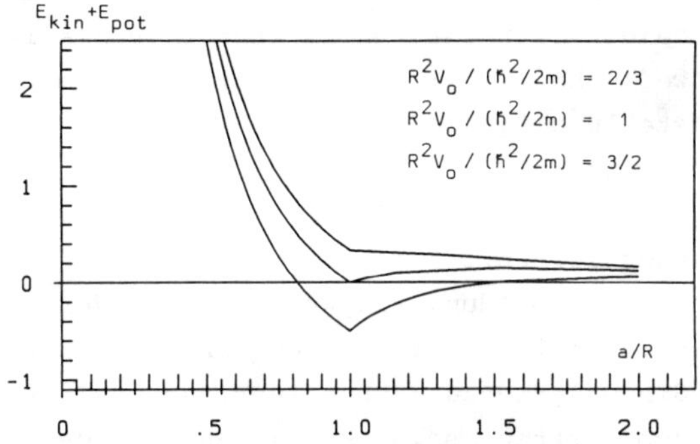

Mit dieser einfachen Abschätzung erhält man offenbar nur für $R^2V_o > \hbar^2/(2m)$ einen gebundenen (d.h. $E_{pot} + E_{kin} < 0$) Zustand. Für diesen ist die Ausdehnung der Wellenfunktion ungefähr gleich der des Kastens ($R \cong a$). Für $R^2V_o < \hbar^2/(2m)$ überwiegt dagegen der Verlust an kinetischer Energie den Gewinn an Wechselwirkungsenergie. Dann ist es energetisch günstiger, die beiden Fermionen bewegen sich unabhängig voneinander in Zuständen sehr kleiner kinetischer Energie.

Für eine ausführliche Diskussion des Zusammenhangs von Zustandsdichte, Dimensionalität des Raumes und Auftreten von gebundenen Zuständen siehe: E.N.Economou, Green's Functions in Quantum Physics, 2.Auflage, Springer-Verlag(Berlin,1983).

Nun stellen wir uns zwei Elektronen gerade an der Besetzungsgrenze vor. Für diese ist es günstig, aus den ihnen zur Verfügung stehenden Zuständen einen gebundenen Zustand mit relativ großer Ausdehnung zu formen und ein bißchen Wechselwirkungsenergie zu gewinnen. Die Möglichkeit, Zustände mit kleinen Impulsen zu besetzen, haben diese Elektronen ja wegen des Pauli-Prinzips nicht. Insofern als die anderen Elektronen zum Blockieren von Zuständen nötig sind, ist dies ein Vielteilcheneffekt. Wenn die effektive Wechselwirkung auch für kurze Abstände attraktiv ist, werden die Elektronen dabei ihre Spins antiparallel stellen (sonst können sie sich nicht nahe kommen) und ein Spin-Singuelett bilden. Das Verstehen dieser sogenannten Cooper-Instabilität des Elektronengases gegen die Bildung von Paaren bei Einschalten einer schwachen Teilchen-Teilchen-Anziehung und bei tiefen Temperaturen (wir betrachten hier T=0 und gehen von einer scharfen Besetzungsgrenze ε_F aus) klärt natürlich noch nicht die Frage nach der Natur des supraleitenden Zustands. Im Vorstehenden haben wir zum einen die beiden betrachteten Elektronen von allen anderen unzulässigerweise begrifflich unterschieden, zum anderen führt die Vorstellung "je zwei Elektronen bilden ein Cooper-Paar" zu der paradoxen Situation, daß schließlich keine ungestörten Elektronen innerhalb der Fermifläche, d.h. unterhalb der Fermienergie, übrigbleiben und somit das obige Argument zugunsten der Paarbildung fragwürdig wird. Vor diesem Hintergrund ist verständlich, daß die entscheidenden Zutaten für das Folgende Singuelett-Paare von Elektronen sein werden, die sich in einer gemittelten, selbstkonsistent zu bestimmenden Elektronenverteilung bewegen. Dabei ist die Ununterscheidbarkeit der Elektronen zu beachten.

Es ist unmöglich, das System Elektronen plus Phononen so genau zu berechnen, daß sich der winzige Energieunterschied zwischen supraleitender und normalleitender Phase als Differenz zweier Gesamtenergien ergibt. (Die Größe Sprungtemperatur*Boltzmann-Konstante $\lesssim 5\,\mathrm{K} \cdot 10^{-4}$ eV/K = $5 \cdot 10^{-4}$ eV gibt hier eine Skala für die zu erwartenden Energiedifferenzen.) Auf die Details, z.B. der Dispersionsrelation ε_k der Bloch-Elektronen und der Elektron-Phonon-Wechselwirkung, kommt es allerdings auch gar nicht an. Wichtig ist vielmehr, den Unterschied zwischen normalleitender und supraleitender Phase zu verstehen. Dazu genügt es, denjenigen Anteil des Hamilton-Operators zu betrachten, bezüglich dessen sich beide Phasen unterscheiden. Wir untersuchen die Situation, die mit 'ruhenden Cooper-Paaren' zu assoziieren ist. Die Phononenfreiheitsgrade denken wir uns in eine effektive Elektron-Elektron-Wechselwirkung umgeschrieben, von der wir nach dem zuvor Gesagten nur den Anteil mitnehmen, der zwei Cooper-Paare enthält :

$$\hat{H}_{red} := \sum_{\underline{p}\sigma} \varepsilon_p \, \hat{c}^+_{\underline{p}\sigma} \hat{c}_{\underline{p}\sigma} + \sum_{\underline{p},\underline{q}} V_{pq} \, \hat{c}^+_{\underline{p}\uparrow} \hat{c}^+_{-\underline{p}\downarrow} \hat{c}_{-\underline{q}\downarrow} \hat{c}_{\underline{q}\uparrow} \quad . \tag{13.5}$$

Bezüglich dieses reduzierten Hamilton-Operators optimieren wir den Wellenfunktions-Ansatz von Bardeen, Cooper und Schrieffer, den wir schreiben als

$$|\Psi_{BCS}\rangle := \prod_{\underline{k}} (u_k + v_k \, \hat{c}^+_{\underline{k}\uparrow} \hat{c}^+_{-\underline{k}\downarrow}) \, |vac\rangle \quad . \tag{13.6}$$

Man sieht schnell das Neue, das Überraschende dieses so harmlos aussehenden Ansatzes: Für die allgemeine BCS-Funktion ist die Teilchenzahl keine gute Quantenzahl, Anteile mit verschiedener Teilchenzahl sind gemischt. Es sei angemerkt, daß der Grenzfall

$$\begin{array}{llll} |v_k|=1 & \text{und} & u_k=0 & \text{für } \varepsilon_k<\varepsilon_F \\ v_k=0 & \text{und} & |u_k|=1 & \text{sonst} \end{array}$$

den Grundzustand $|\Psi_n\rangle$ des Vergleichproblems $\hat{H}_e^{(o)}$ liefert (vgl. (13.1)).

Mit den Antivertauschungsrelationen für Fermionen lassen sich die Erwartungswerte

$$\langle\Psi_{BCS}|\Psi_{BCS}\rangle = \prod_{\underline{p}} (u_p^* u_p + v_p^* v_p)$$

$$\langle\Psi_{BCS}|\hat{N}|\Psi_{BCS}\rangle = 2 \sum_{\underline{k}} v_k^* v_k \cdot \prod_{\underline{p}\neq\underline{k}} (u_p^* u_p + v_p^* v_p)$$

$$\langle\Psi_{BCS}|\hat{H}_{red}|\Psi_{BCS}\rangle = 2 \sum_{\underline{k}} \varepsilon_k v_k^* v_k \cdot \prod_{\underline{p}\neq\underline{k}} (u_p^* u_p + v_p^* v_p)$$

$$+ \sum_{\underline{k},\underline{k}'} V_{kk'} u_{k'}^* v_k^* u_k v_{k'} \cdot \prod_{\substack{\underline{p}\neq\underline{k} \\ \underline{p}\neq\underline{k}'}} (u_p^* u_p + v_p^* v_p)$$

bestimmen. Die Forderung nach einer bestimmten Teilchenzahl läßt sich nur im Mittel erfüllen. Dies geschieht, wie üblich, durch Vorgabe des chemischen Potentials μ ($=\varepsilon_F$).
Zur Normierung wählen wir

$$|u_k|^2 + |v_k|^2 = 1$$

und

u_k reell und nichtnegativ

für alle $\underline{k}$. Diese Nebenbedingung können wir durch

$$u_k =: \sin\theta_k \quad , \quad v_k =: e^{i\varphi_k} \cos\theta_k$$

in den zu minimierenden Ausdruck

$$\langle\Psi_{BCS}|\ \hat{H}_{red} - \mu\cdot\hat{N}\ |\Psi_{BCS}\rangle$$

einbauen, mit dem Ergebnis

$$= 2 \sum_{\underline{k}} (\varepsilon_k - \mu) \cos^2\theta_k + \frac{1}{4} \sum_{\underline{k}} \sum_{\underline{k}'} V_{\underline{k}\,\underline{k}'} (2 \sin\theta_k \cos\theta_k) \cdot (2 \sin\theta_{k'} \cos\theta_{k'})\, e^{i(\varphi_{k'} - \varphi_k)}$$

$$= \sum_{\underline{k}} (\varepsilon_k - \mu) \big(1 + \cos(2\theta_k)\big) + \sum_{\underline{k}\,\underline{k}'} \frac{1}{4} V_{kk'} \sin(2\theta_k) \sin(2\theta_{k'}) e^{i(\varphi_{k'} - \varphi_k)} . \qquad (13.7)$$

Die Stationaritätsbedingungen führen zu

$$\varphi_k = \alpha \tag{13.8a}$$

mit einer beliebigen, von k unabhängigen Konstanten α und

$$\mathrm{tg}\, 2\theta_k = -(e^{-i\alpha}\Delta_k)/(\varepsilon_k-\mu) \quad , \tag{13.8b}$$

wobei

$$\begin{aligned}\Delta_k &:= -\sum_{\underline{k}'} V_{k\,k'}\, u^*_{k'}\, v_{k'} \\ &= -\sum_{\underline{k}'} V_{k\,k'} \langle\Psi_{BCS}|\, \hat{c}_{-\underline{k}'\downarrow}\, \hat{c}_{\underline{k}'\uparrow}\, |\Psi_{BCS}\rangle \quad .\end{aligned} \tag{13.9}$$

Zu untersuchen ist also die Gleichung

$$|\Delta_k| = e^{-i\alpha}\Delta_k = -\frac{1}{2}\sum_{\underline{k}'} V_{k\,k'} \sin(2\theta_{k'})$$

(wobei $V_{kk'} \leq 0$ vorausgesetzt wird).
Diese Gleichung hat (bei kontinuierlich gedachten Indizes $\underline{k}$ und $\underline{k}'$) die Form einer Integralgleichung :

$$\begin{aligned}|\Delta_k| &= -\frac{1}{2}\sum_{\underline{k}'} V_{k\,k'} \sin\left(\mathrm{arctg}\left(-\frac{|\Delta_{k'}|}{\varepsilon_{k'}-\mu}\right)\right) \\ &= -\frac{1}{2}\sum_{\underline{k}'} V_{k\,k'} \frac{|\Delta_{k'}|}{\sqrt{|\Delta_{k'}|^2+(\varepsilon_{k'}-\mu)^2}} \\ &= -\frac{1}{2}\sum_{\underline{k}'} V_{k\,k'} \frac{|\Delta_{k'}|}{E_{k'}}\end{aligned} \tag{13.10}$$

mit der Abkürzung $E_k := \sqrt{|\Delta_k|^2 + (\varepsilon_k-\mu)^2}$.

Besonders einfach wird die Lösung von (13.10), wenn man die Tatsache, daß sich die effektive Wechselwirkung besonders stark nahe der Fermienergie (also für $\varepsilon_k \cong \mu$) auswirkt und dort attraktiv ist, durch das einfache Modell

$$V_{kk'} = \begin{cases} -V/\Omega & \text{falls } |\varepsilon_k - \mu| < \omega_D \text{ und } |\varepsilon_{k'} - \mu| < \omega_D \\ 0 & \text{sonst} \end{cases} \tag{13.11}$$

nachbildet. Dabei ist ω_D ein Abschneideparameter von der Größenordnung typischer Phononenenergien, d.h. einige meV. Für diese Modellwechselwirkung vereinfacht sich die $\underline{k}$-Abhängigkeit von Δ_k und θ_k :

$$\Delta_k = \begin{cases} \Delta & \text{für } |\varepsilon_k - \mu| < \omega_D \\ 0 & \text{sonst} \end{cases} \tag{13.12}$$

$$\sin(2\theta_k) = \begin{cases} |\Delta|/E_k & \text{für } |\varepsilon_k - \mu| < \omega_D \\ 0 & \text{sonst} \end{cases}$$

$$|v_k|^2 = \frac{1}{2}\Big(1 + \cos(2\theta_k)\Big) = \begin{cases} 1 & \text{für } \varepsilon_k - \mu < -\omega_D \\ \frac{1}{2}\left(1 - \frac{\varepsilon_k - \mu}{E_k}\right) & \text{für } |\varepsilon_k - \mu| < \omega_D \\ 0 & \text{für } \varepsilon_k - \mu > \omega_D \end{cases} \quad . \tag{13.13}$$

Δ ist Lösung der <u>einen</u> Gleichung

$$1 = +\frac{1}{2}\frac{V}{\Omega} \sum_{|\varepsilon_k - \mu| < \omega_D} \frac{1}{\sqrt{(\varepsilon_k - \mu)^2 + |\Delta|^2}} \tag{13.14}$$

Der Phasenfaktor $\frac{\Delta}{|\Delta|} = e^{i\alpha}$ bleibt unbestimmt.

Im sogenannten Grenzfall schwacher Kopplung, d.h. wenn das Produkt der Stärke V der effektiven Wechselwirkung mit der Zustandsdichte $D_o = \frac{1}{\Omega} \frac{dN}{d\varepsilon}\Big|_{\varepsilon=\mu}$ bei der Fermienergie 'klein' ist, läßt sich die Summe in (13.14) durch eine Integration ersetzen und diese dann ausführen :

$$1 = \frac{1}{2} V D_o \int_{\mu-\omega_D}^{\mu+\omega_D} \frac{d\varepsilon}{\sqrt{(\varepsilon-\mu)^2 + |\Delta|^2}}$$

$$= V D_o \operatorname{arcsinh}(\omega_D / |\Delta|) \quad ,$$

also

$$|\Delta| = \frac{\omega_D}{\sinh\left(\frac{1}{D_o V}\right)} \cong 2 \omega_D e^{-1/(D_o V)} \quad . \tag{13.15}$$

Die gesamte Energiedifferenz (vgl. (13.7),(13.1) und die Definition (13.9))

$$\delta E = \langle \Psi_{BCS} | \hat{H}_{red} - \mu\hat{N} | \Psi_{BCS} \rangle - \langle \Psi_n | \hat{H}_{red} - \mu\hat{N} | \Psi_n \rangle$$

$$= \sum_{\underline{k}} \left[(\varepsilon_k-\mu)(1+\cos(2\theta_k)) - \frac{1}{2}\sin(2\theta_k)\cdot|\Delta_k| \right] - \sum_{\varepsilon_k \leq \mu} 2(\varepsilon_k-\mu)$$

ergibt sich im selben Grenzfall mit (13.9),(13.12),(13.13) und schließlich (13.15) zu

$$\frac{\delta E}{\Omega} = 2D_o \int_{\mu}^{\mu+\omega_D} (\varepsilon-\mu)\, d\varepsilon + D_o \int_{\mu-\omega_D}^{\mu+\omega_D} (\varepsilon-\mu) \frac{-(\varepsilon-\mu)\, d\varepsilon}{\sqrt{(\varepsilon-\mu)^2 + |\Delta|^2}} - D_o |\Delta| \frac{|\Delta|}{D_o V}$$

$$= D_o \omega_D^2 - 2D_o \frac{\omega_D}{2} \sqrt{\omega_D^2 + |\Delta|^2} + 2D_o \frac{|\Delta|^2}{2} \operatorname{arcsinh} \frac{\omega_D}{|\Delta|} - \frac{|\Delta|^2}{V}$$

$$\cong 0 - \frac{1}{2} D_o |\Delta|^2 + D_o |\Delta|^2 \frac{1}{D_o V} - \frac{|\Delta|^2}{V}$$

$$= - \frac{1}{2} D_o |\Delta|^2 \quad . \tag{13.16}$$

Zusammenfassend stellen wir fest, daß bei der Bildung des BCS-Zustands

- energetisch tief liegende Zustände besetzt bleiben
  $|v_k| \cong 1 \quad$ für $\quad \varepsilon_k < \mu - |\Delta|$
- und energetisch hoch liegende Zustände unbesetzt bleiben
  $v_k \cong 0 \quad$ für $\quad \varepsilon_k > \mu + |\Delta| \quad .$

Die Besetzung weicht also von derjenigen des normalleitenden Zustands Ψ_n (vgl. (13.1)) nur in einem sehr schmalen Bereich der Größenordnung $|\Delta|$ wesentlich ab. Es ergibt sich eine Gesamtenergie - Absenkung der Größenordnung $\exp\{-2/(D_o V)\}$ (nach Gleichung (13.16) mit (13.15)). Dieser Ausdruck hängt nichtanalytisch von der Stärke V der Wechselwirkung ab, kann also nicht durch gewöhnliche Störungstheorie, d.h. Entwicklung nach Potenzen von V, gewonnen werden. Auf die Hintergründe dieser Tatsache wird weiter unten ausführlich eingegangen.

Betrachtet man die vorstehenden Rechnungen genauer, sieht man, daß sie sich folgendermaßen interpretieren lassen :

Für jedes $\underline{k}$ wird optimiert $(u_k + v_k \hat{c}^+_{\underline{k}\uparrow} \hat{c}^+_{-\underline{k}\downarrow})$ bezüglich des Operators

$$\hat{H}(\underline{k}) = \varepsilon_k \cdot \left(\hat{c}^+_{\underline{k}\uparrow} \hat{c}_{\underline{k}\uparrow} + \hat{c}^+_{-\underline{k}\downarrow} \hat{c}_{-\underline{k}\downarrow} \right) - \hat{c}^+_{\underline{k}\uparrow} \hat{c}^+_{-\underline{k}\downarrow} \Delta_k - \hat{c}_{-\underline{k}\downarrow} \hat{c}_{\underline{k}\uparrow} \Delta_k^* \quad ,$$

und die Erwartungswerte

$$\Delta_k = - \sum_{\underline{k}'} V_{k\,k'} < \hat{c}_{-\underline{k}'\downarrow} \hat{c}_{\underline{k}'\uparrow} >$$

werden selbstkonsistent bestimmt.

Vergleichbar ist der Hartree-Fock-Operator (hier ausgedrückt durch Feldoperatoren in der Kurzschreibweise $\hat{\psi}_x := \hat{\psi}(x)$) :

$$\hat{H}_{HF} = \int dx \; \hat{\psi}^+_x \left(-\frac{\hbar^2}{2m} \nabla^2 + u(x) \right) \hat{\psi}_x$$

$$+ \int dx \int dy \; \rho(y,y) \; v(y,x) \; \hat{\psi}^+_x \hat{\psi}_x - \int dx \int dy \; \rho(y,x) \; v(y,x) \; \hat{\psi}^+_y \hat{\psi}_x$$

mit selbstkonsistent bestimmten Erwartungswerten

$$\rho(y,x) = < \hat{\psi}^+_x \; \hat{\psi}_y > .$$

Wird dort am direkten Coulomb-Potential und am sogenannten Austauschfeld der anderen Elektronen gestreut, so spielen in der Theorie der Supraleitung sogenannte anomale Erwartungswerte von zwei Erzeugungs-Operatoren oder von zwei Vernichtungs-Operatoren, wie z.B. $\langle \hat{c}_{-\underline{k}\downarrow} \hat{c}_{\underline{k}\uparrow} \rangle$, die Rolle von effektiven mittleren Feldern. Die Ähnlichkeit mit dem Hartree-Fock-Verfahren wird besonders deutlich, wenn man etwa zu der im Ortsraum extrem kurzreichweitigen Modellwechselwirkung

$$\iint (-V)\ \delta(\underline{r}-\underline{r}')\ \hat{\psi}^+_\uparrow(\underline{r})\ \hat{\psi}^+_\downarrow(\underline{r}')\ \hat{\psi}_\downarrow(\underline{r}')\ \hat{\psi}_\uparrow(\underline{r})\ d^3r\ d^3r'$$

durch Erwartungswertbildung bezüglich je zweier Feldoperatoren den folgenden effektiven Hamilton-Operator bildet (nichtanomale Erwartungswerte und konstante Terme werden, da hier uninteressant, weggelassen) :

$$\hat{H}_{eff} = \sum_\sigma \int d^3r\ \hat{\psi}^+_\sigma(\underline{r}) \left(\frac{-\hbar^2\nabla^2}{2m}\right) \hat{\psi}_\sigma(\underline{r})$$
$$- \int d^3r\ \Delta(\underline{r})\ \hat{\psi}^+_\uparrow(\underline{r})\ \hat{\psi}^+_\downarrow(\underline{r}) \quad - \quad \int d^3r\ \Delta^*(\underline{r})\ \hat{\psi}_\downarrow(\underline{r})\ \hat{\psi}_\uparrow(\underline{r})$$

mit selbstkonsistent zu bestimmenden anomalen Erwartungswerten

$$\Delta(\underline{r}) := -(-V)\cdot\langle\ \hat{\psi}_\downarrow(\underline{r})\ \hat{\psi}_\uparrow(\underline{r})\ \rangle \quad . \tag{13.17}$$

Es sei betont, daß der Erwartungswert von $\hat{H}_{red}$ bezüglich Ψ_{BCS} nicht einfach die Summe der Erwartungswerte von $\hat{H}(\underline{k})$ ist. Der Zusammenhang läßt sich am schnellsten einsehen durch die Umschreibung (Impuls- und Spin-Indizes werden unterdrückt)

$$\hat{c}^+\hat{c}^+\hat{c}\ \hat{c} = (\ \hat{c}^+\hat{c}^+ - \langle\hat{c}^+\hat{c}^+\rangle + \langle\hat{c}^+\hat{c}^+\rangle\ )\ (\ \hat{c}\ \hat{c} - \langle\hat{c}\hat{c}\rangle + \langle\hat{c}\hat{c}\rangle\ )$$
$$= \hat{c}^+\hat{c}^+\langle\hat{c}\hat{c}\rangle + \langle\hat{c}^+\hat{c}^+\rangle\hat{c}\hat{c} - \langle\hat{c}^+\hat{c}^+\rangle\langle\hat{c}\hat{c}\rangle$$
$$+ (\ \hat{c}^+\hat{c}^+ - \langle\hat{c}^+\hat{c}^+\rangle\ )\ (\ \hat{c}\ \hat{c} - \langle\hat{c}\hat{c}\rangle\ ) \quad .$$

Die ersten beiden Terme tragen zu den Operatoren $\hat{H}(\underline{k})$ bei. Der dritte Term ist eine reelle Zahl; bei der Berechnung der Gesamtenergie muß er berücksichtigt werden, um eine Doppelzählung der Wechselwirkungsenergie zu vermeiden (vgl. die

Diskussion der Hartree-Fock-Gesamtenergie in Kapitel 7). Der Erwartungswert des vierten Terms verschwindet für den Ansatz Ψ_{BCS} ; er ist bilinear in den Abweichungen von den Erwartungswerten und wird von uns im weiteren vernachlässigt.

Eine Deutung der Größe Δ als 'Gap-Funktion', d.h. als Energielücke im Anregungsspektrum, ergibt sich, wenn man die elementaren Anregungen aus dem BCS-Zustand diskutiert. Das geschieht am elegantesten, indem man sich davon überzeugt, daß für

$$\begin{aligned} \hat{\gamma}_{\underline{k}0} &:= u_k \hat{c}_{\underline{k}\uparrow} - v_k \hat{c}^+_{-\underline{k}\downarrow} & \hat{\gamma}^+_{\underline{k}0} &= u^*_k \hat{c}^+_{\underline{k}\uparrow} - v^*_k \hat{c}_{-\underline{k}\downarrow} \\ \hat{\gamma}_{\underline{k}1} &:= v_k \hat{c}^+_{\underline{k}\uparrow} + u_k \hat{c}_{-\underline{k}\downarrow} & \hat{\gamma}^+_{\underline{k}1} &= v^*_k \hat{c}_{\underline{k}\uparrow} + u^*_k \hat{c}^+_{-\underline{k}\downarrow} \quad , \end{aligned} \tag{13.18a}$$

also

$$\begin{aligned} \hat{c}^+_{\underline{k}\uparrow} &= u_k \hat{\gamma}^+_{\underline{k}0} + v^*_k \hat{\gamma}_{\underline{k}1} \\ \hat{c}^+_{-\underline{k}\downarrow} &= -v^*_k \hat{\gamma}_{\underline{k}0} + u_k \hat{\gamma}^+_{\underline{k}1} \quad , \end{aligned} \tag{13.18b}$$

gilt :

$$\begin{aligned} \hat{\gamma}_{\underline{k}0} \,|\Psi_{BCS}\rangle &= 0 \\ \hat{\gamma}_{\underline{k}1} \,|\Psi_{BCS}\rangle &= 0 \quad . \end{aligned} \tag{13.19}$$

Die neu eingeführten Operatoren erfüllen, obwohl sie Mischungen aus Fermionen-Erzeugungsoperatoren und Fermionen-Vernichtungsoperatoren sind, die gewöhnlichen Antivertauschungsrelationen :

$$\begin{aligned} \{ \hat{\gamma}^+_{\underline{k}0} , \hat{\gamma}^+_{\underline{\kappa}1} \} &= 0 = \{ \hat{\gamma}_{\underline{k}0} , \hat{\gamma}_{\underline{\kappa}1} \} \\ \{ \hat{\gamma}_{\underline{k}0} , \hat{\gamma}^+_{\underline{\kappa}1} \} &= 0 = \{ \hat{\gamma}_{\underline{k}1} , \hat{\gamma}^+_{\underline{\kappa}0} \} \\ \{ \hat{\gamma}_{\underline{k}0} , \hat{\gamma}^+_{\underline{\kappa}0} \} &= \delta_{\underline{k},\underline{\kappa}} = \{ \hat{\gamma}_{\underline{k}1} , \hat{\gamma}^+_{\underline{\kappa}1} \} \quad . \end{aligned} \tag{13.20}$$

Wegen (13.19) und (13.20) lassen sie sich als Erzeugungs- und Vernichtungs-Operatoren von Quasiteilchen mit Fermionen-Charakter bezüglich des Grundzustands oder neuen (Quasiteilchen-) 'Vakuumzustands' $|\Psi_{BCS}\rangle$ auffassen.
Man rechnet an Hand der Definitionen (13.5) und (13.18) leicht nach, daß gilt :

$$\hat{H}_{red} \cong E_{normal} + \delta E + \sum_{\underline{k}} E_k \cdot (\hat{\gamma}^+_{\underline{k}0}\hat{\gamma}_{\underline{k}0} + \hat{\gamma}^+_{\underline{k}1}\hat{\gamma}_{\underline{k}1}) \quad .$$

(Zur exakten Gleichheit fehlt nur auf der rechten Seite der oben diskutierte in den Fluktuationen $(\hat{c}^+\hat{c}^+ - \langle\hat{c}^+\hat{c}^+\rangle)$ bzw. $(\hat{c}\hat{c} - \langle\hat{c}\hat{c}\rangle)$ bilineare Term.)
Die kleinstmögliche Anregungsenergie E_k ist für die vereinfachte Wechselwirkung (13.11) demnach

$$\min_{\underline{k}} E_k = \min_{\underline{k}} \sqrt{|\Delta_k|^2 + (\varepsilon_k - \mu)^2} = |\Delta| \quad .$$

Das Anregungsspektrum des BCS-Zustands weist also eine Lücke auf. Der Hamilton-Operator, der beispielsweise die Wechselwirkung eines Elektrons mit dem Lichtfeld enthält, hat die Struktur

$$(\text{streuendes Lichtfeld}) \; \underbrace{\hat{c}^+_{\text{gestreutes Elektron}}}_{(..\hat{\gamma}^+ + ..\hat{\gamma})} \; \cdot \; \underbrace{\hat{c}_{\text{Elektron vor der Streuung}}}_{(..\hat{\gamma}^+ + ..\hat{\gamma})} \quad .$$

Da im Grundzustand keine Quasiteilchen vorhanden sind, die Faktoren, die mindestens ein $\hat{\gamma}$ enthalten, in ihrer Wirkung auf $|\Psi_{BCS}\rangle$ also verschwinden, muß das Lichtfeld demnach zwei Quasiteilchen erzeugen; in optischen Transparenzexperimenten findet man stärkere Absorption also erst für Photonenenergien größer $2|\Delta|$. Dies liegt natürlich weit im Infrarot (10^{10}-10^{12}Hz).

Der im Rahmen des Modellpotentials (13.11) berechnete, räumlich homogene Zustand $|\Psi_{BCS}\rangle$ wird charakterisiert durch einen komplexen Ordnungsparameter, den Erwartungswert

$$\Delta(\underline{r}) = V \cdot \langle\Psi_{BCS}|\hat{\psi}_\downarrow(\underline{r})\hat{\psi}_\uparrow(\underline{r})|\Psi_{BCS}\rangle \quad .$$

Setzen wir die Transformation zu Impuls-Vernichtungsoperatoren ein und verwenden die zu (13.18b) adjungierte Gleichung, so gilt weiter

$$\Delta(\underline{r}) = V \frac{1}{\Omega} \sum_{\underline{k}\,\underline{k}'} e^{i(\underline{k}'-\underline{k})\cdot\underline{r}} \langle\Psi_{BCS}|\hat{c}_{-\underline{k}\downarrow}\hat{c}_{\underline{k}'\uparrow}|\Psi_{BCS}\rangle$$

$$= V \frac{1}{\Omega} \sum_{\underline{k}\,\underline{k}'} e^{i(\underline{k}'-\underline{k})\cdot\underline{r}} u_k^* v_{k'} \underbrace{\langle\Psi_{BCS}|\hat{\gamma}_{\underline{k}1}\hat{\gamma}^+_{\underline{k}'1}|\Psi_{BCS}\rangle}_{=\,\delta_{\underline{k},\underline{k}'}}$$

$$= \sum_{\underline{k}} \frac{V}{\Omega} u_k^* v_k = \Delta = e^{i\alpha} |\Delta| \quad .$$

Verschiedene Werte des Phasenfaktors $e^{i\alpha}$ führen zu Zuständen gleicher Energie. Es ist einleuchtend, daß man von einer Wellenfunktion für den normalleitenden Zustand mit $\langle\hat{\psi}_\downarrow\hat{\psi}_\uparrow\rangle = 0$ (bei der also die Symmetrie bezüglich α nicht gebrochen ist) startend durch eine Störungsentwicklung mit einem symmetrie-respektierenden Störoperator einen symmetrie-gebrochenen Zustand nicht erreichen kann. Dies bedeutet anschaulich, daß sich die Störungsentwicklung nicht für irgendeinen Wert von α entscheiden kann. Das erklärt das Versagen der gewöhnlichen Störungstheorie, das sich mit dem Ergebnis (13.16) für den Energiegewinn bereits anzeigte.

Das Problem der Teilchenzahlerhaltung bei der BCS-Wellenfunktion könnte man dadurch aus dem Weg räumen, daß man Wellenfunktionen mit fester Phase α zu einer Wellenfunktion mit guter Teilchenzahl überlagert :

$$|\Psi\rangle_{N\ \text{fest}} = \int_0^{2\pi} d\alpha\, e^{-\alpha N/2} |\Psi\rangle_{\alpha\ \text{fest}}$$

$$= \int_0^{2\pi} d\alpha\, e^{-\alpha N/2} \prod_{\underline{k}} \left(|u_k| + |v_k| e^{i\alpha} \hat{c}^+_{\underline{k}\uparrow}\hat{c}^+_{-\underline{k}\downarrow} \right) |vac\rangle$$

mit $|u_k|$ und $|v_k|$ gemäß Gleichung (13.13).

Bei einer solchen Argumentation übersieht man allerdings leicht den folgenden, für das tiefere Verständnis der Supraleitung wesentlichen Punkt: Wir sind es gewohnt, uns beispielsweise einen normalen Kupferblock beliebig in zwei Teile zerlegbar vorzustellen, die man beide einzeln durch eine Elektronenverteilungsfunktion beschreiben kann. Die Elektronenanzahl der einzelnen Blöcke ist nicht streng erhalten. Diese Situation läßt sich durch großkanonische Gesamtheiten (berechnet mit einem gemeinsamen elektrochemischen Potential) beschreiben. Dabei werden Dichtematrizen zu verschiedener Teilchenzahl addiert. Korrelationen zwischen Elektronen in verschiedenen Blöcken sind höchstens auf eine kleine Grenzschicht beschränkt. Legen wir eine elektrische Spannung an, so erzwingt die Ladungserhaltung eine Korrelation zwischen beiden Blöcken: Der Gesamtstrom durch beide Teile ist gleich. Diese langreichweitige Korrelation stammt also letztlich von einem Erhaltungssatz, eben dem für die Ladung.

In der BCS-Theorie taucht mit der komplexen Phase von $\Delta(\underline{r})$ eine neue makroskopische Variable auf. Wir können uns einen homogenen Supraleiter mit fester Phase nicht einfach in zwei unabhängige Teile zerlegt denken, denn beide Teile haben ja die gleiche Phase. Neben Erhaltungssätzen kann also auch das Brechen einer Symmetrie des Systems zu langreichweitigen Korrelationen führen. Die Situation ähnelt dem Ferromagneten, bei dem ein homogen magnetisiertes Stück nicht in zwei unabhängige Stücke zerlegt gedacht werden kann, sondern in beiden Teilen die volle Drehsymmetrie durch Herausbildung einer Magnetisierungsrichtung gleich gebrochen ist. Energetisch sind die Zustände mit verschiedenen Magnetisierungsrichtungen in Abwesenheit äußerer Felder entartet, so wie die Funktionen Ψ_{BCS} für verschiedene $e^{i\alpha}$ energetisch entartet sind.

Alle vorstehenden Überlegungen betrafen die Situation, die mit 'ruhenden Cooper-Paaren' zu assoziieren ist. Auf die Diskussion 'bewegter Cooper-Paare' und den damit zusammenhängenden (eher langweiligen) Nachweis der Tatsache, daß die BCS-Wellenfunktion wirklich ein supraleitender Zustand ist, wollen wir hier verzichten. Eine weitere Limitierung der bisherigen Diskussion war die Beschränkung auf räumlich homogene Systeme. Es ist plausibel,

daß sich eine räumlich zwar inhomogene, aber langsam veränderliche Situation durch ein lokales BCS-Bild mit einem lokalen, sich räumlich langsam verändernden komplexen Gap-Parameter $\Delta(\underline{r})$ beschreiben läßt und daß viele Phänomene vermittels makroskopischer Gleichungen für $\Delta(\underline{r})$ diskutiert werden können#.
Stellvertretend für viele andere wollen wir hier eine Auswirkung der Tatsache diskutieren, daß $\hat{\psi}^+_\uparrow(\underline{r})\hat{\psi}^+_\downarrow(\underline{r})$ eine einem Fermionen-Erzeugungsoperator eng verwandte Größe ist, aber einen makroskopischen Erwartungswert besitzt. Durch ein sich räumlich langsam veränderndes magnetisches Vektorpotential $\underline{A}(\underline{r})$ ändert sich die Wellenfunktion der Elektronen in niedrigster Ordnung nur um einen ortsabhängigen Phasenfaktor

$$\exp\left[-\frac{ie}{\hbar c}\int_{\underline{r}_o}^{\underline{r}} \underline{A}(\underline{s})\cdot d\underline{s}\right] .$$

In der makroskopischen Größe 'Dichte' $n(\underline{r}) = \sum_\sigma \langle\hat{\psi}^+_\sigma(\underline{r})\hat{\psi}_\sigma(\underline{r})\rangle$ fällt er natürlich heraus, nicht so in der Größe Ordnungsparameter/Gap-Funktion $\Delta(\underline{r}) \sim \langle\hat{\psi}_\downarrow(\underline{r})\hat{\psi}_\uparrow(\underline{r})\rangle$, in die ein derartiger Faktor sogar doppelt eingeht. Δ verhält sich also in mancher Hinsicht wie eine makroskopische Wellenfunktion. Verfolgt man nun die Wellenfunktion und Δ entlang eines homogenen supraleitenden Ringes, so kann sich Δ wegen der Eindeutigkeit von Erwartungswerten nur um einen Faktor

$$1 = \exp\{2\pi i\ell\} = \exp\left[-2\frac{ie}{\hbar c}\oint \underline{A}(\underline{s})\cdot ds\right] \quad \text{mit} \quad \ell \in \mathbb{Z}$$

ändern, d.h. das Kurvenintegral $\oint \underline{A}\cdot d\underline{s}$ und damit der umschlossene magnetische Fluß $\iint \underline{B}\cdot d\underline{f}$ können nur ganzzahlige Vielfache des 'Flußquantums' $(2\pi\hbar c/2e)$ sein. Darauf beruht der Josephson-Effekt.
Mit diesem Bezug zur Phänomenologie der Supraleitung wollen wir das Kapitel und die Übersicht über die wichtigsten Vielteilcheneffekte und Quasiteilchen der Festköperphysik beenden und uns der Entwicklung systematischer, vor allem diagrammatischer Methoden zur Berechnung von Vielteilchensystemen zuwenden.

Genau das ermöglicht die Theorie von Ginzburg, Landau und Gorkov (V.L.Ginzburg und L.D.Landau, Zh.Eksperim.i Teor.Fiz. 20, 1064(1950); L.P.Gorkov, Zh.Eksperim.i Teor.Fiz. 36, 1918(1959) [Soviet Phys.-JETP 9, 1364(1959)]).

II. Greensche Funktionen

14. Bilder

Die Observablen eines quantenmechanischen Systems werden durch lineare Operatoren in Hilberträumen charakterisiert. Entscheidend zur Definition der sogenannten Bilder ist die Tatsache, daß diese Operatoren selbst keine meßbaren Größen darstellen. Messen kann man lediglich die Erwartungswerte der Operatoren sowie das Betragsquadrat von Übergangsamplituden

$$\langle\psi|O|\phi\rangle \quad .$$

(Zur Vereinfachung der Notation werden wir fortan Operatoren nur dann mit einem "Dach" kennzeichnen, wenn der Kontext eine eindeutige Unterscheidung erfordert.) Es sei nun A(t) ein i.allg. zeitabhängiger Operator, der zu jedem Zeitpunkt unitär sein soll :

$$A^+(t)A(t) = 1 = A(t)A^+(t).$$

Dann gilt für ein beliebiges Matrixelement

$$\begin{aligned}\langle\psi|O|\phi\rangle &= \langle\psi|A^+(t)A(t)OA^+(t)A(t)|\phi\rangle \\ &= \langle A(t)\psi|A(t)OA^+(t)|A(t)\phi\rangle \ .\end{aligned}$$

Wenn man also <u>alle</u> Wellenfunktionen und <u>alle</u> Operatoren transformiert durch

$$|\psi(t)\rangle_A := A(t)|\psi\rangle$$

$$O(t)_A := A(t)OA^+(t) \ ,$$

dann bleiben alle meßbaren Größen unverändert:

$$\langle\psi|O|\phi\rangle = \langle\psi_A|O_A|\phi_A\rangle \quad .$$

Eine solche Transformation nennt man Bildtransformation. Jeder zeitabhängige unitäre Operator definiert somit ein ganz bestimmtes Bild. In diesem Bild gewinnen die "normalen" Wellenfunktionen und Operatoren dann eine zusätzliche, wenn man so will, künstliche Zeitabhängigkeit. Die Struktur der stationären Schrödingergleichung als Eigenwertgleichung bleibt jedoch in jedem Bild erhalten

$$H(t)_A|\psi(t)\rangle_A = E|\psi(t)\rangle_A \quad .$$

Wir betrachten nun einige Beispiele:

a) <u>Das Schrödinger-Bild</u>: $A(t) \equiv 1$

Als Schrödinger-Bild bezeichnen wir das gewohnte quantenmechanische Bild, in dem die Operatoren und Wellenfunktionen ihre "natürliche" Zeitabhängigkeit besitzen. Der besseren Unterscheidung halber kennzeichnen wir im folgenden die Operatoren und Wellenfunktionen im Schrödinger-Bild mit einem Index S. Es gilt dann die zeitabhängige Schrödinger-Gleichung

$$i\hbar \frac{\partial}{\partial t} |\Psi(t)\rangle_S = H_S \, |\Psi(t)\rangle_S \quad .$$

Wir diskutieren im folgenden den sogenannten Zeitentwicklungsoperator im Schrödinger-Bild, welcher definiert ist durch die folgende Gleichung

$$|\Psi(t)\rangle_S =: U(t,t_o)_S|\Psi(t_o)\rangle_S \quad , \tag{14.1}$$

die für beliebige Anfangsfunktionen $|\Psi(t_o)\rangle_S$ aus dem betreffenden Hilbertraum gelten soll. Einsetzen in die Schrödingergleichung liefert

$$i\,\hbar \frac{\partial}{\partial t} U(t,t_o)_S|\Psi(t_o)\rangle_S = H_S\, U(t,t_o)_S|\Psi(t_o)\rangle_S \quad .$$

Da dies für alle Anfangsfunktionen gilt, folgt insgesamt die Operator-Differentialgleichung

$$i\,\hbar \frac{\partial}{\partial t} U(t,t_o)_S = H_S\, U(t,t_o)_S \tag{14.2}$$

mit der Anfangsbedingung $U(t_o,t_o) = 1$.

Im folgenden werden wir beweisen, daß der Operator $U(t,t_o)_S$ unitär ist. Wenden wir die Definitionsgleichung (14.1) zweimal an

$$|\Psi(t)\rangle_S = U(t,t')_S|\Psi(t')\rangle_S = U(t,t')_S U(t',t_o)_S|\Psi(t_o)\rangle_S \ ,$$

so folgt

$$U(t,t_o)_S = U(t,t')_S U(t',t_o)_S \quad .$$

Für $t=t_o$ ergibt sich

$$1 = U(t_o,t')_S \, U(t',t_o)_S$$

und somit

$$U(t,t_o)_S^{-1} = U(t_o,t)_S \quad .$$

Aus der Operator-Differentialgleichung (14.2) und der adjungierten Gleichung folgt ferner :

$$\left.\begin{aligned} \frac{\partial U_S}{\partial t} &= -\frac{i}{\hbar} H_S U_S \\ \frac{\partial U_S^+}{\partial t} &= \frac{i}{\hbar} U_S^+ H_S \end{aligned}\right\} \Rightarrow \frac{\partial}{\partial t}\left(U_S^+ U_S\right) = \frac{\partial U_S^+}{\partial t} U_S + U_S^+ \frac{\partial U_S}{\partial t} = 0$$

$$\Rightarrow \quad U^+(t,t_o)_S \, U(t,t_o)_S = \text{const} \ .$$

Wegen $U(t_o,t_o)_S = 1$ gilt aber auch $U^+(t_o,t_o)_S = 1$ und somit

$$U^+(t,t_o)_S \, U(t,t_o)_S = 1 \quad .$$

Da wir bereits wissen, daß U_S invertierbar ist, folgt hieraus die Unitarität:

$$U^+(t,t_o)_S = U^{-1}(t,t_o)_S \quad .$$

Falls der Hamilton-Operator im Schrödinger-Bild explizit zeitunabhängig ist, können wir die Lösung der Operator-Differentialgleichung (14.2) sofort angeben. Sie lautet

$$U(t,t_o)_S = \exp\left(-\frac{i}{\hbar} H_S (t-t_o)\right) \ . \qquad (14.3)$$

b) Das Heisenberg-Bild

Für dieses Bild wählt man als Bildtransformation

$$A(t) := U^+(t,t_o)_S = U(t_o,t)_S \quad .$$

Die Wellenfunktionen im Heisenberg-Bild sind zeitlich konstant:

$$|\Psi(t)>_H = A(t)|\Psi(t)>_S = U(t_o,t)_S|\Psi(t)>_S = |\Psi(t_o)>_S = \text{const.} \qquad (14.4)$$

Die Operatoren im Heisenberg-Bild sind gegeben durch

$$O(t)_H = U^+(t,t_o)_S \, O(t)_S \, U(t,t_o)_S \quad . \qquad (14.5)$$

Ist H_S explizit zeitunabhängig, so gilt mit (14.3) (wenn wir außerdem t_o=0 festsetzen)

$$O(t)_H = e^{+\frac{i}{\hbar} H_S t} \, O(t)_S \, e^{-\frac{i}{\hbar} H_S t} \quad . \qquad (14.6)$$

Da die Wellenfunktionen im Heisenberg-Bild konstant sind, liegt die ganze Dynamik in den Operatoren. Wir wollen nun im folgenden eine Bewegungsgleichung für Operatoren im Heisenberg-Bild herleiten:

$$i\hbar \frac{d}{dt} O(t)_H = i\hbar \frac{d}{dt} (U_S^+ \, O_S \, U_S)$$

$$= i\hbar \left(\frac{\partial U_S^+}{\partial t}\right) O_S U_S + i\hbar \, U_S^+ \left(\frac{\partial O_S}{\partial t}\right) U_S + i\hbar \, U_S^+ \, O_S \left(\frac{\partial U_S}{\partial t}\right).$$

Verwenden wir

$$i\hbar \frac{\partial U_S}{\partial t} = H_S \, U_S$$

und

$$-i\hbar \frac{\partial U_S^+}{\partial t} = U_S^+ \, H_S \quad ,$$

so können wir weiter schreiben

$$= - U_S^+ H_S U_S U_S^+ O_S U_S + i\hbar \, U_S^+ \left(\frac{\partial O_S}{\partial t}\right) U_S + U_S^+ O_S U_S U_S^+ H_S U_S$$

$$= - H_H O_H + O_H H_H + i\hbar \, U_S^+ \left(\frac{\partial O_S}{\partial t}\right) U_S \quad .$$

Setzen wir noch

$$\left(\frac{\partial O}{\partial t}\right)_H := U_S^+ \left(\frac{\partial O_S}{\partial t}\right) U_S \quad ,$$

so ergibt sich schließlich die sogenannte Heisenbergsche Bewegungsgleichung

$$\boxed{i\hbar \frac{d}{dt} O(t)_H = [O_H , H_H] + i\hbar \left(\frac{\partial O}{\partial t}\right)_H} \quad . \tag{14.7}$$

Die Formulierung der Quantenmechanik im Heisenberg-Bild ähnelt formal sehr der klassischen Mechanik. Um dies einzusehen, betrachten wir zwei kanonisch konjugierte Variablen $\underline{q}$ und $\underline{p}$. Für diese gilt (in jedem Bild!)

$$[q_j , p_k] = i\hbar\, \delta_{jk} \quad .$$

Dann folgt:

$$\begin{aligned}
[q_j , p_k^n] &= q_j p_k^n - p_k^n q_j = (q_j p_k) p_k^{n-1} - p_k^n q_j \\
&= p_k q_j p_k^{n-1} + i\hbar\, \delta_{jk} p_k^{n-1} - p_k^n q_j \\
&= \ldots = p_k^n q_j + n\, i\hbar\, \delta_{jk} p_k^{n-1} - p_k^n q_j \\
&= i\hbar\, \delta_{jk} \frac{\partial}{\partial p_k} p_k^n \quad .
\end{aligned}$$

Und analog ergibt sich

$$[p_j , q_k^n] = -\, i\hbar\, \delta_{jk} \frac{\partial}{\partial q_k} q_k^n \quad .$$

Hat nun ein Operator die Form einer allgemeinen Laurentreihe

$$O(\underline{q},\underline{p}) = \sum_{\substack{n_1 n_2 n_3 \\ m_1 m_2 m_3}} a_{m_1 m_2 m_3}^{n_1 n_2 n_3}\, q_1^{n_1}\, q_2^{n_2}\, q_3^{n_3}\, p_1^{m_1}\, p_2^{m_2}\, p_3^{m_3} \quad ,$$

so gilt:

$$[q_j, O(\underline{q},\underline{p})] = i\hbar \frac{\partial}{\partial p_j} O(\underline{q},\underline{p})$$

und

$$[p_j, O(\underline{q},\underline{p})] = -i\hbar \frac{\partial}{\partial q_j} O(\underline{q},\underline{p})$$

Insbesondere gilt dann im Heisenberg-Bild

$$i\hbar \frac{d}{dt} q_j(t)_H = [q_j(t)_H, H] + \underbrace{i\hbar \left(\frac{\partial}{\partial t} q_j(t)\right)_H}_{=0} = i\hbar \frac{\partial}{\partial p_j(t)_H} H$$

also

$$\frac{dq_j(t)_H}{dt} = \frac{\partial H}{\partial p_j(t)_H} \quad \text{und analog} \quad \frac{dp_j(t)_H}{dt} = -\frac{\partial H}{\partial q_j(t)_H} .$$

Für kanonisch konjugierte Heisenberg-Operatoren gelten also formal gerade die Hamiltonschen Bewegungsgleichungen der klassischen Mechanik.

c) Das Wechselwirkungsbild

Hier beginnen wir mit einer Aufspaltung des Hamilton-Operators

$$H_S = H_o + V_S \quad , \qquad H_o \neq H_o(t) \quad ,$$

bei der wir das (zeitunabhängige) H_o-Problem als gelöst voraussetzen. Zur Bildtransformation wählen wir den unitären Operator

$$A(t) := e^{\frac{i}{\hbar} H_o t} .$$

Dann gilt

$$|\Psi(t)\rangle_I = e^{\frac{i}{\hbar} H_o t} \; |\Psi(t)\rangle_S \tag{14.8}$$

und

$$O(t)_I = e^{\frac{i}{\hbar} H_o t} \; O(t)_S \; e^{-\frac{i}{\hbar} H_o t} . \tag{14.9}$$

Insbesondere ist der Operator H_o im Schrödinger-Bild und im Wechselwirkungsbild identisch:

$$\left(H_o\right)_I = e^{\frac{i}{\hbar}H_o t}\left(H_o\right)_S e^{-\frac{i}{\hbar}H_o t} = \left(H_o\right)_S \equiv H_o \quad .$$

Die Aufspaltung des vollen Hamilton-Operators in H_o und V ist im Prinzip beliebig wählbar (solange H_o zeitunabhängig ist). Im folgenden beschreibt H_o allerdings stets ein System unabhängiger Teilchen (gegebenenfalls in einem äußeren Potential), und V bezeichnet die Wechselwirkung der Teilchen untereinander. Als Beispiel wollen wir nun Erzeugungs- und Vernichtungs-Operatoren ins Wechselwirkungsbild transformieren. Wir nehmen an, wir hätten das H_o-Problem gelöst und c_j^+ , c_j seien im Schrödinger-Bild die Erzeugungs- und Vernichtungs-Operatoren der zugehörigen Einteilchen-Zustände. Wir werden zeigen, daß im Wechselwirkungsbild lediglich eine Zeitphase hinzukommt :

$$\begin{aligned} c_j(t)_I &= c_j\, e^{-\frac{i}{\hbar}\varepsilon_j t} \\ c_j^+(t)_I &= c_j^+\, e^{\frac{i}{\hbar}\varepsilon_j t} \quad . \end{aligned} \tag{14.10}$$

Zum Beweis verwenden wir den Operator H_o in Diagonalform

$$H_o = \sum_{i=1}^{\infty} \varepsilon_i\, c_i^+ c_i$$

und weisen nach, daß die übliche Darstellung der Operatoren im Wechselwirkungsbild

$$\begin{aligned} c_j(t)_I &= e^{\frac{i}{\hbar}H_o t}\, c_j\, e^{-\frac{i}{\hbar}H_o t} \\ c_j^+(t)_I &= e^{\frac{i}{\hbar}H_o t}\, c_j^+\, e^{-\frac{i}{\hbar}H_o t} \end{aligned}$$

auf dem vollständigen System der Slater-Determinanten

$$|\Phi_\alpha\rangle = \prod_{i=1}^{\infty} \left(c_i^+\right)^{n_i^{(\alpha)}} |0\rangle \quad , \quad n_i^{(\alpha)} = 0 \text{ oder } 1$$

das Ergebnis (14.10) liefert.

Zunächst gilt

$$H_o|\phi_\alpha> = W_\alpha|\phi_\alpha> \quad \text{mit} \quad W_\alpha = \sum_{i=1}^{\infty} n_i^{(\alpha)} \varepsilon_i \quad .$$

Natürlich ist aber auch $c_j|\phi_\alpha>$ für beliebige j und α eine Eigenfunktion von H_o:

$$H_o \, c_j|\phi_\alpha> = \sum_{i=1}^{\infty} \epsilon_i \, c_i^+ \, c_i \, c_j|\phi_\alpha> .$$

Aus $\quad c_i^+ \, c_i \, c_j = - c_i^+ \, c_j \, c_i = - \delta_{ij} c_i + c_j \, c_i^+ \, c_i$

folgt weiter

$$\begin{aligned} &= - \epsilon_j \, c_j|\phi_\alpha> + c_j \, H_o|\phi_\alpha> \\ &= (W_\alpha - \epsilon_j) \, c_j|\phi_\alpha> \quad . \end{aligned}$$

Hieraus folgt sofort die Behauptung:

$$\begin{aligned} c_j(t)_I|\phi_\alpha> &= e^{\frac{i}{\hbar} H_o t} \, c_j \, e^{-\frac{i}{\hbar} H_o t} |\phi_\alpha> \\ &= e^{-\frac{i}{\hbar} W_\alpha t} \, e^{\frac{i}{\hbar} H_o t} \, c_j|\phi_\alpha> \\ &= e^{-\frac{i}{\hbar} W_\alpha t} \, e^{\frac{i}{\hbar}(W_\alpha - \epsilon_j)t} \, c_j|\phi_\alpha> = e^{-\frac{i}{\hbar}\epsilon_j t} \, c_j|\phi_\alpha>. \end{aligned}$$

Für c_j^+ verläuft der Beweis analog.

Im Wechselwirkungsbild sind sowohl die Operatoren als auch die Wellenfunktionen zeitabhängig. Deswegen gibt es für beide Größen je eine Bewegungsgleichung. Für Operatoren lautet sie folgendermaßen (die Herleitung verläuft völlig analog zum Beweis der Heisenbergschen Bewegungsgleichung) :

$$i\hbar \frac{d}{dt} O(t)_I = \left[O(t)_I, H_o\right] + i\hbar \left(\frac{\partial O}{\partial t}\right)_I \tag{14.11}$$

$$\text{mit} \quad \left(\frac{\partial O}{\partial t}\right)_I := e^{(i/\hbar)H_o t} \left(\frac{\partial O_S}{\partial t}\right) e^{-(i/\hbar)H_o t} \quad .$$

Als nächstes werden wir nun die Bewegungsgleichung für die Wellenfunktion im Wechselwirkungsbild herleiten.

Wir beginnen mit der Schrödingergleichung

$$i\hbar \frac{\partial}{\partial t} |\Psi(t)>_S = H_S |\Psi(t)>_S$$

$$=> \quad i\hbar \frac{\partial}{\partial t} e^{-(i/\hbar)H_o t} |\Psi(t)>_I = e^{-(i/\hbar)H_o t} \left(H_o|\Psi(t)>_I + i\hbar\frac{\partial}{\partial t}|\Psi(t)>_I\right)$$

$$= H_S \, e^{-(i/\hbar)H_o t} |\Psi(t)>_I$$

$$=> \quad i\hbar \frac{\partial}{\partial t} |\Psi(t)>_I = e^{(i/\hbar)H_o t} H_S \, e^{-(i/\hbar)H_o t} |\Psi(t)>_I - H_o|\Psi(t)>_I$$

$$= \left(H(t)_I - H_o\right) |\Psi(t)>_I$$

$$=> \quad i\hbar \frac{\partial}{\partial t} |\Psi(t)>_I = V(t)_I \, |\Psi(t)>_I \quad . \qquad (14.12)$$

Für die Teilchen-Teilchen-Wechselwirkung gilt mit (14.9) in zweiter Quantisierung

$$V(t)_I = \frac{1}{2} \sum_{ijk\ell} <ij|v|k\ell> c_i^+(t)_I \; c_j^+(t)_I \; c_\ell(t)_I \; c_k(t)_I \qquad (14.13)$$

und mit (14.10)

$$= \frac{1}{2} \sum_{ijk\ell} <ij|v|k\ell> e^{(i/\hbar)(\varepsilon_i+\varepsilon_j-\varepsilon_\ell-\varepsilon_k)t} \; c_i^+ \, c_j^+ \, c_\ell \, c_k \quad .$$

Gleichung (14.12) bezeichnet man auch als Tomonaga-Schwinger-Gleichung. Es handelt sich offenbar um eine schrödingerartige Gleichung, in welcher der Anteil der als bekannt vorausgesetzten H_o-Bewegung wegsepariert ist, so daß nur noch die Teilchen-Teilchen-Wechselwirkung übrigbleibt (daher der Name "Wechselwirkungsbild"). Analog zum Schrödinger-Bild definieren wir nun einen Zeitentwicklungsoperator im Wechselwirkungsbild durch

$$|\Psi(t)>_I = U(t,t') \; |\Psi(t')>_I \quad . \qquad (14.14)$$

Wie für U_S können wir die folgenden Eigenschaften beweisen:

$$U(t,t') = U(t,t'') \, U(t'',t')$$

$$U^+(t,t') = U^{-1}(t,t') = U(t',t) \quad .$$

Ferner gilt

$$|\Psi(t)\rangle_I = e^{\frac{i}{\hbar}H_o t} |\Psi(t)\rangle_S = e^{\frac{i}{\hbar}H_o t} \, U(t,t')_S |\Psi(t')\rangle_S$$

$$= e^{\frac{i}{\hbar}H_o t} \, U(t,t')_S \, e^{-\frac{i}{\hbar}H_o t'} |\Psi(t')\rangle_I \; .$$

Folglich gilt zwischen den Zeitentwicklungsoperatoren im Schrödinger-Bild und im Wechselwirkungsbild der folgende Zusammenhang

$$U(t,t') \;=\; e^{(i/\hbar)H_o t} \, U(t,t')_S \, e^{-(i/\hbar)H_o t'} \quad . \tag{14.15}$$

Aber Vorsicht, dies ist keine Bildtransformation, denn die Zeitargumente der beiden Exponentialfunktionen sind verschieden. $U(t,t')$ ist also nicht der ins Wechselwirkungsbild transformierte Operator $U(t,t')_S$. Ist H_S explizit zeitunabhängig, so erhält man mit (14.3) :

$$U(t,t') = e^{(i/\hbar)H_o t} \, e^{-(i/\hbar)H_S (t-t')} \, e^{-(i/\hbar)H_o t'} \quad .$$

Gleichung (14.15) liefert einen einfachen Zusammenhang zwischen Operatoren im Wechselwirkungsbild und im Heisenberg-Bild : Unter Verwendung von (14.5) für $t_o=0$ erhält man zunächst

$$O(t)_H = U(0,t)_S \, O(t)_S \, U(t,0)_S$$

$$= U(0,t)_S \, e^{-(i/\hbar)H_o t} \, O(t)_I \, e^{(i/\hbar)H_o t} \, U(t,0)_S$$

$$=> \qquad O(t)_H = U(0,t) \, O(t)_I \, U(t,0) \quad . \tag{14.16}$$

Wir wollen nun den Zeitentwicklungsoperator weiter untersuchen. Setzen wir die Definitionsgleichung (14.14) in die Tomonaga-Schwinger-Gleichung ein, so ergibt sich eine Bewegungsgleichung für U

$$i\hbar \frac{\partial}{\partial t} U(t,t') = V(t)_I \; U(t,t') \qquad (14.17)$$

mit der Anfangsbedingung $U(t',t') = 1$.

Diese Differentialgleichung nebst Anfangsbedingung ist äquivalent zur folgenden Integralgleichung

$$U(t,t') = 1 - \frac{i}{\hbar} \int_{t'}^{t} V(t_1)_I \; U(t_1,t')dt_1 \quad , \qquad (14.18)$$

wie man durch Einsetzen sofort nachrechnet. Diese Integralgleichung ist geeignet zur sukzessiven Approximation:

$$U_o(t,t') = 1$$

$$U_1(t,t') = 1 - \frac{i}{\hbar} \int_{t'}^{t} V(t_1)_I \; dt_1$$

$$U_2(t,t') = 1 - \frac{i}{\hbar} \int_{t'}^{t} V(t_1)_I \; U_1(t_1,t') \; dt_1$$

$$= 1 - \frac{i}{\hbar} \int_{t'}^{t} V(t_1)_I dt_1 + (-\frac{i}{\hbar})^2 \int_{t'}^{t} V(t_1)_I \int_{t'}^{t_1} V(t_2)_I dt_2 dt_1 .$$

Entsprechend ergibt sich für die N-te Näherung

$$U_N(t,t') = 1 + \sum_{n=1}^{N} U^{(n)}(t,t')$$

mit

$$U^{(n)}(t,t') = (-\frac{i}{\hbar})^n \int_{t'}^{t} dt_1 \int_{t'}^{t_1} dt_2 \ldots \int_{t'}^{t_{n-1}} dt_n V(t_1)_I \ldots V(t_n)_I \quad .$$

Per Konstruktion gilt stets $t' \leq t_n \leq t_{n-1} \leq \ldots \leq t_1 \leq t$.

Konvergiert die sukzessive Approximation, so erhält man schließlich

$$U(t,t') = 1 + \sum_{n=1}^{\infty} U^{(n)}(t,t'). \qquad (14.19)$$

Diese Reihe kann man als Störungsentwicklung im Potential V auffassen. Wir werden nun noch eine weitere Vereinfachung der Formel für $U^{(n)}$ vornehmen. Im Detail leiten wir sie her für

$$U^{(2)}(t,t') = (-i/\hbar)^2 \int_{t'}^{t} dt_1 \int_{t'}^{t_1} dt_2\, V(t_1)_I V(t_2)_I \quad .$$

Die Vereinfachung besteht darin, die variable Integrationsgrenze t_1 zu beseitigen derart, daß schließlich beide Integrale über das Intervall $[t',t]$ laufen. Anschaulich bedeutet dies, daß wir den abgebildeten dreieckigen Integrationsbereich durch das ganze Quadrat ersetzen. Wären die $V(t_i)_I$ c-Zahlen, so könnte man den Integrationsbereich problemlos auf das Quadrat erweitern und anschließend den Wert des Integrales halbieren. Da es sich aber um operatorwertige Funktionen handelt, werden die Potentiale zu verschiedenen Zeiten i.allg. nicht vertauschen

$$V(t_1)_I\, V(t_2)_I \neq V(t_2)_I\, V(t_1)_I \quad .$$

Deswegen ist die Erweiterung des Integrationsbereiches hier etwas komplizierter. Wir setzen zunächst

$$\int_{t'}^{t} dt_1 \int_{t'}^{t} dt_2\, V(t_1)_I\, V(t_2)_I$$

$$= \frac{1}{2}\cdot \int_{t'}^{t} dt_1 \int_{t'}^{t_1} dt_2 V(t_1)_I V(t_2)_I + \frac{1}{2}\cdot \int_{t'}^{t} dt_2 \int_{t_2}^{t} dt_1 V(t_1)_I V(t_2)_I \quad .$$

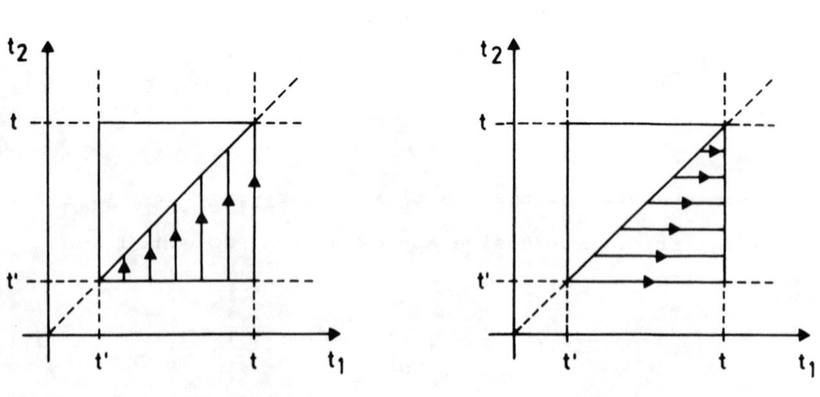

Die beiden Ausdrücke sind, wie man an den Zeichnungen erkennen kann, identisch: Beim ersten geht die t_1-Integration von t' bis t und für jedes t_1 läuft t_2 von t' bis zur Winkelhalbierenden ($t_2=t_1$). Beim zweiten Ausdruck ist gegenüber dem ersten nur die Durchlaufreihenfolge der Punkte des Integrationsbereiches geändert. Die t_2-Integration geht von t' bis t und für jedes t_2 läuft t_1 von der Winkelhalbierenden ($t_1=t_2$) bis t. Durch Umbenennen der Integrationsvariablen im zweiten Ausdruck erhalten wir

$$= \frac{1}{2}\int_{t'}^{t} dt_1 \int_{t'}^{t_1} dt_2\, V(t_1)_I V(t_2)_I + \frac{1}{2}\int_{t'}^{t} dt_1 \int_{t_1}^{t} dt_2 V(t_2)_I V(t_1)_I .$$

Zur weiteren formalen Vereinfachung definieren wir nun das zeitgeordnete Produkt zweier Operatoren durch

$$T\,[A(t_1)B(t_2)] := \begin{cases} A(t_1)\; B(t_2) & : t_1 > t_2 \\ B(t_2)\; A(t_1) & : t_2 > t_1 \end{cases} .$$

Hiermit ergibt sich schließlich

$$U^{(2)}(t,t') = \frac{(-i/\hbar)^2}{2} \int_{t'}^{t} dt_1 \int_{t'}^{t} dt_2\; T[V(t_1)_I\; V(t_2)_I] .$$

Für $t_1 = t_2$ ist das zeitgeordnete Produkt nicht definiert. Dies ist in unserem Fall aber nicht schlimm, weil für $t_1 = t_2$ die beiden Operatoren identisch sind und somit insbesondere kommutieren.

Mit einer entsprechenden Definition des zeitgeordneten Produkts von n Operatoren erhalten wir in analoger Weise

$$\boxed{U^{(n)}(t,t') = \frac{(-i/\hbar)^n}{n!} \int_{t'}^{t} dt_1 \int_{t'}^{t} dt_2 \ldots \int_{t'}^{t} dt_n\; T[V(t_1)_I \ldots V(t_n)_I]} \quad . \tag{14.20}$$

Dies ist die zentrale Formel zur störungstheoretischen Berechnung von Vielteilchensystemen. Für den Zeitentwicklungsoperator ergibt sich insgesamt

$$U(t,t') = \sum_{n=o}^{\infty} \frac{(-i/\hbar)^n}{n!} \int_{t'}^{t} dt_1 \ldots \int_{t'}^{t} dt_n \; T[V(t_1)_I \ldots V(t_n)_I]$$

$$= T \sum_{n=o}^{\infty} \frac{(-i/\hbar)^n}{n!} \int_{t'}^{t} dt_1 \ldots \int_{t'}^{t} dt_n \; V(t_1)_I \ldots V(t_n)_I$$

$$= T \sum_{n=o}^{\infty} \frac{(-i/\hbar)^n}{n!} \left(\int_{t'}^{t} d\tau \; V(\tau)_I\right)^n \quad .$$

Noch ein wenig formaler können wir schließlich schreiben

$$U(t,t') = T \exp\left(-\frac{i}{\hbar} \int_{t'}^{t} d\tau \; V(\tau)_I\right) \quad .$$

15. DIE EINTEILCHEN-GREENSFUNKTION

Es sei $|\Psi_o\rangle$ der Grundzustand eines wechselwirkenden Vielteilchensystems im Heisenberg-Bild. Insbesondere ist dann $|\Psi_o\rangle$ zeitunabhängig, und es gilt

$$H\,|\Psi_o\rangle = E_o\,|\Psi_o\rangle \quad .$$

$\psi(x,t)_H$ sei ferner der Feldoperator im Heisenberg-Bild, der zur Zeit t am Ort-Spin-Punkt x ein Feldquant vernichtet. $\psi^+(x,t)_H$ sei der entsprechende Erzeugungs-Operator. Gelegentlich werden wir die Spinabhängigkeit separat betrachten; dann schreiben wir

$$\psi(x,t)_H = \psi_s(\underline{r},t)_H$$

und

$$\psi^+(x,t)_H = \psi_s^+(\underline{r},t)_H \quad .$$

Die Definition der Einteilchen-Greensfunktion lautet dann

$$i\,G(xt,x't') := \frac{1}{\langle\Psi_o|\Psi_o\rangle}\,\langle\Psi_o|T[\psi(xt)_H\;\psi^+(x't')_H]|\Psi_o\rangle \qquad (15.1)$$

oder, wenn wir die Spinabhängigkeit betonen wollen,

$$i\,G_{ss'}(\underline{r}t,\underline{r}'t') := \frac{1}{\langle\Psi_o|\Psi_o\rangle}\langle\Psi_o|T[\psi_s(\underline{r}t)_H\;\psi_{s'}^+(\underline{r}'t')_H]|\Psi_o\rangle .$$

Das zeitgeordnete Produkt zweier <u>Erzeugungs-</u> oder <u>Vernichtungs-Operatoren</u> definieren wir durch

$$T\,[A(t)B(t')] = \begin{cases} A(t)B(t') & \text{für } t < t' \\ \pm B(t')A(t) & \text{für } t' > t \end{cases} \quad , \qquad (15.2)$$

wobei "+" für Bosonen und "-" für Fermionen gilt. Dies ist eine Erweiterung der in (14.20) verwendeten Definition. Für Fermionenoperatoren enthält (15.2) ein zusätzliches Minuszeichen, das jedoch in (14.20) keinen Unterschied bewirkt, da das Wechselwirkungspotential stets durch eine gerade Anzahl von Erzeugungs- und Vernichtungs-Operatoren dargestellt wird (vgl. (14.13)).

Die bisherige Definition der Einteilchen-Greensfunktion gilt gleichermaßen für Bosonen und Fermionen. In den folgenden Überlegungen werden wir uns allerdings auf Fermionen beschränken. Ausführlich hingeschrieben lautet dann die Einteilchen-Greensfunktion

$$i\,G(xt,x't') = \frac{1}{\langle\Psi_o|\Psi_o\rangle}\begin{cases}\langle\Psi_o|\psi(xt)_H\ \psi^+(x't')_H|\Psi_o\rangle & : t > t' \\ -\langle\Psi_o|\psi^+(x't')_H\psi(xt)_H\ |\Psi_o\rangle & : t' > t\end{cases}$$

$$= \frac{1}{\langle\Psi_o|\Psi_o\rangle}\Big(\theta(t-t')\langle\Psi_o|\psi(xt)_H\psi^+(x't')_H|\Psi_o\rangle$$

$$- \theta(t'-t)\langle\Psi_o|\psi^+(x't')_H\ \psi(xt)_H|\Psi_o\rangle\Big)\ , \qquad (15.3)$$

wobei $\theta(y) = \{{1 \,:\, y > 0 \atop 0 \,:\, y < 0}\}$ die Standard-Stufenfunktion ist.

Bis jetzt haben wir die Greensfunktion nur in der Ort-Spin-Darstellung betrachtet. Gehen wir mit einer Basistransformation (vgl. (4.7) und (4.8))

$$\psi_\alpha(\underline{r}t)_H = \sum_{\underline{k}} \frac{1}{\sqrt{\Omega}}\, e^{i\underline{k}\cdot\underline{r}}\, c_{\underline{k}\alpha}(t)_H$$

$$\psi^+_\beta(\underline{r}'t')_H = \sum_{\underline{k}'} \frac{1}{\sqrt{\Omega}}\, e^{-i\underline{k}'\cdot r'}\ c^+_{\underline{k}'\beta}(t')_H$$

zu Erzeugern und Vernichtern von Impulseigenfunktionen über, so lautet die Greensfunktion

$$iG_{\alpha\beta}(\underline{r}t,\underline{r}'t') = \sum_{\underline{k}}\sum_{\underline{k}'} \frac{1}{\Omega}\, e^{i(\underline{k}\cdot\underline{r}-\underline{k}'\cdot\underline{r}')}$$

$$\frac{1}{\langle\Psi_o|\Psi_o\rangle}\langle\Psi_o|T[c_{\underline{k}\alpha}(t)_H c^+_{\underline{k}'\beta}(t')_H]|\Psi_o\rangle\ .$$

Es liegt daher nahe, die Größe

$$iG_{\alpha\beta}(\underline{k}t,\underline{k}'t') := \frac{1}{\langle\Psi_o|\Psi_o\rangle}\langle\Psi_o|T[c_{\underline{k}\alpha}(t)_H\ c^+_{\underline{k}'\beta}(t')_H]|\Psi_o\rangle \qquad (15.4)$$

als Impuls-Greensfunktion zu definieren. Völlig analog definiert man die Greensfunktion bezüglich irgendeiner beliebigen Einteilchen-Basis

$$iG(\lambda t,\lambda' t') := \frac{1}{\langle\Psi_o|\Psi_o\rangle}\langle\Psi_o|T[c_\lambda(t)_H\, c^+_{\lambda'}(t')_H]|\Psi_o\rangle \ .$$

Wir werden im folgenden eine Vielzahl von Eigenschaften der Einteilchen-Greensfunktion herleiten. Zuerst beweisen wir, daß, falls der Hamilton-Operator H im Schrödinger- und damit auch im Heisenberg-Bild explizit zeitunabhängig ist, die Einteilchen-Greensfunktion nur von der Differenz (t-t') abhängt, d.h.

$$\boxed{H \neq H(t) \quad \Rightarrow \quad G(\lambda t,\lambda' t') = G(\lambda(t-t'),\lambda' 0)} \ .$$

Wir führen den Beweis nur für die Orts-Greensfunktion, in anderen Darstellungen verläuft er genauso. Zuerst transformieren wir die Heisenberg-Operatoren gemäß (14.6) ins Schrödinger-Bild

$$\psi(xt)_H = e^{iHt}\,\psi(x)_S\,e^{-iHt}$$

$$\psi^+(xt)_H = e^{iHt}\psi^+(x)_S\,e^{-iHt} \ .$$

(Von jetzt an setzen wir in allen Gleichungen $\hbar = 1$.)

Für $t > t'$ ergibt sich dann

$$\underbrace{\langle\Psi_o|e^{iHt}}_{\langle\Psi_o|e^{iE_0t}}\,\psi(x)_S\,e^{-iHt}\,e^{iHt'}\,\psi^+(x')_S\,\underbrace{e^{-iHt'}|\Psi_o\rangle}_{e^{-iE_0t'}|\Psi_o\rangle} \ .$$

Mit dem entsprechenden Ausdruck für $t' > t$ erhalten wir für die Greensfunktion insgesamt

$$iG(xt,x't') = \frac{1}{\langle\Psi_o|\Psi_o\rangle}\Big(\theta(t-t')e^{iE_0(t-t')}\langle\Psi_o|\psi(x)_S e^{-iH(t-t')}\psi^+(x')_S|\Psi_o\rangle$$

$$- \theta(t'-t)e^{iE_0(t'-t)}\langle\Psi_o|\psi^+(x')_S e^{-iH(t'-t)}\psi(x)_S|\Psi_o\rangle\Big) .$$

An dieser Form sieht man sofort, daß unter der Voraussetzung der t-Unabhängigkeit von H die Greensfunktion nur von (t-t') abhängt. Verwendet man noch die Transformation des Grundzustands ins Schrödinger-Bild

$$|\Psi_o(t)\rangle_S = e^{-iE_o t}|\Psi_o\rangle \quad ,$$

so ergibt sich

$$iG(xt,x't') = \frac{1}{\langle\Psi_o|\Psi_o\rangle}\Big(\theta(t-t')\langle\Psi_o(t)_S|\psi(x)_S e^{-iH(t-t')}\psi^+(x')_S|\Psi_o(t'\ldots$$

$$- \theta(t'-t)\langle\Psi_o(t')_S|\psi^+(x')_S e^{-iH(t'-t)}\psi(x)_S|\Psi_o(t)\rangle_S\Big)$$

Dieser Form können wir eine erste anschauliche Interpretation entnehmen: für t > t' fügen wir dem Grundzustand $|\Psi_o(t')\rangle_S$ durch die Wirkung von $\psi^+(x')_S$ ein Teilchen am Ort-Spin-Punkt x' hinzu, lassen dann den so erzeugten (N+1)-Teilchen-Zustand unter dem Einfluß des Hamiltonoperators H von t' bis t propagieren (vgl. (14.3)) und bilden dann den Überlapp mit dem (N+1)-Teilchen - Zustand $\psi^+(x)_S|\Psi_o(t)_S\rangle$. Die Greensfunktion für t > t' stellt also gerade die Übergangsamplitude dafür dar, daß sich ein Test-Teilchen, welches man dem Grundzustand eines Vielteilchensystems hinzufügt, in der Zeitspanne (t-t') vom Punkt x' zum Punkt x bewegt. In ähnlicher Weise propagiert für t' > t ein (N-1)-Teilchen-Zustand. Kurz gesagt: für t > t' handelt es sich um Teilchen-Propagation und für t' > t um Loch-Propagation. Die Interpretation der allgemeinen Greensfunktion G(λt,λ't') ist völlig analog.

Als nächstes werden wir beweisen, daß die Greensfunktion für Systeme, deren Hamiltonoperator mit dem Gesamtimpulsoperator

$$\underline{\hat{P}} = \sum_\alpha \int d^3r \quad \hat{\psi}^+_\alpha(\underline{r})(-i\underline{\nabla}) \quad \hat{\psi}_\alpha(\underline{r})$$

vertauscht, nur von der Differenz der Ortskoordinaten $(\underline{r}-\underline{r}')$ abhängt:

$$\boxed{[\hat{H},\hat{P}]=0 \Rightarrow G(\underline{r}t,\underline{r}'t') = G((\underline{r}-\underline{r}')t,0t')} \quad .$$

Systeme dieser Art sind z.B. die in Kapitel 5 diskutierten translationsinvarianten Systeme. Daß die Greensfunktion mit der obigen Interpretation als Übergangsamplitude für solche Systeme nur von der Koordinatendifferenz abhängen sollte, ist anschaulich sehr plausibel. Der explizite Beweis ist allerdings etwas länger :
Wir verwenden dazu die folgenden Kommutator-Identitäten, die wir auch später noch benötigen werden

$$[A,BC] = ABC - BCA$$

$$= ABC + BAC - BAC - BCA$$

$$\Rightarrow \quad [A,BC] = \{A,B\}C - B\{A,C\} \tag{15.5}$$

$$[A,BC] = [A,B]C - B[C,A] \tag{15.6}$$

und analog:

$$\{A,BC\} = \{A,B\}C - B[A,C] \quad . \tag{15.7}$$

Mit (15.5) ergibt sich zunächst

$$[\hat{\psi}_\alpha(\underline{r}),\hat{\underline{P}}] = \sum_\gamma \int d^3z\, [\underbrace{\hat{\psi}_\alpha(\underline{r})}_{A},\ \underbrace{\hat{\psi}^+_\gamma(\underline{z})}_{B}\ \underbrace{(-i\underline{\nabla}_z)\hat{\psi}_\gamma(\underline{z})}_{C}]$$

$$= \sum_\gamma \int d^3z\, \underbrace{\{\hat{\psi}_\alpha(\underline{r}),\ \hat{\psi}^+_\gamma(\underline{z})\}}_{\delta_{\alpha\gamma}\ \delta(\underline{r}-\underline{z})}\ (-i\underline{\nabla}_z)\hat{\psi}_\gamma(z)$$

$$- \sum_\gamma\int d^3z\ \hat{\psi}^+_\gamma(\underline{z})\underbrace{\{\hat{\psi}_\alpha(\underline{r}),(-i\underline{\nabla}_z)\hat{\psi}_\gamma(\underline{z})\}}_{-i\underline{\nabla}_z\{\hat{\psi}_\alpha(\underline{r}),\hat{\psi}_\gamma(z)\} = 0}$$

und somit

$$\left[\hat{\psi}_\alpha(\underline{r}),\hat{\underline{P}}\right] = -i\underline{\nabla}_r\ \hat{\psi}_\alpha(\underline{r}) \ . \tag{15.8}$$

Die so erhaltene Gleichung stellt eine Operator-Differentialgleichung für $\hat{\psi}_\alpha(\underline{r})$ dar. Man kann sie formal integrieren mit dem Resultat

$$\hat{\Psi}_\alpha(\underline{r}) = e^{-i\hat{\underline{P}}\cdot\underline{r}}\,\hat{\Psi}_\alpha(\underline{O})e^{i\hat{\underline{P}}\cdot\underline{r}} \quad . \tag{15.9}$$

Beweisen können wir dies durch Einsetzen:

$$-i\underline{\nabla}\hat{\Psi}_\alpha(\underline{r}) = -\hat{\underline{P}}\,\underbrace{e^{-i\hat{\underline{P}}\cdot\underline{r}}\,\hat{\Psi}_\alpha(\underline{O})e^{i\hat{\underline{P}}\cdot\underline{r}}}_{\hat{\Psi}_\alpha(\underline{r})} + \underbrace{e^{-i\hat{\underline{P}}\cdot\underline{r}}\,\hat{\Psi}_\alpha(\underline{O})e^{i\hat{\underline{P}}\cdot\underline{r}}}_{\hat{\Psi}_\alpha(\underline{r})}\,\hat{\underline{P}}$$

$$= [\hat{\Psi}_\alpha(\underline{r}),\hat{\underline{P}}] \qquad \text{q.e.d.}$$

Kommen wir nun zur ursprünglichen Behauptung zurück. Um die Abhängigkeit der Greensfunktion von nur der Ortskoordinatendifferenz zu zeigen, beginnen wir mit der obigen Darstellung durch die Feldoperatoren im Schrödinger-Bild

$$iG_{\alpha\beta}(\underline{r}t,\underline{r}'t') = \frac{1}{\langle\Psi_o|\Psi_o\rangle}\Big(\theta(t-t')e^{iE_o(t-t')}\langle\Psi_o|\hat{\psi}_\alpha(\underline{r})e^{-i\hat{H}(t-t')}\hat{\psi}^+_\beta(\underline{r}')|\Psi_o\rangle$$

$$- \theta(t'-t)e^{-iE_o(t-t')}\langle\Psi_o|\hat{\psi}^+_\beta(\underline{r}')e^{i\hat{H}(t-t')}\hat{\psi}_\alpha(\underline{r})|\Psi_o\rangle \quad .$$

Hierin schieben wir die Vollständigkeitsrelation im Fock-Raum

$$1 = |\text{vac}\rangle\langle\text{vac}| + \sum_n|\Psi_n^{(1)}\rangle\langle\Psi_n^{(1)}| +..+ \sum_n|\Psi_n^{(N)}\rangle\langle\Psi_n^{(N)}| +.. \tag{15.10}$$

ein, wobei $|\Psi_n^{(N)}\rangle$ die Eigenfunktionen von $\hat{H}$

$$\hat{H}\,|\Psi_n^{(N)}\rangle = E_n^{(N)}\cdot|\Psi_n^{(N)}\rangle$$

jeweils für ein System von N Teilchen bezeichnet. Dies liefert

$$iG_{\alpha\beta}(\underline{r}t,\underline{r}'t') = \frac{1}{\langle\Psi_o|\Psi_o\rangle}$$

$$\cdot\Big\{\theta(t-t')\sum_n e^{-i(E_n^{(N+1)}-E_o)(t-t')}\langle\Psi_o|\hat{\psi}_\alpha(\underline{r})|\Psi_n^{(N+1)}\rangle\langle\Psi_n^{(N+1)}|\hat{\psi}^+_\beta(\underline{r}')|\Psi_o\rangle$$

$$-\theta(t'-t)\sum_n e^{-i(E_o-E_n^{(N-1)})(t-t')}\langle\Psi_o|\hat{\psi}^+_\beta(\underline{r}')|\Psi_n^{(N-1)}\rangle\langle\Psi_n^{(N-1)}|\hat{\psi}_\alpha(\underline{r})|\Psi_o\rangle\Big\}$$

Es tragen hier offensichtlich nur die Zustände für (N±1) Teilchen bei, da das Fock-Raum - Skalarprodukt von zwei Wellenfunktionen mit verschiedener Teilchenzahl verschwindet.

Unter der Voraussetzung, daß $\hat{H}$ und $\hat{\underline{P}}$ vertauschen, können wir die $|\Psi_n^{(N\pm1)}>$ als Eigenfunktionen von $\hat{\underline{P}}$ wählen :

$$\hat{\underline{P}}|\Psi_n^{(N\pm1)}> = \underline{P}_n^{(N\pm1)} \; |\Psi_n^{(N\pm1)}> \quad .$$

Setzen wir nun die Gleichung (15.9) ein und wählen außerdem das Koordinatensystem so, daß $\hat{\underline{P}}|\Psi_o> = 0$ gilt, dann folgt schließlich

$$iG_{\alpha\beta}(\underline{r}t,\underline{r}'t') = \frac{1}{<\Psi_o|\Psi_o>}$$

$$\cdot\Big\{ \theta(t-t') \sum_n e^{-i(E_n^{(N+1)}-E_o)(t-t')} \; e^{i\underline{P}_n^{(N+1)}\cdot(\underline{r}-\underline{r}')}$$

$$\cdot <\Psi_o|\hat{\psi}_\alpha(\underline{0})|\Psi_n^{(N+1)}><\Psi_n^{(N+1)}|\hat{\psi}_\beta^+(\underline{0})|\Psi_o>$$

$$-\theta(t'-t) \sum_n e^{-i(E_o-E_n^{(N-1)})(t-t')} \; e^{-i\underline{P}_n^{(N-1)}\cdot(\underline{r}-\underline{r}')}$$

$$<\Psi_o|\hat{\psi}_\beta^+(\underline{0})|\Psi_n^{(N-1)}><\Psi_n^{(N-1)}|\hat{\psi}_\alpha(\underline{0})|\Psi_o> \Big\} \; .$$

Diese Gleichung beweist die Behauptung, daß die Einteilchen-Greensfunktion für $[\hat{H},\hat{\underline{P}}]=0$ nur von der Koordinatendifferenz $(\underline{r}-\underline{r}')$ abhängt. Man kann somit die Fourier-Transformierte bezüglich dieser Koordinatendifferenz bilden :

$$G_{\alpha\beta}(\underline{k},t,t') = \int d^3(\underline{r}-\underline{r}')e^{-i\underline{k}\cdot(\underline{r}-\underline{r}')} \; G_{\alpha\beta}(\underline{r}t,\underline{r}'t') \quad .$$

Die Umkehrtransformation lautet

$$G_{\alpha\beta}(\underline{r}t,\underline{r}'t') = \int\frac{d^3k}{(2\pi)^3} \; e^{i\underline{k}\cdot(\underline{r}-\underline{r}')} \; G_{\alpha\beta}(\underline{k},t,t') \; . \qquad (15.11)$$

Im folgenden zeigen wir, daß für solche translationsinvarianten Systeme die früher definierte Impuls-Greensfunktion (15.4) diagonal ist und daß die Diagonale der eben definierten Fourier-Transformierten der Orts-Greensfunktion entspricht :

$$[\hat{H},\hat{\underline{P}}] = 0 \quad \Rightarrow \quad G_{\alpha\beta}(\underline{k}t,\underline{k}'t') = \delta_{\underline{k},\underline{k}'} \cdot G_{\alpha\beta}(\underline{k},t,t') \ . \qquad (15.12)$$

Zum Beweis setzen wir in der Definitionsgleichung der Impuls-Greensfunktion

$$iG_{\alpha\beta}(kt,k't') = \frac{1}{\langle\Psi_o|\Psi_o\rangle} \langle\Psi_o|T[c_{\underline{k}\alpha}(t)_H \; c^+_{\underline{k}'\beta}(t')_H]|\Psi_o\rangle$$

die Heisenberg-Transformation explizit ein und schieben wie oben die Vollständigkeitsrelation (15.10) des exakten Eigenfunktionensystems von $\hat{H}$ ein. Dies ergibt

$$iG_{\alpha\beta}(\underline{k}t,\underline{k}'t') = \frac{1}{\langle\Psi_o|\Psi_o\rangle}$$

$$\cdot\Big(\theta(t-t')\sum_n e^{-i(E_n^{(N+1)}-E_o)(t-t')} \langle\Psi_o|c_{\underline{k}\alpha}|\Psi_n^{(N+1)}\rangle\langle\Psi_n^{(N+1)}|c^+_{\underline{k}'\beta}|\Psi_o\rangle$$

$$-\theta(t'-t)\sum_n e^{-i(E_o-E_n^{(N-1)})(t-t')} \langle\Psi_o|c^+_{\underline{k}'\beta}|\Psi_n^{(N-1)}\rangle\langle\Psi_n^{(N-1)}|c_{\underline{k}\alpha}|\Psi_o\rangle\Big)$$

Da nun $c^+_{\underline{k}'\beta}|\Psi_o\rangle$ Eigenfunktion von $\hat{\underline{P}}$ zum Eigenwert $\underline{k}'$ ist, und außerdem $\langle\Psi_n^{(N+1)}|$ als Eigenfunktion von $\hat{\underline{P}}$ zum Eigenwert $\underline{P}_n^{(N+1)}$ gewählt werden kann, verschwindet der Überlapp

$$\langle\Psi_n^{(N+1)}|c^+_{\underline{k}'\beta}|\Psi_o\rangle = 0 \text{ für } \underline{k}' \neq \underline{P}_n^{(N+1)} \ .$$

Entsprechend folgt

$$\langle\Psi_o|c_{\underline{k}\alpha}|\Psi_n^{(N+1)}\rangle = \langle c^+_{\underline{k}\alpha}\Psi_o|\Psi_n^{(N+1)}\rangle = 0 \quad \text{für } \underline{k} \neq \underline{P}_n^{(N+1)} \ .$$

Ferner ist $c_{\underline{k}\alpha}|\Psi_o\rangle$ Eigenfunktion von $\hat{P}$ zum Eigenwert $-\underline{k}$. Folglich verschwindet dann der Überlapp

$$\langle\Psi_n^{(N-1)}|c_{\underline{k}\alpha}|\Psi_o\rangle = 0 \quad \text{für } -\underline{k} \neq \underline{P}_n^{(N-1)} \ ,$$

und entsprechend

$$<\Psi_o|c^+_{\underline{k}'\beta}|\Psi_n^{(N-1)}> = 0 \quad \text{für} \quad -\underline{k}' \neq P_n^{(N-1)} \quad .$$

Insgesamt verschwinden damit alle Summanden mit $\underline{k} \neq \underline{k}'$.
Es gilt also

$$G_{\alpha\beta}(\underline{k}t,\underline{k}'t') = \delta_{\underline{kk}'}\, G_{\alpha\beta}(\underline{k}t,\underline{k}t') \quad .$$

Bleibt noch zu zeigen, daß diese Diagonalelemente gerade der obigen Fourier-Transformierten der Orts-Greensfunktion entsprechen. Dies folgt aber trivial aus der Konstruktion der Impuls-Greensfunktion (durch Basiswechsel) :

$$\begin{aligned} G_{\alpha\beta}(\underline{r}t,\underline{r}'t') &= \frac{1}{\Omega}\sum_{\underline{k}}\sum_{\underline{k}'} e^{i(\underline{k}\cdot\underline{r}-\underline{k}'\cdot\underline{r}')} G_{\alpha\beta}(\underline{k}t,\underline{k}'t') \\ &= \frac{1}{\Omega}\sum_{\underline{k}} e^{i\underline{k}\cdot(\underline{r}-\underline{r}')} G_{\alpha\beta}(\underline{k}t,\underline{k}t') \end{aligned}$$

Im Kontinuum-Grenzfall

$$\frac{1}{\Omega}\sum_{\underline{k}} \rightarrow \int \frac{d^3k}{(2\pi)^3}$$

ergibt sich damit

$$G(\underline{r}t,\underline{r}'t') = \int\frac{d^3k}{(2\pi)^3}\, e^{i\underline{k}\cdot(\underline{r}-\underline{r}')} G_{\alpha\beta}(\underline{k}t,kt') \quad .$$

Aus dem Vergleich mit (15.11) und der Eindeutigkeit der Fourier-Transformierten folgt dann die Behauptung

$$iG_{\alpha\beta}(\underline{k},t,t') = iG_{\alpha\beta}(\underline{k}t,\underline{k}t') = \frac{1}{<\Psi_o|\Psi_o>}<\Psi_o|T[c_{\underline{k}\alpha}(t)_H c_{\underline{k}\beta}(t')_H]|\Psi_o>.$$

Das Vorgehen, das uns hier von der Translationssymmetrie des Systems zur <u>diagonalen</u> Impuls-Greensfunktion geführt hat, ist typisch für die Ausnutzung von Symmetrien: Man wird immer bestrebt sein, die Greensfunktion bezüglich der Erhaltungsgrößen zu formulieren, weil sie in diesen diagonal ist. In der Literatur wird daher gelegentlich die allgemeine Greensfunktion von vornherein in der symmetrieangepaßten Form

$$iG(\lambda,t,t') = \frac{1}{\langle\Psi_o|\Psi_o\rangle} \langle\Psi_o|T[c_\lambda(t)_H \; c^+_\lambda(t')_H]|\Psi_o\rangle$$

definiert.

Vertauscht ein Hamilton-Operator mit dem Gesamtimpuls, und ist er zusätzlich noch explizit zeitunabhängig, so gilt für die Orts-Greensfunktion

$$G_{\alpha\beta}(\underline{r}t,\underline{r}'t') = G_{\alpha\beta}((\underline{r}-\underline{r}')(t-t'),\underline{0}0) \quad .$$

In diesem Fall kann man dann auch die vierdimensionale Fourier-Transformierte bilden

$$G_{\alpha\beta}(\underline{k}\omega) = \int d^3(\underline{r}-\underline{r}') \int d(t-t') e^{-i\underline{k}\cdot(\underline{r}-\underline{r}')} e^{i\omega(t-t')} G_{\alpha\beta}(\underline{r}t,\underline{r}'t') \quad .$$

Mit dieser Greensfunktion läßt sich ein manifest kovarianter Formalismus konstruieren, der naturgemäß bei relativistischen Vielteilchensystemen besondere Bedeutung gewinnt (siehe Kapitel 24). Die Umkehrtransformation lautet

$$G_{\alpha\beta}(\underline{r}t,\underline{r}'t') = \frac{1}{(2\pi)^4} \int d^3k \int d\omega \; e^{i\underline{k}\cdot(\underline{r}-\underline{r}')} e^{-i\omega(t-t')} G_{\alpha\beta}(k\omega) \quad .$$

Die Einteilchen-Greensfunktion enthält sehr viel Information über das betrachtete System. Wir werden beweisen, daß man mit ihrer Hilfe berechnen kann

a) den Grundzustandserwartungswert jedes Einteilchen-Operators,

b) die Grundzustandsenergie des Systems,

c) das Anregungsspektrum des Systems.

Fiele also die Einteilchen-Greensfunktion vom Himmel, so könnte man ihr die wichtigsten physikalischen Informationen entnehmen.

Wir zeigen zuerst die Eigenschaft (a). Den Beweis führen wir der Einfachheit halber für einen Einteilchen-Operator, der lokal in der Ortskoordinate, aber nichtdiagonal bezüglich der Spinkoordinaten ist (damit sind die häufigsten Fälle eingeschlossen). In zweiter Quantisierung lautet ein solcher Operator

$$A = \int d^3r \sum_{\alpha\beta} \psi_\beta^+(\underline{r})\ A_{\beta\alpha}(\underline{r})\ \psi_\alpha(\underline{r}) \quad ,$$

und der Grundzustandserwartungswert beträgt

$$\langle A\rangle = \frac{1}{\langle\Psi_o|\Psi_o\rangle} \int d^3r \sum_{\alpha\beta} \langle\Psi_o|\psi_\beta^+(\underline{r})\ A_{\beta\alpha}(\underline{r})\psi_\alpha(\underline{r})|\Psi_o\rangle \quad .$$

Ist $A_{\alpha\beta}(\underline{r})$ ein Differentialoperator, so wirkt er noch auf die Ortsabhängigkeit der Feldoperatoren. Um ihn vor den Erwartungswert zu ziehen, benützen wir den folgenden Trick

$$= \frac{1}{\langle\Psi_o|\Psi_o\rangle} \int d^3r \lim_{\underline{r}'\to\underline{r}} \sum_{\alpha\beta} A_{\beta\alpha}(\underline{r})\ \langle\Psi_o|\psi_\beta^+(\underline{r}')\psi_\alpha(\underline{r})|\Psi_o\rangle \quad ,$$

wobei natürlich stillschweigend verabredet ist, daß $A_{\beta\alpha}(\underline{r})$ wirkt, bevor wir den Grenzübergang durchführen. Wir transformieren nun die Feldoperatoren ins Heisenberg-Bild

$$\begin{aligned}
\langle\Psi_o|\psi_\beta^+(\underline{r}')\psi_\alpha(\underline{r})|\Psi_o\rangle &= \lim_{t'\to t} e^{-iE_o(t-t')} \langle\Psi_o|\psi_\beta^+(\underline{r}')e^{iH(t-t')} \psi_\alpha(\underline{r})|\Psi_o\rangle \\
&= \lim_{t'\to t} \langle\Psi_o|\psi_\beta^+(\underline{r}'t')_H\ \psi_\alpha(\underline{r}t)_H|\Psi_o\rangle \\
&= -\lim_{\substack{t'\to t\\ t'>t}} \langle\Psi_o|T[\psi_\alpha(\underline{r}t)_H\ \psi_\beta^+(\underline{r}'t')_H]|\Psi_o\rangle \\
&= -\lim_{t'\to t^+} iG_{\alpha\beta}(\underline{r}t,\underline{r}'t')\cdot\langle\Psi_o|\Psi_o\rangle \quad .
\end{aligned}$$

Damit folgt die Behauptung

$$\begin{aligned}
\langle A\rangle &= -i\int d^3r \lim_{\underline{r}'\to\underline{r}} \lim_{t'\to t^+} [\sum_{\alpha\beta} A_{\beta\alpha}(\underline{r})\ G_{\alpha\beta}(\underline{r}t,\underline{r}'t')] \\
&= -i\int d^3r \lim_{\underline{r}'\to\underline{r}} \mathrm{tr}\big(A(\underline{r})\ G(\underline{r}t,\underline{r}'t^+)\big) \quad . \qquad (15.13)
\end{aligned}$$

In der Kurzschreibweise der letzten Zeile bedeutet "tr" die Spur über die Spinvariablen, und mit "t^+" ist der Grenzübergang $t' \to t^+$ impliziert.

Betrachten wir nun einige Beispiele.

Bsp. 1: Die kinetische Energie lautet in erster Quantisierung

$$T = \sum_{i=1}^{N} - \frac{\nabla_i^2}{2m} \quad .$$

Dann folgt nach obiger Formel

$$\langle T \rangle = -i \int d^3r \lim_{\underline{r}' \to \underline{r}} \left(- \frac{\nabla_r^2}{2m}\right) \mathrm{tr}\Big(G(\underline{r}t, \underline{r}'t^+)\Big) .$$

Bsp. 2: Der Dichteoperator (vgl. Kapitel 6) lautet in erster Quantisierung

$$\hat{\rho}(\underline{R}) = \sum_{i=1}^{N} \delta(\underline{R} - \underline{r}_i) \; .$$

Dann folgt nach obiger Formel für die Grundzustandsdichte des Systems

$$\rho(\underline{R}) = \langle \hat{\rho}(\underline{R}) \rangle = -i \int d^3r \lim_{\underline{r}' \to \underline{r}} \delta(\underline{R} - \underline{r}) \mathrm{tr}\Big(G(\underline{r}t, \underline{r}'t^+)\Big)$$

$$= -i \int d^3r \, \delta(\underline{R} - \underline{r}) \; \mathrm{tr}\Big(G(\underline{r}t, \underline{r}t^+)\Big)$$

$$= -i \; \mathrm{tr}\Big(G(\underline{R}t, \underline{R}t^+)\Big) \quad .$$

In ähnlicher Weise ergibt sich

Bsp. 3: die kinetische Energiedichte $\hat{\tau}(\underline{R}) = \sum_{i=1}^{N} \delta(\underline{R} - \underline{r}_i) \left(- \frac{\nabla_i^2}{2m}\right)$

$$\tau(\underline{R}) = \langle \hat{\tau}(\underline{R}) \rangle = -i \lim_{\underline{r}' \to \underline{R}} \left(- \frac{\nabla_R^2}{2m}\right) \mathrm{tr}\; \Big(G(\underline{R}t, \underline{r}'t^+)\Big)$$

und

Bsp. 4: die Spindichte $\hat{\underline{\sigma}}(\underline{R}) = \sum_{i=1}^{N} \delta(\underline{R} - \underline{r}_i) \; \underline{\sigma}_i$, wobei $\underline{\sigma}$ den Vektor der drei Pauli- Spin-Matrizen bezeichnet :

$$\langle \hat{\underline{\sigma}}(\underline{R}) \rangle = -i \; \mathrm{tr}\; \Big(\underline{\sigma} \; G(\underline{R}t, \underline{R}t^+) \Big) \quad .$$

Wir wollen nun zum Abschluß noch den Zusammenhang zwischen der Einteilchen-Greensfunktion und der in Kapitel 6 diskutierten Dichtematrix untersuchen. Der allgemeine Ort-Spin-Dichtematrix-Operator lautet in zweiter Quantisierung (siehe Gleichung (6.5))

$$\hat{\rho}(x,x') = \hat{\psi}^{+}(x')\;\hat{\psi}(x) \qquad (x = (\underline{r},s)) \quad .$$

Die Grundzustands-Dichtematrix ist dann gegeben durch

$$\begin{aligned}\rho(x,x') &= \frac{1}{\langle\Psi_o|\Psi_o\rangle}\,\langle\Psi_o\,|\,\hat{\rho}(x,x')\,|\Psi_o\rangle \\ &= \frac{1}{\langle\Psi_o|\Psi_o\rangle}\,\langle\Psi_o|\hat{\psi}^{+}(x')\;\hat{\psi}(x)\,|\Psi_o\rangle \\ &= \lim_{t'\to t}\;\frac{1}{\langle\Psi_o|\Psi_o\rangle}\,\langle\Psi_o|\hat{\psi}^{+}(x't')_H\;\hat{\psi}(xt)_H|\Psi_o\rangle \\ &= -iG(xt,x't^{+}) \quad ,\end{aligned}$$

wobei wir die einzelnen Schritte des obigen Beweises genau wiederholt haben. Da bei explizit zeitunabhängigen Hamilton-Operatoren ohnehin gilt

$$G(xt,x't') = G(x0,x'(t'-t)) \quad ,$$

entspricht die Dichtematrix im Grundzustand gerade der Greens-funktion am Zeitnullpunkt:

$$\rho(x,x') = -i\;G(x0,x'0^{+}) \quad . \qquad (15.14)$$

Man könnte also die Greensche Funktion als eine zeitabhängige Erweiterung der Dichtematrix auffassen. Allerdings enthält gerade diese Zeitabhängigkeit sehr viel Information, denn aus der Einteilchen-Dichtematrix kann man nicht die exakte Grundzustandsenergie des Systems berechnen, dazu ist die Zwei-teilchen-Dichtematrix erforderlich. Nach der obigen Aussage (b), die wir im folgenden beweisen werden, ist die Grundzu-standsenergie dagegen sehr wohl aus der Einteilchen-Greens-funktion berechenbar. Wir führen den Beweis für eine Teilchen-Teilchen-Wechselwirkung, die lokal im Ort, aber nichtdiagonal bezüglich der Spinkoordinaten ist, die also echt vom Spin abhängt. Der Hamilton-Operator lautet dann

$$H = T + V = \sum_{\alpha} \int d^3r\, \psi_{\alpha}^{+}(\underline{r})\, \left(-\frac{\nabla_r^2}{2m}\right)\, \psi_{\alpha}(\underline{r})$$

$$+ \frac{1}{2} \sum_{\substack{\alpha\alpha' \\ \beta\beta'}} \iint d^3r\, d^3r'\, \psi_{\alpha}^{+}(\underline{r})\psi_{\beta}^{+}(\underline{r}')V_{\substack{\alpha\alpha' \\ \beta\beta'}}(\underline{r},\underline{r}')\psi_{\beta'}(\underline{r}')\psi_{\alpha'}(\underline{r}) \quad . \tag{15.15}$$

Für den Anteil der kinetischen Energie gilt

$$[\psi_{\alpha}(\underline{r})\, ,\, T] = -\frac{\nabla_r^2}{2m}\, \psi_{\alpha}(\underline{r}) \quad .$$

Der Beweis verläuft völlig analog zum Beweis von Gleichung (15.8). Für den Kommutator des Feldoperators mit dem Wechselwirkungspotential

$$[\psi_{\alpha}(\underline{r}),V] = \frac{1}{2} \sum_{\substack{\gamma\alpha' \\ \beta\beta'}} \int d^3z \int d^3y \Big[\underbrace{\psi_{\alpha}(\underline{r})}_{A},\underbrace{\psi_{\gamma}^{+}(\underline{z})}_{B}\underbrace{\psi_{\beta}^{+}(\underline{y})V_{\substack{\gamma\alpha' \\ \beta\beta'}}(\underline{z},\underline{y})\psi_{\beta'}(\underline{y})\psi_{\alpha'}(\underline{z})}_{C}\Big]$$

erhalten wir mit Gleichung (15.5)

$$= \frac{1}{2} \sum_{\substack{\gamma\alpha' \\ \beta\beta'}} \int d^3z \int d^3y \Big(\underbrace{\{\psi_{\alpha}(\underline{r}),\psi_{\gamma}^{+}(\underline{z})\}}_{=\delta_{\alpha\gamma}\cdot\delta(\underline{r}-\underline{z})} C - \psi_{\gamma}^{+}(\underline{z})\{\psi_{\alpha}(\underline{r}),\psi_{\beta}^{+}(\underline{y})V_{\substack{\gamma\alpha' \\ \beta\beta'}}(\underline{z},\underline{y}) \cdot \psi_{\beta'}(\underline{y})\psi_{\alpha'}(\underline{z})\} \Big)$$

$$= \frac{1}{2} \sum_{\alpha'\beta\beta'} \int d^3y\, \psi_{\beta}^{+}(\underline{y})V_{\substack{\alpha\alpha' \\ \beta\beta'}}(\underline{r},\underline{y})\psi_{\beta'}(\underline{y})\psi_{\alpha'}(\underline{r}) \quad + \quad Z \; ,$$

wobei mit Gleichung (15.7) weiter folgt

$$Z = \frac{1}{2} \sum_{\substack{\gamma\alpha' \\ \beta\beta'}} \int d^3z \int d^3y \Big(-\psi_{\gamma}^{+}(\underline{z}) \underbrace{\{\psi_{\alpha}(\underline{r}),\psi_{\beta}^{+}(\underline{y})\}}_{=\delta_{\alpha\beta}\cdot\delta(\underline{r}-\underline{y})} V_{\substack{\gamma\alpha' \\ \beta\beta'}}(\underline{z},\underline{y}) \underbrace{\psi_{\beta'}(\underline{y})\psi_{\alpha'}(\underline{z})}_{=-\psi_{\alpha'}(\underline{z})\psi_{\beta'}(\underline{y})}$$

$$+\psi_{\gamma}^{+}(\underline{z})\psi_{\beta}^{+}(\underline{y})V_{\substack{\gamma\alpha' \\ \beta\beta'}} \overbrace{[\psi_{\alpha}(\underline{r}),\psi_{\beta'}(\underline{y})\psi_{\alpha'}(\underline{z})]}^{=0\ (\text{mit}\ (15.5))}$$

$$= \frac{1}{2} \sum_{\gamma\alpha'\beta'} \int d^3z\ \psi^+_\gamma(\underline{z})\ V_{\gamma\alpha',\alpha\beta'}(\underline{z},\underline{r})\ \psi_{\alpha'}(\underline{z})\ \psi_{\beta'}(\underline{r}) \quad .$$

Umbenennung der Summationsindizes $\underline{z}\rightarrow\underline{y}$, $\gamma\rightarrow\beta$, $\alpha'\leftrightarrow\beta'$ liefert weiterhin

$$= \frac{1}{2} \sum_{\beta\beta'\alpha'} \int d^3y\ \psi^+_\beta(\underline{y})\ V_{\beta\beta',\alpha\alpha'}(\underline{y},\underline{r})\ \psi_{\beta'}(\underline{y})\ \psi_{\alpha'}(\underline{r}) \quad .$$

Auf Grund der Nichtunterscheidbarkeit der Mikroteilchen des Systems können wir Symmetrie des Potentials bezüglich Koordinatenaustausch

$$V_{\gamma\gamma',\delta\delta'}(\underline{r},\underline{r}') = V_{\delta\delta',\gamma\gamma'}(\underline{r}',\underline{r})$$

voraussetzen (nichtsymmetrische Anteile liefern zu (15.15) keinen Beitrag). Daraus ergibt sich

$$Z = \frac{1}{2} \sum_{\alpha'\beta\beta'} \int d^3y\ \psi^+_\beta(\underline{y})\ V_{\alpha\alpha',\beta\beta'}(\underline{r},\underline{y})\ \psi_{\beta'}(\underline{y})\ \psi_{\alpha'}(\underline{r}) \quad .$$

Man erhält somit zweimal den gleichen Term für den Anteil der potentiellen Energie, und es gilt insgesamt

$$[\psi_\alpha(\underline{r}),H] = -\frac{\nabla_r^2}{2m}\psi_\alpha(\underline{r}) + \sum_{\alpha'\beta\beta'} \int d^3y\ \psi^+_\beta(\underline{y}) V_{\alpha\alpha',\beta\beta'}(\underline{r},\underline{y}) \psi_{\beta'}(\underline{y}) \psi_{\alpha'}(\underline{r}) \quad . \tag{15.16}$$

Dieses Resultat setzen wir nun in die Heisenbergsche Bewegungsgleichung für den Feldoperator ein

$$i \frac{\partial}{\partial t} \psi_\alpha(\underline{r}t)_H = [\psi_\alpha(\underline{r}t)_H\ ,H] = e^{iHt}\ [\psi_\alpha(\underline{r})_S\ ,H]\ e^{-iHt}$$

$$= \left(-\frac{\nabla_r^2}{2m}\right)\psi_\alpha(\underline{r}t)_H + \sum_{\alpha'\beta\beta'} \int d^3y\ \psi^+_\beta(\underline{y}t)_H V_{\alpha\alpha',\beta\beta'}(\underline{r},\underline{y}) \psi_{\beta'}(\underline{y}t)_H \psi_{\alpha'}(\underline{r}t)_H \quad . \tag{15.17}$$

Diese Gleichung multiplizieren wir von links mit $\psi^+_\alpha(\underline{r}'t')_H$ und bilden dann den Grundzustandserwartungswert.

Dies ergibt

$$(i \frac{\partial}{\partial t} - (-\frac{\nabla_r^2}{2m})) \frac{\langle\Psi_o|\psi_\alpha^+(\underline{r}'t')_H \; \psi_\alpha(\underline{r}t)_H|\Psi_o\rangle}{\langle\Psi_o|\Psi_o\rangle} =$$

$$\sum_{\substack{\beta\beta' \\ \alpha'}} \int d^3y \frac{1}{\langle\Psi_o|\Psi_o\rangle} \langle\Psi_o|\psi_\alpha^+(\underline{r}'t')_H \psi_\beta^+(\underline{y}t)_H V_{\substack{\alpha\alpha' \\ \beta\beta'}}(\underline{r},\underline{y}) \psi_{\beta'}(\underline{y}t)_H \psi_{\alpha'}(\underline{r}t)_H|\Psi_o\rangle$$

Mit dieser Gleichung bilden wir jetzt die Grenzwerte $\underline{r}' \to \underline{r}$ und $t' \to t^+$, integrieren dann über d^3r und summieren über α. Dann folgt mit der Definition der Einteilchen-Greensfunktion

$$\int d^3r \lim_{t'\to t^+} \lim_{\underline{r}'\to\underline{r}} \left(i\frac{\partial}{\partial t} + \frac{\nabla_r^2}{2m} \right) \mathrm{tr}\{-iG(\underline{r}t,\underline{r}'t')\} = 2\langle\Psi_o|V|\Psi_o\rangle \; . \tag{15.18}$$

Mit Hilfe dieser Gleichung können wir in der Grundzustandsenergie

$$E_o = \langle\Psi_o|T|\Psi_o\rangle + \langle\Psi_o|V|\Psi_o\rangle$$

den Potentialanteil eliminieren und erhalten das Endresultat

$$\boxed{E_o = -\frac{i}{2} \int d^3r \lim_{t'\to t^+} \lim_{\underline{r}'\to\underline{r}} \left(i\frac{\partial}{\partial t} - \frac{\nabla_r^2}{2m} \right) \mathrm{tr}\{ G(\underline{r}t,\underline{r}'t')\}} \; . \tag{15.19}$$

Für translationsinvariante, explizit zeitunabhängige Systeme ergibt sich mit der vierdimensionalen Fourier-Transformierten der Greensfunktion eine besonders einfache Formel :

$$E_o = -\frac{i}{2} \frac{\Omega}{(2\pi)^4} \lim_{\tau\to 0^+} \int d^3k \int d\omega \; e^{i\omega\tau} \left(\frac{k^2}{2m} + \omega \right) \mathrm{tr}\{G(\underline{k},\omega)\}. \tag{15.20}$$

Als Vorbetrachtung zum Beweis der obigen Aussage (c) diskutieren wir zunächst die Greensfunktion für ein System freier, nichtwechselwirkender Fermionen, d.h. $H_o = T$ und $V \equiv 0$.
Das Wechselwirkungsbild und das Heisenberg-Bild stimmen in diesem Fall überein, so daß man die Greensfunktion berechnen

kann aus

$$iG^{(o)}_{\alpha\beta}(\underline{r}t,\underline{r}'t') = \langle\phi_o|T[\psi_\alpha(\underline{r}t)_I\ \psi^+_\beta(\underline{r}'t')_I]|\phi_o\rangle \quad .$$

Wir gehen über zu Erzeugungs- und Vernichtungs-Operatoren von Impulseigenfunktionen und verwenden die Darstellung (14.10) im Wechselwirkungsbild :

$$\psi_\alpha(\underline{r}t)_I = \sum_{\underline{k}} \frac{1}{\sqrt{\Omega}} e^{i\underline{k}\cdot\underline{r}}\ c_{\underline{k}\alpha}(t)_I = \sum_{\underline{k}} \frac{1}{\sqrt{\Omega}} e^{i\underline{k}\cdot\underline{r}}\ e^{-i\varepsilon_k t}\ c_{\underline{k}\alpha}$$

und

$$\psi^+_\beta(\underline{r}'t')_I = \sum_{\underline{k}'} \frac{1}{\sqrt{\Omega}} e^{-i\underline{k}'\cdot\underline{r}'}\ e^{i\varepsilon_{k'}t'}\ c^+_{\underline{k}'\beta}$$

mit

$$\varepsilon_k = \frac{k^2}{2m} \quad .$$

Dies ergibt

$$iG^{(o)}_{\alpha\beta}(\underline{r}t,\underline{r}'t') = \frac{1}{\Omega}\sum_{\underline{kk}'} e^{i(\underline{k}\cdot\underline{r}-\underline{k}'\cdot\underline{r}')}\ e^{-i(\varepsilon_k t\ -\ \varepsilon_{k'}t')}$$

$$\cdot\ (\theta(t-t')\langle\phi_o|c_{\underline{k}\alpha}c^+_{\underline{k}'\beta}|\phi_o\rangle - \theta(t'-t)\langle\phi_o|c^+_{\underline{k}'\beta}c_{\underline{k}\alpha}|\phi_o\rangle) \quad .$$

$|\phi_o\rangle$ ist die zu H_o=T gehörende Grundzustandswellenfunktion, also eine Slater-Determinante aus allen ebenen Wellen mit Impulsbetrag kleiner k_F . Folglich verschwinden die Matrixelemente, wenn der erzeugte Zustand ($\underline{k}'\beta$) nicht mit dem vernichteten Zustand ($\underline{k}\alpha$) übereinstimmt. Es verbleibt also

$$= \frac{\delta_{\alpha\beta}}{\Omega}\sum_{\underline{k}} e^{i\underline{k}\cdot(\underline{r}-\underline{r}')}\ e^{-i\varepsilon_k(t-t')}\Big(\theta(t-t')\langle\phi_o|c_{\underline{k}\alpha}c^+_{\underline{k}\alpha}|\phi_o\rangle$$

$$-\ \theta(t'-t)\langle\phi_o|\,c^+_{\underline{k}\alpha}\ c_{\underline{k}\alpha}|\phi_o\rangle\Big) \quad .$$

Verwenden wir noch

$$<\phi_o|c_{\underline{k}\alpha}c^+_{\underline{k}\alpha}|\phi_o> = <c^+_{\underline{k}\alpha}\phi_o|c^+_{\underline{k}\alpha}\phi_o> = \left\{\begin{array}{l} 1 : k > k_F \\ 0 : k \leq k_F \end{array}\right\} = \theta(k - k_F)$$

$$<\phi_o|c^+_{\underline{k}\alpha}c_{\underline{k}\alpha}|\phi_o> = <c_{\underline{k}\alpha}\phi_o|c_{\underline{k}\alpha}\phi_o> = \left\{\begin{array}{l} 1 : k \leq k_F \\ 0 : k > k_F \end{array}\right\} = \theta(k_F - k) \quad ,$$

so erhalten wir im Kontinuum-Grenzfall schließlich als Endergebnis :

$$iG^{(o)}_{\alpha\beta}(\underline{r}t,\underline{r}'t') = \delta_{\alpha\beta}\int\frac{d^3k}{(2\pi)^3}\, e^{i\underline{k}\cdot(\underline{r}-\underline{r}')}\, e^{-i\varepsilon_k(t-t')}$$

$$\cdot\big(\theta(t-t')\,\theta(k-k_F) - \theta(t'-t)\,\theta(k_F-k)\big) \qquad (15.21)$$

Per Definition folgt daraus für die Impuls-Greensfunktion

$$iG^{(o)}_{\alpha\beta}(\underline{k},t-t') = \delta_{\alpha\beta}e^{-i\varepsilon_k(t-t')}\big(\theta(t-t')\theta(k-k_F) - \theta(t'-t)\theta(k_F-k)\big) \;. \qquad (15.22)$$

Zur Herleitung der vierdimensionalen Fourier-Transformierten weisen wir zunächst die folgende Darstellung der Stufenfunktion nach

$$\theta(\tau) = \lim_{\eta\to 0^+} -\frac{1}{2\pi i}\int_{-\infty}^{\infty} d\omega\, \frac{e^{-i\omega\tau}}{\omega + i\eta} \quad . \qquad (15.23a)$$

Der Integrand hat einen Pol erster Ordnung bei $\omega = -i\eta$ und das Residuum beträgt

$$\text{Res}\,\frac{e^{-i\omega\tau}}{\omega + i\eta} = \lim_{\omega\to -i\eta}(\omega+i\eta)\cdot\frac{e^{-i\omega\tau}}{(\omega+i\eta)} = e^{-\eta\tau} \quad .$$

Wollen wir das Integral mit Hilfe des Residuensatzes berechnen, so müssen wir den Integrationsweg mit einem Halbkreis schließen: Um zu erreichen, daß das Integral über den Kreisbogen im Grenzfall eines unendlich großen Radius verschwindet, müssen wir wegen

$$e^{-i\omega\tau} = e^{-i(\text{Re}\omega)\tau}\, e^{(\text{Im}\omega)\tau}$$

für $\tau > 0$ den Kreis nach unten und für $\tau < 0$ den Kreis nach oben schließen.

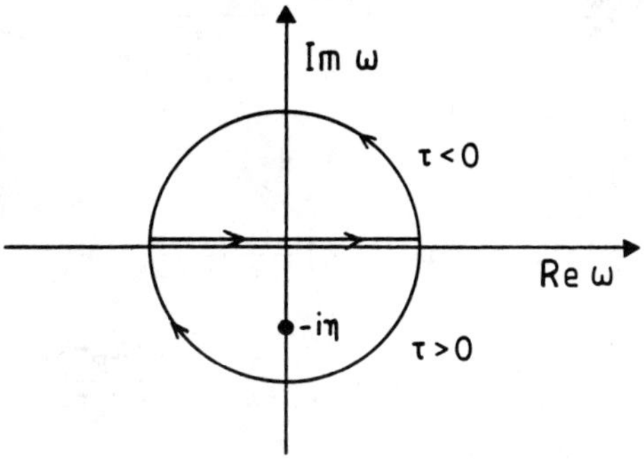

Da keine Singularitäten in dem oberen Halbkreis enthalten sind, verschwindet nach dem Cauchyschen Integralsatz das Integral über den geschlossenen Weg. Für $\tau < 0$ liefert das Integral also den Wert Null, was zu zeigen war.
Für $\tau > 0$ ergibt sich mit Hilfe des Residuensatzes

$$\int_{-\infty}^{\infty} d\omega \frac{e^{-i\omega\tau}}{\omega + i\eta} = \oint d\omega \, \frac{e^{-i\omega\tau}}{\omega + i\eta}$$

$$= -2\pi i \cdot \text{Residuum}$$

$$= -2\pi i \; e^{-\eta\tau} \quad .$$

Das Minuszeichen entsteht, weil der geschlossene Weg mathematisch negativ orientiert ist. Damit folgt die Behauptung für $\tau > 0$:

$$\lim_{\eta \to 0^+} - \frac{1}{2\pi i} \int_{-\infty}^{\infty} d\omega \, \frac{e^{-i\omega\tau}}{\omega + i\eta} = 1 \quad .$$

Analog kann man zeigen

$$\theta(-\tau) = \lim_{\eta \to 0^+} + \frac{1}{2\pi i} \int_{-\infty}^{\infty} d\omega \, \frac{e^{-i\omega\tau}}{\omega - i\eta} \quad . \qquad (15.23b)$$

Setzen wir dies in den obigen Ausdruck für die Greensfunktion ein, ergibt sich

$$iG^{(o)}_{\alpha\beta}(\underline{r}t,\underline{r}'t') = i \lim_{\eta\to 0^+} \delta_{\alpha\beta} \int \frac{d^3k}{(2\pi)^3} e^{i\underline{k}\cdot(\underline{r}-\underline{r}')}$$

$$\cdot \int_{-\infty}^{\infty} \frac{dw}{2\pi} e^{-i(\epsilon_k+w)(t-t')} \left(\frac{\theta(k-k_F)}{w+i\eta} + \frac{\theta(k_F-k)}{w-i\eta}\right) \quad .$$

Mit der Substitutiton $\omega := \epsilon_k + w$
folgt schließlich

$$G^{(o)}_{\alpha\beta}(\underline{r}t,\underline{r}'t') = \lim_{\eta\to 0^+} \delta_{\alpha\beta} \int \frac{d^3k}{(2\pi)^3} \int \frac{d\omega}{2\pi}$$

$$\cdot\, e^{i\underline{k}\cdot(\underline{r}-\underline{r}')} e^{-i\omega(t-t')} \left(\frac{\theta(k-k_F)}{\omega-\epsilon_k+i\eta} + \frac{\theta(k_F-k)}{\omega-\epsilon_k-i\eta}\right)$$

und damit

$$G^{(o)}_{\alpha\beta}(\underline{k}\omega) = \lim_{\eta\to 0^+} \delta_{\alpha\beta} \left(\frac{\theta(k-k_F)}{\omega-\epsilon_k+i\eta} + \frac{\theta(k_F-k)}{\omega-\epsilon_k-i\eta}\right) \quad . \tag{15.24}$$

Diese Funktion hat für $k > k_F$, d.h. für $\epsilon_k = \frac{k^2}{2m} > \frac{k_F^2}{2m} = \epsilon_F$,
Pole erster Ordnung bei

$$\omega = \epsilon_k - i\eta \ ,$$

und für $k < k_F$, d.h. für $\epsilon_k < \epsilon_F$, Pole erster Ordnung bei

$$\omega = \epsilon_k + i\eta \quad .$$

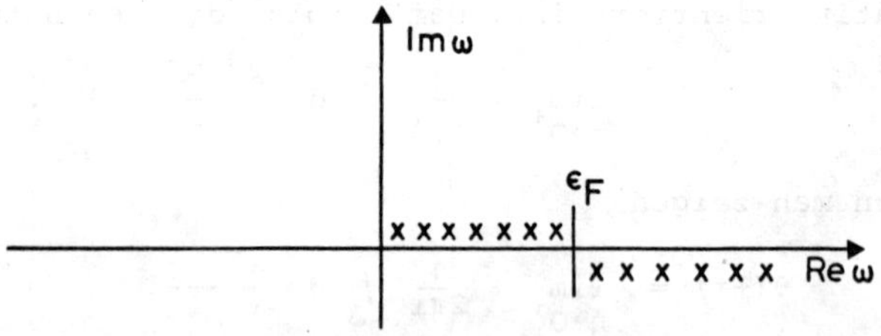

Wesentlich ist dabei, daß wir diskrete Pole nur erhalten, solange wir einen <u>endlichen</u> Materialwürfel betrachten.

Im Kontinuum-Grenzfall ändert sich die analytische Struktur der Greensfunktion, und wir erhalten eine Schnittlinie entlang der reellen Achse.

Wollen wir nun als Test des Formalismus die wohlbekannte Grundzustandsenergie des freien nichtwechselwirkenden Fermigases berechnen, indem wir Gleichung (15.20) und die eben bestimmte Greensfunktion verwenden :

$$E_O = -\frac{i}{2}\frac{\Omega}{(2\pi)^4}\int d^3k \lim_{\tau\to 0^+}\int_{-\infty}^{\infty} d\omega\ e^{i\omega\tau}(\epsilon_k+\omega)\,\mathrm{tr}\{G^{(o)}(\underline{k},\omega)\}$$

$$= -\frac{i}{2}\frac{\Omega}{(2\pi)^4}\int_0^{\infty} 4\pi k^2 dk \lim_{\substack{\tau\to 0^+\\ \eta\to 0^+}}\int_{-\infty}^{\infty} d\omega\ e^{i\omega\tau}$$

$$\cdot\ 2\left(\theta(k-k_F)\frac{\epsilon_k+\omega}{\omega-\epsilon_k+i\eta} + \theta(k_F-k)\frac{\epsilon_k+\omega}{\omega-\epsilon_k-i\eta}\right) \quad .$$

Wegen $\tau > 0$ schließen wir den Integrationsweg in der <u>oberen</u> ω-Halbebene

$$\int_{-\infty}^{\infty} d\omega = \oint d\omega \quad .$$

Dann liefert der erste Term ($k > k_F$) keinen Beitrag, denn er besitzt keine Singularitäten in der oberen Halbebene. Es verbleibt somit der Beitrag des zweiten Terms:

$$E_O = -i\frac{\Omega}{(2\pi)^4}\int_0^{k_F} 4\pi k^2 dk \lim_{\substack{\tau\to 0^+\\ \eta\to 0^+}}\oint d\omega\ e^{i\omega\tau}\frac{\epsilon_k+\omega}{\omega-\epsilon_k-i\eta} \quad .$$

Die Berechnung des Integrals über die geschlossene Kurve ergibt mit Hilfe des Residuensatzes

$$\lim_{\tau,\eta\to 0^+}\oint d\omega\ e^{i\omega\tau}\frac{\epsilon_k+\omega}{\omega-\epsilon_k-i\eta}$$

$$= \lim_{\tau,\eta\to 0^+}(2\pi i)\lim_{\omega\to\epsilon_k+i\eta}\left[e^{i\omega\tau}\cdot(\epsilon_k+\omega)\right]$$

$$= \lim_{\tau,\eta\to 0^+}(2\pi i)e^{i(\epsilon_k+i\eta)\tau}(\epsilon_k+\epsilon_k+i\eta)$$

$$= (2\pi i)\ 2\epsilon_k = (2\pi i)\frac{k^2}{m} \quad .$$

Somit erhalten wir für die Gesamtenergie das bekannte Ergebnis

$$E_o = \frac{\Omega}{2\pi^2} \int_o^{k_F} k^2 dk \, \frac{k^2}{m} = \frac{\Omega}{10m\,\pi^2} k_F^5 \quad .$$

Wir wollen nun für spätere Zwecke die Greensfunktion des nichtwechselwirkenden Fermigases noch etwas anders schreiben. Dazu betrachten wir zunächst einmal ein (N+1)-Teilchen-System. Dessen Grundzustandsenergie ergibt sich, wenn wir zum Grundzustand des N-Teilchen-Systems noch ein weiteres Teilchen an der Fermikante hinzufügen, also

$$E_o^{(N+1)} = \sum_{k \leq k_F} \epsilon_k + \epsilon_F \quad .$$

Einen angeregten Zustand des (N+1)-Teilchen-Systems erhalten wir, wenn wir zum Grundzustand des N-Teilchen-Systems ein Teilchen mit $K > k_F$ hinzufügen. Die Energie dieses Zustands lautet

$$E_{\underline{K}}^{(N+1)} = \sum_{k \leq k_F} \epsilon_k + \epsilon_K \quad .$$

Die verschiedenen Anregungsenergien des (N+1)-Teilchen-Systems sind demnach

$$w_{\underline{K}}^{(N+1)} := E_{\underline{K}}^{(N+1)} - E_o^{(N+1)} = \epsilon_K - \epsilon_F > 0 \quad .$$

Die Grundzustandsenergie des (N-1)-Teilchen-Systems erhalten wir, wenn wir beim Grundzustand des N-Teilchen-Systems ein Teilchen an der Fermikante weglassen

$$E_o^{(N-1)} = \sum_{k \leq k_F} \epsilon_k - \epsilon_F \quad .$$

Dagegen erhält man angeregte Zustände des (N-1)-Teilchen-Systems, wenn man aus dem Grundzustand des N-Teilchen-Systems irgendein Teilchen mit Impuls $\underline{K}$ und Energie $\epsilon_K < \epsilon_F$ herausnimmt. Das Gesamtssystem hat dann den Impuls $-\underline{K}$ (denn die zuvor vollbesetzte Fermikugel hat Impuls Null) und die Energie

$$E_{-\underline{K}}^{(N-1)} = \sum_{k \leq k_F} \epsilon_k - \epsilon_K \quad .$$

Damit ergibt sich für die Anregungsenergien des (N-1)-Teilchen-Systems

$$w_{-\underline{K}}^{(N-1)} := E_{-\underline{K}}^{(N-1)} - E_o^{(N-1)} = -\epsilon_K + \epsilon_F > 0 \; .$$

Nun können wir die Greensfunktion des nichtwechselwirkenden N-Teilchen-Systems auch als Funktion der Anregungsenergien des (N-1)- und des (N+1)-Teilchen-Systems schreiben :

$$G_{\alpha\beta}^{(o)}(\underline{k}\omega) = \lim_{\eta\to 0^+} \delta_{\alpha\beta}\left(\frac{\theta(k-k_F)}{\omega-\epsilon_F-(\epsilon_k-\epsilon_F)+i\eta} + \frac{\theta(k_F-k)}{\omega-\epsilon_F+(\epsilon_F-\epsilon_k)-i\eta}\right)$$

$$= \lim_{\eta\to 0^+} \delta_{\alpha\beta}\left(\frac{\theta(k-k_F)}{\omega-\epsilon_F-w_{\underline{k}}^{(N+1)}+i\eta} + \frac{\theta(k_F-k)}{\omega-\epsilon_F+w_{-\underline{k}}^{(N-1)}-i\eta}\right) \; . \quad (15.25)$$

Die Greensfunktion hat somit ihre Pole bei den exakten, auf die Fermienergie bezogenen Anregungsenergien des

(N+1)-Teilchen-Systems: $\omega = \epsilon_F + w_k^{(N+1)} - i\eta$

und des

(N-1)-Teilchen-Systems: $\omega = \epsilon_F - w_{-\underline{k}}^{(N-1)} + i\eta$.

Die gleiche Aussage werden wir im folgenden für die exakte Greensfunktion eines wechselwirkenden Systems zeigen, womit dann auch die Behauptung (c) bewiesen ist.

Der Einfachheit halber beschränken wir uns dabei auf explizit zeitunabhängige, translationsinvariante Systeme. Dann genügt es, die (diagonale) Impuls-Greensfunktion zu betrachten. Ferner beschränken wir uns auf spinunabhängige Wechselwirkungen, so daß gilt

$$G_{\alpha\beta}(\underline{k},t-t') = \delta_{\alpha\beta}\cdot G(\underline{k},t-t') \quad \text{mit}$$

$$iG(\underline{k},t-t') = \frac{1}{\langle\Psi_o|\Psi_o\rangle}\langle\Psi_o|T[c_{\underline{k}}(t)_H \; c_{\underline{k}}^+(t')_H]|\Psi_o\rangle$$

$$= \frac{1}{\langle\Psi_o|\Psi_o\rangle}\Big(\theta(t-t')\sum_n e^{-i(E_n^{(N+1)}-E_o^N)(t-t')}\langle\Psi_o|c_{\underline{k}}|\Psi_n^{(N+1)}\rangle\langle\Psi_n^{(N+1)}|c_{\underline{k}}^+|\Psi_o\rangle$$

$$- \theta(t'-t)\sum_n e^{-i(E_o^N-E_n^{(N-1)})(t-t')}\langle\Psi_o|c_{\underline{k}}^+|\Psi_n^{(N-1)}\rangle\langle\Psi_{n'}^{(N-1)}|c_{\underline{k}}|\Psi_o\rangle\Big) \; .$$

Hier haben wir wieder die Transformation der Heisenberg-Operatoren ins Schrödinger-Bild eingesetzt und dann die Vollständigkeitsrelation (15.10) eingeschoben. Mit den Darstellungen (15.23a,b) der Stufenfunktion erhalten wir

$$= i \lim_{\eta\to 0^+} \Big(\int_{-\infty}^{\infty} \frac{dw}{2\pi} \sum_n \frac{e^{-i(w+E_n^{(N+1)}-E_o^N)(t-t')}}{w+i\eta} \cdot \frac{|\langle\Psi_n^{(N+1)}|c_k^+|\Psi_o\rangle|^2}{\langle\Psi_o|\Psi_o\rangle}$$

$$+ \int_{-\infty}^{\infty} \frac{dw}{2\pi} \sum_n \frac{e^{-i(w+E_o^N-E_n^{(N-1)})(t-t')}}{w-i\eta} \cdot \frac{|\langle\Psi_n^{(N-1)}|c_k|\Psi_o\rangle|^2}{\langle\Psi_o|\Psi_o\rangle} \quad .$$

Mit den Substitutionen

$$\omega := w + E_n^{(N+1)} - E_o^N \qquad \text{beim ersten Integral}$$

und $\omega := w - E_n^{(N-1)} + E_o^N$ beim zweiten Integral

folgt schließlich

$$= i \lim_{\eta\to 0^+} \int_{-\infty}^{\infty} \frac{d\omega}{2\pi} e^{-i\omega(t-t')} \Big(\sum_n \frac{|\langle\Psi_n^{(N+1)}|c_k^+|\Psi_o\rangle|^2/\langle\Psi_o|\Psi_o\rangle}{\omega-E_n^{(N+1)}+E_o^N+i\eta}$$

$$+ \sum_n \frac{|\langle\Psi_n^{(N-1)}|c_k|\Psi_o\rangle|^2/\langle\Psi_o|\Psi_o\rangle}{\omega+E_n^{(N-1)}-E_o^N-i\eta} \Big) \quad .$$

Betrachten wir nun die auftretenden Nenner noch etwas genauer : Im ersten Term haben wir

$$\omega - E_n^{(N+1)} + E_o^N + i\eta = \omega - (E_n^{(N+1)}-E_o^{(N+1)}) - (E_o^{(N+1)}-E_o^N) + i\eta \quad .$$

Die Differenz

$$w_n^{(N+1)} := E_n^{(N+1)} - E_o^{(N+1)} > 0$$

entspricht gerade einer Anregungsenergie des (N+1)-Teilchen-Systems.

Dagegen ist

$$\frac{(E_o^{(N+1)} - E_o^{(N)})}{1} \cong \left.\frac{dE_o}{dN}\right|_N = \mu^{(N)}$$

die Änderung der Grundzustandsenergie pro hinzugefügtem Teilchen, also gerade das chemische Potential.

Der zweite Nenner lautet

$$\omega + E_n^{(N-1)} - E_o^N - i\eta = \omega + (E_n^{(N-1)} - E_o^{(N-1)}) - (E_o^N - E_o^{(N-1)}) - i\eta \quad .$$

Die Differenz

$$w_n^{(N-1)} := E_n^{(N-1)} - E_o^{(N-1)} > 0$$

ist diesmal eine Anregungsenergie des (N-1)-Teilchen-Systems; und

$$E_o^{(N)} - E_o^{(N-1)} = \mu^{(N-1)}$$

ist wieder das chemische Potential, wobei wir bei sehr großen Systemen

$$\mu^{(N)} \cong \mu^{(N-1)} =: \mu$$

setzen dürfen. (Vorsicht ist allerdings geboten für Systeme, bei denen die Grundzustandsenergie E_o als Funktion der quasi-kontinuierlichen Variablen N unstetig ist, also Lücken aufweist, wie etwa die Bandlücke eines Isolators. In solchen Fällen ist $\mu^{(N)} \neq \mu^{(N-1)}$.) Schließlich berücksichtigen wir noch, daß das Matrixelement $\langle\Psi_n^{(N+1)}|c_{\underline{k}}^+|\Psi_o\rangle$ verschwindet, wenn nicht $\Psi_n^{(N-1)}$ ein Zustand mit Gesamtimpuls $\underline{P}_n = \underline{k}$ ist, und daß in gleicher Weise das Matrixelement $\langle\Psi_n^{(N-1)}|c_{\underline{k}}|\Psi_o\rangle$ verschwindet, wenn nicht $\Psi_n^{(N-1)}$ ein Zustand mit Gesamtimpuls $\underline{P}_n = -\underline{k}$ ist. Damit können wir die Summe über die Zwischenzustände einschränken und erhalten als Endergebnis die sogenannte Lehmann-Darstellung der Greensfunktion :

$$G(\underline{k},\omega) = \lim_{\eta\to 0^+} \Big(\sum_n \frac{|\langle\Psi_n^{(N+1)}(\underline{k})|c_{\underline{k}}^+|\Psi_o\rangle|^2/\langle\Psi_o|\Psi_o\rangle}{\omega-\mu-w_{n,\underline{k}}^{(N+1)}+i\eta}$$

$$+ \sum_n \frac{|\langle\Psi_n^{(N-1)}(-\underline{k})|c_{\underline{k}}|\Psi_o\rangle|^2/\langle\Psi_o|\Psi_o\rangle}{\omega-\mu+w_{n,-\underline{k}}^{(N-1)}-i\eta} \Big) \quad . \tag{15.26}$$

Die Greensfunktion eines wechselwirkenden Vielteilchensystems hat somit ihre Pole bei den exakten, auf das chemische Potential bezogenen Anregungsenergien des

(N+1)-Teilchen-Systems: $\omega = \mu + w_{n,\underline{k}}^{(N+1)} - i\eta$

und des (N-1)-Teilchen-Systems: $\omega = \mu - w_{n,-\underline{k}}^{(N-1)} + i\eta$.

Wir können $G(\underline{k},\omega)$ auch schreiben in der Form

$$G(\underline{k},\omega) = \lim_{\eta\to 0^+} \int_0^\infty d\epsilon \left[\frac{A(\underline{k},\epsilon)}{\omega-\mu-\epsilon+i\eta} + \frac{B(\underline{k},\epsilon)}{\omega-\mu+\epsilon-i\eta}\right] , \tag{15.27}$$

wobei gilt

$$A(\underline{k},\epsilon) = \sum_n \frac{|\langle\Psi_n^{(N+1)}(\underline{k})|c_{\underline{k}}^+|\Psi_o\rangle|^2}{\langle\Psi_o|\Psi_o\rangle} \delta(\epsilon - w_{n,\underline{k}}^{(N+1)})$$

und

$$B(\underline{k},\epsilon) = \sum_n \frac{|\langle\Psi_n^{(N-1)}(-\underline{k})|c_{\underline{k}}|\Psi_o\rangle|^2}{\langle\Psi_o|\Psi_o\rangle} \delta(\epsilon - w_{n,-\underline{k}}^{(N-1)}) \quad .$$

Diese sogenannten <u>spektralen Dichte-Funktionen</u> sind per Konstruktion reell und positiv :

$$A^*(\underline{k},\epsilon) = A(\underline{k},\epsilon) \geq 0$$
$$B^*(\underline{k},\epsilon) = B(\underline{k},\epsilon) \geq 0 \quad . \tag{15.28}$$

Wegen $w_n^{(N\pm 1)} > 0$ folgt weiterhin

$$A(\underline{k},\epsilon) = 0 = B(\underline{k},\epsilon) \text{ für } \epsilon < 0 \quad , \tag{15.29}$$

und es gilt die Summenregel

$$\int_0^\infty d\epsilon \; (A(\underline{k},\epsilon) + B(\underline{k},\epsilon)) = 1 \quad . \tag{15.30}$$

Zum Beweis der letzten Gleichung integrieren wir einfach:

$$\int d\epsilon \; A(\underline{k},\epsilon) = \sum_n \frac{1}{\langle\Psi_o|\Psi_o\rangle} \langle\Psi_o|c_{\underline{k}}|\Psi_n^{(N+1)}\rangle\langle\Psi_n^{(N+1)}|c_{\underline{k}}^+|\Psi_o\rangle$$

$$= \frac{\langle\Psi_o|c_{\underline{k}} \; c_{\underline{k}}^+|\Psi_o\rangle}{\langle\Psi_o|\Psi_o\rangle} = \frac{\langle\Psi_o|1-c_{\underline{k}}^+ \; c_{\underline{k}}|\Psi_o\rangle}{\langle\Psi_o|\Psi_o\rangle} = 1 - \langle n_{\underline{k}}\rangle \; .$$

In gleicher Weise ergibt sich

$$\int d\epsilon \; B(\underline{k},\epsilon) = \langle n_{\underline{k}}\rangle \quad ,$$

womit insgesamt die Summenregel gezeigt ist.

Im Fall nichtwechselwirkender Fermionen folgt aus (15.25)

$$A(\underline{k},\epsilon) = \theta(k-k_F) \; \delta(\epsilon - w_{\underline{k}}^{(N+1)}) = (1-\langle n_{\underline{k}}\rangle) \; \delta(\epsilon - w_{\underline{k}}^{(N+1)})$$

$$B(\underline{k},\epsilon) = \theta(k_F-k) \; \delta(\epsilon - w_{-\underline{k}}^{(N-1)}) = \langle n_{\underline{k}}\rangle \quad \delta(\epsilon - w_{-\underline{k}}^{(N-1)}) \quad .$$

Hier ist die Summenregel offenbar trivial erfüllt.

Mit Hilfe der spektralen Dichte-Funktionen können wir nun auch die zeitabhängige Greensfunktion ausdrücken :

$$\begin{aligned} iG(\underline{k},t-t') = \; & \theta(t-t') \int_0^\infty d\epsilon \; A(\underline{k},\epsilon) \; e^{-i(\epsilon+\mu)(t-t')} \\ & -\theta(t'-t) \int_0^\infty d\epsilon \; B(\underline{k},\epsilon) \; e^{-i(\mu-\epsilon)(t-t')} \quad . \end{aligned} \tag{15.31}$$

Hieraus folgt sofort

$$\begin{aligned} \lim_{\tau\to 0^+} iG(\underline{k},\tau) &= \int_0^\infty d\epsilon \; A(\underline{k},\epsilon) = 1 - \langle n_{\underline{k}}\rangle \\ \lim_{\tau\to 0^-} iG(\underline{k},\tau) &= -\int_0^\infty d\epsilon \; B(\underline{k},\epsilon) = - \langle n_{\underline{k}}\rangle \quad . \end{aligned} \tag{15.32}$$

An der Stelle $\tau = 0$ zeigt also die zeitabhängige Greensfunktion einen Sprung

$$\lim_{\tau\to 0^+} G(\underline{k},\tau) - \lim_{\tau\to 0^-} G(\underline{k},\tau) = -i .$$

Gleichung (15.32) ist eine für die Praxis sehr wichtige Darstellung der Impulsverteilung $\langle n_{\underline{k}}\rangle$. Mit ihrer Hilfe werden wir in Kapitel 26 beweisen, daß die Kurve $\langle n_{\underline{k}}\rangle$ bei $k=k_F$ auch für wechselwirkende Systeme ein Stück mit senkrechter Steigung, also eine echte Fermikante, besitzt. Zum Abschluß wollen wir nun noch die analytische Struktur der Greensfunktion $G(\underline{k},\omega)$ genauer untersuchen.
Aus der allgemein gültigen Formel (siehe z.B. W. Greiner: Quantenmechanik I, 3.Auflage, Harri Deutsch (Thun,1984), Kapitel 5)

$$\lim_{\eta\to 0^+} \frac{1}{x-x_0 \pm i\eta} = P\,\frac{1}{x-x_0} \mp i\pi\delta(x-x_0)$$

folgt dann

$$\begin{aligned} G(\underline{k},\omega) &= \lim_{\eta\to 0^+} \Big(-\int_0^\infty d\epsilon\, \frac{A(\underline{k},\epsilon)}{\epsilon-(\omega-\mu)-i\eta} + \int_0^\infty d\epsilon\, \frac{B(\underline{k},\epsilon)}{\epsilon-(\mu-\omega)-i\eta} \\ &= P\int_0^\infty d\epsilon\, \frac{A(\underline{k},\epsilon)}{\omega-\mu-\epsilon} + P\int_0^\infty d\epsilon\, \frac{B(\underline{k},\epsilon)}{\omega-\mu+\epsilon} \\ &\quad - i\pi\, A(\underline{k},\omega-\mu) + i\pi\, B(\underline{k},\mu-\omega) \quad . \end{aligned}$$

Da A und B reell sind (Eigenschaft (15.28)), gilt

$$\mathrm{Re}\, G(\underline{k},\omega) = P\int_0^\infty d\epsilon\, \frac{A(\underline{k},\epsilon)}{\omega-\mu-\epsilon} + P\int_0^\infty d\epsilon\, \frac{B(\underline{k},\epsilon)}{\omega-\mu+\epsilon} \tag{15.33}$$

$$\mathrm{Im}\, G(\underline{k},\omega) = -\pi\, A(\underline{k},\omega-\mu) + \pi\, B(\underline{k},\mu-\omega) = \begin{cases} -\pi A(\underline{k},\omega-\mu) : & \omega > \mu \\ +\pi B(\underline{k},\mu-\omega) : & \omega < \mu . \end{cases} \tag{15.34}$$

Die letzte Identität (die aus der Eigenschaft (15.29) folgt) zeigt, daß $\mathrm{Im}\, G(\underline{k},\omega)$ bei $\omega = \mu$ einen Vorzeichenwechsel hat, denn A und B sind nach (15.28) beide positiv. Gleichung (15.34) können wir auch umdrehen :

$$\begin{aligned} A(\underline{k},\varepsilon) &= -\frac{1}{\pi}\, \mathrm{Im}\, G(\underline{k},\varepsilon+\mu) \\ B(\underline{k},\varepsilon) &= +\frac{1}{\pi}\, \mathrm{Im}\, G(\underline{k},\mu-\varepsilon) \qquad (\text{für } \varepsilon>0). \end{aligned} \tag{15.35}$$

Setzen wir dies in Gleichung (15.33) ein, so ergibt sich

$$\text{Re } G(\underline{k},\omega) = -\frac{1}{\pi}\int_{0}^{\infty} d\epsilon \frac{\text{Im } G(\underline{k},\epsilon+\mu)}{\omega-\mu-\epsilon} + \frac{1}{\pi} P \int_{0}^{\infty} d\epsilon \frac{\text{Im } G(\underline{k},\mu-\epsilon)}{\omega-\mu+\epsilon} \quad .$$

Mit den Substitutionen $\epsilon_{neu} := \mu + \epsilon_{alt}$ im ersten Integral
und $\epsilon_{neu} := \mu - \epsilon_{alt}$ im zweiten Integral

erhalten wir schließlich die Dispersionsrelation

$$\text{Re } G(\underline{k},\omega) = -\frac{1}{\pi} P \int_{\mu}^{\infty} d\epsilon \frac{\text{Im } G(\underline{k},\epsilon)}{\omega-\epsilon} + \frac{1}{\pi} P \int_{-\infty}^{\mu} d\epsilon \frac{\text{Im } G(\underline{k},\epsilon)}{\omega-\epsilon} \quad . \tag{15.36}$$

Hier zeigt sich eine Möglichkeit, die spektralen Dichte-Funktionen anzuwenden. Nehmen wir an, wir hätten die Einteilchen-Greensfunktion im Rahmen irgendeiner Näherung (z.B. mit den noch zu diskutierenden diagrammatischen Methoden) berechnet. Dann wird diese Approximation i.allg. nicht die korrekten analytischen Eigenschaften besitzen, es könnte z.B. sein, daß die oben hergeleitete Dispersionsrelation nicht erfüllt ist. In diesem Fall könnte man etwa nur den Imaginärteil der approximierten Greensfunktion verwenden, aus diesem dann mit Hilfe von (15.35) die spektralen Dichte-Funktionen berechnen und schließlich aus diesen dann mit Gleichung (15.33) den Realteil von G neu festlegen. Die so korrigierte Greensfunktion erfüllt per Konstruktion die Dispersionsrelation. Man kann auch noch versuchen, weitere Korrekturen anzubringen, z.B. derart, daß die Summenregel (15.30) erfüllt ist.

Wir wollen dieses Kapitel beenden mit einer Bemerkung zur Theorie supraleitender Systeme. Die Einteilchen-Greensfunktion G ist ein Erwartungswert $\langle\psi^{+}\psi\rangle$ bzw. $\langle\psi\psi^{+}\rangle$. In supraleitenden Systemen sind dagegen von zentraler Bedeutung Erwartungswerte vom Typ $\langle\psi^{+}(\underline{r}'t')\psi^{+}(\underline{r}t)\rangle$ und $\langle\psi(\underline{r}'t')\psi(\underline{r}t)\rangle$, die sogenannten anomalen Propagatoren. Der Ordnungsparameter Δ ist beispielsweise ein derartiger Erwartungswert. Auf diese Erwartungswerte lassen sich die hier und im folgenden besprochenen Aussagen (über analytische Struktur, Bewegungsgleichungen und diagrammatische Entwicklungen) leicht übertragen.

16. Der Polarisationspropagator, die Zweiteilchen-Greensfunktion und die Hierarchie der Bewegungsgleichungen

Die Einteilchen-Greensfunktion erlaubt, wie wir gesehen haben, einen Großteil der physikalisch interessanten Information über ein System zu berechnen. Es gibt allerdings auch Größen, die man nicht aus ihr berechnen kann, wie z.B. die Korrelation zwischen zwei Observablen A und B, die man üblicherweise definiert durch

$$f_{AB} = \langle (A-\langle A\rangle)(B-\langle B\rangle)\rangle = \langle AB\rangle - \langle A\rangle\langle B\rangle \ .$$

Diese Größe stellt ein Maß für die gegenseitige Abhängigkeit der Schwankungen von A und B dar. Wenn in einem System die Abweichungen der Größe A von ihrem Mittelwert $\langle A\rangle$ irgendwie gekoppelt sind mit Abweichungen der Größe B von ihrem Mittelwert $\langle B\rangle$, dann wird f_{AB} einen von Null verschiedenen Wert haben. Ist $f_{AB} = 0$, so nennt man die Observablen A und B statistisch unabhängig.

Sind A und B lokale Operatoren (in der Ort-Spin-Darstellung)

$$A = \int dx\, A(x) \quad \psi^+(x) \quad \psi(x)$$

$$B = \int dx' B(x') \; \psi^+(x') \; \psi(x') ,$$

so lauten ihre Grundzustandserwartungswerte

$$\langle A\rangle = \int dx\, A(x) \; \langle \Psi_o|\psi^+(x)\;\psi(x)\;|\Psi_o\rangle \;/\; \langle \Psi_o|\Psi_o\rangle$$

$$\langle B\rangle = \int dx' B(x') \langle \Psi_o|\psi^+(x')\psi(x')|\Psi_o\rangle \;/\; \langle \Psi_o|\Psi_o\rangle \ .$$

Damit ergibt sich für die Korrelationsfunktion

$$f_{AB} = \frac{1}{\langle \Psi_o|\Psi_o\rangle}\iint dx\, dx'\; A(x)B(x')\langle \Psi_o| \left(\psi^+(x)\psi(x) - \frac{\langle \Psi_o|\psi^+(x)\psi(x)|\Psi_o\rangle}{\langle \Psi_o|\Psi_o\rangle}\right) \cdot \left(\psi^+(x')\psi(x') - \frac{\langle \Psi_o|\psi^+(x')\psi(x')|\Psi_o\rangle}{\langle \Psi_o|\Psi_o\rangle}\right)|\Psi_o\rangle \ .$$

Setzen wir ferner

$$\hat{\tilde{\rho}}(x) := \hat{\rho}(x) - <\hat{\rho}(x)> = \hat{\psi}^+(x)\ \hat{\psi}(x) - \frac{<\Psi_o|\hat{\psi}^+(x)\hat{\psi}(x)|\Psi_o>}{<\Psi_o|\Psi_o>} , \tag{16.1}$$

so ergibt sich

$$f_{AB} = \int dx \int dx'\ A(x)\ B(x')\ <\Psi_o|\hat{\tilde{\rho}}(x)\ \hat{\tilde{\rho}}(x')|\Psi_o>\ /\ <\Psi_o|\Psi_o> .$$

Ist man darüber hinaus noch an der Korrelation von Größen zu verschiedenen Zeiten interessiert, so liegt es nahe, folgendermaßen eine zeitgeordnete Dichtekorrelationsfunktion zu definieren:

$$i\Pi(xt,x't') = \frac{1}{<\Psi_o|\Psi_o>} <\Psi_o|T[\hat{\tilde{\rho}}(xt)_H\ \hat{\tilde{\rho}}(x't')_H]|\Psi_o>$$

$$= \frac{<\Psi_o|T[\hat{\psi}^+(xt)_H\ \hat{\psi}(xt)_H\ \hat{\psi}^+(x't')_H\ \hat{\psi}(x't')_H]|\Psi_o>}{<\Psi_o|\Psi_o>} - <\hat{\rho}(x)><\hat{\rho}(x')> . \tag{16.2}$$

Aus Gründen, die später noch klar werden, bezeichnet man Π auch als <u>Polarisationspropagator</u>. Aus ihm kann man offensichtlich den Grundzustandserwartungswert eines in Ort-Spin-Darstellung lokalen, aber ansonsten beliebigen Zweiteilchen-Potentials

$$<v> = \frac{1}{2} \int dx \int dx'\ v(x,x') <\Psi_o|\psi^+(x)\psi^+(x')\psi(x')\psi(x)|\Psi_o>/<\Psi_o|\Psi_o>$$

berechnen. Dazu verwenden wir die Fermionen-Antivertauschungsrelationen:

$$<\Psi_o|\psi^+(x)\psi^+(x')\psi(x')\psi(x)|\Psi_o>/<\Psi_o|\Psi_o>$$

$$= -<\Psi_o|\psi^+(x)\psi^+(x')\psi(x)\psi(x')|\Psi_o>/<\Psi_o|\Psi_o>$$

$$= \left[+<\Psi_o|\psi^+(x)\psi(x)\psi^+(x')\psi(x')|\Psi_o> - \delta_{xx'}<\Psi_o|\psi^+(x)\psi(x')|\Psi_o>\right]/<\Psi_o|\Psi_o>$$

$$= \left[<\Psi_o|\rho(x)\rho(x')|\Psi_o> - \delta_{xx'}<\Psi_o|\rho(x)|\Psi_o>\right]/<\Psi_o|\Psi_o>$$

$$= \frac{<\Psi_o|\tilde{\rho}(x)\tilde{\rho}(x')|\Psi_o>}{<\Psi_o|\Psi_o>} + <\rho(x)><\rho(x')> - \delta_{xx'}\ <\rho(x)> .$$

Unter Verwendung der Definition des Polarisationspropagators ergibt sich damit insgesamt :

$$\langle v\rangle = \frac{1}{2}\int dx \int dx'\ v(x,x') \left[i\Pi(x0,x'0) + \langle\rho(x)\rangle\langle\rho(x')\rangle - \delta_{xx'}\langle\rho(x)\rangle \right] . \tag{16.3}$$

Wollen wir nun weitergehend die Korrelation zwischen zwei nichtlokalen Observablen

$$A = \int dx_1 \int dx_2\ A(x_1x_2)\psi^+(x_1)\psi(x_2)$$

$$B = \int dx_3 \int dx_4\ B(x_3x_4)\psi^+(x_3)\psi(x_4)$$

berechnen, so ergibt sich

$$\begin{aligned} f_{AB} &= \langle AB\rangle - \langle A\rangle\langle B\rangle \\ &= \int dx_1 \int dx_2 \int dx_3 \int dx_4\ A(x_1x_2)\ B(x_3x_4) \\ &\quad \cdot \left(\frac{\langle\Psi_o|\psi^+(x_1)\psi(x_2)\psi^+(x_3)\psi(x_4)|\Psi_o\rangle}{\langle\Psi_o|\Psi_o\rangle} \right. \\ &\quad \left. - \frac{\langle\Psi_o|\psi^+(x_1)\psi(x_2)|\Psi_o\rangle}{\langle\Psi_o|\Psi_o\rangle} \frac{\langle\Psi_o|\psi^+(x_3)\psi(x_4)|\Psi_o\rangle}{\langle\Psi_o|\Psi_o\rangle} \right) . \end{aligned}$$

Zur Berechnung einer solchen Korrelationsfunktion genügt offenbar die obige Funktion Π nicht, es ist eine Verallgemeinerung notwendig. Dies führt uns in zeitabhängiger Erweiterung schließlich zur Definition der Zweiteilchen-Greensfunktion, die in der Ort-Spin-Darstellung lautet:

$$\begin{aligned} &i^2G(x_1t_1,x_2t_2,x_3t_3,x_4t_4) \\ &:= \frac{1}{\langle\Psi_o|\Psi_o\rangle}\langle\Psi_o|T[\psi(x_1t_1)_H\psi(x_2t_2)_H\psi^+(x_3t_3)_H\psi^+(x_4t_4)_H]|\Psi_o\rangle . \end{aligned} \tag{16.4}$$

Das zeitgeordnete Produkt von mehreren Fermion-Erzeugungs- oder Vernichtungsoperatoren $A_1, A_2, \ldots$ ist dabei definiert als

$$\begin{aligned} T\big(A_1(t_1)A_2(t_2)\ldots A_n(t_n)\big) = \operatorname{sign}(P)\ &A_{P(1)}(t_{P(1)})\ A_{P(2)}(t_{P(2)})\ldots \\ &\ldots A_{P(n)}(t_{P(n)}) , \end{aligned} \tag{16.5}$$

wobei die Permutation $P \in S_n$ derart gewählt ist, daß gilt

$$t_{P(1)} > t_{P(2)} > \dots > t_{P(n)} \quad .$$

Aus dieser Definition des zeitgeordneten Produkts ergeben sich direkt die Identitäten

$$G(1234) = -G(2134) = -G(1243) = G(2143) \quad . \tag{16.6}$$

Der Beweis lautet z.B.

$$G(2134) = -\langle T[\psi_2\psi_1\psi_3^+\psi_4^+]\rangle = +\langle T[\psi_1\psi_2\psi_3^+\psi_4^+]\rangle = -G(1234) \quad .$$

Bei der Einteilchen-Greensfunktion brauchten wir nur die beiden Fälle $t > t'$ und $t' > t$ zu untersuchen. Bei der Zweiteilchen-Greensfunktion sind entsprechend den möglichen Permutationen der Zeiten t_1, t_2, t_3, t_4 dagegen 24 Fälle zu unterscheiden. Aufgrund der obigen Symmetrierelationen reduziert sich die Anzahl der zu untersuchenden Fälle glücklicherweise auf sechs, nämlich

1) $t_1 > t_2 > t_3 > t_4 \quad : \; i^2 G(1234) = \langle\psi_1\psi_2\psi_3^+\psi_4^+\rangle$

   Auf Grund der obigen Symmetrierelationen schließt diese Zeitordnung die Fälle
   $$t_2 > t_1 > t_3 > t_4$$
   $$t_1 > t_2 > t_4 > t_3$$
   $$t_2 > t_1 > t_4 > t_3$$
   (bis auf Vorzeichen, gemäß (16.6)) ein. Es handelt sich um die Grundstruktur
   $$G = \langle\psi\psi\psi^+\psi^+\rangle$$
   mit allen erlaubten Indizierungen.

2) $t_3 > t_4 > t_1 > t_2 \quad : \; i^2 G(1234) = \langle\psi_3^+\psi_4^+\psi_1\psi_2\rangle$

   Hier sind offenbar die Fälle

   $t_4 > t_3 > t_1 > t_2 \qquad t_3 > t_4 > t_2 > t_1 \qquad t_4 > t_3 > t_2 > t_1$

   eingeschlossen. Die Grundstruktur ist: $G = \langle\psi^+\psi^+\psi\psi\rangle$.

3) $t_1 > t_3 > t_2 > t_4$: $G(1234) = - \langle \psi_1 \psi_3^+ \psi_2 \psi_4^+ \rangle$

und entsprechend alle anderen Indizierungen mit der Struktur: $G = \langle \psi\psi^+\psi\psi^+ \rangle$.

Für die verbleibenden 12 Möglichkeiten geben wir nur noch die 3 Grundstrukturen an, welche wie oben jeweils 4 Fälle beinhalten.

4) $G = \langle \psi^+\psi\psi^+\psi \rangle$

5) $G = \langle \psi^+\psi\psi\psi^+ \rangle$

6) $G = \langle \psi\psi^+\psi^+\psi \rangle$

Offensichtlich ist der Polarisationspropagator (16.2) (bis auf den Vorfaktor und den Zusatzterm $\langle\rho(x)\rangle\langle\rho(x')\rangle$) ein Spezialfall vom Typ (4).

Die Interpretation der Zweiteilchen-Greensfunktion ist ähnlich wie die der Einteilchen-Greensfunktion: Im Fall (1) beschreibt sie die Propagation von zwei zusätzlichen Teilchen im Medium und gibt die Übergangsamplitude dafür an, die Teilchen bei (x_1t_1) und (x_2t_2) zu finden, wenn man sie dem System bei (x_3t_3) und (x_4t_4) hinzugefügt hat. Der Fall (2) beschreibt in ähnlicher Weise die Propagation eines Loch-Paares, während die Fälle (3) - (6) die Ausbreitung von Teilchen-Loch-Paaren behandeln.

Wir wollen in diesem Rahmen auf eine ausführliche Diskussion der analytischen Eigenschaften der Zweiteilchen-Greensfunktion verzichten. Abschließend werden wir nun noch die Bewegungsgleichung für die Einteilchen-Greensfunktion herleiten, von der sich herausstellen wird, daß sie die Zweiteilchen-Greensfunktion enthält.

Wir berechnen zuerst die Zeitableitung des zeitgeordneten Produkts zweier Feldoperatoren im Heisenberg-Bild :

$$\frac{\partial}{\partial t} T[\psi(xt)\psi^+(x't')]$$

$$= \frac{\partial}{\partial t} [\theta(t-t')\psi(xt)\psi^+(x't') - \theta(t'-t)\psi^+(x't')\psi(xt)]$$

$$= \delta(t-t')\psi(xt)\psi^+(x't') + \delta(t-t')\psi^+(x't')\psi(xt)$$

$$+ \theta(t-t') \frac{\partial\psi(xt)}{\partial t} \psi^+(x't') - \theta(t'-t)\psi^+(x't') \frac{\partial\psi(xt)}{\partial t}$$

$$= \delta(t-t') \delta_{xx'} + T[\frac{\partial\psi(xt)}{\partial t} \psi^+(x't')]$$

$$\Rightarrow \quad i \frac{\partial}{\partial t} G(xt,x't') = \frac{\partial}{\partial t} \quad < T[\psi(xt)\psi^+(x't')] >$$

$$= \delta(t-t')\delta_{xx'} - \quad i < T[i \left(\frac{\partial}{\partial t}\psi(xt)\right)\psi^+(x't')] > \quad .$$

Wir verwenden nun Gleichung (15.17) für ein in Ort und Spin lokales Potential :

$$i \frac{\partial}{\partial t}\psi(xt) = - \frac{\nabla^2}{2m} \psi(xt) + \int dy\ v(x,y)\psi^+(yt)\psi(yt)\psi(xt) \quad .$$

Dies liefert

$$i \frac{\partial}{\partial t} G(xt,x't') = \delta(t-t') \delta_{xx'} - \frac{\nabla_r^2}{2m}(-i) \cdot < T[\psi(xt)\psi^+(x't')] >$$

$$- i\int dy\ v(x,y) \cdot < T[\psi^+(yt)\psi(yt)\psi(xt)\psi^+(x't')] >$$

Die Vieldeutigkeit des zeitgeordneten Produkts für Operatoren mit gleichen Zeitargumenten können wir in diesem Fall leicht überwinden: Das Produkt $\psi^+(yt)\psi(yt)\psi(xt)$ stammt ursprünglich von einem einzigen Operator, nämlich $\partial\psi(xt)/\partial t$. Deswegen muß das Produkt <u>in dieser Reihenfolge</u> zusammenbleiben und als Ganzes betrachtet werden. Die einzig sinnvolle Festlegung lautet daher

$$<T\left(\psi^+(yt)\psi(yt)\psi(xt)\psi^+(x't')\right)> := \begin{cases} <\psi^+(yt)\psi(yt)\psi(xt)\psi^+(x't')> : t>t' \\ -<\psi^+(x't')\psi^+(yt)\psi(yt)\psi(xt)> : t'>t \end{cases} ,$$

und wir können weiterhin schreiben

$$= \lim_{\tau\to t^+} <T[\psi(yt)\psi(xt)\psi^+(y\tau)\psi^+(x't')]> \quad .$$

Verwenden wir schließlich noch die Antivertauschungsrelation $\psi(yt)\psi(xt) = -\psi(xt)\psi(yt)$ (welche nur für Heisenberg-Operatoren zu <u>gleichen</u> Zeiten gilt!), so folgt

$$= -\lim_{\tau \to t^+} \langle T[\psi(xt)\psi(yt)\psi^+(y\tau)\psi^+(x't')]\rangle$$

$$= G(xt,yt,yt^+,x't') \quad .$$

Damit erhalten wir als Bewegungsgleichung für die Einteilchen-Greensfunktion

$$\left(i\frac{\partial}{\partial t} + \frac{\nabla_r^2}{2m}\right) G(xt,x't') = \delta(t-t')\delta_{xx'} - i\int dy\, v(x,y)\, G(xt,yt,yt^+,x't') . \tag{16.7}$$

Speziell für nichtwechselwirkende Systeme gilt

$$\left(i\frac{\partial}{\partial t} + \frac{\nabla_r^2}{2m}\right) G^{(o)}(xt,x't') = \delta(t-t')\cdot\delta_{xx'} \quad . \tag{16.8}$$

Hier handelt es sich also um eine echte Greensche Funktion im mathematischen Sinne (für wechselwirkende Systeme ist die Bezeichnung streng genommen nicht korrekt).
Die Herleitung der Gleichungen (16.7) und (16.8) setzte ein System <u>ohne</u> äußeres Potential voraus (nur dann gilt die verwendete Gleichung (15.17)). Ist ein äußeres Potential $u(x)$ vorhanden, so ist der Operator auf der linken Seite von (16.7) und (16.8) zu ersetzen durch

$$\left(i\frac{\partial}{\partial t} + \frac{\nabla_r^2}{2m}\right) \longrightarrow \left(i\frac{\partial}{\partial t} + \frac{\nabla_r^2}{2m} - u(x)\right) . \tag{16.9}$$

Für wechselwirkende Systeme enthält die Bewegungsgleichung (16.7) die Zweiteilchen-Greensfunktion. Wollte man also die Einteilchen-Greensfunktion mit Hilfe dieser Gleichung berechnen, so ist zuerst ein Ausdruck für die Zweiteilchen-Greensfunktion erforderlich. Damit stellt sich die Frage nach einer Bewegungsgleichung für die Zweiteilchen-Greensfunktion. Man kann in der Tat das Spiel weitertreiben, indem man eine n-Teilchen-Greensfunktion definiert durch

$$(i)^n G_n(x_1t_1,\dots x_nt_n;x_1't_1'\dots x_n't_n')$$

$$:= \frac{1}{\langle\Psi_o|\Psi_o\rangle}\langle\Psi_o|T[\psi(x_1t_1)\dots\psi(x_nt_n)\psi^+(x_1't_1')\dots\psi^+(x_n't_n')]|\Psi_o\rangle .$$

Mit wachsendem n enthalten diese Funktionen Information über immer höhere Korrelationen. Analog zur vorstehenden Herleitung erhält man dann eine Bewegungsgleichung für die n-Teilchen-Greensfunktion

$$\left(i\frac{\partial}{\partial t_1}+\frac{\nabla_1^2}{2m}\right)G_n(x_1t_1,\dots,x_nt_n;x_1't_1'\ \dots\ x_n't_n')$$

$$= \sum_{j=1}^{n}\delta_{x_1x_j'}\delta(t_1-t_j')(-)^{n-j}G_{n-1}(x_2t_2\dots x_nt_n;x_1't_1'\dots$$

$$\dots x_{j-1}'t_{j-1}',x_{j+1}'t_{j+1}',\dots,x_n't_n')$$

$$- i\int dy\ v(x_1,y)G_{n+1}(x_1t_1\dots x_nt_n,yt_1;yt_1^+,x_1't_1'\dots x_n't_n') \quad , \tag{16.10}$$

welche stets die nächsthöhere Greensfunktion enthält. So ergibt sich ein System gekoppelter Gleichungen für die diversen Greensfunktionen, das exakt zu lösen genauso unmöglich ist wie die exakte Berechnung der vollen Vielteilchen-Wellenfunktion. Gerade in dieser Aufspaltung des vollen Problems in eine Hierarchie von einfacheren Gleichungen liegt aber der Vorteil der Greensfunktionen: Die exakte Wellenfunktion eines wechselwirkenden Vielteilchensystems ist ein ungeheuer kompliziertes Gebilde, das Information über beliebig hohe Korrelationen enthält. Selbst wenn diese Funktion vom Himmel fiele, wäre es bei makroskopischen Systemen (d.h. von ca. 10^{23} Teilchen) praktisch unmöglich, aus ihr die physikalisch relevante Information, d.h. meßbare Größen wie etwa die Grundzustandsenergie, zu berechnen. Deswegen ist es sehr viel günstiger, mit Größen wie den Greensfunktionen zu arbeiten, die zwar weniger Information enthalten, aber dafür enger mit experimentell meßbaren Größen zusammenhängen. Bricht man an irgendeiner Stelle die Hierarchie durch Vorgabe einer genäherten Greensfunktion ab, so kann man im Prinzip alle Greensfunktionen <u>niedrigerer</u> Ordnung aus den Bewegungsgleichungen (16.10) ausrechnen.

III. STÖRUNGSTHEORIE

17. ZEITUNABHÄNGIGE STÖRUNGSTHEORIE

Wir beginnen mit einer Aufspaltung des vollen Hamilton-Operators

$$H = H_o + v$$

in einen "ungestörten" H_o-Anteil, dessen Eigenwertproblem

$$H_o|\phi_n\rangle = W_n \cdot |\phi_n\rangle$$

als gelöst vorausgesetzt wird, und ein "Störpotential" v, das bei den hier diskutierten Problemen meist die Teilchen-Teilchen-Wechselwirkung repräsentiert. Von diesem Potential spalten wir eine Kopplungskonstante ab

$$v = g\,\overline{v}$$

und fassen die Energiewerte und Wellenfunktionen des vollen Problems als Funktionen dieser Kopplungskonstante auf. Die Grundidee der Störungstheorie besteht einfach darin, alle auftretenden Größen in Potenzreihen in g zu entwickeln. Man entwickelt um g=0, also gewissermaßen um das H_o-Problem. Wenn g wirklich klein und damit das Potential tatsächlich eine schwache Störung ist, so kann man hoffen, mit wenigen Termen der Entwicklung auszukommen. Oft wird es allerdings erforderlich sein, entweder die ganze Reihe oder zumindest gewisse dominante Terme der Entwicklung bis unendlich aufzusummieren.

In diesem Kapitel werden wir die traditionellen Methoden der stationären Störungstheorie kurz wiederholen. Gesucht ist der Grundzustand des vollen Problems

$$H|\Psi_o\rangle = E_o|\Psi_o\rangle \; .$$

Dann gilt zunächst

$$v|\Psi_o\rangle = (H-H_o)|\Psi_o\rangle = (E_o-H_o)|\Psi_o\rangle$$

$$\Rightarrow \quad \langle\phi_o|v|\Psi_o\rangle = \langle\phi_o|E_o-H_o|\Psi_o\rangle = (E_o-W_o)\langle\phi_o|\Psi_o\rangle \; .$$

Hieraus folgt die allgemein gültige Gleichung

$$\Delta E := E_o - W_o = \frac{<\phi_o|v|\Psi_o>}{<\phi_o|\Psi_o>} \quad . \tag{17.1}$$

Den Projektionsoperator auf den Grundzustand des ungestörten Problems bezeichnen wir mit

$$P := |\phi_o><\phi_o| \quad . \tag{17.2}$$

Die Orthogonalprojektion auf den Rest des Hilbertraums nennen wir

$$Q := 1 - P = \sum_{n=0}^{\infty} |\phi_n><\phi_n| - |\phi_o><\phi_o| = \sum_{n=1}^{\infty} |\phi_n><\phi_n| \quad . \tag{17.3}$$

Dieser Operator vertauscht offenbar mit H_o:

$$H_oQ = H_o - H_o|\phi_o><\phi_o| = H_o - W_o|\phi_o><\phi_o| = H_o - |\phi_o><\phi_o|H_o$$

$$= QH_o \quad .$$

Dann vertauscht Q für jede beliebige Zahl E auch mit dem Operator $(E-H_o)$, und wir können schreiben

$$(E-H_o)Q|\Psi_o> = Q(E-H_o)|\Psi_o> = Q(E-E_o+v)|\Psi_o>$$

$$=> \quad Q|\Psi_o> = \frac{1}{E-H_o} Q(E-E_o+v)|\Psi_o> = |\Psi_o> - |\phi_o><\phi_o|\Psi_o> \quad .$$

Setzen wir

$$|\xi> := \frac{|\Psi_o>}{<\phi_o|\Psi_o>} \quad , \tag{17.4}$$

so folgt aus der letzten Gleichung

$$|\xi> = |\phi_o> + \frac{1}{E-H_o} Q(E-E_o+v)|\xi> \quad . \tag{17.5}$$

Iterieren wir diese Gleichung, so ergibt sich

$$|\xi\rangle = |\phi_o\rangle + \frac{1}{E-H_o} Q(E-E_o+v)|\phi_o\rangle + \ldots$$

$$|\xi\rangle = \sum_{n=0}^{\infty} [\frac{1}{E-H_o} Q(E-E_o+v)]^n|\phi_o\rangle \quad . \tag{17.6}$$

Damit haben wir eine allgemein gültige Gleichung gefunden, mit der man im Prinzip die Lösung des vollen Problems aus dem Grundzustand des ungestörten Problems berechnen kann. Setzen wir dies in Gleichung (17.1) ein, so ergibt sich für die Energieverschiebung

$$\Delta E = \langle\phi_o|v|\xi\rangle = \sum_{n=0}^{\infty} \langle\phi_o|v[\frac{1}{E-H_o} Q(E-E_o+v)]^n|\phi_o\rangle \; . \tag{17.7}$$

Die Rayleigh-Schrödinger-Version der stationären Störungstheorie erhalten wir, indem wir $E = W_o$ setzen. Dies liefert

$$|\xi\rangle = \sum_{n=0}^{\infty} [\frac{1}{W_o-H_o} Q(W_o-E_o+v)]^n|\phi_o\rangle \tag{17.8}$$

$$\Delta E = \sum_{n=0}^{\infty} \langle\phi_o|v[\frac{1}{W_o-H_o} Q(v-\Delta E)]^n|\phi_o\rangle \; . \tag{17.9}$$

Der nächste Schritt besteht im Aussortieren der einzelnen Ordnungen in der Kopplungskonstante g. Dies werden wir nun für die ersten Terme der Energieverschiebung explizit durchführen. Die ersten Summanden der obigen Reihe lauten :

$$n = 0 : \quad \langle\phi_o|v|\phi_o\rangle \quad \sim g$$

$$n = 1 : \quad \langle\phi_o|v \frac{1}{W_o-H_o} Q(v-\Delta E)|\phi_o\rangle$$

$$= \langle\phi_o|v \frac{1}{W_o-H_o} Qv|\phi_o\rangle$$

$$= \langle\phi_o|v \frac{1}{W_o-H_o} \sum_{n=1}^{\infty} |\phi_n\rangle\langle\phi_n|v|\phi_o\rangle$$

$$= \sum_{n=1}^{\infty} \frac{\langle\phi_o|v|\phi_n\rangle\langle\phi_n|v|\phi_o\rangle}{W_o-W_n} \quad \sim g^2$$

$$n = 2 : \quad \langle\phi_o| v \frac{1}{W_o - H_o} Q(v-\Delta E) \frac{1}{W_o - H_o} Q(v-\Delta E)|\phi_o\rangle$$

$$= \sum_{n=1}^{\infty} \frac{1}{W_o - W_n} \langle\phi_o| v \frac{1}{W_o - H_o} Q(v-\Delta E)|\phi_n\rangle\langle\phi_n|v|\phi_o\rangle$$

$$= \sum_{n=1}^{\infty} \sum_{m=1}^{\infty} \frac{\langle\phi_o|v|\phi_m\rangle\langle\phi_m|v|\phi_n\rangle\langle\phi_n|v|\phi_o\rangle}{(W_o - W_n)(W_o - W_m)} \quad \sim g^3$$

$$- \Delta E \sum_{n=1}^{\infty} \frac{\langle\phi_o|v|\phi_n\rangle\langle\phi_n|v|\phi_o\rangle}{(W_o - W_n)^2} \quad .$$

Sortieren wir nach Ordnungen in g

$$\Delta E = \Delta E^{(1)} + \Delta E^{(2)} + \Delta E^{(3)} + \ldots ,$$

so gilt

$$\Delta E^{(1)} = \langle\phi_o|v|\phi_o\rangle$$
$$\Delta E^{(2)} = \sum_{n=1}^{\infty} \frac{\langle\phi_o|v|\phi_n\rangle\langle\phi_n|v|\phi_o\rangle}{W_o - W_n} \quad . \qquad (17.10)$$

So weit läuft also die Rayleigh-Schrödinger-Reihe mit den Ordnungen in g parallel. Dies ändert sich aber beim n=2 - Term, denn wegen $\Delta E = \sum \Delta E^{(k)}$ enthält dieser beliebig hohe Ordnungen in g. Da man absehen kann, daß die $n \geq 3$ - Terme mindestens von vierter Ordnung in g sein werden, ergibt sich für die dritte Ordnung

$$\Delta E^{(3)} = \sum_{m=1}^{\infty} \sum_{n=1}^{\infty} \frac{\langle\phi_o|v|\phi_m\rangle\langle\phi_m|v|\phi_n\rangle\langle\phi_n|v|\phi_o\rangle}{(W_o - W_m)(W_o - W_n)}$$

$$- \langle\phi_o|v|\phi_o\rangle \sum_{n=1}^{\infty} \frac{\langle\phi_o|v|\phi_n\rangle\langle\phi_n|v|\phi_o\rangle}{(W_o - W_n)^2} \qquad (17.11)$$

Es ist offensichtlich, daß bei den höheren Termen das Aussortieren der Ordnungen in g immer komplizierter wird, da alle weiteren Summanden beliebig hohe Ordnungen in g enthalten.

Wollen wir nun schauen, ob die Sache bei der sogenannten Brillouin-Wigner-Version der stationären Störungstheorie besser aussieht. Hier setzen wir in der allgemeinen Formel $E = E_o$. Dies liefert

$$|\xi\rangle = \sum_{n=0}^{\infty} \left[\frac{1}{E_o - H_o} Qv\right]^n |\phi_o\rangle \tag{17.12}$$

$$\Delta E = \sum_{n=0}^{\infty} \langle\phi_o|v\left[\frac{1}{E_o - H_o} Qv\right]^n |\phi_o\rangle \quad . \tag{17.13}$$

Der erste Term der Brillouin-Wigner-Reihe für die Energieverschiebung entspricht (wie bei der Rayleigh-Schrödinger-Reihe) dem Term 1. Ordnung in g

$$\Delta E^{(1)} = \langle\phi_o|v|\phi_o\rangle \quad .$$

Bereits im zweiten Term

$$\langle\phi_o|v \frac{1}{E_o - H_o} Qv|\phi_o\rangle = \sum_{n=1}^{\infty} \frac{\langle\phi_o|v|\phi_n\rangle\langle\phi_n|v|\phi_o\rangle}{E_o - W_n}$$

sind aber beliebig hohe Ordnungen in g enthalten:

$$\frac{1}{E_o - W_n} = \frac{1}{W_o + (E_o - W_o) - W_n} = \frac{1}{W_o - W_n + \Delta E(g)}$$

$$= \left.\frac{1}{W_o - W_n + \Delta E(g)}\right|_{g=0} + g\cdot\left.\left(\frac{d}{dg} \frac{1}{W_o - W_n + \Delta E(g)}\right)\right|_{g=0} \pm \ldots$$

$$= \frac{1}{W_o - W_n} - \frac{\Delta E^{(1)}}{(W_o - W_n)^2} \pm \ldots \quad .$$

Die Sortierung nach Potenzen von g liefert damit wieder dasselbe Resultat wie die Rayleigh-Schrödinger-Entwicklung

$$\Delta E^{(2)} = \sum_{n=1}^{\infty} \frac{\langle\phi_o|v|\phi_n\rangle\langle\phi_n|v|\phi_o\rangle}{W_o - W_n} \quad .$$

Entsprechendes gilt natürlich auch für alle höheren Ordnungen, denn die Entwicklung nach Potenzen von g ist ja eindeutig. Die Sortierung ist aber mindestens genauso schwierig wie bei der Rayleigh-Schrödinger-Reihe.

Zusammenfassend läßt sich sagen, daß die beiden stationären Methoden von Rayleigh-Schrödinger bzw. Brillouin-Wigner zwar jeweils formal exakte Entwicklungen des vollen Problems liefern, daß aber die Sortierung nach Ordnungen des Störpotentials (d.h. nach Potenzen von g) ziemlich unübersichtlich wird. Es ist kaum möglich, etwa die n-te Energiekorrektur $\Delta E^{(n)}$ in voller Allgemeinheit hinzuschreiben. Dies beschränkt die Anwendbarkeit der Methoden auf die ersten paar Ordnungen. Will man Teile der Reihe in g bis unendlich aufsummieren, so ist eine Störungsentwicklung nötig, welche die einzelnen Ordnungen in g direkt liefert.

18. ZEITABHÄNGIGE STÖRUNGSTHEORIE MIT "ADIABATISCHEM EINSCHALTEN" DER WECHSELWIRKUNG

Eine Entwicklung direkt nach Ordnungen des Potentials ist die oben hergeleitete Reihe für den Zeitentwicklungsoperator im Wechselwirkungsbild (vgl. (14.19) und (14.20)) :

$$U(t,t') = \sum_{n=0}^{\infty} \frac{(-i)^n}{n!} \int_{t'}^{t} dt_1 \int_{t'}^{t} dt_2 \cdots \int_{t'}^{t} dt_n \; T\left(v(t_1)_I \cdots v(t_n)_I\right) \tag{18.1}$$

Der entscheidende Trick besteht nun darin, ein künstlich zeitabhängiges Problem derart zu konstruieren, daß sich die gesuchte Wellenfunktion des vollen Problems ergibt durch Anwendung des Zeitentwicklungsoperators auf die ungestörte Wellenfunktion

$$|\Psi_o\rangle = U(0,-\infty)\ |\Phi_o\rangle \quad .$$

Dann liefert die obige Reihe für U in direkter Weise eine Entwicklung nach Potenzen des Potentials. Unter welchen Voraussetzungen und mit welchen Klimmzügen eine solche Entwicklung konstruiert werden kann, werden wir jetzt im Detail diskutieren.

Wir definieren einen im Schrödinger-Bild explizit zeitabhängigen Hamilton-Operator durch

$$H_\epsilon(t)_S := H_o + e^{-\epsilon|t|}\cdot v \quad \text{mit} \quad \epsilon > 0 \quad .$$

Es gelten die Grenzfälle

$$H_\epsilon(t \to \pm\infty) = H_o$$

$$H_\epsilon(t \to 0) = H \quad .$$

Es wird also vom ungestörten H_o-Problem bei $t = \pm\infty$ ausgehend das Potential langsam eingeschaltet, bis es bei $t = 0$ voll aufgedreht ist. Die zeitabhängige Schrödingergleichung

$$i \frac{\partial}{\partial t} |\Psi_\epsilon(t)\rangle_S = H_\epsilon(t)_S |\Psi_\epsilon(t)\rangle_S \tag{18.2}$$

geht daher für $t \to \pm\infty$ über in die asymptotische Gleichung

$$i \frac{\partial}{\partial t} |\Psi_\epsilon(t)\rangle_S = H_O |\Psi_\epsilon(t)\rangle_S \quad .$$

Als verträgliche Anfangsbedingung für (18.2) zur Zeit $t = -\infty$ dürfen wir also den tiefsten Eigenzustand von H_O wählen:

$$|\Psi_\epsilon(t \to -\infty)\rangle_S := e^{-iW_O t} |\phi_O\rangle \quad . \tag{18.3}$$

Die Bewegungsgleichung im Wechselwirkungsbild lautet

$$i \frac{\partial}{\partial t} |\Psi_\epsilon(t)\rangle_I = e^{-\epsilon|t|} V(t)_I |\Psi_\epsilon(t)\rangle_I \quad . \tag{18.4}$$

Da die rechte Seite für $t \to \pm\infty$ verschwindet,

$$i \frac{\partial}{\partial t} |\Psi_\epsilon(t)\rangle_I \xrightarrow[t \to \pm\infty]{} 0 \quad ,$$

wird der Zustandsvektor im Wechselwirkungsbild in diesem Grenzfall zeitunabhängig

$$|\Psi_\epsilon(t \to \pm\infty)\rangle_I = \text{const} \quad .$$

Für $t \to -\infty$ ergibt sich dann aus (18.3) die Anfangsbedingung

$$|\Psi_\epsilon(t)\rangle_I = e^{iH_O t} |\Psi_\epsilon(t)\rangle_S \xrightarrow[t \to -\infty]{} e^{iH_O t} e^{-iW_O t} |\phi_O\rangle = |\phi_O\rangle \quad . \tag{18.5}$$

Die formale Lösung der Bewegungsgleichung (18.4) zur Anfangsbedingung (18.5) lautet

$$|\Psi_\epsilon(t)\rangle_I = U_\epsilon(t,-\infty) |\phi_O\rangle \quad .$$

Zum Zeitpunkt t = 0 ist das Potential auf die volle Stärke aufgedreht. Es stellt sich somit die Frage, in welcher Weise der Zustand

$$|\Psi_\epsilon(0)\rangle = U_\epsilon(0,-\infty) |\phi_O\rangle$$

mit dem gesuchten exakten Grundzustand $|\Psi_o\rangle$ zusammenhängt (wir lassen fortan den Index I weg, da bei t = O ohnehin alle Bilder übereinstimmen). Zunächst hängt $|\Psi_\epsilon(0)\rangle$ natürlich noch ab von der Größe ϵ, d.h. von der Schnelligkeit, mit der das Potential eingeschaltet wurde. Schaltet man das Potential sehr langsam ("adiabatisch") ein, so kann man hoffen, daß sich zu jedem Zeitpunkt der Grundzustand zur jeweiligen Potentialstärke einstellt und daß sich somit der exakte Grundzustand aus

$$|\Psi_o\rangle \overset{?}{=} \lim_{\epsilon\to 0} |\Psi_\epsilon(0)\rangle$$

ergibt. Unproblematisch ist die Sache nicht, da wir zur Festlegung der Anfangsbedingung explizit $\epsilon>0$ verwenden mußten. Die Frage, ob bzw. unter welchen Umständen ein solcher Grenzübergang vernünftige Resultate liefert, beantwortet das Theorem von Gell-Mann und Low (Phys.Rev. 84,350(1951),Appendix) Dieses besteht aus den Aussagen :

(1) Wenn die Größe $$|\xi\rangle = \lim_{\epsilon\to 0} \frac{|\Psi_\epsilon(0)\rangle}{\langle\phi_o|\Psi_\epsilon(0)\rangle}$$

in jeder Ordnung Störungstheorie bezüglich g existiert (d.h. wenn in der Störungsentwicklung

$$\frac{|\Psi_\epsilon(0)\rangle}{\langle\phi_o|\Psi_\epsilon(0)\rangle} = \sum_{n=0}^{\infty} |\xi_\epsilon^{(n)}\rangle g^n$$

der Grenzwert $\lim_{\epsilon\to 0} |\xi_\epsilon^{(n)}\rangle$ für jedes n existiert), so ist $|\xi\rangle$ eine exakte Eigenfunktion von H. (Es wird nicht ausgesagt, daß es sich um den exakten Grundzustand handelt!)

(2) Der Grenzwert $\lim_{\epsilon\to 0}|\Psi_\epsilon(0)\rangle$ existiert nicht; es gilt

$$|\Psi_\epsilon(0)\rangle \underset{\epsilon\to 0}{\sim} e^{-iC(g)/\epsilon}$$

unter den Voraussetzungen von (1).

Die unendliche Phase, die in (2) auftritt, wird in (1) offenbar durch den Nenner gerade wieder weggekürzt.

Das Theorem von Gell-Mann und Low ist, wenn man es recht bedenkt, eine ziemlich schwache Aussage: Viel lieber hätte man natürlich die Bestätigung, daß der $\lim_{\epsilon\to 0}$ existiert oder, wenn schon nicht dies, so doch zumindest Bedingungen, wann er existiert. Statt dessen garantiert das Theorem lediglich, daß das Endergebnis das gesuchte ist, falls man es überhaupt mit einer Störungsentwicklung im Grenzwert $\epsilon \to 0$ ausrechnen konnte. Diese Garantie ist natürlich auch schon viel wert. Kommen wir nun zum Beweis der Aussagen :

Es gilt

$$(H_o-W_o)|\Psi_\epsilon(0)\rangle = (H_o-W_o)U_\epsilon(0,-\infty)|\phi_o\rangle$$

$$= [H_o,U_\epsilon(0,-\infty)]|\phi_o\rangle$$

$$= \sum_{n=0}^{\infty} \frac{(-i)^n}{n!} \int_{-\infty}^{0} dt_1 \dots \int_{-\infty}^{0} dt_n e^{-\epsilon(|t_1|+\dots+|t_n|)} [H_o,T(v(t_1)_I \dots v(t_n)_I)]|\phi_o\rangle \tag{18.6}$$

Für irgendein festes n-Tupel $(t_1 \dots t_n)$ sei die Zeitordnung gegeben durch

$$[H_o,T(v(t_1)\dots v(t_n))]$$

$$= [H_o,v(t_i)v(t_j)\dots v(t_k)]$$

$$= H_o v(t_i)v(t_j)\dots v(t_k) - v(t_i)H_o v(t_j)\dots v(t_k)$$
$$+ v(t_i)H_o v(t_j)\dots v(t_k) - v(t_i)v(t_j)H_o \dots v(t_k)$$
$$+ \dots \qquad - v(t_i)v(t_j)\dots v(t_k)H_o$$

$$= [H_o,v(t_i)]v(t_j)\dots v(t_k) + v(t_i)[H_o,v(t_j)]\dots v(t_k) + \dots$$
$$\dots + v(t_i)v(t_j)\dots [H_o,v(t_k)] .$$

Verwenden wir nun die Bewegungsgleichung (14.11) für das Wechselwirkungspotential

$$-i \frac{\partial}{\partial t} v(t)_I = [H_o,v(t)_I] ,$$

(der explizite Zeitableitungsterm trägt hier nicht bei, da $v(t)_I$ die Wechselwirkungsdarstellung des im Schrödinger-Bild zeitunabhängigen Potentials bezeichnet; der zeitabhängige Einschaltfaktor $e^{-\epsilon|t|}$ wurde in (18.6) ja schon vorgezogen), so ergibt sich

$$= -i\left(\frac{\partial}{\partial t_1} + \frac{\partial}{\partial t_2} + \ldots + \frac{\partial}{\partial t_n}\right) v(t_i)v(t_j)\ldots v(t_k)$$

$$= -i \left(\sum_{j=1}^{n} \frac{\partial}{\partial t_j}\right) T(v(t_1)\ldots v(t_n)) \quad .$$

Diese Identität gilt offenbar unabhängig von der speziellen Reihenfolge, in der die Operatoren $v(t_1)\ldots v(t_n)$ auf Grund der Zeitordnung stehen. Damit verbleiben die folgenden Integrale

$$\int_{-\infty}^{0} dt_1 \ldots \int_{-\infty}^{0} dt_n \, e^{-\epsilon(|t_1|+\ldots+|t_n|)} (-i) \sum_{j=1}^{n} \frac{\partial}{\partial t_j} T(v(t_1)\ldots v(t_n))$$

$$= -i \sum_{j=1}^{n} \int_{-\infty}^{0} dt_1 \ldots \int_{-\infty}^{0} dt_n e^{-\epsilon(|t_1|+\ldots+|t_n|)} \frac{\partial}{\partial t_j} T(v(t_1)\ldots v(t_n))$$

$$= -i\, n \int_{-\infty}^{0} dt_1 \ldots \int_{-\infty}^{0} dt_n \, e^{-\epsilon(|t_1|+..+|t_n|)} \frac{\partial}{\partial t_1} T(v(t_1)\ldots v(t_n))$$

Nun ist $\int_{-\infty}^{0} dt_1 \, e^{+\epsilon t_1} \frac{\partial}{\partial t_1} T(v(t_1)\ldots v(t_n))$

$$= [e^{\epsilon t_1} T(v(t_1)\ldots v(t_n)]_{-\infty}^{0} - \epsilon \int_{-\infty}^{0} dt_1 \, e^{\epsilon t_1} T(v(t_1)\ldots v(t_n))$$

$$= v(0)\, T(v(t_2)\ldots v(t_n)) - \epsilon \int_{-\infty}^{0} dt_1 \, e^{-\epsilon|t_1|} T(v(t_1)\ldots v(t_n)) \quad .$$

Damit folgt insgesamt

$$(H_o - W_o)|\Psi_\epsilon(0)>$$

$$= \sum_{n=0}^{\infty} \frac{(-i)^{n+1}}{(n-1)!} \Big[v_S \int_{-\infty}^{0} dt_2 \ldots \int_{-\infty}^{0} dt_n \, e^{-\epsilon(|t_2|+\ldots+|t_n|)} T(v(t_2)\ldots v(t_n))$$
$$- \epsilon \int_{-\infty}^{0} dt_1 \ldots \int_{-\infty}^{0} dt_n \, e^{-\epsilon(|t_1|+\ldots+|t_n|)} T(v(t_1)\ldots v(t_n)) \Big] |\phi$$

$$= -v_S|\Psi_\epsilon(0)> + \epsilon \cdot \sum_{n=0}^{\infty} \frac{(-i)^{n-1}}{(n-1)!} \int_{-\infty}^{0} dt_1 \dots \int_{-\infty}^{0} dt_n \; e^{-\epsilon(|t_1|+\dots+|t_n|)} \cdot T\big(v(t_1)\dots v(t_n)\big)|\phi_o> \; .$$

Jedes v(t) enthält einen Faktor g; also gilt

$$T(v(t_1)\dots v(t_n)) \sim g^n$$

$$\frac{(-i)^{n-1}}{(n-1)!} g^n = i\, g \frac{\partial}{\partial g} \frac{(-i)^n}{n!} \; g^n \quad .$$

Damit erhalten wir insgesamt

$$(H_o - W_o)\,|\psi_\epsilon(0)> = -v_S|\psi_\epsilon(0)> + i\,\epsilon\, g \frac{\partial}{\partial g}|\Psi_\epsilon(0)>$$

$$\Rightarrow \; (H - W_o)\,|\Psi_\epsilon(0)> = i\,\epsilon\, g \frac{\partial}{\partial g}|\Psi_\epsilon(0)>$$

$$\Rightarrow \; (H - W_o - i\,\epsilon\, g \frac{\partial}{\partial g}) \frac{|\Psi_\epsilon(0)>}{<\phi_o|\Psi_\epsilon(0)>}$$

$$= \frac{1}{<\phi_o|\Psi_\epsilon(0)>} \underbrace{(H - W_o - i\epsilon g \frac{\partial}{\partial g}|\Psi_\epsilon(0)>)}_{=0} + \frac{|\Psi_\epsilon(0)>}{<\phi_o|\Psi_\epsilon(0)>^2}<\phi_o|i\epsilon g \frac{\partial}{\partial g}|\Psi_\epsilon(0)>$$

$$= \frac{|\Psi_\epsilon(0)>}{<\phi_o|\Psi_\epsilon(0)>} \; \frac{<\phi_o|\; H - W_o|\Psi_\epsilon(0)>}{<\phi_o|\Psi_\epsilon(0)>} \quad .$$

Die Terme mit Vorfaktor W_o sind links und rechts identisch, es verbleibt somit

$$(H - i\epsilon g \frac{\partial}{\partial g}) \frac{|\Psi_\epsilon(0)>}{<\phi_o|\Psi_\epsilon(0)>} = \left\langle \phi_o \middle| H \middle| \frac{\Psi_\epsilon(0)}{<\phi_o|\Psi_\epsilon(0)>} \right\rangle \frac{|\Psi_\epsilon(0)>}{<\phi_o|\Psi_\epsilon(0)>} \quad .$$

Existiert nun voraussetzungsgemäß die Größe $|\Psi_\epsilon(0)>/<\phi_o|\Psi_\epsilon(0)>$ im Limes $\epsilon \to 0$ in jeder störungstheoretischen Ordnung, so verschwindet der Beitrag von $i\epsilon g \frac{\partial}{\partial g}$ für $\epsilon \to 0$, und es verbleibt

$$H|\xi> = <\phi_o|H|\xi> \; |\xi> \quad .$$

Damit ist die Aussage (1) bewiesen.

Zum Nachweis der Aussage (2) betrachten wir die Größe

$$i\epsilon g \frac{\partial}{\partial g} \ln\langle\phi_o|\Psi_\epsilon(0)\rangle$$

$$= \frac{1}{\langle\phi_o|\Psi_\epsilon(0)\rangle} \langle\phi_o|i\epsilon g \frac{\partial}{\partial g}|\Psi_\epsilon(0)\rangle = \frac{\langle\phi_o|H-W_o|\Psi_\epsilon(0)\rangle}{\langle\phi_o|\Psi_\epsilon(0)\rangle}$$

$$= \frac{\langle\phi_o|v|\Psi_\epsilon(0)\rangle}{\langle\phi_o|\Psi_\epsilon(0)\rangle} \xrightarrow[\epsilon\to 0]{} \langle\phi_o|v|\xi\rangle = \Delta E(g) \quad .$$

Hierbei haben wir die Aussage (1) und die allgemeingültige Formel (17.1) für die Energieverschiebung ΔE verwendet. Hieraus folgt weiter

$$\frac{\partial}{\partial g} \ln\langle\phi_o|\Psi_\epsilon(0)\rangle \underset{\epsilon\to 0}{\sim} -i\,\frac{\Delta E(g)}{g} \cdot \frac{1}{\epsilon} \qquad |\int dg$$

$$\Rightarrow \quad \ln\langle\phi_o|\Psi_\epsilon(0)\rangle \underset{\epsilon\to 0}{\sim} -i\,C(g)/\epsilon$$

$$\Rightarrow \quad \langle\phi_o|\Psi_\epsilon(0)\rangle \underset{\epsilon\to 0}{\sim} e^{-iC(g)/\epsilon} \quad .$$

Damit ist Aussage (2) bewiesen.

Wir wollen nun zunächst eine Formel für die Energieverschiebung ΔE herleiten. Dazu betrachten wir die Größe

$$i\frac{\partial}{\partial t} \ln\langle\phi_o|U_\epsilon(t,-\infty)|\phi_o\rangle\Big|_{t=0}$$

und verwenden die Bewegungsgleichung (14.17):

$$i\frac{\partial}{\partial t} \ln\langle\phi_o|U_\epsilon(t,-\infty)|\phi_o\rangle\Big|_{t=0}$$

$$= \frac{\langle\phi_o|e^{-\epsilon|t|}v(t)_I U_\epsilon(t,-\infty)\phi_o\rangle}{\langle\phi_o|U_\epsilon(t,-\infty)|\phi_o\rangle}\Bigg|_{t=0}$$

$$= \frac{\langle\phi_o|v(0)_I U_\epsilon(0,-\infty)|\phi_o\rangle}{\langle\phi_o|U_\epsilon(0,-\infty)|\phi_o\rangle} = \langle\phi_o|v_S|\frac{\Psi_\epsilon(0)}{\langle\phi_o|\Psi_\epsilon(0)\rangle}\rangle \quad .$$

Unter den Voraussetzungen des Theorems von Gell-Mann und Low erhalten wir dann für $\epsilon \to 0$

$$\boxed{\lim_{\epsilon\to 0} i \frac{\partial}{\partial t} \ln \langle\phi_o|U_\epsilon(t,-\infty)|\phi_o\rangle\Big|_{t=0} = \langle\phi_o|v_S|\xi\rangle = \Delta E} \; . \quad (18.7)$$

Damit sind wir, zumindest was die Energieverschiebung anbetrifft, am Ziel angelangt: Wir haben eine Formel gefunden, die mit Hilfe der obigen Reihe für den Zeitentwicklungsoperator eine Störungsentwicklung direkt in der Kopplungskonstante g ermöglicht. Diese Formel erlaubt ferner eine diagrammatische Analyse mit Feynman-Graphen, wie wir sie in den nächsten Kapiteln diskutieren werden. Ist man über die Grundzustandsenergie hinaus noch an anderen Eigenschaften des Systems interessiert, so empfiehlt es sich, die Einteilchen-Greensfunktion in ähnlicher Weise durch den Zeitentwicklungsoperator auszudrücken. Hierzu zeigen wir zuerst die Identität

$$\frac{\langle\Psi_o|O(t)_H|\Psi_o\rangle}{\langle\Psi_o|\Psi_o\rangle} = \lim_{\epsilon\to 0} \frac{1}{\langle\phi_o|S_\epsilon|\phi_o\rangle} \langle\phi_o| \sum_{\nu=0}^{\infty} \frac{(-i)^\nu}{\nu!} \int_{-\infty}^{\infty} dt_1 \ldots \int_{-\infty}^{\infty} dt_\nu$$

$$\cdot e^{-\epsilon(|t_1|+\ldots+|t_\nu|)} \; T\big(v(t_1)_I \ldots v(t_\nu)_I O(t)_I\big)|\phi_o\rangle$$

mit der Abkürzung $S_\epsilon := U_\epsilon(\infty,-\infty)$.

Zum Beweis verwenden wir zunächst die Tatsache, daß man das Theorem von Gell-Mann und Low in gleicher Weise auch für die Größe

$$|\tilde{\xi}\rangle := \lim_{\epsilon\to 0} \frac{U_\epsilon(0,+\infty)|\phi_o\rangle}{\langle\phi_o|U_\epsilon(0,+\infty)|\phi_o\rangle}$$

hätte beweisen können, also für einen Zustand, der sich von unendlich großen, positiven Zeiten mit $|\phi_o\rangle$ anfangend rückwärts entwickelt. Wenn $|\phi_o\rangle$ nichtentartet ist, könnte sich der so entstehende rückwärts eingeschaltete Zustand vom vorwärts eingeschalteten höchstens durch eine globale Phase unterscheiden, was jedoch durch die gemeinsame Normierung $\langle\phi_o|\tilde{\xi}\rangle=1=\langle\phi_o|\xi\rangle$

ebenfalls ausgeschlossen ist. Es gilt somit $|\tilde{\xi}\rangle = |\xi\rangle$.

Setzen wir nun im obigen Quotienten den rückwärts eingeschalteten Zustand für alle bra-Vektoren $\langle\Psi_o|$ und den vorwärts eingeschalteten Zustand für alle ket-Vektoren $|\Psi_o\rangle$ ein, so ergibt sich

$$\frac{\langle\Psi_o|O(t)_H|\Psi_o\rangle}{\langle\Psi_o|\Psi_o\rangle} = \lim_{\epsilon\to 0} \frac{\langle\phi_o|U_\epsilon(\infty,0)\, O(t)_H\, U_\epsilon(0,-\infty)|\phi_o\rangle}{\langle\phi_o|U_\epsilon(\infty,0)\, U_\epsilon(0,-\infty)|\phi_o\rangle}$$

Es ist zu betonen, daß im Limes $\epsilon\to 0$ weder Zähler noch Nenner existieren. Nur im betrachteten Quotienten kürzen sich die unendlichen Phasen gegenseitig heraus.

Verwenden wir nun (vgl. (14.16))

$$O(t)_H = U_\epsilon(0,t)\, O(t)_I\, U_\epsilon(t,0)$$

und die Eigenschaft

$$U(t,t')\, U(t',t'') = U(t,t'') \quad ,$$

so erhalten wir

$$= \lim_{\epsilon\to 0} \frac{\langle\phi_o|U_\epsilon(\infty,t)\; O(t)_I\; U_\epsilon(t,-\infty)|\phi_o\rangle}{\langle\phi_o|S_\epsilon|\phi_o\rangle} \quad .$$

Damit stimmt bereits der Nenner.

Es bleibt, für den Zähler zu zeigen, daß gilt :

$$\sum_{\nu=0}^{\infty} \frac{(-i)^\nu}{\nu!} \int_{-\infty}^{\infty} dt_1 \ldots \int_{-\infty}^{\infty} dt_\nu \; e^{-\epsilon(|t_1|+\ldots+|t_\nu|)}\; T[v(t_1)_I \ldots v(t_\nu)_I O(t)$$

$$= U_\epsilon(\infty,t)\; O(t)_I\; U_\epsilon(t,-\infty) \quad .$$

Hierzu spalten wir den ν-dimensionalen Integrationsbereich in lauter Teilbereiche auf, deren Grenzen die Flächen $t_i = t$ bilden. Dann gibt es in jedem Teilbereich eine Anzahl Variablen mit $t_i > t$ und eine Anzahl $t_i < t$. In zwei Dimensionen sieht das folgendermaßen aus :

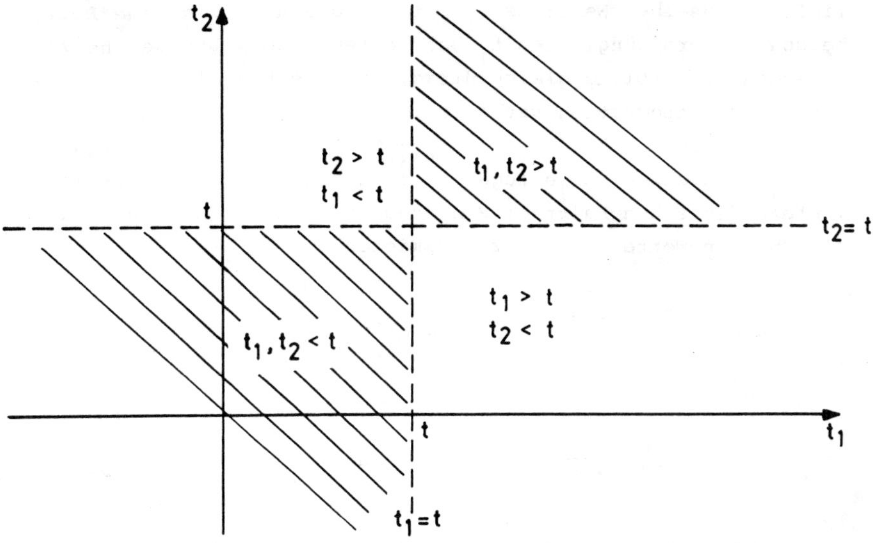

In jedem Teilbereich nennen wir

jene t_i mit $t_i > t$: $\tau_1 \ldots \tau_n$

und jene t_i mit $t_i < t$: $\sigma_1 \ldots \sigma_{\nu-n}$.

Die Anzahl n hängt vom jeweiligen Teilbereich ab.

Innerhalb eines einzelnen Teilbereiches gilt dann

$$T\,[v(t_1)_I \ldots v(t_\nu)_I O(t)_I] = T[v(\tau_1)_I \ldots v(\tau_n)_I]$$
$$O(t)_I T[v(\sigma_1)_I \ldots v(\sigma_{\nu-n})_I] \quad ,$$

und der Beitrag dieses Bereiches zum obigen Integral lautet

$$\int_t^\infty d\tau_1 \ldots \int_t^\infty d\tau_n e^{-\epsilon(|\tau_1|+\ldots+|\tau_n|)} T[v(\tau_1)_I \ldots v(\tau_n)_I] \cdot O(t)_I$$
$$\cdot \int_{-\infty}^t d\sigma_1 \ldots \int_{-\infty}^t d\sigma_{\nu-n} e^{-\epsilon(|\sigma_1|+\ldots+|\sigma_{\nu-n}|)} T[v(\sigma_1)_I \ldots v(\sigma_{\nu-n})_I] \quad .$$

Das volle Integral ergibt sich dann durch Summation über die 2^ν Teilbereiche. Es ist allerdings gar nicht nötig, alle Bereiche einzeln zu betrachten, denn die meisten Integrale liefern denselben Wert: Es spielt nur die Anzahl n eine Rolle. Welche der ursprünglichen t_i bei festem n zu τ und welche zu σ werden, ist völlig gleichgültig, denn es handelt sich ohnehin nur um Integrationsvariablen. Sind ν und n vorgegeben, so gibt es bekanntlich $\binom{\nu}{n} = \frac{\nu!}{n!(\nu-n)!}$ Möglichkeiten, n Zeiten $t_i > t$ auszuwählen. Alle zugehörigen Integrations-Teilbereiche liefern denselben Beitrag. Man braucht dann nur noch über alle erlaubten n-Werte $n=0...\nu$ zu summieren :

$$\sum_{\text{Bereiche}} \int_t^\infty d\tau_1 ... \int_t^\infty d\tau_n \int_{-\infty}^t d\sigma_1 ... \int_{-\infty}^t d\sigma_{\nu-n} \; ...$$

$$= \sum_{n=0}^{\nu} \frac{\nu!}{n!(\nu-n)!} \int_t^\infty d\tau_1 ... \int_t^\infty d\tau_n \int_{-\infty}^t d\sigma_1 ... \int_{-\infty}^t d\sigma_{\nu-n} \; ...$$

$$= \sum_{n=0}^{\infty} \sum_{m=0}^{\infty} \delta_{\nu,m+n} \frac{\nu!}{n!m!} \int_t^\infty d\tau_1 ... \int_t^\infty d\tau_n \int_{-\infty}^t d\sigma_1 ... \int_{-\infty}^t d\sigma_m \; ...$$

Daraus folgt aber direkt die behauptete Identität für die Zähler :

$$\sum_{\nu=0}^{\infty} \frac{(-i)^\nu}{\nu!} \int_{-\infty}^{\infty} dt_1 ... \int_{-\infty}^{\infty} dt_\nu e^{-\epsilon(|t_1|+...+|t_\nu|)} T[v(t_1)_I ... v(t_\nu)_I O(t)_I]$$

$$= \sum_{n=0}^{\infty} \frac{(-i)^n}{n!} \int_t^\infty d\tau_1 ... \int_t^\infty d\tau_n e^{-\epsilon(|\tau_1|+..+|\tau_n|)} T[v(\tau_1)_I ... v(\tau_n)_I]$$

$$\cdot O(t)_I \cdot \sum_{m=0}^{\infty} \frac{(-i)^m}{m!} \int_{-\infty}^t d\sigma_1 ... \int_{-\infty}^t d\sigma_m e^{-\epsilon(|\sigma_1|+...+|\sigma_m|)} T[v(\sigma_1)_I ... v(\sigma_m)_I]$$

$$= U_\epsilon(\infty,t) \; O(t)_I \; U_\epsilon(t,-\infty) \quad .$$

Eine weitergehende Behauptung, die für uns interessant ist, lautet :

$$\frac{\langle\Psi_o|T\big(O(t)_H O(t')_H\big)|\Psi_o\rangle}{\langle\Psi_o|\Psi_o\rangle} = \lim_{\epsilon\to 0} \frac{1}{\langle\phi_o|S_\epsilon|\phi_o\rangle}$$

$$\cdot \langle\phi_o| \sum_{\nu=0}^{\infty} \frac{(-i)^\nu}{\nu!} \int_{-\infty}^{\infty} dt_1 ... \int_{-\infty}^{\infty} dt_\nu e^{-\epsilon(|t_1|+...+|t_\nu|)}$$
$$\cdot T\big(v(t_1)_I ... v(t_\nu)_I O(t)_I O(t')_I\big)|\phi_o\rangle .$$

Wie beim obigen Beweis können wir zunächst schreiben (für t>t')

$$\frac{\langle\Psi_o|T\big(O(t)_H O(t')_H\big)|\Psi_o\rangle}{\langle\Psi_o|\Psi_o\rangle}$$

$$= \lim_{\epsilon\to 0} \frac{1}{\langle\phi_o|S_\epsilon|\phi_o\rangle}\langle\phi_o|U_\epsilon(\infty,t)O(t)_I U_\epsilon(t,t')O(t')_I U_\epsilon(t',-\infty)|\phi_o\rangle \quad .$$

Die Identität der Zähler können wir dann wieder nachweisen, indem wir den Integrationsbereich des ν-dimensionalen t-Integrals in lauter Teilbereiche mit Grenzflächen $t_i=t$ und $t_i=t'$ aufspalten und deren Beiträge dann in geeigneter Weise aufsummieren.

Mit dieser Identität ergibt sich schließlich für die Einteilchen-Greensfunktion die wichtige Darstellung

$$\boxed{\begin{aligned} iG_{\alpha\beta}(\underline{r}t,\underline{r}'t') = \lim_{\epsilon\to 0}\Bigg(&\frac{1}{\langle\phi_o|S_\epsilon|\phi_o\rangle}\sum_{n=0}^{\infty}\frac{(-i)^n}{n!}\int_{-\infty}^{\infty}dt_1\ldots\int_{-\infty}^{\infty}dt_n \\ &e^{-\epsilon(|t_1|+\ldots+|t_n|)}\langle\phi_o|T\Big(v(t_1)_I\ldots v(t_n)_I\psi_\alpha(\underline{r}t)_I\psi^+_\beta(\underline{r}'t')_I\Big)|\phi_o\rangle\Bigg) \end{aligned}} \; .$$

(18.8)

Dies ist die Form des Greensfunktion, die wir bei der diagrammatischen Analyse verwenden werden. Entsprechende Gleichungen erhält man natürlich auch für die Impuls-Greensfunktion oder jede andere Wahl der Darstellung.

19. Teilchen- und Loch-Operatoren und das Wicksche Theorem

Die Hauptarbeit bei der Berechnung der Energieverschiebung und der Greensfunktion nach (18.7) und (18.8) ist die Auswertung des Matrixelementes bezüglich $|\phi_o\rangle$ vom zeitgeordneten Produkt der Potentiale im Wechselwirkungsbild. Stellt man diese Potentiale in zweiter Quantisierung dar, so verbleibt das zeitgeordnete Produkt von Erzeugungs- und Vernichtungs-Operatoren im Wechselwirkungsbild. Ein systematisches Verfahren zur Berechnung des $|\phi_o\rangle$-Erwartungswertes von solchen zeitgeordneten Produkten ergibt sich aus dem Theorem von Wick (Phys.Rev.80, 268(1950)), das wir in diesem Kapitel beweisen werden. Dazu definieren wir zunächst die sogenannten Teilchen- und Loch-Operatoren. Wir nehmen an, das Eigenwertproblem von

$$H_o = \sum_{i=1}^{N} h(i)$$

sei gelöst mit Einteilchenorbitalen aus

$$h\,\varphi_\nu = \epsilon_\nu\,\varphi_\nu \quad .$$

Im Grundzustand $|\phi_o\rangle$ seien die Orbitale bis ϵ_F besetzt. Ferner seien c_i^+ und c_i die Erzeuger und Vernichter für die Einteilchenorbitale φ_i. Dann definieren wir

$$\text{Teilchen}\begin{cases}\text{Erzeuger} & a_i^+ := c_i^+\\ \text{Vernichter} & a_i := c_i\end{cases}\Bigg\}\ \text{für}\quad \epsilon_i > \epsilon_F$$

und (19.1)

$$\text{Loch}\begin{cases}\text{Erzeuger} & b_j^+ := c_j\\ \text{Vernichter} & b_j := c_j^+\end{cases}\Bigg\}\ \text{für}\quad \epsilon_j \leq \epsilon_F$$

Anschaulich entspricht also die Vernichtung eines realen Teilchens mit Energie kleiner ϵ_F der Erzeugung eines Loches mit derselben Einteilchenenergie. Im Wechselwirkungsbild gilt (vgl. (14.10)) :

$$a_j(t)_I = a_j e^{-i\epsilon_j t}$$

$$a_j^+(t)_I = a_j^+ e^{+i\epsilon_j t}$$

$$b_j(t)_I = b_j e^{+i\epsilon_j t}$$

$$b_j^+(t)_I = b_j^+ e^{-i\epsilon_j t} .$$

Wegen $\{c_i^+, c_k\} = \delta_{ik}$ gilt weiterhin

$$\{a_i^+, a_k\} = \delta_{ik} \quad \text{und} \quad \{b_j^+, b_\ell\} = \delta_{j\ell} \quad . \tag{19.2}$$

Ferner antivertauscht jeder beliebige Teilchen-Operator mit jedem beliebigen Loch-Operator, da sich deren Indizes mit Sicherheit unterscheiden.
Für die so definierten Operatoren gilt

$$a_i|\phi_o\rangle = 0 \quad \text{und} \quad b_j|\phi_o\rangle = 0 \quad , \tag{19.3}$$

d.h. der Grundzustand des H_o-Problems enthält weder Teilchen noch Löcher. Deswegen werden wir $|\phi_o\rangle$ auch als Vakuumzustand (bezüglich der Teilchen-Loch-Darstellung) bezeichnen.

Wir können nun den Operator H_o durch die Teilchen- und Loch-Operatoren ausdrücken:

$$\begin{aligned} H_o &= \sum_i \epsilon_i\, c_i^+ c_i = \sum_{\epsilon_i \le \epsilon_F} \epsilon_i\, c_i^+ c_i + \sum_{\epsilon_i > \epsilon_F} \epsilon_i\, c_i^+ c_i \\ &= \sum_{\epsilon_i \le \epsilon_F} \epsilon_i\, b_i b_i^+ + \sum_{\epsilon_i > \epsilon_F} \epsilon_i\, a_i^+ a_i \\ &= \sum_{\epsilon_i \le \epsilon_F} \epsilon_i - \sum_{\epsilon_i \le \epsilon_F} \epsilon_i\, b_i^+ b_i + \sum_{\epsilon_i > \epsilon_F} \epsilon_i\, a_i^+ a_i \\ &= W_o - \sum_L \epsilon_L\, \hat{n}_L + \sum_T \epsilon_T\, \hat{n}_T \quad . \end{aligned} \tag{19.4}$$

An dieser Darstellung von H_o sieht man sehr anschaulich, daß sich die Energie eines beliebigen Eigenzustands von H_o aus der Grundzustandsenergie W_o zuzüglich der Summe der Teilchenenergien minus der Summe der Lochenergien ergibt.

Als nächstes wollen wir die Feldoperatoren durch Teilchen- und Loch-Operatoren darstellen.

$$\psi(x) = \sum_{\epsilon_i \leq \epsilon_F} \varphi_i(x) c_i + \sum_{\epsilon_i > \epsilon_F} \varphi_i(x) c_i$$

$$= \sum_{\epsilon_i \leq \epsilon_F} \varphi_i(x) b_i^+ + \sum_{\epsilon_i > \epsilon_F} \varphi_i(x) a_i =: \psi_+(x) + \psi_-(x) \quad .$$

Man kann also $\psi(x)$ in einen Locherzeugungsanteil $\psi_+(x)$ und einen Teilchenvernichtungsanteil $\psi_-(x)$ zerlegen. In ähnlicher Weise können wir $\psi^+(x)$ in einen Teilchenerzeugungsanteil und einen Lochvernichtungsanteil aufspalten:

$$\psi^+(x) = \sum_{\epsilon_i \leq \epsilon_F} \varphi_i^*(x) c_i^+ + \sum_{\epsilon_i > \epsilon_F} \varphi_i^*(x) c_i^+$$

$$= \sum_{\epsilon_i \leq \epsilon_F} \varphi_i^*(x) b_i + \sum_{\epsilon_i > \epsilon_F} \varphi_i^*(x) a_i^+ =: (\psi^+)_-(x) + (\psi^+)_+(x) \quad .$$

Der Index "-" kennzeichnet also immer den Vernichteranteil (egal ob Teilchen oder Loch), und der Index "+" steht für den Erzeugeranteil. Wegen (19.3) gilt die wichtige Gleichung

$$\psi_-|\phi_o\rangle = 0 = (\psi^+)_-|\phi_o\rangle \quad . \qquad (19.5)$$

Die Aufspaltung in einen Erzeuger- und einen Vernichteranteil bleibt unter Bildtransformationen erhalten. So gilt etwa

$$\psi(xt)_I = \psi_+(xt)_I + \psi_-(xt)_I \quad \text{mit} \quad \psi_+(xt)_I = \sum_{\epsilon_i \leq \epsilon_F} \varphi_i(x)\, b_i^+(t)_I \quad .$$

Die <u>Normalordnung eines Produkts</u> von Teilchen- und Loch-Operatoren ist definiert als Umordnung des Produkts derart, daß alle Vernichtungs-Operatoren rechts stehen, multipliziert mit dem Signum der dazu nötigen Permutation. Kurz gesagt, man findet das normalgeordnete Produkt, indem man beim Nach-rechts-Bringen der Vernichter alle Operatoren so behandelt, als würden sie antivertauschen. Zum Beispiel

$$N(c_i(t_1)c_j(t_2)c_k^+(t_3)) \quad \text{für} \quad \epsilon_i, \epsilon_k > \epsilon_F \ , \ \epsilon_j < \epsilon_F$$

$$= N(a_i(t_1)b_j^+(t_2)a_k^+(t_3))$$

$$= (-)^2 \ b_j^+(t_2)a_k^+(t_3)a_i(t_1)$$

$$= + \quad c_j(t_2)c_k^+(t_3)c_i(t_1) \quad .$$

Die Zeitabhängigkeit der Operatoren (im Wechselwirkungsbild) spielt bei der Normalordnung keine Rolle. Es ist ganz wesentlich, zu erkennen, daß die Definition des normalgeordneten Produkts absolut eindeutig ist. Man könnte zwar noch Vertauschungen innerhalb des Erzeuger-Produkts oder auch innerhalb des Vernichter-Produkts vornehmen und so beim obigen Beispiel etwa

$$= (-)^3 \ a_k^+(t_3)b_j^+(t_2)a_i(t_1)$$

schreiben, jedoch ist ein so entstandener Ausdruck stets mit dem früheren identisch, da die Erzeuger untereinander echt antivertauschen (und in gleicher Weise die Vernichter untereinander).

Wir erweitern nun unsere Definition auf Linearkombinationen

$$N(\alpha A + \beta B) := \alpha N(A) + \beta N(B) \quad ,$$

wobei A und B Produkte von Teilchen- und Loch-Operatoren und $\alpha, \beta \in \mathbb{C}$ sind. Dann folgt

$$N(A(B+C)) = N(AB + AC) = N(AB) + N(AC) \quad ,$$

oder noch allgemeiner

$$N(\sum_i \alpha_i \ A_i \ \sum_j \beta_j \ B_j) = \sum_{ij} \alpha_i \ \beta_j \ N(A_i B_j) \quad .$$

Als Beispiel berechnen wir

$$
\begin{aligned}
&N(\psi^+(x)\psi(y)) \\
&= N(\{(\psi^+)_+(x) + (\psi^+)_-(x)\} \cdot \{\psi_+(y) + \psi_-(y)\}) \\
&= N((\psi^+)_+(x)\psi_+(y)) + N((\psi^+)_+(x)\psi_-(y)) \\
&\quad + N((\psi^+)_-(x)\psi_+(y)) + N((\psi^+)_-(x)\psi_-(y)) \\
&= (\psi^+)_+(x)\psi_+(y) + (\psi^+)_+(x)\psi_-(y) - \psi_+(y)(\psi^+)_-(x) + (\psi^+)_-(x)\psi_-(y)
\end{aligned}
$$

Bei der letzten Identität haben wir die obige Darstellung der Feldoperatoren durch die Teilchen- und Loch-Operatoren verwendet, z.B. beim dritten Term

$$
\begin{aligned}
N((\psi^+)_-(x)\psi_+(y)) &= N\Big(\sum_{\epsilon_i \le \epsilon_F} \varphi_i^*(x) b_i \sum_{\epsilon_j \le \epsilon_F} \varphi_j(y) b_j^+\Big) \\
&= \sum_{ij} \varphi_i^*(x)\varphi_j(y) \underbrace{N(b_i b_j^+)}_{-b_j^+ b_i} \\
&= -\psi_+(y)(\psi^+)_-(x) \quad .
\end{aligned}
$$

Als nächstes definieren wir nun für irgendzwei Teilchen- oder Loch-Operatoren A, B das sogenannte <u>Pairing</u> als

$$
\underbrace{AB} := AB - N(AB) \quad . \tag{19.6}
$$

Aus der obigen Festlegung für das normalgeordnete Produkt von Linearkombinationen ergibt sich dann sofort die Erweiterung des Pairing-Begriffs auf Linearkombinationen

$$
\begin{aligned}
\underbrace{(\sum \alpha_i A_i)(\sum \beta_j B_j)} &= (\sum \alpha_i A_i)(\sum \beta_j B_j) - N(\sum \alpha_i A_i \sum \beta_j B_j) \\
&= \sum \alpha_i \beta_j A_i B_j - \sum \alpha_i \beta_j \, N(A_i B_j) \\
&= \sum \alpha_i \beta_j \, (A_i B_j - N(A_i B_j)) \\
&= \sum \alpha_i \beta_j \, \underbrace{A_i B_j} \quad .
\end{aligned}
$$

Nebenbei sei betont, daß das Pairing <u>nicht</u> definiert wurde für Fälle, bei denen A und B selbst <u>Produkte</u> von Teilchen- und Loch-Operatoren sind.

Betrachten wir nun einige Beispiele :

$$\begin{aligned}
\underbrace{a_i(t)a_j^+(t')} &= a_i(t)a_j^+(t') - N(a_i(t)a_j^+(t')) \\
&= a_i(t)a_j^+(t') + a_j^+(t')a_i(t) \\
&= e^{i(\epsilon_j t'-\epsilon_i t)} (a_i a_j^+ + a_j^+ a_i) \\
&= e^{i\epsilon_j (t'-t)} \delta_{ij}
\end{aligned}$$

und analog

$$\underbrace{b_i(t)b_j^+(t')} = e^{i\epsilon_j(t-t')} \delta_{ij} \quad .$$

Für alle anderen denkbaren Zweierkombinationen von Teilchen- und Loch-Operatoren wird das Pairing Null, denn für zwei antikommutierende Operatoren verschwindet das Pairing immer:

$$\{A,B\} = 0 \quad \Rightarrow \quad \underbrace{AB} = 0 \quad .$$

Beweis: $\underbrace{AB} = AB - N(AB) = AB - \left\{ {AB \atop -BA} \right\} = 0 \quad .$

Die Aussage gilt offenbar auch für Linearkombinationen $A = \sum \alpha_i A_i$, $B = \sum \beta_j B_j$, falls alle Komponenten antivertauschen $\{A_i, B_j\} = 0$:

$$\underbrace{(\sum_i \alpha_i A_i)(\sum_j \beta_j B_j)} = \sum_{ij} \alpha_i \beta_j \underbrace{A_i B_j} = 0 \quad .$$

Die meisten Pairings sind also offenbar gleich Null. Wenn sie aber nicht verschwinden, dann handelt es sich stets um c-Zahlen. An dieser Stelle wird nun der Zweck der ganzen Definitionen sichtbar: Wir können sehr einfach den Vakuumerwartungswert von zwei Linearkombinationen A,B von Teilchen- und Loch-Operatoren berechnen:

$$\langle \phi_o | AB | \phi_o \rangle = \langle \phi_o | N(AB) + \underbrace{AB} | \phi_o \rangle \quad .$$

Da der Vakuumerwartungswert eines normalgeordneten Produkts stets verschwindet, gilt weiter

$$= \langle \phi_o | \underbrace{AB} | \phi_o \rangle = \underbrace{AB} \qquad .$$

Man braucht also letzten Endes überhaupt nur die Pairings zu berechnen, um den Vakuumerwartungswert zu bestimmen. Wollen wir nun zur Übung noch einige Pairings berechnen.

$$\underbrace{(\psi^+)_-(xt)\psi_+(yt')} = \underbrace{[\sum_{\epsilon_i \leq \epsilon_F} \varphi_i^*(x) b_i(t)][\sum_{\epsilon_j \leq \epsilon_F} \varphi_j(y) b_j^+(t')]}$$

$$= \sum_{\epsilon_i, \epsilon_j \leq \epsilon_F} \varphi_i^*(x)\varphi_j(y) \underbrace{b_i(t) b_j^+(t')}$$

$$= \sum_{\epsilon_j \leq \epsilon_F} \varphi_j^*(x)\varphi_j(y) e^{i\epsilon_j(t-t')}$$

und analog: $\underbrace{\psi_-(xt)(\psi^+)_+(yt')} = \sum_{\epsilon_j > \epsilon_F} \varphi_j(x)\varphi_j^*(y) e^{i\epsilon_j(t'-t)}$.

Alle anderen 14 Pairings, die man aus den Operatoren $\psi_\pm$, $(\psi^+)_\pm$ bilden kann, verschwinden, da die Operatoren antikommutieren oder bereits normalgeordnet sind :

$$\begin{aligned}
0 &= \underbrace{\psi_+ \psi_+} & \qquad 0 &= \underbrace{\psi_- \psi_+} \\
&= \underbrace{(\psi^+)_+ (\psi^+)_+} & &= \underbrace{(\psi^+)_- (\psi^+)_+} \\
&= \underbrace{\psi_- \psi_-} & &= \underbrace{\psi_+ \psi_-} \\
&= \underbrace{(\psi^+)_- (\psi^+)_-} & &= \underbrace{(\psi^+)_+ (\psi^+)_-} \\
&= \underbrace{(\psi^+)_+ \psi_+} \\
&= \underbrace{\psi_+ (\psi^+)_+} \\
&= \underbrace{(\psi^+)_- \psi_-} \\
&= \underbrace{\psi_- (\psi^+)_-} \\
&= \underbrace{\psi_+ (\psi^+)_-} \\
&= \underbrace{(\psi^+)_+ \psi_-} \qquad .
\end{aligned}$$

Hieraus ergibt sich für die Pairings der Feldoperatoren selbst:

$$\underbrace{\psi(xt)\psi^+(yt')} = [\psi_+(xt)+\underbrace{\psi_-(xt)]\cdot[(\psi^+)_+(yt')+(\psi^+)_-}(yt')]$$

$$= \underbrace{\psi_+(xt)(\psi^+)_+}_{=\,0}(yt') + \underbrace{\psi_+(xt)(\psi^+)_-}_{=\,0}(yt')$$

$$+\underbrace{\psi_-(xt)(\psi^+)_+}(yt') + \underbrace{\psi_-(xt)(\psi^+)_-}_{=\,0}(yt')$$

$$= \sum_{\epsilon_j > \epsilon_F} \varphi_j(x)\varphi_j^*(y)e^{i\epsilon_j(t'-t)}$$

und analog

$$\underbrace{\psi^+(xt)\psi}\ (yt') = \sum_{\epsilon_j \le \epsilon_F} \varphi_j^*(x)\,\varphi_j(y)e^{i\epsilon_j(t-t')}$$

$$\underbrace{\psi^+(xt)\psi^+}(yt') = 0 = \underbrace{\psi(xt)\psi}(yt') \quad .$$

Schließlich definieren wir noch normalgeordnete Produkte, die Pairings enthalten:

$$N(\underset{\llcorner}{A}B\underset{\llcorner}{C}\underset{\lrcorner}{D}E \ldots X\underset{\lrcorner}{Y}Z) := (-)^q \underbrace{AD}\ \underbrace{CY}\ N(BE \ldots XZ) \quad .$$

Hierbei ist q die Anzahl der Vertauschungen, die benötigt werden, um die abzupaarenden Operatoren nach links (aus dem Produkt) zu bringen, also im obigen Beispiel die Anzahl der Zweiervertauschungen, um von

ABCDE ... XYZ nach ADCYBE ... XZ

zu kommen.

Das Wicksche Theorem für gewöhnliche Produkte lautet dann

$$\begin{aligned} A_1A_2\ldots A_n = {} & N(A_1\ldots A_n) \\ & +N(\underbrace{A_1A_2}A_3\ldots A_n) + N(\underbrace{A_1A_2A_3}\ldots)+\ldots \text{ (alle Terme mit einem Pairing)} \\ & +N(\underbrace{A_1}\,\underbrace{A_2\ldots}A_n)+ \ldots \text{ (alle Terme mit 2 Pairings)} \\ & + \\ & \vdots \\ & + \text{alle vollständig abgepaarten Terme (treten nur für gerades n auf)} \end{aligned}$$

Zum Beweis zeigen wir zuerst das

<u>Lemma</u>: $N(A_1 A_2 \ldots A_n)\, B = \sum_{r=1}^{n} N(A_1 A_2 \ldots \underbrace{A_r \ldots A_n B}) + N(A_1 \ldots A_n B)$.

Ist B ein Vernichtungs-Operator, so verschwinden alle Pairings $\underbrace{A_r B}$, und die Gleichung ist trivial erfüllt. Ist B ein Erzeugungs-Operator, so verschwinden die Pairings $\underbrace{A_r B}$, falls A_r auch ein Erzeugungs-Operator ist. Es genügt daher, das Lemma für jene Fälle zu beweisen, bei denen alle A_i Vernichtungs-Operatoren sind. Alle diejenigen Fälle, bei denen zusätzlich noch einige Erzeuger-A_j auftreten, kann man dann leicht konstruieren, indem man die Gleichung ohne Erzeuger-A_j von links mit den zusätzlichen Erzeugungs-Operatoren multipliziert. Die Normalordnung ist damit erfüllt, und zusätzliche Pairings treten, wie gesagt, nicht auf.

Für Vernichtungs-Operatoren $A_1, .., A_n$ verbleibt also zu zeigen:

$$A_1 \ldots A_n B = \sum_{r=1}^{n} (-)^{r+n} \underbrace{A_r B}\, A_1 \ldots \not{A}_r \ldots A_n + (-)^n B A_1 \ldots A_n \quad .$$

Das Vorzeichen $(-)^{r+n}$ kommt durch (r-1) Vertauschungen von A_r und (n-1) Vertauschungen von B zustande. Wir führen den Beweis mit Induktion.

Es gilt

$$\text{für } n=1 : \qquad A_1 B = \underbrace{A_1 B} - B A_1 \quad .$$

Diese Gleichung ist nach Definition des Pairing korrekt.

Es gelte nun die obige Aussage für n. Dann erhalten wir durch Multiplikation von links mit einem Vernichtungs-Operator A_o :

$$A_o A_1 \ldots A_n B = \sum_{r=1}^{n} (-)^{r+n} \underbrace{A_r B} A_o A_1 \ldots \not{A}_r \ldots A_n + (-)^n A_o B A_1 \ldots A_n$$

$$(\text{verwende } A_o B = -B A_o + \underbrace{A_o B}\ )$$

$$= \sum_{r=1}^{n} (-)^{r+n} \underbrace{A_r B}\, A_o A_1 \ldots A_r \ldots A_n + (-)^n \underbrace{A_o B}\, A_1 \ldots A_n$$

$$+ (-)^{n+1} B A_o A_1 \ldots A_n \quad .$$

Dies ist die Aussage für (n+1). Damit ist das Lemma bewiesen. Mit seiner Hilfe beweisen wir als nächstes das Wicksche Theorem, ebenfalls mit vollständiger Induktion. Für n = 1,2 ist die Aussage nach Definition des Pairings trivial erfüllt. Sie gelte nun für n. Dann ergibt sich durch Multiplikation von rechts mit einem Operator A_{n+1}

$$A_1 \dots A_n\, A_{n+1} = N(A_1 \dots A_n) A_{n+1} + N(\underbrace{A_1 A_2}\dots) A_{n+1} + \dots + \dots$$

Nach obigem Lemma erhalten wir für den ersten Term

$$N(A_1 \dots A_n) A_{n+1} = \underline{N(A_1 \dots A_n A_{n+1})} + \underline{\sum_r N(A_1 \dots \underbrace{A_r \dots A_n A_{n+1}})}$$

und für den zweiten Term

$$\sum_{1 \le x < y \le n} N(A_1 \dots \underbrace{A_x \dots A_y} \dots A_n) A_{n+1}$$

$$= \sum_{1 \le x < y \le n} (\pm) \underbrace{A_x A_y}\, N(A_1 \dots \not{A}_x \dots \not{A}_y \dots A_n) A_{n+1}$$

$$= \sum_{1 \le x < y \le n} (\pm) \underbrace{A_x A_y} \Big[N(A_1 \dots \not{A}_x \dots \not{A}_y \dots A_n A_{n+1}) + \sum_{r \ne x,y} N(A_1 \dots \not{A}_x \dots \underbrace{A_r \dots \not{A}_y \dots A_n, A_{n+1}}) \Big]$$

$$= \underline{\sum_{1 \le x < y \le n} N(A_1 \dots \underbrace{A_x \dots A_y} \dots A_n A_{n+1})}$$

$$+ \sum_{1 \le x < y \le n} \; \sum_{r \ne x,y} N(A_1 \dots \underbrace{A_x \dots A_r \dots A_y} \dots A_n A_{n+1}) \quad .$$

(mit einem weiteren Pairing von A_r mit A_{n+1} im letzten Term)

Der durchgezogen unterstrichene Ausdruck ist der erste Term des Wickschen Theorems für (n+1). Die beiden gestrichelt markierten Ausdrücke liefern offenbar alle Terme mit einem Pairing, usw. Es ist offensichtlich, daß die wiederholte Anwendung des Lemmas schließlich alle Terme des Wickschen Theorems für (n+1) ergibt.

Auf Grund der Linearität des normalgeordneten Produktes (und der Pairings) gilt das Wicksche Theorem auch für Linearkombinationen von Teilchen- und Loch-Operatoren, es gilt also insbesondere für die Feldoperatoren selbst.

Kommen wir nun zum letzten, entscheidenden Schritt: zur Berechnung des Vakuumerwartungswerts von zeitgeordneten Produkten. Für zwei Linearkombinationen

$$A(t) = \sum_i \alpha_i A_i(t) \quad , \quad B(t') = \sum_j \beta_j B_j(t')$$

von Teilchen- und Loch-Operatoren A_i, B_j definieren wir die sogenannte <u>Kontraktion</u> durch

$$\overbrace{A(t)B(t')} := T(A(t)B(t')) - N(A(t)B(t')) \quad . \tag{19.7}$$

Aus den Eigenschaften des normalgeordneten und des zeitgeordneten Produkts folgt sofort

$$\begin{aligned} -\overbrace{A(t)B(t')} &= -T(A(t)B(t')) + N(A(t)B(t')) \\ &= T(B(t')A(t)) - N(B(t')A(t) \\ &= \overbrace{B(t')A(t)} \quad . \end{aligned} \tag{19.8}$$

Mit Hilfe der Definition des zeitgeordneten Produktes können wir die Kontraktion sofort ausrechnen:

$$T(A(t)B(t')) = \begin{cases} A(t)B(t') & : \quad t > t' \\ -B(t')A(t) & : \quad t' > t \end{cases}$$

$$\begin{aligned} A(t)B(t') &= N(A(t)B(t')) + \underbrace{A(t)B(t')} \\ -B(t')A(t) &= -N(B(t')A(t)) - \underbrace{B(t')A(t)} \\ &= N(A(t)B(t')) - \underbrace{B(t')A(t)} \end{aligned}$$

$$\Rightarrow \overbrace{A(t)B(t')} = T(A(t)B(t')) - N(A(t)B(t')) = \begin{cases} \underbrace{A(t)B(t')} & : \ t > t' \\ -\underbrace{B(t')A(t)} & : \ t' > t \end{cases}$$

Kontraktionen entsprechen somit je nach Zeitordnung zwei verschiedenen Pairings. Insbesondere sind daher Kontraktionen stets c-Zahlen, so daß gilt $\langle\phi_o|T(A(t)B(t'))|\phi_o\rangle=\overline{A(t)B}(t')$.

Aus der entsprechenden Eigenschaft für Pairings folgt sofort

$$N(\overline{A\overline{BCD}E \ldots XY}Z) = (-)^q\, \overline{AD}\;\overline{BY}\;N(CE \ldots XZ).$$

Mit diesen Festlegungen können wir nun das <u>Wicksche Theorem für zeitgeordnete Produkte</u> formulieren:

$$\begin{aligned} T(A_1A_2\ldots A_n) = {} & N(A_1A_2\ldots A_n) \\ & + N(\overline{A_1A_2}\ldots A_n) + \ldots \text{ alle Terme mit 1 Kontraktion} \\ & + N(\overline{A_1A_2}\ldots\overline{\ldots A_n}) + \ldots \text{alle Terme mit 2 Kontraktionen} \\ & + \\ & \vdots \\ & + \text{alle vollständig kontrahierten Terme (treten nur für gerades } n \text{ auf)} \end{aligned}$$

Der Beweis folgt direkt aus dem Theorem für gewöhnliche Produkte:

$$T(A_1A_2\ldots A_n) = \text{sign}(P)A_{P(1)}A_{P(2)}\ldots A_{P(n)} \quad \text{mit } t_{P(1)} > t_{P(2)} > \ldots$$

$$= \text{sign}(P)\cdot\left\{N(A_{P(1)}A_{P(2)}\ldots A_{P(n)}) + \sum N(\underbrace{\quad}) + \sum N(\underbrace{\quad}\;\underbrace{\quad}) + \ldots\right\} \quad .$$

Da die Zeiten geordnet sind, sind die Pairings gleich den Kontraktionen:

$$= \text{sign}(P)\cdot\left\{N(A_{P(1)}A_{P(2)}\ldots) + \sum N(\overbrace{\quad}) + \sum N(\overbrace{\quad}\;\overbrace{\quad}) + \ldots\right\}$$

$$= N(A_1A_2\ldots A_n) + \sum_{xy} N(A_1A_2\ldots\overline{A_x\ldots A_y}\ldots A_n) + \ldots \qquad \text{q.e.d.}$$

Wollen wir nun zum Abschluß dieses Kapitels noch einige Kontraktionen ausrechnen. Als erstes betrachten wir die Erzeuger und Vernichter des H_o-Problems:

$$\overline{c_j(t)c_k^+(t')} = \begin{cases} \text{für } \epsilon_j,\epsilon_k>\epsilon_F: \ \overline{a_j(t)a_k^+(t')} = \begin{cases} \underline{a_j(t)a_k^+(t')} & : t>t' \\ \underline{-a_k^+(t')a_j(t)}=0 & : t'>t \end{cases} \\ \text{für } \epsilon_j,\epsilon_k\le\epsilon_F: \ \overline{b_j^+(t)b_k(t')} = \begin{cases} \underline{b_j^+(t)b_k(t')}=0 & : t>t' \\ \underline{-b_k(t')b_j^+(t)} & : t'>t \end{cases} \\ \text{sonst} \quad : 0 \end{cases}$$

$$= \begin{cases} \delta_{jk}e^{-i\epsilon_j(t-t')} & : \epsilon_j>\epsilon_F,\ t>t' \\ -\delta_{jk}e^{-i\epsilon_j(t-t')} & : \epsilon_j\le\epsilon_F,\ t'>t \\ 0 & : \text{sonst} \end{cases}$$

$$= \delta_{jk}e^{-i\epsilon_j(t-t')}\big(\theta(t-t')\theta(\epsilon_j-\epsilon_F)-\theta(t'-t)\theta(\epsilon_F-\epsilon_j)\big). \tag{19.9}$$

Dieser Ausdruck erinnert sehr an die früher diskutierte Impuls-Greensfunktion für translationsinvariante Systeme (vgl. (15.22)):

$$iG^{(0)}_{\alpha\beta}(\underline{k}t,\underline{k}'t') = \delta_{\alpha\beta}\delta_{\underline{kk}'}e^{-i\epsilon_k(t-t')}\big(\theta(t-t')\theta(k-k_F)-\theta(t'-t)\theta(k_F-k)\big)$$

In der Tat entspricht auch im allgemeinen Fall die Kontraktion $\overline{c_j(t)c_k^+(t')}$ stets der Greensfunktion für die freie H_o-Propagation :

$$iG^{(0)}(jt,kt') = \langle\phi_o|T\big(c_j(t)_H c_k^+(t')_H\big)|\phi_o\rangle \quad ,$$

denn für $H = H_o$ gilt weiter

$$= \langle\phi_o|T\big(c_j(t)_I c_k^+(t')_I\big)|\phi_o\rangle = \overline{c_j(t)_I c_k^+(t')_I} \ . \tag{19.10}$$

Für die restlichen Kontraktionen, die man aus den H_o-Erzeugern und -Vernichtern bilden kann, gilt

$$\overbracket{c_k^+(t')c_j(t)} = -\overbracket{c_j(t)c_k^+(t')} \qquad \text{(wie oben allgemein bewiesen)}$$

und

$$\overbracket{c_j(t)c_k(t')} = 0 = \overbracket{c_j^+(t)c_k^+(t')} \quad .$$

Letztere Gleichung folgt direkt aus den früher berechneten Pairings.

In völlig analoger Weise erhalten wir für die Kontraktionen der Feldoperatoren

$$\begin{aligned} \overbracket{\psi(xt)\psi^+(yt')} &= -\overbracket{\psi^+(yt')\psi(xt)} \\ &= \langle\phi_o|T\{\psi(xt)\psi^+(yt')\}|\phi_o\rangle \\ &= iG^{(0)}(xt,yt') \end{aligned} \qquad (19.11)$$

und

$$\overbracket{\psi(xt)\psi(yt')} = 0 = \overbracket{\psi^+(xt)\psi^+(yt')} \quad .$$

Alle Kontraktionen, die man aus Feldoperatoren oder H_o-Erzeugern und -Vernichtern bilden kann, verschwinden somit entweder, oder sie entsprechen freien H_o-Propagatoren.

20. Feynman-Graphen

Kommen wir nun schließlich zur diagrammatischen Berechnung der Energieverschiebung ΔE und der Einteilchen-Greensfunktion. Für diese Größen konnten wir mit Hilfe der Prozedur des "adiabatic switching" die folgenden Störungsentwicklungen in der Kopplungskonstante g herleiten (vgl. (18.1),(18.7) und (18.8)):

$$\Delta E = \lim_{\epsilon\to 0} i\frac{\partial}{\partial t} \ln\langle\phi_o|U_\epsilon(t,-\infty)|\phi_o\rangle\Big|_{t=0}$$

$$=\lim_{\epsilon\to 0} i\,\frac{\partial}{\partial t}\ln\Big(\sum_{n=0}^{\infty}\frac{(-i)^n}{n!}\int_{-\infty}^{t}dt_1\ldots\int_{-\infty}^{t}dt_n e^{-\epsilon(|t_1|+\ldots+|t_n|)}$$

$$\cdot\langle\phi_o|T[v(t_1)_I\ldots v(t_n)_I]|\phi_o\rangle\Big)\Big|_{t=0}$$

$$iG_{\alpha\beta}(\underline{r}t,\underline{r}'t')=\lim_{\epsilon\to 0}\frac{1}{\langle\phi_o|U_\epsilon(\infty,-\infty)|\phi_o\rangle}\sum_{n=0}^{\infty}\frac{(-i)^n}{n!}\int_{-\infty}^{\infty}dt_1\ldots\int_{-\infty}^{\infty}dt_n$$

$$e^{-\epsilon(|t_1|+..+|t_n|)}\cdot\langle\phi_o|T[v(t_1)_I\ldots v(t_n)_I\psi_\alpha(\underline{r}t)_I\psi^+_\beta(\underline{r}'t')_I]|\phi_o\rangle\quad .$$

Setzen wir nun noch die Darstellung des Potentials in zweiter Quantisierung entweder durch die H_o-Erzeuger und -Vernichter

$$v(t)_I = \frac{1}{2}\sum_{ijk\ell}\langle ij|v|k\ell\rangle\, c_i^+(t)_I c_j^+(t)_I c_\ell(t)_I c_k(t)_I$$

oder durch die Feldoperatoren

$$v(t)_I = \frac{1}{2}\int dx\int dx'\; v(x,x')\;\psi^+(xt)_I\psi^+(x't)_I\psi(x't)_I\psi(xt)_I$$

ein, so verbleiben lediglich Terme der Form

$$\langle ij|v|k\ell\rangle\langle i'j'|v|k'\ell'\rangle\ldots\cdot\langle\phi_o|T[c_i^+(t_1)c_j^+(t_1)c_\ell(t_1)c_k(t_1)c_{i'}^+(t_2)$$

$$c_{j'}^+(t_2)c_{\ell'}(t_2)c_{k'}(t_2)\ldots]|\phi_o\rangle$$

bzw.

$$v(x_1x_1')v(x_2x_2')\ldots\cdot\langle\phi_o|T[\psi^+(x_1t_1)\psi^+(x_1't_1)\psi(x_1't_1)\psi(x_1t_1)$$

$$\psi^+(x_2t_2)\psi^+(x_2't_2)\psi(x_2't_2)\psi(x_2t_2)\ldots]|\phi_o\rangle\quad .$$

Neben den Potentialmatrixelementen $\langle ij|v|k\ell\rangle$ (in H_o-Darstellung) bzw. $v(x,x')$ (in Ort-Spin-Darstellung), die wir als bekannt voraussetzen können, sind somit nur noch die Vakuumerwartungswerte der zeitgeordneten Produkte von Erzeugungs- und Vernichtungs-Operatoren zu berechnen. Nach dem Wickschen Theorem ist das Ergebnis die Summe über alle vollständig kontrahierten Kombinationen dieser Erzeugungs- und Vernichtungs-Operatoren. In Abhängigkeit von den jeweils auftretenden Kontraktionen verschwinden die Terme entweder, oder sie bestehen aus einem Produkt von freien Propagatoren $G^{(O)}$. Das einzige, was in der Störungsentwicklung überhaupt noch auftritt, sind somit Potentialmatrixelemente und freie Propagatoren. Die allgemeine Form des n-ten Terms der Störungsreihe lautet damit

$$\frac{(-i)^n}{n!\;2^n}\cdot\left\{\begin{array}{l}\sum\limits_{ijk\ell}\;\cdots\\ \text{oder}\\ \int dx_1\int dx_1'\;\ldots\end{array}\right\}\int d^n t\; e^{-\epsilon(|t_1|\ldots)}\;\sum(\pm)\underbrace{\langle v\rangle\ldots\langle v\rangle}_{\text{n Faktoren}}\;\underbrace{(iG^{(O)})\ldots(iG^{(O)})}_{\substack{\text{2n Faktoren bei }\Delta E\\ \text{(2n+1) Faktoren bei G}}}.$$

Das Produkt der Potentialmatrixelemente ist in allen Summanden n-ter Ordnung das gleiche; es gilt also nur noch, alle möglichen Produkte von freien Propagatoren zu entsprechenden Argumenten zu finden. Eine sehr anschauliche Methode zur Ermittlung der auftretenden Terme verwendet die berühmten Feynman-Graphen. Hierbei ordnet man durch eine eineindeutige Übersetzungsvorschrift jedem auftretenden Term eine graphische Darstellung zu. Die Übersetzungsvorschrift faßt man meist in einer Anzahl von Regeln, den sogenannten Feynman-Regeln, zusammen.

1. Man denke sich eine Zeitachse mit wachsendem t von unten nach oben.

2. Die Greensfunktion $G^{(O)}(\lambda t,\lambda' t')$, die in irgendeiner Darstellung λ die "freie", d.h. H_o-Propagation eines Teilchens (für $t > t'$) bzw. Loches (für $t' > t$) vom Zustand λ' zum Zustand λ beschreibt, stellen wir durch eine durchgezogene Linie mit den Endpunkten (λt) und $(\lambda' t')$ dar. Gemäß der Propagation von λ' nach λ versehen wir die Linie mit einem

Pfeil, der vom zweiten zum ersten Argument zeigt. Die End-Punkte müssen entsprechend der gedachten Zeitachse angeordnet sein, also

$G^{(O)}(\lambda t, \lambda' t')$:

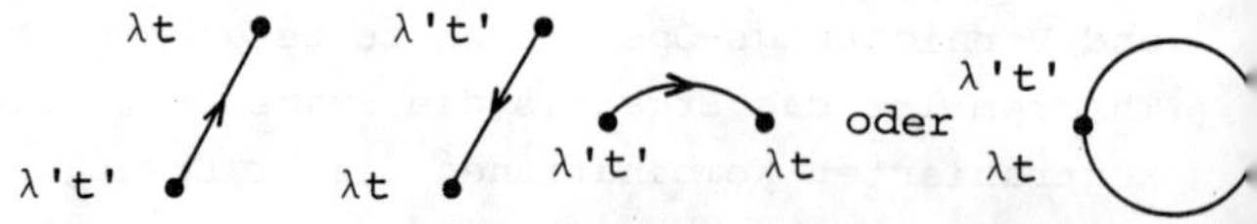

für $t>t'$ für $t'>t$ für $t'=t$

Die Länge, Krümmung oder Schräglage der Linien spielt keine Rolle; wichtig ist nur die Anordnung der Endpunkte hinsichtlich der gedachten Zeitachse. Auf diese Weise erkennt man sofort, daß es sich bei den Linien mit Pfeil nach oben um die Propagation eines Teilchens und bei den Linien mit Pfeil nach unten um die Propagation eines Loches handelt. Wie der Propagator für $t'=t$ zu berechnen und zu interpretieren ist, werden wir später noch diskutieren. Es sei ferner angemerkt, daß man nach dieser Regel natürlich nicht die vierdimensionale Fourier-Transformierte $G^{(O)}(\underline{k},\omega)$ darstellen kann, da diese gar kein Zeitargument mehr besitzt. Auf die diagrammatische Darstellung dieser Greensfunktion werden wir in Kapitel 24 eingehen.

Das einfachste Beispiel, das wir kennen, ist die Orts-Greensfunktion :

$G^{(O)}(\underline{r}t, \underline{r}'t')$:

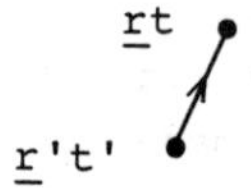

$(t>t')$

oder mit Spinkoordinaten

$G^{(O)}_{\alpha\beta}(\underline{r}t, \underline{r}'t') = \delta_{\alpha\beta} G^{(O)}(\underline{r}t, \underline{r}'t')$:

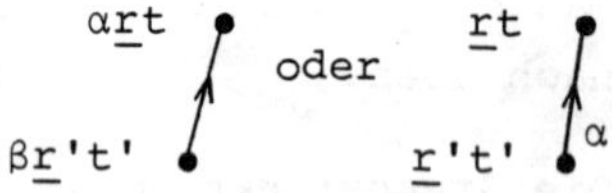

.

Das zweite Beispiel ist die Impuls-Greensfunktion. Für $H_o=T$ ist sie diagonal $(t>t')$:

$G^{(O)}_{\alpha\beta}(\underline{k}t, \underline{k}'t') = \delta_{\alpha\beta}\delta_{\underline{k},\underline{k}'} G^{(O)}(\underline{k}, t-t')$:

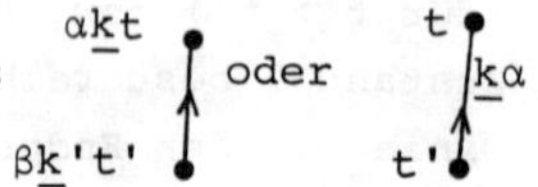

.

3. Die Wechselwirkungsmatrixelemente stellen wir durch eine Schlangenlinie mit folgendermaßen numerierten Füßchen dar:

$\langle ij|v|k\ell\rangle$:

Die Knotenpunkte  und  bezeichnet man als <u>innere Vertices</u>. Sie sind Anfangs- oder Endpunkte für diejenigen $G^{(0)}$-Linien, die aus den Kontraktionen der vier zu diesem Matrixelement gehörenden Operatoren

$$\langle ij|v|k\ell\rangle \quad c_i^+(t)\,c_j^+(t)\,c_\ell(t)\,c_k(t)$$

entstehen. Die Richtung der Pfeile an den Füßchen nach oben oder unten bezüglich der gedachten Zeitachse ist nicht bindend, d.h. je nach den anschließenden $G^{(0)}$-Linien kann das obige Matrixelement z.B. auch durch

 oder 

etc. dargestellt werden. Entscheidend ist nur, daß an den inneren Vertices der eine Pfeil zum Endpunkt der Wechselwirkungslinie hinführt, während der andere Pfeil wegzeigt. Die Indizes der beiden wegzeigenden Pfeile entsprechen denen der Erzeugungs-Operatoren c_i^+ und c_j^+ ; die der reinlaufenden Pfeile korrespondieren zu den Vernichtungs-Operatoren c_k und c_ℓ .

Im Rahmen der hier betrachteten nichtrelativistischen Theorie, in der die Teilchen-Teilchen-Wechselwirkung instantan ist, verlaufen die Wechselwirkungslinien waagerecht. Dies deutet an, daß der rechte und der linke Endpunkt (als späterer Anfangs- oder Endpunkt für die Greensfunktionslinien) zum selben Zeitpunkt auf der gedachten, senkrechten Zeitachse gehören, nämlich zu genau jenem Zeitpunkt, der allen vier mit diesem Matrixelement verknüpften Operatoren gemeinsam ist. Im Rahmen einer relativistischen Theorie, bei der die Wechselwirkung selbst eine endliche Ausbreitungsgeschwindigkeit hat, läßt man die Forderung nach waagerechten Wechselwirkungslinien dann fallen (siehe Kapitel 24).

Ein in der Ortsdarstellung lokales Potential, das diagonal bezüglich der Spinkoordinaten ist, stellen wir folgendermaßen dar :

$v(x,x') = v(\underline{r}s,\underline{r}s')$: 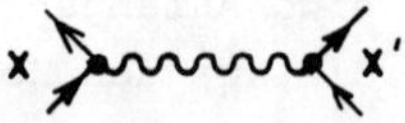

(statt 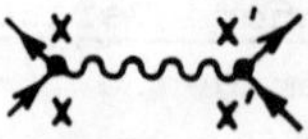

).

Ist das Potential lokal im Ort, aber nichtlokal bezüglich der Spinkoordinaten, so lautet die graphische Darstellung

$v_{\alpha\alpha',\beta\beta'}(\underline{r},\underline{r}')$ = 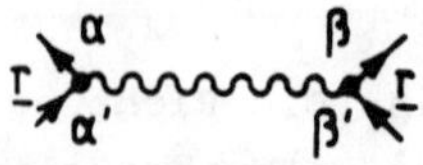

.

Bei den in Kapitel 5 diskutierten translationsinvarianten Wechselwirkungen ist die Impulsdarstellung besonders einfach :

$$V = \frac{1}{2\Omega} \sum_{\underline{q}} \sum_{\substack{\underline{k}\,\sigma \\ \underline{k}'\sigma'}} v_{\underline{q}}\, a^{+}_{(\underline{k}+\underline{q})\sigma} a^{+}_{(\underline{k}'-\underline{q})\sigma'} a_{\underline{k}'\sigma'} a_{\underline{k}\sigma} \quad .$$

Hier hängt das Matrixelement selbst nur noch von einem Index ab (nämlich von $\underline{q}$). Wie die Füßchen der Wechselwirkungslinien zu benennen sind, sagen uns aber die zugehörigen Erzeugungs- und Vernichtungs-Operatoren :

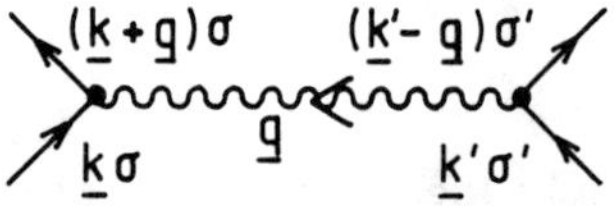

Offenbar gilt an den inneren Vertices eine Art Impulserhaltungssatz. Man kann daher das Wechselwirkungsmatrixelement auch als Propagator für ein Teilchen mit Impuls $\underline{q}$ deuten.

Mit den bisherigen drei Regeln wollen wir nun einige Feynman-Graphen zeichnen. Wir beginnen mit der Darstellung der sogenannten <u>Vakuumamplitude</u> $\langle\phi_o|U_\epsilon|\phi_o\rangle$, die zur Berechnung der Energieverschiebung ΔE nötig ist und die auch im Nenner der

Einteilchen-Greensfunktion auftritt. Die Größe trägt diesen Namen, da sie gerade der Wahrscheinlichkeitsamplitude für den "Übergang" vom Vakuumzustand $|\phi_o\rangle$ zum Vakuumzustand $|\phi_o\rangle$ entspricht. In ihr haben alle auftretenden Kontraktionen nur solche Indizes, die auch bei den Wechselwirkungsmatrixelementen auftreten, d.h. alle $G^{(0)}$-Linien beginnen und enden an den Endpunkten der Wechselwirkungslinien. In erster Ordnung, d.h. bei einer Wechselwirkungslinie, gibt es nur zwei verschiedene Graphen. Wir zeichnen sie für den Fall eines in Ortsdarstellung lokalen Potentials, das nichtdiagonal in den Spinkoordinaten ist :

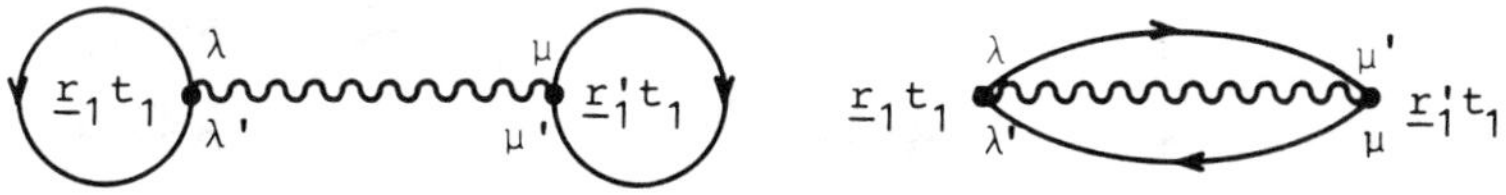

Bei der graphischen Darstellung des Zählers der Einteilchen-Greensfunktion $G_{\alpha\beta}(\underline{r}t,\underline{r}'t')$ beginnen und enden im Gegensatz zur Vakuumamplitude nicht alle $G^{(0)}$-Linien an den Endpunkten der Wechselwirkungslinien. Vielmehr liefern die beiden Operatoren $\psi_\alpha(\underline{r}t)$ und $\psi^+_\beta(\underline{r}'t')$, die gerade den Argumenten der vollen Greensfunktion entsprechen, zwei zusätzliche Endpunkte. In erster Ordnung ergeben sich sechs Graphen :

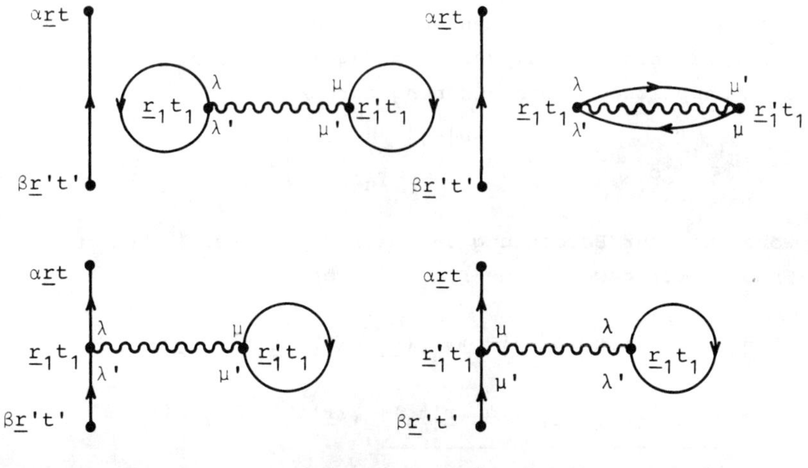

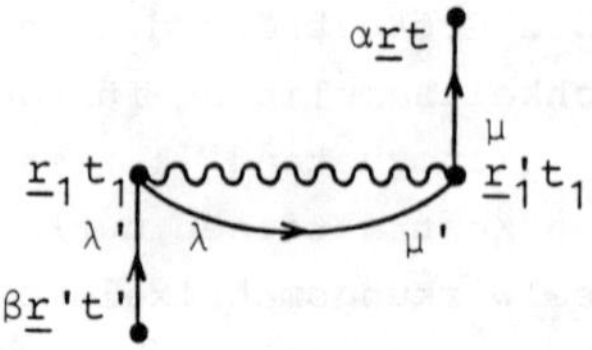

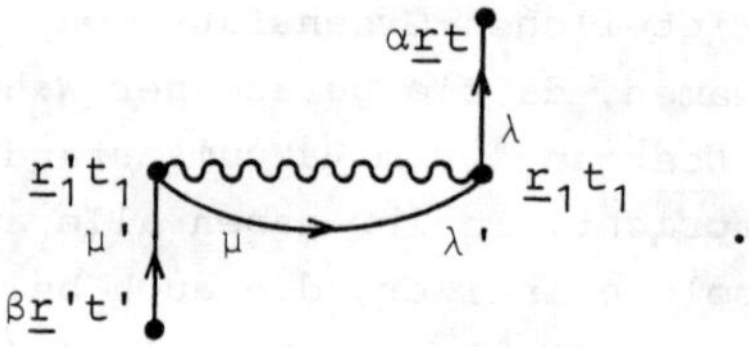

Da bei den $G^{(0)}$-Linien ja nur Anfangs- und Endpunkt eine Rolle spielen, lassen sich beispielsweise die letzten beiden Graphen auch in der Form

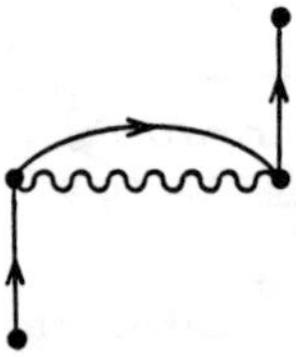

oder

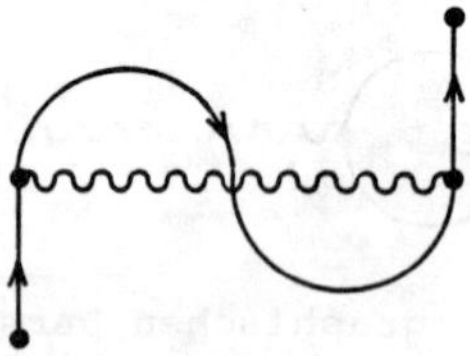

zeichnen. Alle abgebildeten Greensfunktion-Graphen stellen Teilchenpropagation (t>t') dar. Die entsprechenden Graphen für Lochpropagation (t'>t) ergeben sich durch Vertauschen der Endindizes und durch gleichzeitiges Umdrehen aller Pfeile.

Bei allen abgebildeten Graphen treten $G^{(0)}$-Funktionen mit zwei gleichen Zeitargumenten auf. Um diese festzulegen, gehen wir noch einmal zur ursprünglichen Formel für die Vakuumamplitude erster Ordnung zurück

$$\langle\phi_o|U_\epsilon^{(1)}|\phi_o\rangle = -i\,\frac{1}{2}\int dt_1 e^{-\epsilon|t_1|}\sum_{\substack{\lambda\mu\\ \lambda'\mu'}}\int d^3r_1\int d^3r_1'\; v_{\substack{\lambda\lambda'\\ \mu\mu'}}(\underline{r}_1,\underline{r}_1')\cdot M \quad ,$$

wobei wir zur Berechnung des Matrixelementes M das Wicksche Theorem für gewöhnliche Produkte verwenden :

$$\begin{aligned} M &= \langle\phi_o|\psi_\lambda^+(\underline{r}_1t_1)\psi_\mu^+(\underline{r}_1't_1)\psi_{\mu'}(\underline{r}_1't_1)\psi_{\lambda'}(\underline{r}_1t_1)|\phi_o\rangle \\ &= \underbrace{\psi_\lambda^+(\underline{r}_1t_1)\psi_{\lambda'}(\underline{r}_1t_1)}\;\underbrace{\psi_\mu^+(\underline{r}_1't_1)\psi_{\mu'}(\underline{r}_1't_1)} \\ &\quad -\underbrace{\psi_\lambda^+(\underline{r}_1t_1)\psi_{\mu'}(\underline{r}_1't_1)}\;\underbrace{\psi_\mu^+(\underline{r}_1't_1)\psi_{\lambda'}(\underline{r}_1t_1)} \quad . \end{aligned}$$

Es treten nur Pairings von der Form $\underbrace{\psi^+\psi}$ auf, denn die Reihenfolge Erzeuger-Vernichter ist durch die Darstellung des Potentials $v(t)_I$ in zweiter Quantisierung von vornherein festgelegt. Es gilt weiterhin

$$\underbrace{\psi^+(xt)\psi(yt)} = \lim_{\tilde{t}\to t^+} \langle\phi_o|T\big(\psi(yt)\psi^+(x\tilde{t})\big)|\phi_o\rangle$$

$$= -i\,G^{(0)}(yt,xt^+) \quad .$$

Da die $G^{(0)}$-Funktionen zu gleichen Zeitargumenten auch in höheren Ordnungen <u>immer</u> aus Pairings <u>innerhalb</u> eines $v(t)_I$ entstehen, können wir als vierte Feynman-Regel formulieren:

4. Greensfunktionslinien zu gleichen Zeitargumenten von der Form

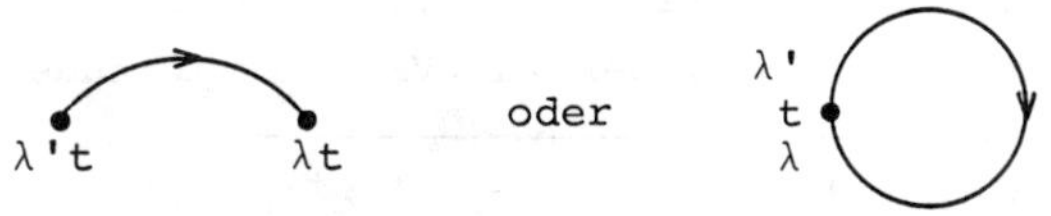

sind zu interpretieren als $G^{(0)}(\lambda t,\lambda' t^+)$.

Für die Vakuumamplitude erster Ordnung ergibt sich dann insgesamt

$$\langle\phi_o|U_\epsilon^{(1)}|\phi_o\rangle$$

$$=\frac{i}{2}\int dt_1 e^{-\epsilon|t_1|}\sum_{\substack{\lambda\mu\\ \lambda'\mu'}}\int d^3r_1\int d^3r_1'\, v_{\substack{\lambda\lambda'\\ \mu\mu'}}(\underline{r}_1,\underline{r}_1')\,G^{(0)}_{\lambda'\lambda}(\underline{r}_1t_1,\underline{r}_1t_1^+)\cdot G^{(0)}_{\mu'\mu}(\underline{r}_1't_1,\underline{r}_1't_1^+)$$

$$-\frac{i}{2}\int dt_1 e^{-\epsilon|t_1|}\sum_{\substack{\lambda\mu\\ \lambda'\mu'}}\int d^3r_1\int d^3r_1'\, v_{\substack{\lambda\lambda'\\ \mu\mu'}}(\underline{r}_1,\underline{r}_1')\,G^{(0)}_{\mu'\lambda}(\underline{r}_1't_1,\underline{r}_1t_1^+)\cdot G^{(0)}_{\lambda'\mu}(\underline{r}_1t_1,\underline{r}_1't_1^+) \quad .$$

Die beiden Ausdrücke entsprechen offensichtlich den beiden oben dargestellten Graphen. Hierbei wird klar, daß wir zur Auswertung von Graphen noch die folgende Regel brauchen :

5. Über alle an den inneren Vertices auftauchenden Indizes oder Koordinaten wird summiert bzw. integriert. Bei den Zeitintegrationen sind dabei Switching-Faktoren $e^{-\epsilon|t|}$ einzufügen.

Jetzt müssen wir nur noch das Vorzeichen und den Vorfaktor festlegen. Die Regel zur Festlegung des Vorzeichens nennt man das "Loop-Theorem". Es lautet :

6. Das Vorzeichen eines Terms beliebiger Ordnung ist gegeben durch $(-1)^\ell$, wobei ℓ die Anzahl der aus $G^{(0)}$-Linien bestehenden, geschlossenen Schleifen (Loops) ist.

Der nebenstehende Term dritter Ordnung enthält beispielsweise drei Schleifen und hat somit negatives Vorzeichen.

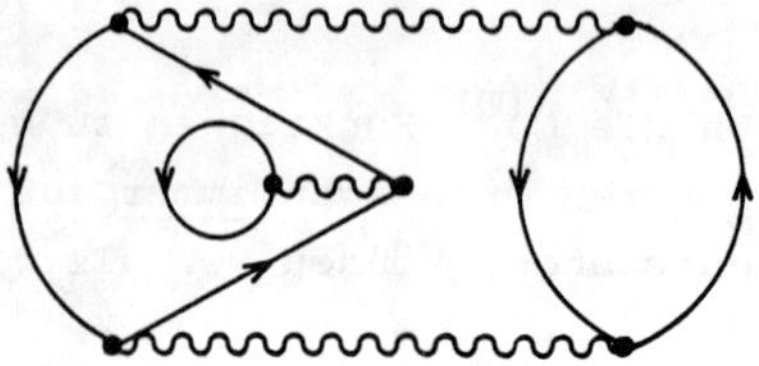

Zum Beweis betrachten wir zunächst einen beliebigen, vollständig kontrahierten Term, der zur Vakuumamplitude beiträgt :

$$\overline{c_k^+ c_\ell^+ c_m c_n \; c_p^+ c_q^+ c_r c_s \;\ldots\; c_t^+ c_u^+ c_v c_w} \quad .$$

Ein solcher Term besteht aus lauter Vierergrüppchen der Form c^+c^+cc. Man kann mit Sicherheit sagen, daß jeweils der erste und letzte Operator eines solchen Vierergrüppchens zu ein und demselben Loop gehören, denn sie gehören zu demselben inneren Vertex und sind daher graphisch verbunden.

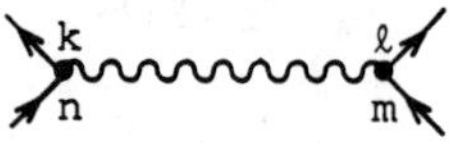

Gleiches gilt für die beiden mittleren Operatoren jedes Vierergrüppchens. Um diese Tatsache anzudeuten, wurden im obigen Ausdruck die entsprechenden Operatoren durch "Vertexschleifen" miteinander verbunden. Durch Umordnen erhält man

$$= + \overline{c_k^+ c_n \; c_\ell^+ c_m \; c_p^+ c_s \; c_q^+ c_r \;\ldots\; c_t^+ c_w \; c_u^+ c_v} \quad .$$

Das Gesamtvorzeichen bleibt in dieser Umordnung erhalten, da jeweils <u>zwei</u> Vertauschungen pro Vierergrüppchen durchgeführt werden.

Ein einzelner Loop besteht nun offenbar aus einer Gruppe von Operatoren, die in geschlossener Kette durch Kontraktionsbögen $\sqcap$ abwechselnd mit Vertexschleifen $\smile$ verbunden sind. Wir zerlegen nun den obigen allgemeinen Term in lauter Faktoren, die jeweils einem einzelnen Loop entsprechen

$$= + \; \overbrace{c^+c \; c^+c \; \ldots \; c^+c}^{(\text{Loop})} \cdot \overbrace{c^+c \; \ldots \; c^+c}^{(\text{Loop})} \cdot \;\ldots\; .$$

Bei dieser Umordnung bleibt wiederum das Vorzeichen erhalten, denn beim Ausfaktorisieren eines bestimmten Loops steht ja für jedes Paar c^+c fest, ob es zum Loop gehört oder nicht. Beim Umordnen werden also immer solche Paare als ganzes verschoben, wobei das Vorzeichen erhalten bleibt. Ein Beispiel:

$$c_k^+ c_\ell \; c_m^+ c_n \; c_p^+ c_q \; c_r^+ c_s$$

$$= +c_k^+ c_\ell \; c_m^+ \; c_p^+ c_q \; c_n \; c_r^+ c_s \;=\; +c_k^+ c_\ell \; c_p^+ c_q \cdot c_m^+ c_n \; c_r^+ c_s \quad .$$

Bleibt nur noch zu zeigen, daß sich jeder einzelne Loop-Faktor schreiben läßt in der Form

$$- \; cc^+ \; cc^+ \; cc^+ \; \ldots \; cc^+ \quad . \qquad (0)$$

Dann lautet wegen $\overline{cc^+} = iG^{(0)}$ der Beitrag des ursprünglichen vollen Terms gerade $(-)^\ell (iG^{(0)})(iG^{(0)})\ldots$, wobei ℓ, wie behauptet, die Gesamtzahl der auftretenden Loops ist.

Um (0) nachzuweisen, müssen wir die einzelnen Kontraktionen nacheinander ausfaktorisieren:

$$c^+c \ldots c_\alpha^+ c_\beta \ldots c^+ c_\sigma \ldots c^+c \; c_\tau^+ c_\delta \qquad (1)$$

$$= + \; c^+c \ldots \; \ldots c_\beta \ldots c^+ \; c_\sigma \ldots c^+c \; c_\tau^+ \quad c_\alpha^+ c_\delta \qquad (2)$$

$$= - \; c^+c \; \ldots c_\beta \ldots c^+ c_\sigma \ldots c^+c \; c_\tau^+ \quad c_\delta c_\alpha^+ \quad . \qquad (3)$$

Enthält der verbleibende linke Term nur noch die Kontraktion $\overline{c_\sigma c_\tau^+}$ (dies wäre bei $c_\sigma = c_\beta$ der Fall), so sind wir fertig. Gibt es weitere Kontraktionen, so bringen wir c_β nach rechts:

$$= + \quad c^+c \ldots c^+c_\sigma \ldots c^+c \; c_\tau^+ c_\beta \; c_\delta c_\alpha^+ \quad . \qquad (1)$$

Damit sind wir (was den linken Faktor betrifft) wieder am Ausgangspunkt (1) angelangt und können nun wie in (2)-(3) die zu c_β gehörende Kontraktion ausfaktorisieren, usw. Wir laufen auf diese Weise von Vertex zu Vertex im Kreis herum, so lange bis wir zum Anfangspunkt zurückkommen: Es enthält dann nach Durchführung des letzten Schrittes (3) der verbleibende linke Term nur noch die Kontraktion $\overline{c_\sigma c_\tau^+}$, die den Kreis schließt. Somit verbleibt das negative Vorzeichen von (3), womit das Loop-Theorem für die Vakuumamplitude bewiesen ist.

Wir betrachten nun noch einen vollständig kontrahierten Beitrag zum Zähler der Einteilchen-Greensfunktion :

$$\overline{c^+c^+cc \; c^+c^+cc \ldots c^+c^+cc \; c_x c_y^+} \quad .$$

Dieser enthält außer den gehabten Vierergrüppchen noch jene zwei Operatoren, die die äußeren fixen Punkte x und y repräsentieren. Eine $G^{(0)}$-Linie gehört jetzt entweder zu einem Loop, oder sie ist ein Bestandteil der durchgehenden Kette, die die beiden äußeren Punkte x und y verbindet. Deswegen verbleibt, wenn wir die Loops wie bei der Vakuumamplitude ausfaktorisieren, zuätzlich noch der Beitrag der durchgehenden Linie

$$= \overline{c^+c \ldots c^+c}^{\,(\mathrm{Loop})} \quad \overline{c^+c \ldots c^+c}^{\,(\mathrm{Loop})} \quad \ldots \quad \overline{c^+c \ldots c^+c \; c_x c_y^+}^{\,(\mathrm{Linie})} \quad .$$

Jeder Loop liefert wie oben einen Faktor (-1). Bleibt also nur noch zu zeigen, daß der Beitrag der Linie stets positiv ist.

Wiederum faktorisieren wir die einzelnen Kontraktionen aus :

$$c^+c..c_\alpha^+c_\beta..c^+c\; c_x c_y^+ = -c^+c..c_\alpha^+..c^+c\; c_x\; c_\beta c_y^+$$

$$= -c^+c..c^+c\; c_\alpha^+ c_x\; c_\beta c_y^+ \quad .$$

Der erste der beiden Faktoren liefert wie ein Loop ein Minuszeichen, so daß der Term insgesamt ein positives Vorzeichen trägt :

$$= +\; cc^+\; cc^+\; ..\; cc^+ \quad .$$

Damit ist das Loop-Theorem auch für den Zähler der Einteilchen-Greensfunktion bewiesen.

Jetzt fehlt an der Übersetzungsvorschrift einzig und allein noch die Festlegung des Vorfaktors. Zunächst ergibt die Reihenentwicklung für jeden Term n-ter Ordnung den Faktor $(-i)^n/(n!\,2^n)$. Bei der Vakuumamplitude haben wir ferner (2n) Kontraktionen der Form $iG^{(0)}$. Somit erhalten wir insgesamt als Vorfaktor $(i)^{2n}\cdot(-i)^n/(n!\,2^n) = (i)^n/(n!\,2^n)$. Beim Zähler der Greensfunktion haben wir in n-ter Ordnung (2n+1) Kontraktionen der Form $iG^{(0)}$. Da es sich aber um die Entwicklung der Größe iG handelt, ergibt sich bei der Berechnung von G selbst noch ein zusätzlicher Faktor (-i). Damit lautet der Vorfaktor insgesamt $(-i)\cdot(i)^{2n+1}\cdot(-i)^n/(n!\,2^n) = (i)^n/(n!\,2^n)$. Die Übersetzungsvorschrift wird also vollständig durch die folgende Regel.

7. Der Vorfaktor jedes Terms n-ter Ordnung ist : $\left(\frac{(i)^n}{n!2^n}\right)$.
   Dies gilt sowohl für die Vakuumamplitude als auch für den Zähler der Einteilchen-Greensfunktion.

Wir wollen zur Übung alle Graphen zweiter Ordnung zeichnen, die zur Vakuumamplitude beitragen können. Dazu malt man zuerst die beiden Wechselwirkungslinien zu den Zeiten t_1 und t_2 und sucht dann alle verschiedenen Verbindungsmöglichkeiten mit vier $G^{(0)}$-Linien.

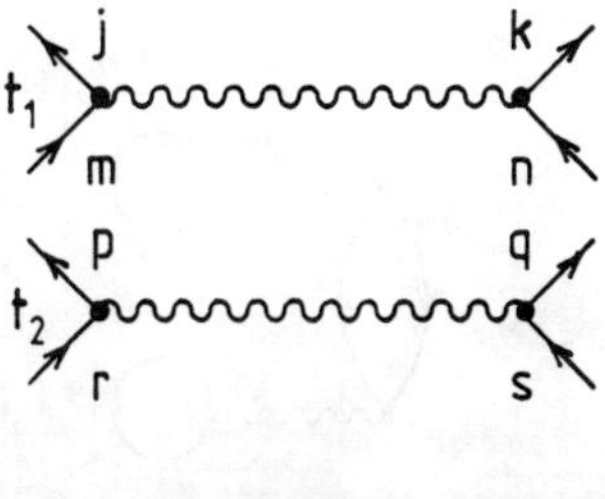

Diese sehen folgendermaßen aus :

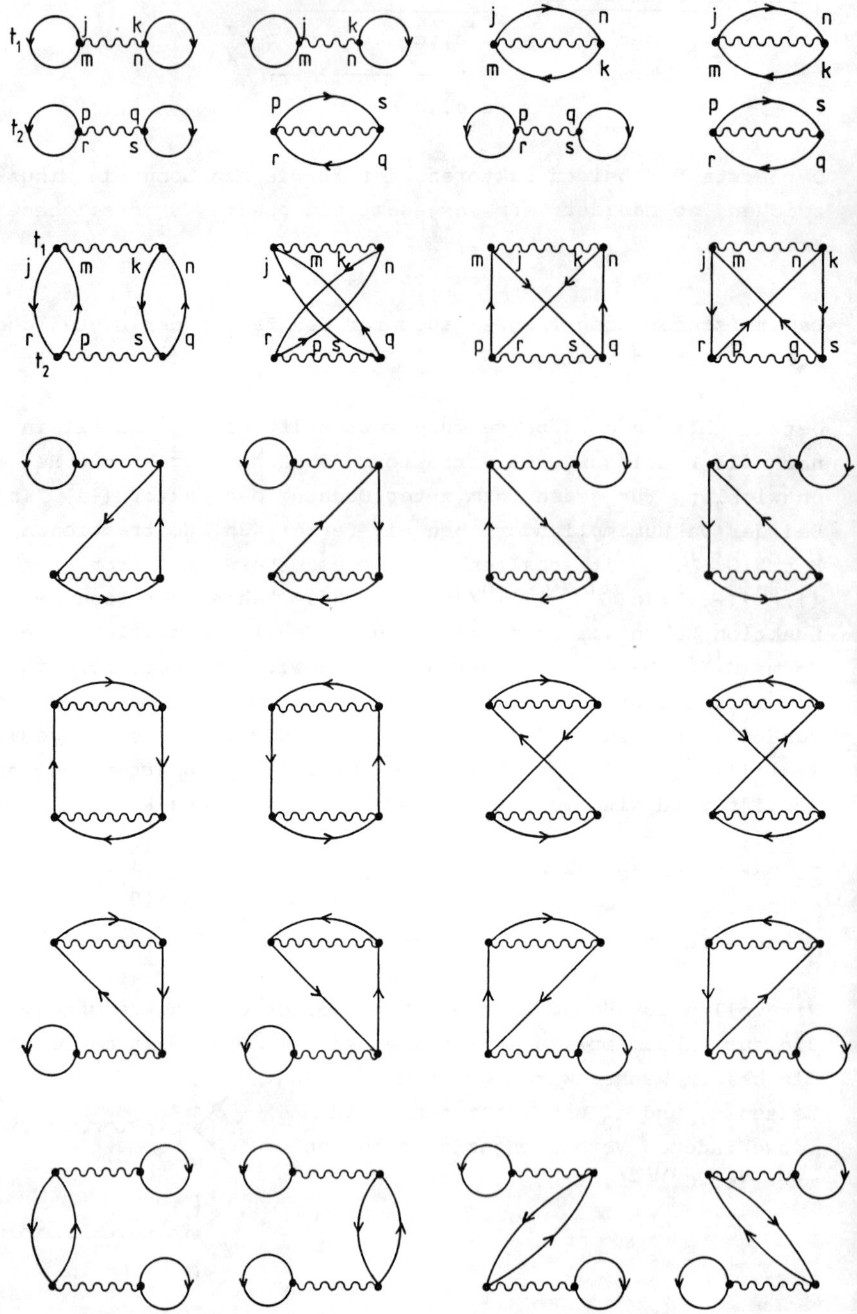

An dieser Stelle drängt sich natürlich die Frage auf, wieviele verschiedene Graphen einer gegebenen Ordnung es überhaupt gibt. Die Antwort ist sehr einfach: Nehmen wir an, wir hätten die n Wechselwirkungslinien der Vakuumamplitude gezeichnet. Dann geht man die 2n rauslaufenden Pfeile an den verschiedenen Vertices der Reihe nach durch. Beim ersten hat man 2n Kombinationsmöglichkeiten mit den diversen reinlaufenden Pfeilen. Beim zweiten rauslaufenden Pfeil hat man nur noch 2n-1 Kontraktionsmöglichkeiten, usw. Dies liefert (2n)! verschiedene Graphen für die Vakuumamplitude. Beim Zähler der Einteilchen-Greensfunktion kommen die beiden äußeren Punkte hinzu. Entsprechend ergeben sich hier je (2n+1)! verschiedene Graphen für Teilchen-Propagation ($t>t'$) und für Loch-Propagation ($t'>t$).

Es können allerdings solche optisch verschiedenen Graphen dennoch gleiche Beiträge zur Störungsentwicklung liefern. Dies ist offenbar für die beiden ersten und die beiden letzten Graphen in der zweiten Zeile der Fall. Diese gehen jeweils durch Vertauschung der inneren Vertices an einer Wechselwirkungslinie auseinander hervor. Ihr Beitrag ist identisch, da ja über alle Indizes summiert wird. 'Entartungen' dieser Art werden wir im nächsten Kapitel ausführlicher diskutieren.

Wir wollen nun zwei Beispiele der oben abgebildeten Graphen zweiter Ordnung mit Hilfe der Feynman-Regeln in die Formelsprache übersetzen :

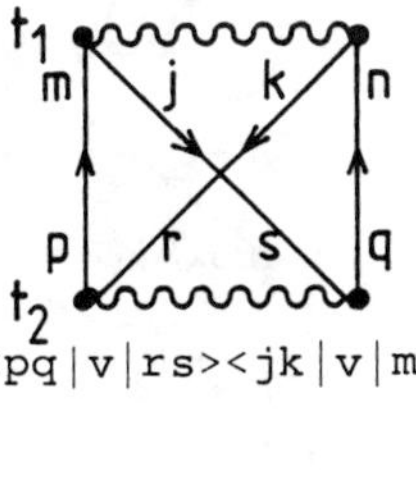

$$= (-)^1 \frac{i^2}{2!2^2} \sum_{pqrs} \sum_{jkmn} \int dt_1 \int dt_2 \, e^{-\epsilon(|t_1|+|t_2|)}$$

$$\cdot \langle pq|v|rs\rangle \langle jk|v|mn\rangle G^{(0)}(mt_1,pt_2) G^{(0)}(st_2,jt_1) G^{(0)}(nt_1,qt_2) \cdot G^{(0)}(rt_2,kt_1) \quad .$$

Da wir bisher bei allen Graphen willkürlich $t_1>t_2$ festgesetzt haben, gilt der angegebene Ausdruck streng genommen nur in jenem Teil des Integrationsbereichs, wo $t_1>t_2$ ist. Andererseits ergibt sich natürlich eine Familie äquivalenter Graphen, wenn wir $t_2>t_1$

festsetzen. Diese Form der 'Entartung' werden wir beim Ausführen der Zeitintegrationen im nächsten Kapitel noch genauer betrachten

Als zweites Beispiel übersetzen wir den folgenden unzusammenhängenden Graphen :

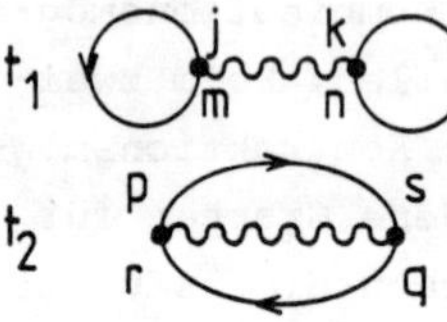

$$= (-)^3 \frac{(i)^2}{2!2^2} \sum_{jkmn} \sum_{pqrs} \int dt_1 \int dt_2 \, e^{-\epsilon(|t_1|+|t_2|)}$$

$$\cdot \langle jk|v|mn\rangle\langle pq|v|rs\rangle G^{(0)}(mt_1,jt_1^+)G^{(0)}(nt_1,kt_1^+)G^{(0)}(st_2,pt_2^+) \cdot G^{(0)}(rt_2,qt_2^+)$$

$$= \frac{1}{8}\left\{\sum_{jkmn} \int dt_1 \, e^{-\epsilon|t_1|} \langle jk|v|mn\rangle G^{(0)}(mt_1,jt_1^+)G^{(0)}(nt_1,kt_1^+)\right\} \cdot \left\{\sum_{pqrs} \int dt_2 \, e^{-\epsilon|t_2|} \langle pq|v|rs\rangle G^{(0)}(st_2,pt_2^+)G^{(0)}(rt_2,qt_2^+)\right\} .$$

An diesem zweiten Beispiel zeigt sich eine sehr wichtige Tatsache: der Beitrag eines unzusammenhängenden Graphen faktorisiert offenbar immer in Anteile, die zu zusammenhängenden Untergraphen gehören.

Für impulserhaltende Wechselwirkungen verschwinden die meisten der oben abgebildeten Graphen. Beispielsweise geht beim nebenstehenden Graphen die Impulserhaltung an den einzelnen Vertices nur für $\underline{q}=0$ auf. Die senkrechte und die diagonale $G^{(0)}$-Linie führen somit beide Impuls $\underline{k}$, was nicht sein kann, da es sich bei der senkrechten um eine Teilchen-Linie ($k>k_F$) und bei der diagonalen um eine Loch-Linie ($k \leq k_F$) handelt. Folglich muß dieser Graph verschwinden. (Dies kann man an Hand der auftretenden Kronecker-δ natürlich auch explizit überprüfen.)

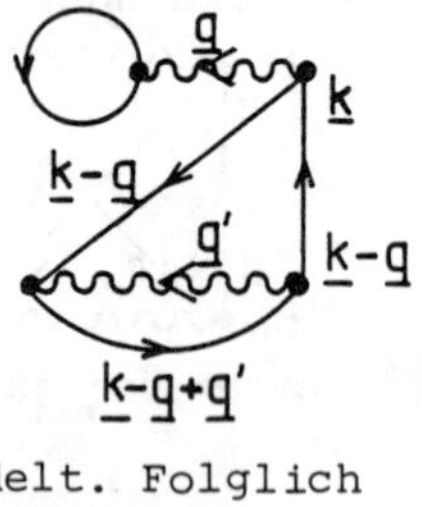

Sowohl bei der Vakuumamplitude als auch beim Zähler der Einteilchen-Greensfunktion haben wir zusammenhängende und unzusammenhängende Graphen kennengelernt. In den folgenden Kapiteln wird sich herausstellen, daß man letzten Endes nur die zusammenhängenden Graphen betrachten muß: Im Falle der Greensfunktion kürzen sich die unzusammenhängenden Teile im Zähler gegen den Nenner weg; bei der Vakuumamplitude lassen sich dagegen die unzusammenhängenden Teile analytisch aufsummieren. An dieser Stelle trennen sich also vorläufig die Wege: Wir diskutieren nun zuerst die Vakuumamplitude und berechnen als Beispiel die Korrelationsenergie eines dichten Elektronengases (Kapitel 22). Danach fahren wir mit der Berechnung der Einteilchen-Greensfunktion fort.

21. Diagrammatische Berechnung der Vakuumamplitude

Ziel dieses Kapitels ist es, die unzusammenhängenden Graphen, die zur Störungsentwicklung der Vakuumamplitude beitragen, in geeigneter Weise aufzusummieren, so daß in der verbleibenden Entwicklung nur noch zusammenhängende Graphen auftauchen. Das Endergebnis dieser Summation ist das sogenannte "Linked-Cluster-Theorem" von Goldstone (Proc.Roy.Soc.A239,267(1957)) mit der Aussage

$$\langle\phi_o|U|\phi_o\rangle = \exp\left(\langle\phi_o|U|\phi_o\rangle_L\right) \quad . \tag{21.1}$$

Unter $\langle\phi_o|U|\phi_o\rangle_L$ ist hierin die Summe der zusammenhängenden Graphen zu verstehen. Betrachtet man beispielsweise die Störungsentwicklung für impulserhaltende Wechselwirkungen

$\langle\phi_0|U|\phi_0\rangle = 1 +$ 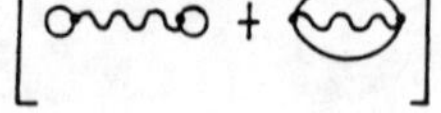

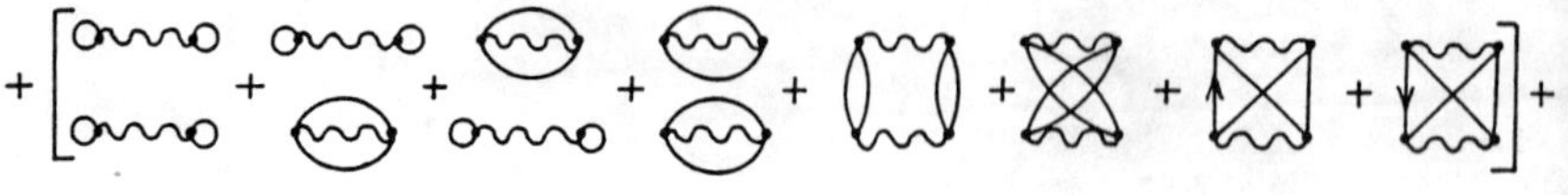

so ist der Anteil der zusammenhängenden Graphen gerade

$\langle\phi_0|U|\phi_0\rangle_L =$ 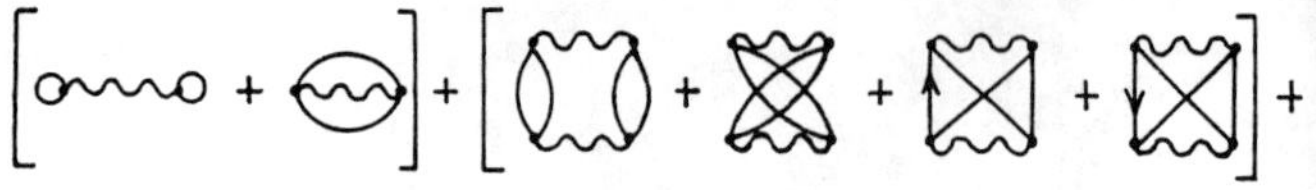

Als Korrolar zum Goldstoneschen Theorem erhalten wir eine sehr einfache Formel für die Energieverschiebung

$$\Delta E = \lim_{\epsilon\to 0} i \frac{\partial}{\partial t} \ln \langle\phi_o|U_\epsilon(t,-\infty)|\phi_o\rangle\Big|_{t=0}$$

$$= \lim_{\epsilon\to 0} i \frac{\partial}{\partial t} \langle\phi_o|U_\epsilon(t,-\infty)|\phi_o\rangle_L\Big|_{t=0} \tag{21.2}$$

Zum Beweis betrachten wir zunächst zwei beliebige Graphen

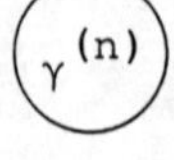

und
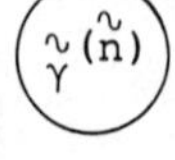

der Ordnungen n und $\tilde{n}$. Diese Graphen dürfen zusammenhängend oder unzusammenhängend sein. Dann gibt es einen unzusammenhängenden Graphen der Ordnung $(n+\tilde{n})$, der gerade aus den beiden ersten Graphen aufgebaut ist :

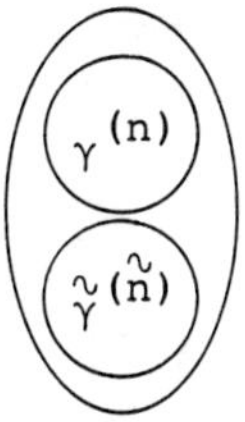

Aus der oben diskutierten Tatsache, daß unzusammenhängende Graphen in die Beiträge ihrer Untergraphen faktorisieren, und aus der Feynman-Regel Nr. 7 für die Vorfaktoren folgt dann die wichtige Gleichung

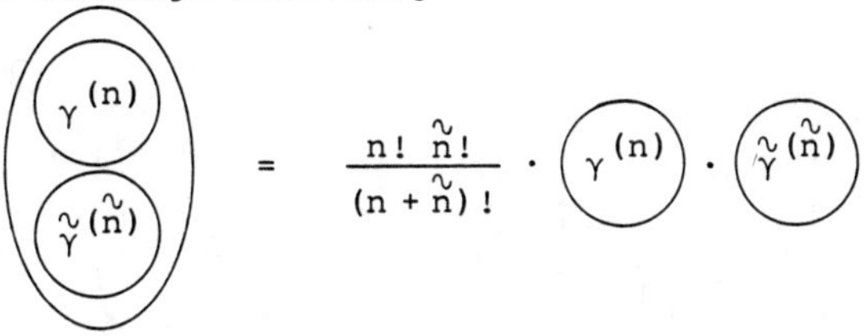

$$= \frac{n!\,\tilde{n}!}{(n+\tilde{n})!} \cdot \gamma^{(n)} \cdot \tilde{\gamma}^{(\tilde{n})} \quad . \qquad (21.3)$$

Mit Hilfe dieser Gleichung können wir einen beliebigen unzusammenhängenden Graphen, der zu $\langle\phi_o|U|\phi_o\rangle$ beiträgt, in ein Produkt zusammenhängender Graphen mit geeigneten Vorfaktoren umformen. Nun gibt es aber i.allg. noch sehr viele weitere Graphen, die denselben Beitrag zur Störungsentwicklung liefern. Dies sind offenbar gerade diejenigen Graphen, welche aus denselben Untergraphen bestehen und welche somit alle in dasselbe Produkt (21.3) umgewandelt werden können. Als Beispiel betrachten wir alle Graphen fünfter Ordnung, die sich aus den drei Untergraphen

zusammensetzen :

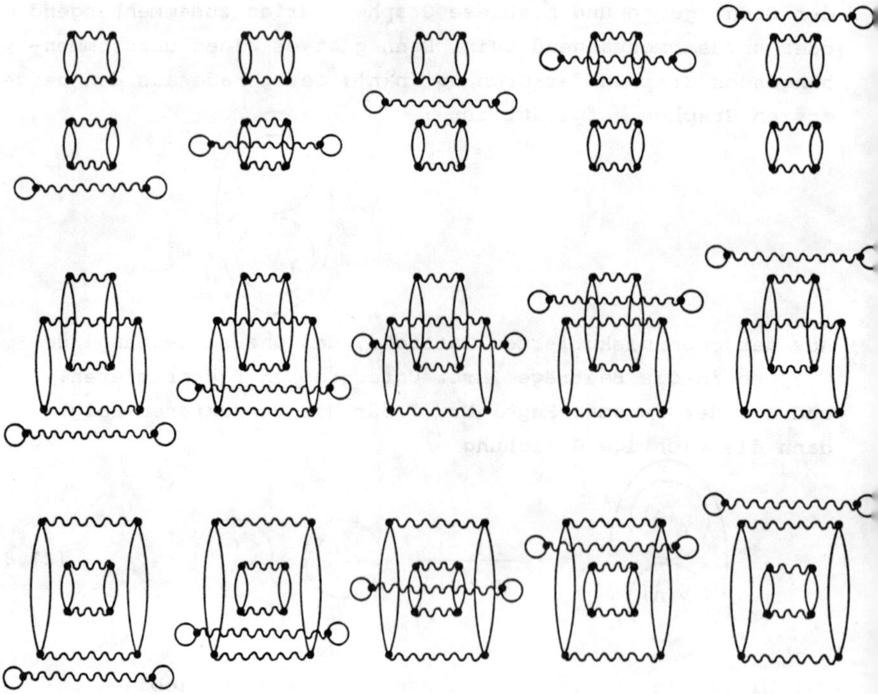

Man konstruiert diese Graphen, indem man nacheinander einzelne Wechselwirkungslinien miteinander vertauscht, genauer gesagt, indem man die Indizierung der Wechselwirkungslinien vertauscht. Nun liefern aber offenbar nicht alle (5!) möglichen Permutationen der Wechselwirkungslinien verschiedene Graphen. Beispielsweise ergibt die Vertauschung von Wechselwirkungslinien innerhalb eines zusammenhängenden Untergraphen keinen neuen Graphen. Wollen wir die Zahl der verschiedenen Graphen ermitteln, die sich aus den gegebenen drei Untergraphen zusammensetzen lassen, so müssen wir 5! durch die Zahl der möglichen Vertauschungen innerhalb der Untergraphen dividieren, also in unserem Fall zweimal durch 2!. Weiter ist zu beachten, daß auch die Vertauschung identischer Untergraphen als Ganzes nicht zu verschiedenen

Gesamtgraphen führt. Da unser Beispiel zwei identische Untergraphen enthält, müssen wir noch zusätzlich durch 2! dividieren. Dies liefert 5!/(2! 2! 2!) = 15 verschiedene Graphen in Übereinstimmung mit der obigen Abbildung. Der Beitrag der ganzen Familie zur Störungsentwicklung ergibt sich dann durch zweimalige Anwendung der Formel (21.3) zu :

$\frac{5!}{2!\,2!\,2!}\cdot\frac{2!\,2!\,1!}{(2+2+1)!}\cdot\Big[$ 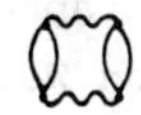 $\Big]^2\cdot\Big[$  $\Big] = \frac{1}{2!}\Big[$  $\Big]^2\cdot\Big[$  $\Big]$.

Nach diesem Beispiel niedriger Ordnung wollen wir nun das Theorem allgemein beweisen. Dazu numerieren wir alle <u>zusammenhängenden</u> Graphen der Reihe nach durch und bezeichnen sie mit

$$g_1^{(n_1)}\ ,\ g_2^{(n_2)}\ ,\ g_3^{(n_3)}\ \ldots\ .$$

Der obere Index gibt jeweils die Ordnung an.

Einen <u>beliebigen</u> Graphen der Störungsentwicklung können wir dann zusammensetzen aus k_1 mal g_1 , k_2 mal g_2 , k_3 mal g_3 , usw. Mehrfache Anwendung der Gleichung (21.3) ergibt für diesen Graphen dann den Beitrag

$$\left(\begin{array}{ll} k_1 \left\{\begin{array}{l} g_1^{(n_1)} \\ g_1 \\ \vdots \\ g_1 \end{array}\right. \\ k_2 \left\{\begin{array}{l} g_2^{(n_2)} \\ g_2 \\ \vdots \\ g_2 \end{array}\right. \\ k_3 \left\{\begin{array}{l} g_3 \\ \vdots \end{array}\right. \end{array}\right) = \frac{(n_1!)^{k_1}\,(n_2!)^{k_2}\ldots}{(k_1 n_1 + k_2 n_2 + \ldots)!}\cdot(g_1)^{k_1}\cdot(g_2)^{k_2}\ \ldots\ . \qquad (21.4)$$

Wie wir am obigen Beispiel gesehen haben, gibt es i.allg. eine ganze Reihe verschiedener Graphen, die alle diesen Beitrag zur Störungsentwicklung liefern. All diese entarteten Graphen kann man durch geeignete Vertauschung der Wechselwirkungslinien konstruieren. Wollen wir die Anzahl dieser verschiedenen Graphen bestimmen, so müssen wir von der Anzahl $(k_1 \cdot n_1 + k_2 \cdot n_2 + \ldots)!$ aller Permutationen die Anzahl derjenigen Permutationen wieder wegdividieren, die zu identischen Graphen führen. Identische Graphen erhält man erstens, wenn man Wechselwirkungslinien innerhalb zusammenhängender Untergraphen vertauscht. In jedem Untergraphen $g_i^{(n_i)}$ gibt es offenbar $(n_i!)$ Vertauschungen dieser Art, so daß wir insgesamt durch $(n_1!)^{k_1} \ldots (n_i!)^{k_i} \ldots$ dividieren müssen. Identische Graphen erhält man zweitens, wenn man gleiche Untergraphen als Ganzes miteinander vertauscht. In jeder Gruppe von Untergraphen $g_i^{(n_i)}$ gibt es offenbar $(k_i!)$ derartige Vertauschungsmöglichkeiten, so daß wir insgesamt noch durch $(k_1!\,k_2! \ldots k_i! \ldots)$ dividieren müssen. Es gibt somit

$$\frac{(k_1 n_1 + \ldots + k_i n_i + \ldots)!}{(n_1!)^{k_1} \ldots (n_i!)^{k_i} \ldots (k_1!) \ldots (k_i!) \ldots}$$

verschiedene Graphen, die k_1 mal g_1, k_2 mal g_2, ... enthalten und die alle denselben Beitrag (21.4) zur Störungsentwicklung liefern. Summieren wir über alle diese Beiträge, so ergibt sich

$$\sum_{\substack{\text{alle verschiedenen Graphen, die} \\ k_1 \text{ mal } g_1,\ k_2 \text{ mal } g_2, \ldots \text{ enthalten}}} = \frac{1}{k_1! \ldots k_i! \ldots} (g_1)^{k_1} \ldots (g_i)^{k_i} \ldots \ .$$

Offenbar erhält man aber alle Graphen der Vakuumamplitude, wenn man über $k_1, k_2, \ldots$ von Null bis unendlich summiert :

$$\langle \phi_o | U | \phi_o \rangle = \sum_{k_1=0}^{\infty} \ldots \sum_{k_i=0}^{\infty} \ldots \frac{1}{k_1! \ldots k_i! \ldots} (g_1)^{k_1} \ldots (g_i)^{k_i}$$

$$= \exp\,[g_1 + g_2 + \ldots g_i + \ldots] = \exp[\langle \phi_o | U | \phi_o \rangle_L] \ .$$

Damit ist das Linked-Cluster-Theorem bewiesen.

Für alles Weitere brauchen wir uns nur noch um die zusammenhängenden Graphen zu kümmern. Auch bei diesen können, wie wir früher gesehen haben, Entartungen auftreten. So liefern z.B. die Graphen  und  denselben Beitrag, denn sie gehen nur durch Vertauschen der inneren Vertices einer Wechselwirkungslinie auseinander hervor. Da die Matrixelemente stets die Symmetrierelation

$$\langle jk|v|mn\rangle = \langle kj|v|nm\rangle$$

erfüllen und da ansonsten über alle Indizes summiert wird, ist der Beitrag identisch. Solche Graphen bezeichnet man meist als <u>topologisch äquivalent</u>. Hier stellt sich natürlich die Frage, wieviele verschiedene topologisch äquivalente Graphen es zu einem gegebenen Graphen der Ordnung n gibt. Die Antwort ist einfach: Wenn wir zunächst die unterste Wechselwirkungslinie festhalten, gibt es bei jeder der (n-1) anderen Wechselwirkungslinien 2 Vertauschungsmöglichkeiten, so daß wir insgesamt 2^{n-1} verschiedene topologisch äquivalente Graphen erhalten. Sind die Graphen spiegelungssymmetrisch bezüglich der senkrechten Mittelachse, so ergeben sich keine neuen Graphen bei der Vertauschung der Vertices der untersten Wechselwirkungslinie. In diesem Fall enthält die Familie also 2^{n-1} topologisch äquivalente Graphen. Sind die Graphen dagegen asymmetrisch, so ergeben sich doppelt soviele, also gerade 2^n verschiedene Graphen innerhalb einer Familie topologisch äquivalenter Graphen. Ein asymmetrisches Beispiel dritter Ordnung sind die folgenden sogenannten Ringgraphen :

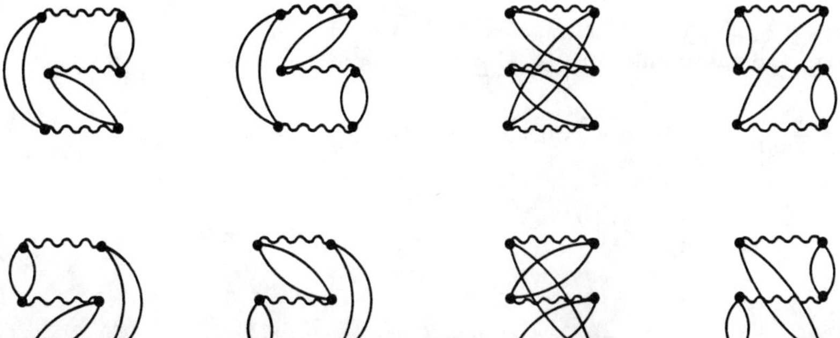

.

Alle bisher betrachteten Graphen entsprechen, wie bereits erwähnt, einer fest vorgegebenen Ordnung der Zeiten $t_1, t_2, \ldots, t_n$, mit denen die einzelnen Wechselwirkungslinien indiziert sind. Für jede der (n!) anderen Zeitordnungen ergibt sich ein optisch gleich aussehender Satz von Graphen, die sich von jenen mit anderer Zeitordnung nur durch die Indizierung unterscheiden. Diese Form der Entartung kann man allerdings in sehr einfacher Weise berücksichtigen: In Anbetracht der in Kapitel 14 bewiesenen Gleichung

$$\langle\phi_o|U^{(n)}(t,-\infty)|\phi_o\rangle = \frac{(-i)^n}{n!}\int_{-\infty}^{t} dt_1 \ldots \int_{-\infty}^{t} dt_n \langle\phi_o|T\big(v(t_1)_I \ldots v(t_n)_I\big)|\phi_o\rangle$$

$$= (-i)^n \int_{-\infty}^{t} dt_1 \int_{-\infty}^{t_1} dt_2 \ldots \int_{-\infty}^{t_{n-1}} dt_n \langle\phi_o|T\big(v(t_1)_I \ldots v(t_n)_I\big)|\phi_o\rangle$$

genügt es völlig, die Familie der Graphen mit $t_1 > t_2 > \ldots > t_n$ zu betrachten. Das einzige, was nun noch zu tun bleibt, ist die explizite Ausführung der Zeitintegrationen. Wir untersuchen zunächst einige Beispiele niedriger Ordnung :

$$= (-)^2 \, \frac{i}{2} \sum_{jkmn} \int_{-\infty}^{t} dt_1 \, e^{-\epsilon|t_1|} \langle jk|v|mn\rangle$$

$$\cdot G^{(O)}(mt_1, jt_1^+) \, G^{(O)}(nt_1, kt_1^+)$$

Setzen wir die freie Greensfunktion (vgl. (19.9) und (19.10))

$$iG^{(O)}(jt,kt') = \delta_{jk} e^{-i\epsilon_j(t-t')} \big(\theta(t-t')\theta(\epsilon_j-\epsilon_F) - \theta(t'-t)\theta(\epsilon_F-\epsilon_j)\big)$$

ein und verwenden $t_1 \leq t \leq 0$, so ergibt sich

$$= \frac{i}{2} \sum_{jkmn} \int_{-\infty}^{t} dt_1 e^{\epsilon t_1} \langle jk|v|mn\rangle [-(-i)\delta_{mj}\theta(\epsilon_F-\epsilon_j)] \cdot [-(-i)\delta_{nk}\theta(\epsilon_F-\epsilon_k)]$$

$$= -\frac{i}{2} \sum_{\substack{j:\epsilon_j<\epsilon_F \\ k:\epsilon_k<\epsilon_F}} \langle jk|v|jk\rangle \int_{-\infty}^{t} dt_1 e^{\epsilon t_1} \quad .$$

Dieser Ausdruck liefert dann den direkten Term der Energieverschiebung

$$(\Delta E)_d^{(1)} = \lim_{\epsilon\to 0}\left[i\frac{\partial}{\partial t}\right.$$  $$\left.\right]\Bigg|_{t=0} = \frac{1}{2}\sum_{\substack{j:\epsilon_j<\epsilon_F\\ k:\epsilon_k<\epsilon_F}} \langle jk|v|jk\rangle\ . \qquad (21.5)$$

In analoger Weise erhalten wir die Austauschenergie

$$(\Delta E)_x^{(1)} = \lim_{\epsilon\to 0}\left[i\frac{\partial}{\partial t}\right.$$  $$\left.\right]\Bigg|_{t=0} = -\frac{1}{2}\sum_{\substack{j:\epsilon_j<\epsilon_F\\ k:\epsilon_k<\epsilon_F}} \langle jk|v|kj\rangle\ . \qquad (21.6)$$

Betrachten wir nun noch einen Term zweiter Ordnung :

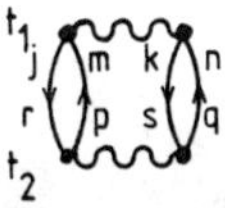

$$= (-)^2\frac{i^2}{2^2}\sum_{jkmn}\sum_{pqrs}\int_{-\infty}^{t}dt_1\int_{-\infty}^{t_1}dt_2\, e^{-\epsilon(|t_1|+|t_2|)}\langle jk|v|mn\rangle$$

$$\cdot\langle pq|v|rs\rangle G^{(0)}(rt_2,jt_1)G^{(0)}(mt_1,pt_2)G^{(0)}(st_2,kt_1)G^{(0)}(nt_1,qt_2)$$

$$= \frac{i^2}{2^2}\sum_{jkmn}\sum_{pqrs}\langle jk|v|mn\rangle\langle pq|v|rs\rangle\int_{-\infty}^{t}dt_1\int_{-\infty}^{t_1}dt_2\, e^{+\epsilon(t_1+t_2)}$$

$$\cdot[-(-i)\delta_{rj}e^{-i\epsilon_j(t_2-t_1)}\theta(\epsilon_F-\epsilon_j)]\cdot[+(-i)\delta_{mp}e^{-i\epsilon_m(t_1-t_2)}\theta(\epsilon_m-\epsilon_F)]$$

$$\cdot[-(-i)\delta_{sk}e^{-i\epsilon_k(t_2-t_1)}\theta(\epsilon_F-\epsilon_k)]\cdot[+(-i)\delta_{nq}e^{-i\epsilon_n(t_1-t_2)}\theta(\epsilon_n-\epsilon_F)]$$

(Jede Lochlinie liefert offenbar ein Minuszeichen.)

$$= \frac{(-i)^2}{2^2}\sum_{\substack{j:\epsilon_j<\epsilon_F\\ k:\epsilon_k<\epsilon_F\\ m:\epsilon_m>\epsilon_F\\ n:\epsilon_n>\epsilon_F}}(-)^2\langle jk|v|mn\rangle\langle mn|v|jk\rangle \cdot\int_{-\infty}^{t}dt_1\int_{-\infty}^{t_1}dt_2 e^{\epsilon(t_1+t_2)}e^{-i(\epsilon_j+\epsilon_k-\epsilon_m-\epsilon_n)t_2}$$

$$\cdot e^{i(\epsilon_j+\epsilon_k-\epsilon_m-\epsilon_n)t_1}\ .$$

An dieser Stelle berechnen wir nun allgemein den für die Energieverschiebung benötigten Grenzwert

$$\lim_{\epsilon\to 0}[i\frac{\partial}{\partial t}\int_{-\infty}^{t}dt_1\int_{-\infty}^{t_1}dt_2\ldots\int_{-\infty}^{t_{n-1}}dt_n e^{(\epsilon+i\beta_1)t_1}e^{(\epsilon+i\beta_2)t_2}\ldots e^{(\epsilon+i\beta_n)t_n}]_{t=0}$$

Aus

$$\int_{-\infty}^{t_{n-1}} dt_n \, e^{(\varepsilon+i\beta_n)t_n} = \frac{e^{(\varepsilon+i\beta_n)t_{n-1}}}{\varepsilon+i\beta_n}$$

folgt

$$\int_{-\infty}^{t_{n-2}} dt_{n-1} \int_{-\infty}^{t_{n-1}} dt_n \, e^{(\varepsilon+i\beta_{n-1})t_{n-1}} e^{(\varepsilon+i\beta_n)t_n}$$

$$= \int_{-\infty}^{t_{n-2}} dt_{n-1} \frac{e^{\left(2\varepsilon+i(\beta_{n-1}+\beta_n)\right)t_{n-1}}}{\varepsilon+i\beta_n}$$

$$= \frac{e^{\left(2\varepsilon+i(\beta_{n-1}+\beta_n)\right)t_{n-2}}}{\left(\varepsilon+i\beta_n\right)\left(2\varepsilon+i(\beta_{n-1}+\beta_n)\right)}$$

und (mit vollständiger Induktion) weiter

$$\lim_{\varepsilon\to 0}\left(i\frac{\partial}{\partial t}\int_{-\infty}^{t} dt_1 \ldots \int_{-\infty}^{t_{n-1}} dt_n \, e^{(\varepsilon+i\beta_1)t_1} \ldots e^{(\varepsilon+i\beta_n)t_n}\right)\Bigg|_{t=0}$$

$$= \ldots$$

$$= \lim_{\varepsilon\to 0}\left(i\frac{\partial}{\partial t}\Big|_{t=0}\int_{-\infty}^{t} dt_1 \frac{e^{\left(n\varepsilon+i(\beta_1+\ldots+\beta_n)\right)t_1}}{\left(\varepsilon+i\beta_n\right)\left(2\varepsilon+i(\beta_{n-1}+\beta_n)\right)\cdot\ldots\cdot\left((n-1)\varepsilon+i(\beta_2+\ldots+\beta_n)\right)}\right)$$

$$= \lim_{\varepsilon\to 0} i\left[\left(\varepsilon+i\beta_n\right)\left(2\varepsilon+i(\beta_{n-1}+\beta_n)\right)\cdot\ldots\cdot\left((n-1)\varepsilon+i(\beta_2+\ldots+\beta_n)\right)\right]^{-1}$$

$$= \frac{(-i)^{n-2}}{\beta_n(\beta_{n-1}+\beta_n)\cdot\ldots\cdot(\beta_2+\ldots+\beta_n)} \quad . \qquad (21.7)$$

Hieraus ergibt sich für den obigen Term zweiter Ordnung

$$\lim_{\varepsilon\to 0}\left(i\frac{\partial}{\partial t}\right.$$

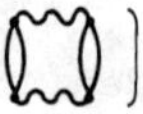

$$\left.\right)\Bigg|_{t=0} = -\frac{1}{4}\sum_{\substack{j,k:\varepsilon_j,\varepsilon_k<\varepsilon_F \\ m,n:\varepsilon_m,\varepsilon_n>\varepsilon_F}} \frac{\langle jk|v|mn\rangle\langle mn|v|jk\rangle}{-(\varepsilon_j+\varepsilon_k-\varepsilon_m-\varepsilon_n)} \; .$$

Die Familie der beiden topologisch äquivalenten Graphen liefert dann

$(\Delta E)^{(2)}$  $= \lim\limits_{\varepsilon\to 0} \left(i \frac{\partial}{\partial t} \left(\right.\right.$ 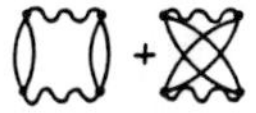 $\left.\left. \right) \right) \Big|_{t=0}$

$= 2 \lim\limits_{\varepsilon\to 0} \left(i \frac{\partial}{\partial t} \left(\right.\right.$ 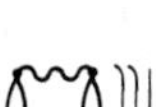 $\left.\left. \right) \right) \Big|_{t=0} = \frac{1}{2} \sum\limits_{\substack{j,k:\varepsilon_j,\varepsilon_k<\varepsilon_F \\ m,n:\varepsilon_m,\varepsilon_n>\varepsilon_F}} \frac{|\langle jk|v|mn\rangle|^2}{(\varepsilon_j+\varepsilon_k-\varepsilon_m-\varepsilon_n)} \quad .$ (21.8)

Für die sogenannten Austauschgraphen zweiter Ordnung ergibt sich in analoger Weise :

$(\Delta E)^{(2)}$  $= \lim\limits_{\varepsilon\to 0} \left(i \frac{\partial}{\partial t} \left(\right.\right.$ 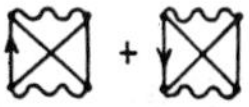 $\left.\left. \right) \right) \Big|_{t=0}$

$$= -\frac{1}{2} \sum_{\substack{j,k:\varepsilon_j,\varepsilon_k<\varepsilon_F \\ m,n:\varepsilon_m,\varepsilon_n>\varepsilon_F}} \frac{\langle jk|v|mn\rangle\langle nm|v|jk\rangle}{(\varepsilon_j+\varepsilon_k-\varepsilon_m-\varepsilon_n)} \quad . \qquad (21.9)$$

Betrachten wir nun schließlich einen allgemeinen zusammenhängenden Graphen n-ter Ordnung :

$$\bigcirc\!\!\!\!\!\! g^{(n)} = (-)^{\ell} \frac{i^n}{2^n} \sum_{jkmn} \ldots \sum_{xywz} \langle jk|v|mn\rangle \ldots \langle xy|v|wz\rangle$$

$$\cdot \int_{-\infty}^{t} dt_1 \int_{-\infty}^{t_1} dt_2 \ldots \int_{-\infty}^{t_{n-1}} dt_n \, e^{-\varepsilon(|t_1|+\ldots+|t_n|)}$$

$$\cdot \prod_{\substack{\text{alle} \\ G^{(0)}- \\ \text{Linien}}} G^{(0)}(\alpha t_a, \beta t_b) \quad .$$

Der Graph enthalte h Lochlinien und folglich 2n-h Teilchen-Linien. Dabei sind $G^{(0)}$-Linien mit zwei gleichen Zeitargumenten auf Grund der diskutierten Grenzwertvorschrift (Regel 4) als Lochlinien zu interpretieren. Alle auftretenden Summationsindizes gehören entweder zu Teilchenlinien oder zu Lochlinien.

Verwenden wir nun

$$iG^{(O)}(\alpha t_a,\beta t_b) = \delta_{\alpha\beta}\, e^{-i\varepsilon_\alpha(t_a-t_b)}\,\theta(\varepsilon_\alpha-\varepsilon_F) \quad \text{für Teilchen}$$

und

$$iG^{(O)}(\alpha t_a,\beta t_b) = -\,\delta_{\alpha\beta}\, e^{-i\varepsilon_\alpha(t_a-t_b)}\,\theta(\varepsilon_F-\varepsilon_\alpha) \quad \text{für Löcher ,}$$

so ist auf Grund der Stufenfunktionen die Summe über die Teilchenindizes oberhalb ε_F und die Summe über die Lochindizes unterhalb ε_F auszuführen. Von jeder $G^{(O)}$-Linie erhalten wir einen Faktor (-i) und von jeder Lochlinie zusätzlich einen Faktor (-1):

$$\bigcirc\!\!\!\!\!\!\; g^{(n)} = (-)^{\ell}\,\frac{i^n\,(-i)^{2n}}{2^n}\,(-)^h \sum_{\substack{\text{Teilchenindizes}\\ \text{oberhalb } \varepsilon_F\\ \text{Lochindizes unte-}\\ \text{halb } \varepsilon_F}} \langle jk|v|mn\rangle \ldots \langle xy|v|wz\rangle$$

$$\cdot \int_{-\infty}^{t} dt_1 \ldots \int_{-\infty}^{t_{n-1}} dt_n\; e^{\varepsilon(t_1+t_2+\ldots+t_n)} \cdot \prod_{\substack{\text{alle}\\ G^{(O)}-\\ \text{Linien}}} \delta_{\alpha\beta}\, e^{-i\varepsilon_\alpha(t_a-t_b)}$$

Zur Durchführung der Zeitintegrationen ordnen wir den Integranden nun noch etwas um. Dazu betrachten wir eine spezielle Zeit t_j . Zu diesem Zeitpunkt liefern genau vier $G^{(O)}$-Linien einen Beitrag, nämlich gerade diejenigen, welche an den Endpunkten der j-ten Wechselwirkungslinie anknüpfen. Für die von der Wechselwirkungslinie bei t_j wegzeigenden Pfeile  k lautet der t_j-abhängige Beitrag $\exp(i\varepsilon_k t_j)$, gleichgültig ob es sich um eine Teilchen- oder um eine Lochlinie handelt, denn

t_{j-1} k'  t_j k

$$= G^{(O)}(k't_{j-1},kt_j) = (-i)\,\delta_{kk'}\,e^{-i\varepsilon_k(t_{j-1}-t_j)}\,\theta(\varepsilon_k-\varepsilon_F)$$

$$\sim \exp(+i\varepsilon_k t_j)$$

und

t_j k  t_{j+1} k'

$$= G^{(O)}(k't_{j+1},kt_j) = -(-i)\,\delta_{kk'}\,e^{-i\varepsilon_k(t_{j+1}-t_j)}\,\theta(\varepsilon_F-\varepsilon_k)$$

$$\sim \exp(+i\varepsilon_k t_j) \quad .$$

Für die zur Wechselwirkungslinie hinzeigenden Pfeile m lautet der t_j-abhängige Beitrag $\exp(-i\varepsilon_m t_j)$. Indizieren wir die j-te Wechselwirkungslinie folgendermaßen

t_j 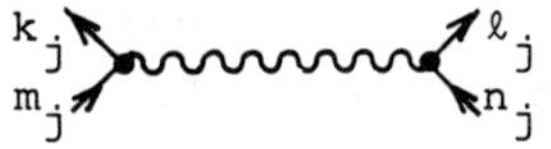

,

so lautet der von t_j abhängende Faktor im Integranden also gerade

$$\exp\left(-i\left(\varepsilon_{m_j}+\varepsilon_{n_j}-\varepsilon_{k_j}-\varepsilon_{\ell_j}\right)t_j\right) \quad .$$

Setzen wir

$$\Delta_j := \varepsilon_{m_j} + \varepsilon_{n_j} - \varepsilon_{k_j} - \varepsilon_{\ell_j} \qquad \text{für } j=1,\dots,n \text{ ,} \tag{21.10}$$

so können wir den gesamten Integranden schreiben als

$$e^{(\varepsilon-i\Delta_1)t_1}\, e^{(\varepsilon-i\Delta_2)t_2} \dots e^{(\varepsilon-i\Delta_n)t_n} \quad .$$

Mit Hilfe der allgemeinen Formel (21.7) können wir nun den Beitrag des Graphen $g^{(n)}$ zur Energieverschiebung sofort angeben :

$$\lim_{\varepsilon\to 0} i\left(\frac{\partial}{\partial t}\, g^{(n)}\right)\Bigg|_{t=0} = \frac{(-)^{\ell+h}}{2^n}\,(-i)^n\,(-i)^{n-2}$$
$$\cdot \sum_{\substack{\text{Teilchenindizes}\\ \text{oberhalb } \varepsilon_F\\ \text{Lochindizes}\\ \text{unterhalb } \varepsilon_F}} \frac{\langle jk|v|mn\rangle \dots \langle xy|v|wz\rangle \quad \Pi\ \delta_{\alpha\beta}}{(-)^{n-1}\Delta_n(\Delta_n+\Delta_{n-1})\cdot\ldots\cdot(\Delta_n+\ldots+\Delta_2)} \quad .$$

Verwenden wir noch, daß 2^n bzw. 2^{n-1} topologisch äquivalente Graphen denselben Beitrag liefern, so ergibt sich <u>für die ganze Familie</u> :

$$(\Delta E)_g^{(n)} = \lim_{\varepsilon\to 0}\left(i\frac{\partial}{\partial t}\left(g^{(n)}+\text{topologisch äquivalente Graphen}\right)\right)\Bigg|_{t=0}$$
$$= \frac{(-)^{\ell+h}}{2^s} \sum_{\substack{\text{Teilchenindizes}\\ \text{oberhalb } \varepsilon_F \text{ , Loch-}\\ \text{indizes unterhalb } \varepsilon_F}} \frac{\langle jk|v|mn\rangle \dots \langle xy|v|wz\rangle \cdot \prod_{\text{alle } G^{(0)}\text{-Linien}} \delta_{\alpha\beta}}{\Delta_n(\Delta_n+\Delta_{n-1})\dots(\Delta_n+\Delta_{n-1}+\ldots+\Delta_2)}$$

(21.11)

Diese Gleichung ist das entscheidende Resultat des vorliegenden Kapitels. Mit ihr ist es extrem einfach, den Beitrag einer Familie topologisch äquivalenter Graphen zur Energieverschiebung anzugeben. Ist die Familie spiegelsymmetrisch bezüglich der senkrechten Mittelachse, so ist s=1 zu setzen. Für asymmetrische Graphen gilt s=0. Die auftretenden Kronecker-δ kann man an einem Repräsentanten der Familie sofort ablesen und die entsprechende Reduktion der Indizes dann durchführen. Außerdem gibt es noch einen Trick, mit dem man die einzelnen Faktoren des Nenners einfach bestimmen kann :

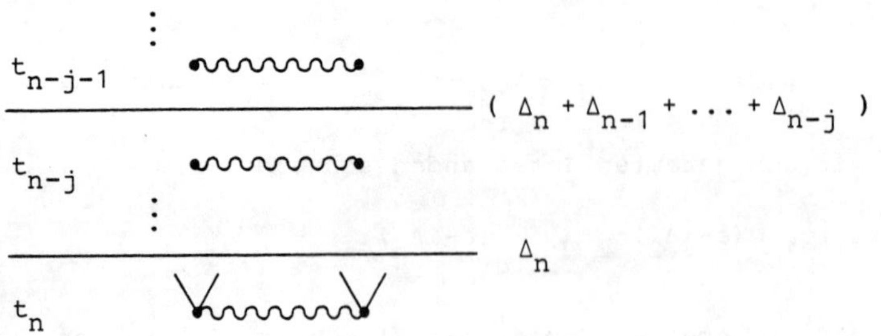

Man zeichnet sich (n-1) waagerechte Linien zwischen den n Wechselwirkungslinien. Jede dieser Linien liefert einen Faktor des Nenners, indem man die Energien der schneidenden Lochlinien addiert und dann die Energien der schneidenden Teilchenlinien subtrahiert. Solange keine Kontraktionen auftreten (siehe Abb. a), ist dies sehr einfach einzusehen, denn die vier Füßchen jeder tieferliegenden Wechselwirkungslinie liefern genau einen Summanden der Summe $(\Delta_n + \Delta_{n-1} + \dots)$.

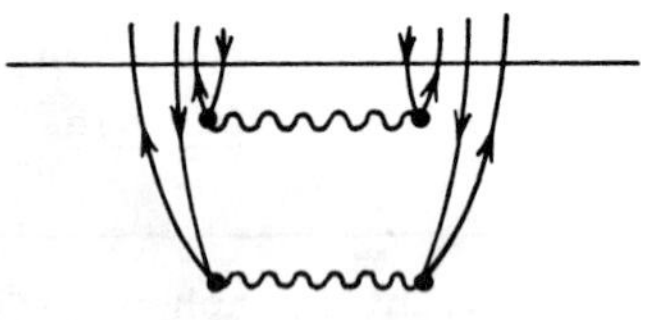

Abb. a

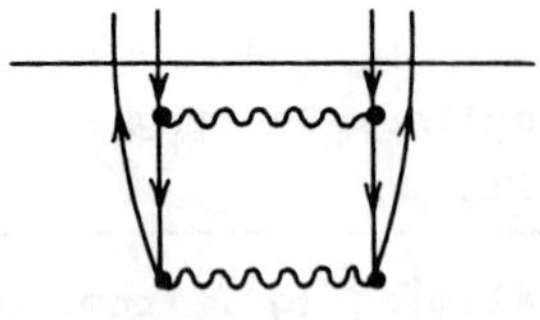

Abb. b

Treten dagegen Kontraktionen wie in Abbildung b auf, so fällt gegenüber Abbildung a pro Kontraktion eine Teilchenlinie und eine Lochlinie weg. In diesem Fall heben sich die entsprechenden Teilchen- und Loch-Energien aber auch in der Summe $(\Delta_n + \Delta_{n-1} + \dots)$ weg, da sie gleich groß sind und mit entgegengesetztem Vorzeichen auftreten.

Wir wollen nun noch als Beispiel den Beitrag der oben abgebildeten Familie von Ringgraphen dritter Ordnung berechnen. Als Repräsentanten der Familie wählen wir

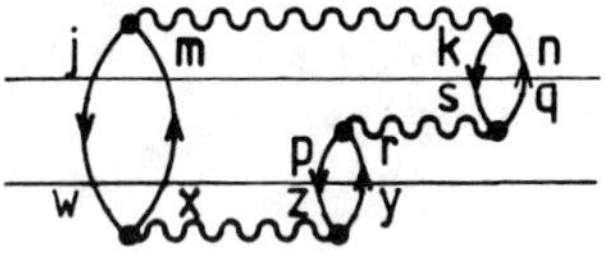

$$(\Delta_3 + \Delta_2) = \varepsilon_j + \varepsilon_k - \varepsilon_m - \varepsilon_n$$
$$\Delta_3 = \varepsilon_j + \varepsilon_p - \varepsilon_m - \varepsilon_r$$

Die Energieverschiebung lautet

$$(\Delta E)^{(3)}_{\text{Ring}} = (-)^{3+3} \sum_{\substack{mxnqry:\varepsilon>\varepsilon_F \\ jwkspz:\varepsilon<\varepsilon_F}} \frac{\langle jk|v|mn\rangle\langle pq|v|rs\rangle\langle xy|v|wz\rangle\delta_{jw}\delta_{mx}\delta_{pz}\delta_{ry}\delta_{ks}\delta_{nq}}{\Delta_3\ (\Delta_3 + \Delta_2)}$$

$$= \sum_{\substack{mnr:\varepsilon>\varepsilon_F \\ jkp:\varepsilon<\varepsilon_F}} \frac{\langle jk|v|mn\rangle\langle pn|v|rk\rangle\langle mr|v|jp\rangle}{(\varepsilon_j+\varepsilon_k-\varepsilon_m-\varepsilon_n)(\varepsilon_j+\varepsilon_p-\varepsilon_m-\varepsilon_r)} \quad .$$

Mit Hilfe der obigen Darstellung der Nenner-Faktoren kann man ferner leicht einsehen, daß keiner dieser Faktoren verschwinden kann: Da alle Loch-Energien $\varepsilon_h \leq \varepsilon_F$ und alle Teilchen-Energien $\varepsilon_p > \varepsilon_F$ sind, muß $\sum\varepsilon_h - \sum\varepsilon_p \neq 0$ gelten. Der Wert Null könnte sich höchstens für unzusammenhängende Graphen ergeben:

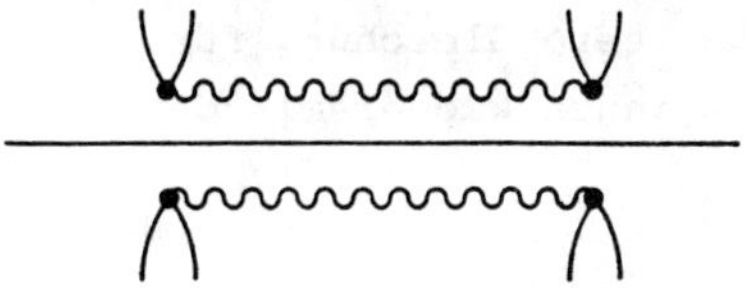

$$\Delta = 0$$

Aber die unzusammenhängenden Graphen wurden im Rahmen des Linked-Cluster-Theorems ja schon wegsummiert.

Die auftretenden Faktoren des Nenners kann man offenbar deuten als Anregungsenergien gewisser "Zwischenzustände", z.B.

$$\Delta_n = \varepsilon_{h_1} + \varepsilon_{h_2} - \varepsilon_{p_1} - \varepsilon_{p_2} \equiv W_o - W_1 ,$$

wobei die W_i die Energien des ungestörten Systems sind. W_o entspricht dem Grundzustand, während man den "Zwischenzustand" mit Energie W_1 gerade erhält, indem man an Stelle der beiden im Grundzustand besetzten Niveaus h_1 und h_2 die Niveaus p_1 und p_2 mit Energien oberhalb ε_F besetzt:

$$W_1 = W_o - \varepsilon_{h_1} - \varepsilon_{h_2} + \varepsilon_{p_1} + \varepsilon_{p_2} .$$

Entsprechend ergeben sich die anderen Faktoren aus

$$\Delta_n + \Delta_{n-1} + \ldots + \Delta_{n-j+1} = \sum_h \varepsilon_h^{(j)} - \sum_p \varepsilon_p^{(j)} = W_o - W_j ,$$

mit $$W_j = W_o - \sum_h \varepsilon_h^{(j)} + \sum_p \varepsilon_p^{(j)} . \tag{21.12}$$

Da keiner der Faktoren des Nenners Null wird, kann der Grundzustand selbst auch niemals als Zwischenzustand auftreten. Die Energieverschiebung einer Familie topologisch äquivalenter Graphen g können wir dann schreiben als

$$(\Delta E)_g^{(n)} = \frac{(-)^{\ell+h}}{2^s} \sum \frac{\langle v\rangle \ldots \langle v\rangle \cdot \Pi\, \delta_{\alpha\beta}}{(W_o-W_1)(W_o-W_2)\ldots(W_o-W_{n-1})} \tag{21.13}$$

Um diese Formel etwas genauer interpretieren zu können, leiten wir im folgenden noch eine weitere Gleichung für die Energieverschiebung her. Wir beginnen wieder mit der Darstellung

$$\Delta E = \lim_{\varepsilon\to o} i\frac{\partial}{\partial t} \langle\phi_o|U_\varepsilon(t,-\infty)|\phi_o\rangle_L \Big|_{t=0}$$

$$= \sum_{n=o}^{\infty} \lim_{\varepsilon\to o} i\frac{\partial}{\partial t} \langle\phi_o|U_\varepsilon^{(n)}(t,-\infty)|\phi_o\rangle_L \Big|_{t=0} .$$

Weiterhin verwenden wir

$$\langle\phi_o|U_\varepsilon^{(n)}(t,-\infty)|\phi_o\rangle_L$$

$$= \langle\phi_o|(-i)^n \int_{-\infty}^{t} dt_1 \int_{-\infty}^{t_1} dt_2 \ldots \int_{-\infty}^{t_{n-1}} dt_n e^{-\varepsilon(|t_1|+\ldots)} \mathbf{v}(t_1)_I \ldots v(t_n)_I|\phi_o\rangle_L .$$

Wegen $0 > t > t_1 \ldots > t_n$ gilt wieder

$$e^{-\varepsilon(|t_1|+\ldots+|t_n|)} = e^{+\varepsilon(t_1+\ldots+t_n)} ,$$

so daß wir schreiben können

$$= \langle\phi_o|(-i)^n \int_{-\infty}^{t} dt_1 e^{\varepsilon t_1} v(t_1)_I \int_{-\infty}^{t_1} dt_2 e^{\varepsilon t_2} v(t_2)_I \ldots \int_{-\infty}^{t_{n-1}} dt_n e^{\varepsilon t_n} v(t_n)_I|\phi_o\rangle_L .$$

Im Gegensatz zur früheren Herleitung führen wir jetzt die Zeit-Integrationen schon an dieser Stelle (auf Operator-Ebene) aus. Für den letzten Faktor ergibt sich dann:

$$\int_{-\infty}^{t_{n-1}} dt_n e^{\varepsilon t_n} v(t_n)_I|\phi_o\rangle$$

$$= \int_{-\infty}^{t_{n-1}} dt_n e^{(\varepsilon+iH_o)t_n} v_S \underbrace{e^{-iH_o t_n}|\phi_o\rangle}_{e^{-iW_o t_n}|\phi_o\rangle}$$

$$= \int_{-\infty}^{t_{n-1}} dt_n \, e^{[\varepsilon+i(H_o-W_o)]t_n} v_S|\phi_o\rangle$$

$$= \frac{e^{[\varepsilon+i(H_o-W_o)]\,t_{n-1}}}{\varepsilon + i(H_o-W_o)} v_S|\phi_o\rangle$$

$$= \frac{e^{[\varepsilon+i(H_o-W_o)]\,t_{n-1}}}{\varepsilon - i(W_o-H_o)} v_S|\phi_o\rangle .$$

Nehmen wir den nächsten Faktor hinzu, so ergibt sich

$$\int_{-\infty}^{t_{n-2}} dt_{n-1}\; e^{\varepsilon t_{n-1}} v(t_{n-1})_I \int_{-\infty}^{t_{n-1}} dt_n e^{\varepsilon t_n}\; v(t_n)_I |\phi_o>$$

$$= \int_{-\infty}^{t_{n-2}} dt_{n-1}\; e^{(\varepsilon + iH_o)t_{n-1}}\; v_S e^{-iH_o t_{n-1}}\; \frac{e^{(\varepsilon + iH_o - iW_o)t_{n-1}}}{\varepsilon - i(W_o - H_o)}\; v_S |\phi_o>$$

$$= \int_{-\infty}^{t_{n-2}} dt_{n-1}\; e^{[2\varepsilon + i(H_o - W_o)]t_{n-1}}\quad v_S \frac{1}{\varepsilon - i(W_o - H_o)}\, v_S |\phi_o>$$

$$= e^{[2\varepsilon + i(H_o - W_o)]t_{n-2}}\; \frac{1}{2\varepsilon - i(W_o - H_o)}\; v_S\; \frac{1}{\varepsilon - i(W_o - H_o)}\; v_S |\phi_o> \quad .$$

Die (n-1)-fache Wiederholung dieses Verfahrens führt schließlich zu

$$i\frac{\partial}{\partial t} <\phi_o|U_\varepsilon^{(n)}(t,-\infty)|\phi_o>_L \Big|_{t=0}$$

$$=(-i)^{n-1} <\phi_o|\underbrace{v(0)_I}_{v_S} \int_{-\infty}^{0} dt_2 e^{\varepsilon t_2} v(t_2)_I \int_{-\infty}^{t_2} dt_3 \cdots \int_{-\infty}^{t_{n-1}} dt_n e^{\varepsilon t_n} v(t_n)_I |\phi_o>_L$$

$$=(-i)^{n-1} <\phi_o| v_S \frac{1}{(n-1)\varepsilon - i(W_o - H_o)}\, v_S \cdots v_S \frac{1}{2\varepsilon - i(W_o - H_o)}\, v_S \frac{1}{\varepsilon - i(W_o - H_o)}\, v_S |\phi_o> ,$$

Den Grenzwert $\varepsilon \to o$ kann man jetzt ohne weiteres ausführen mit dem Ergebnis

$$\xrightarrow[\varepsilon \to o]{} <\phi_o| v_S \left(\frac{1}{W_o - H_o}\; v_S \right)^{n-1} |\phi_o>_L \quad .$$

Für die Energieverschiebung erhalten wir damit die alternative Darstellung

$$\Delta E = \sum_{n=o}^{\infty} <\phi_o| v_S \left(\frac{1}{W_o - H_o}\; v_S \right)^{n-1} |\phi_o>_L \quad .$$

Fügen wir nun an den entsprechenden Stellen die Vollständigkeitsrelation der ungestörten Eigenfunktionen

$$1 = \sum_j |\phi_j\rangle\langle\phi_j|$$

ein, so zeigt der Vergleich mit (21.13), daß die Energien W_j gerade zu diesen eingeschobenen Zuständen gehören.
Im Vergleich etwa zur Rayleigh-Schrödinger-Formel

$$\Delta E = \sum_{n=o}^{\infty} \langle\phi_o| v_S \left(\frac{1}{W_o - H_o} Q(v_S - \Delta E)\right)^n |\phi_o\rangle$$

hat die Beschränkung auf die zusammenhängenden Graphen die gleiche Aufgabe wie der Projektor $Q = 1 - |\phi_o\rangle\langle\phi_o|$, nämlich zu verhindern, daß $|\phi_o\rangle$ als Zwischenzustand und damit Null im Nenner auftritt.

22. Ein Beispiel: Die Korrelationsenergie des dichten Elektronengases nach Gell-Mann und Brueckner

In diesem Kapitel werden wir die in den vorangegangenen Abschnitten diskutierten Methoden auf ein wichtiges Beispiel anwenden: die Berechnung der Korrelationsenergie des Elektronengases im Grenzfall hoher Dichte nach Gell-Mann und Brueckner (Phys.Rev.106,364(1957)). Das wechselwirkende Elektronengas wird nach Gleichung (10.10) beschrieben durch den Hamilton-Operator

$$H = \sum_{\underline{k}\sigma} \frac{\hbar^2 k^2}{2m} a^+_{\underline{k}\sigma} a_{\underline{k}\sigma} + \frac{1}{2} \sum_{\substack{\underline{k}\sigma \\ \underline{k}'\sigma'}} \sum_{\underline{q}\neq 0} \frac{4\pi e^2}{\Omega \cdot q^2} a^+_{(\underline{k}+\underline{q})\sigma} a^+_{(\underline{k}'-\underline{q})\sigma'} a_{\underline{k}'\sigma'} a_{\underline{k}\sigma} \quad .$$

Wichtig ist, daß in der Summe über $\underline{q}$ der $\underline{q} = 0$-Beitrag explizit ausgenommen ist, da sich diese Fourier-Komponente des Wechselwirkungs-Potentials gegen die Energiebeiträge des ausgeschmierten Ionenhintergrundes weghebt.

Die Matrixelemente der Wechselwirkung haben die Form

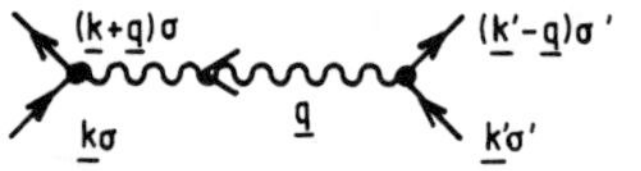

$$\langle(\underline{k}+\underline{q})\sigma,(\underline{k}'-\underline{q})\sigma'|v|\underline{k}\sigma,\underline{k}'\sigma'\rangle = \frac{4\pi e^2}{\Omega\cdot q^2} \quad .$$

Diesen Graph kann man als Impulsübertrag-Prozeß deuten; das erste Elektron mit Impuls $\underline{k}'$ verliert den Impuls $\underline{q}$ und überträgt diesen durch die Wechselwirkung an ein zweites Elektron. Hieraus folgt sofort, daß Graphen, die

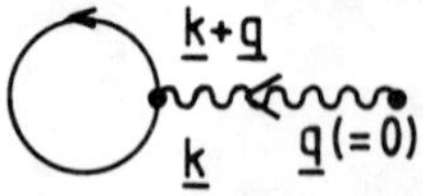

enthalten, verschwinden, denn sie erfordern $\underline{q} = 0$ und dieser Term wurde ja gerade aus der Summe ausgenommen. Insbesondere fällt der direkte Term der

Hartree-Fock-Energie, wie früher ja schon diskutiert wurde, weg :

$$(\Delta E)^{(1)}_{\circ\!\sim\!\circ} = 0 \tag{22.1}$$

In erster Ordnung Störungstheorie bleibt nur der Austauschterm :

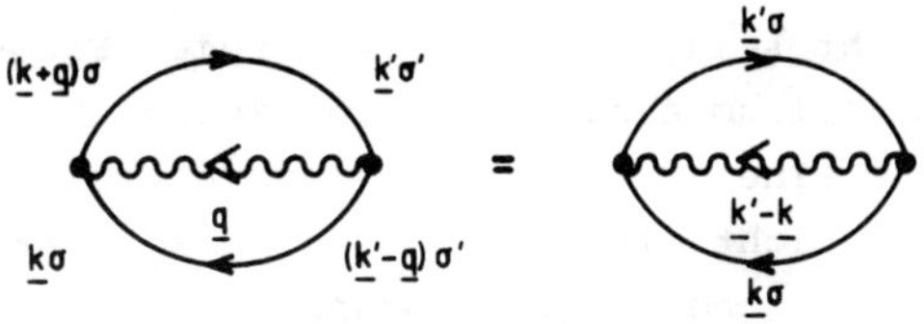

$$(\Delta E)^{(1)}_{\ominus} = \frac{(-)^{1+2}}{2^1} \sum_{\underline{q}\neq o} \sum_{\substack{\underline{k}\sigma \\ k<k_F}} \sum_{\substack{\underline{k}'\sigma' \\ k'<k_F}} \frac{4\pi e^2}{\Omega\cdot q^2}\cdot \underbrace{\delta_{(\underline{k}+\underline{q}),\underline{k}'}\,\delta_{\sigma,\sigma'}\cdot\delta_{\underline{k},(\underline{k}'-\underline{q})}\,\delta_{\sigma,\sigma'}}_{\delta_{\underline{q},(\underline{k}'-\underline{k})}\,\delta_{\sigma,\sigma'}}$$

$\frac{(-)^{1+2}}{2^1}$ ⇓ symmetrischer Graph

Summen über $\underline{k}\sigma$, $\underline{k}'\sigma'$: beides 'gleichzeitige' Linien, d.h. Lochlinien (Regel 4)

$$= \underbrace{-\frac{1}{2}\sum_{\sigma}}_{=-1} \sum_{\substack{\underline{k},\underline{k}' \\ \underline{k}\neq\underline{k}' \\ k,k'<k_F}} \frac{4\pi e^2}{\Omega\,|\underline{k}-\underline{k}'|^2} \tag{22.2}$$

= Austauschenergie wie in Kapitel 10.

Dagegen verschwinden alle Graphen höherer Ordnung, die als Element

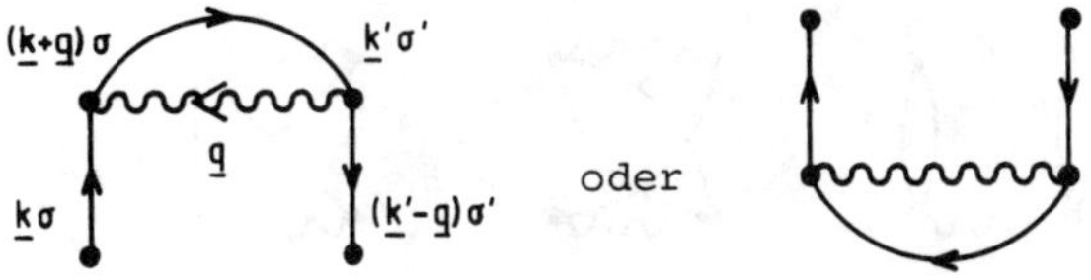

enthalten, denn wegen $\delta_{(\underline{k}+\underline{q}),\underline{k}'} = \delta_{\underline{q},(\underline{k}'-\underline{k})}$ an der oberen

$G^{(0)}$-Linie ergibt sich folgende Indizierung

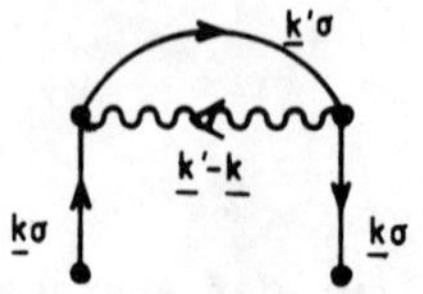

und

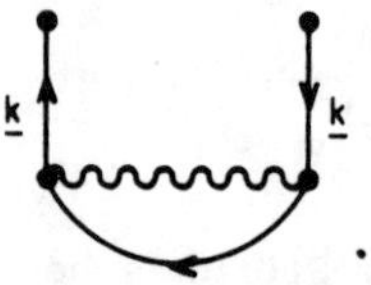

Dies kann aber nicht sein, denn bei den freien Enden handelt es sich in einem Fall um eine Lochlinie (Summe über $k<k_F$) und im anderen Fall um eine Teilchenlinie (Summe über $k>k_F$), d.h. die Impulse können nicht gleich sein. Der Graph verschwindet folglich. Auftreten können dagegen Graphen, die

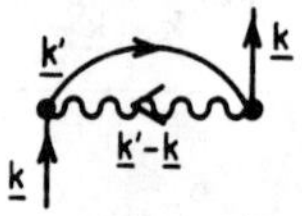

oder

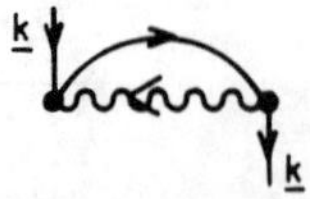

enthalten; solche Graphen hatten wir ja schon als Beiträge erster Ordnung zur Einteilchen-Greensfunktion kennengelernt. Bei einem zusammenhängenden Graphen für die Vakuumamplitude des Elektronengases kann folglich (ab 2. Ordnung) das untere Ende nur so  und das obere Ende nur so 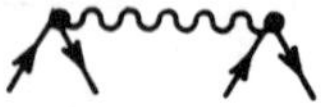 aussehen.

Wenn man dies beides berücksichtigt, dann bleiben von den 24 Graphen zweiter Ordnung, die wir in Kapitel 20 zusammenstellten, nur noch die folgenden 4 zusammenhängenden Graphen übrig (von denen je 2 topologisch äquivalent sind) :

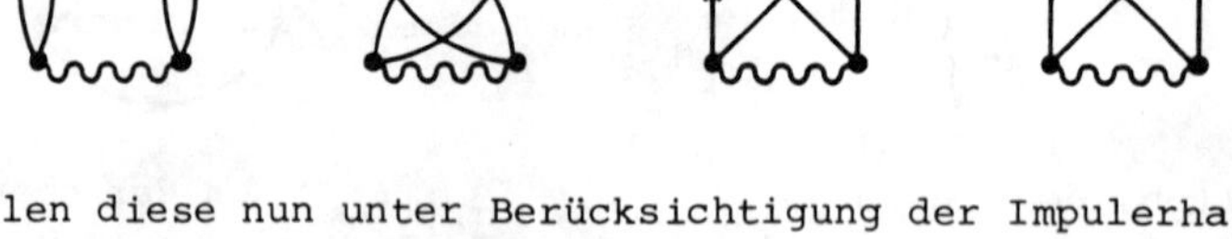

Wir wollen diese nun unter Berücksichtigung der Impulerhaltung korrekt indizieren :

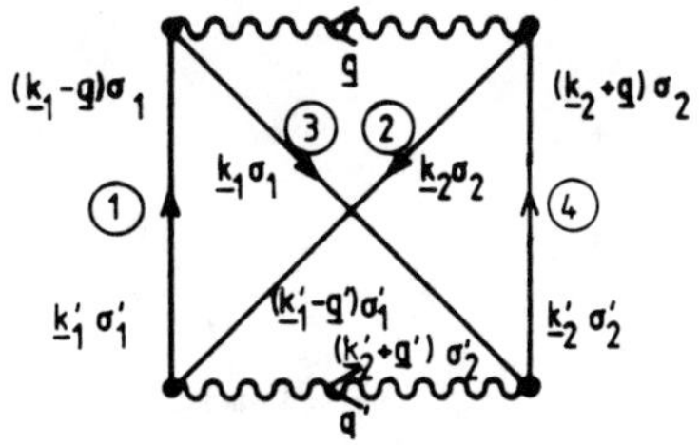

Wir eliminieren k_1', k_2' und $\underline{q}'$, indem wir die mit eingekreisten Nummern versehenen ungestörten Einteilchen-Greensfunktionen der Reihe nach betrachten.

① $\delta_{\underline{k}_1',\underline{k}_1-\underline{q}}\cdot\delta_{\sigma_1'\sigma_1}$ $\Rightarrow$ $\underline{k}_1' = \underline{k}_1-\underline{q}$

② $\delta_{\underline{k}_2,\underline{k}_1'-\underline{q}'}\cdot\delta_{\sigma_2\sigma_1'}$ $\Rightarrow$ $\underline{q}' = \underline{k}_1'-\underline{k}_2 = \underline{k}_1-\underline{k}_2-\underline{q}$

③ $\delta_{\underline{k}_1,\underline{k}_2'+\underline{q}'}\cdot\delta_{\sigma_1\sigma_2'}$ $\Rightarrow$ $\underline{k}_2' = \underline{k}_1-\underline{q}' = \underline{k}_1-\underline{k}_1+\underline{k}_2+\underline{q} = \underline{k}_2+\underline{q}$

④ $\delta_{\underline{k}_2',\underline{k}_2+\underline{q}}\cdot\delta_{\sigma_2\sigma_2'}$ $\Rightarrow$ $\underline{k}_2' = \underline{k}_2+\underline{q}$ konsistent mit ③

$\Rightarrow \sigma_1=\sigma_1'=\sigma_2=\sigma_2'=:\sigma$

Damit erhalten wir

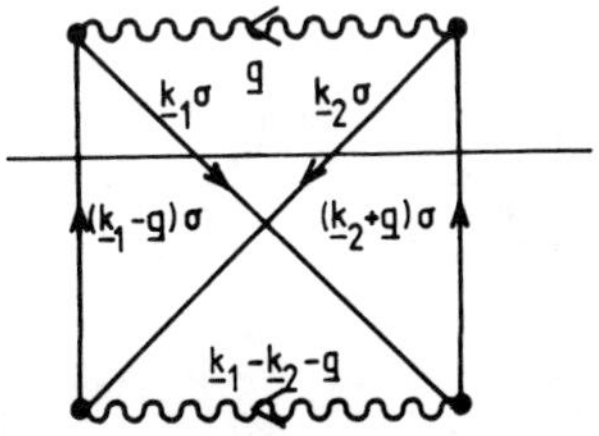

$$\Delta_2 = \frac{1}{2m}\{k_1{}^2+k_2{}^2-(\underline{k}_1-\underline{q})^2-(\underline{k}_2+\underline{q})^2\}$$
$$= \frac{1}{2m}\{k_1{}^2-k_1{}^2+k_2{}^2-k_2{}^2+2\underline{q}\cdot(\underline{k}_1-\underline{k}_2+\underline{q})\}$$
$$= (1/m)\underline{q}\cdot(\underline{k}_1-\underline{k}_2-\underline{q})$$

Dies war die "sichere Methode", mit der man die Impulserhaltung an den Vertices berücksichtigt. Man sollte sie bei komplizierten Graphen verwenden und insbesondere in Zweifelsfällen, bei denen zunächst nicht sicher ist, ob man die Impulserhaltung überhaupt erfüllen kann. Bei einfacheren Graphen findet man allerdings die richtige Indizierung auch leicht durch Probieren, z.B.

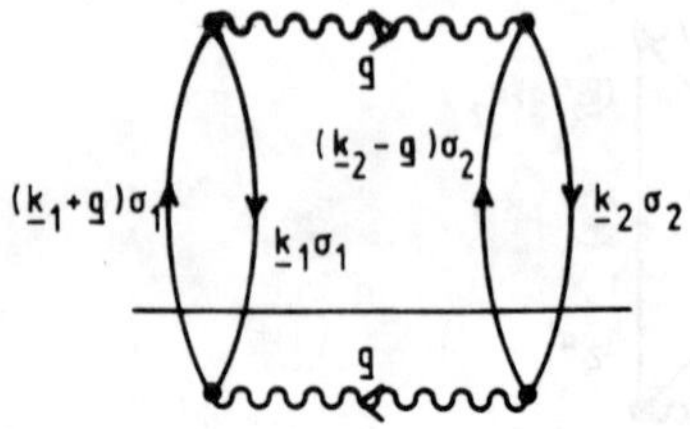

$$\Delta_2 = \frac{1}{2m}\left(k_1{}^2+k_2{}^2-(\underline{k}_1+\underline{q})^2-(\underline{k}_2-\underline{q})^2\right)$$

$$= (1/m)\underline{q}\cdot(\underline{k}_2-\underline{k}_1-\underline{q})$$

Wir wollen hier schon übungsweise einen Ringgraph dritter Ordnung indizieren. Als Ringgraph bezeichnet man eine ununterbrochene Folge von  - und  -Linien.

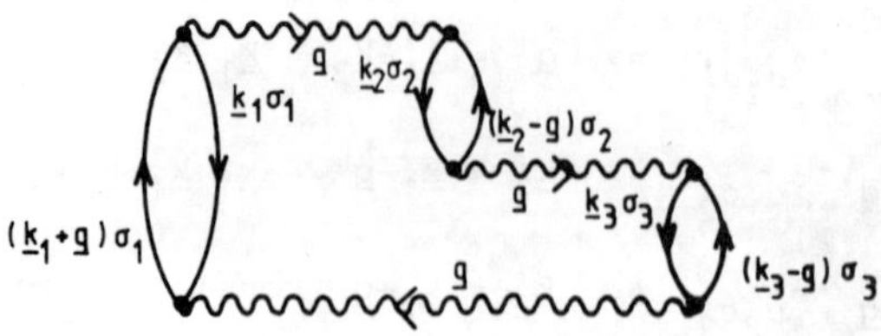

Es zeigt sich eine wichtige Eigenschaft der Ringgraphen: An allen Wechselwirkungslinien tritt <u>derselbe</u> Impulsübertrag $\underline{q}$ auf.

Wir berechnen nun den Energiebeitrag der beiden topologisch äquivalenten Graphen  und  nach Gleichung (21.11) :

$$(\Delta E)^{(2)}_{\boxtimes} = \underbrace{(-)^3\ \frac{1}{2^1}\ \sum_{\sigma}}_{-1}\ \sum_{\underline{q}\neq\sigma}\ \sum_{\underline{k}_1}\ \sum_{\underline{k}_2}\ \left(\frac{4\pi e^2}{\Omega}\right)^2 \frac{1}{q^2}\cdot\frac{1}{|\underline{k}_1-\underline{k}_2-\underline{q}|^2}\cdot\frac{m}{\underline{q}\cdot(\underline{k}_1-\underline{k}_2-\underline{q})}$$
$$k_1,k_2<k_F$$
$$|\underline{k}_1-\underline{q}|,|\underline{k}_2+\underline{q}|>k_F$$

Jetzt gehen wir wieder über zum Kontinuum-Grenzfall

$$\frac{1}{\Omega}\cdot\sum_{\underline{k}} \rightarrow \frac{1}{(2\pi)^3}\int d^3k$$

$$(\Delta E)^{(2)}_{\boxtimes} = -16\pi^2 e^4 m\ \frac{\Omega}{(2\pi)^9}\int d^3q\int d^3k_1\int d^3k_2\ \frac{1}{|\underline{k}_1-\underline{k}_2-\underline{q}|^2 q^2\{\underline{q}\cdot(\underline{k}_1-\underline{k}_2-\underline{q})\}}$$

und skalieren $\underline{q}^{neu} := \frac{\underline{q}^{alt}}{k_F}$, $\underline{k}_1^{neu} := \frac{\underline{k}_1^{alt}}{k_F}$, $\underline{k}_2^{neu} := \frac{\underline{k}_2^{alt}}{k_F}$,

so daß sich ergibt

$$= -\Omega \frac{e^4 m}{32\pi^7} k_F^3 \int d^3q \int d^3k_1 \int d^3k_2 \; \frac{1}{|\underline{k}_1-\underline{k}_2-\underline{q}|^2 q^2 \{\underline{q}\cdot(\underline{k}_1-\underline{k}_2-\underline{q})\}} \quad .$$

Dabei ist zu integrieren über

$$|\underline{k}_1|, |\underline{k}_2| < 1 \quad , \quad |\underline{k}_1-\underline{q}|, |\underline{k}_2+\underline{q}| > 1 \quad .$$

Verwenden wir noch

$$3\pi^2 \left(\frac{N}{\Omega}\right) = k_F{}^3 \quad ,$$

substituieren weiterhin

$$\underline{q} \rightarrow -\underline{q} \quad , \quad \underline{k}_2 \rightarrow -\underline{k}_2$$

und berücksichtigen, daß (falls $\hbar=1$ gesetzt ist)

$$\frac{1}{2} e^4 m = 1\,\mathrm{Ry} \quad ,$$

dann erhalten wir

$$(\Delta E)^{(2)}_{\boxtimes} = +\frac{3N}{16\pi^5} \int \frac{d^3q}{q^2} \int d^3k_1 \int d^3k_2 \; \frac{1}{|\underline{k}_1+\underline{k}_2+\underline{q}|^2} \cdot \frac{1}{\underline{q}\cdot(\underline{k}_1+\underline{k}_2+\underline{q})} \;\mathrm{Ry}. \qquad (22.3)$$
$$|\underline{k}_1|, |\underline{k}_2| < 1 < |\underline{k}_1+\underline{q}|, |\underline{k}_2+\underline{q}|$$

Der verbleibende Ausdruck kann analytisch integriert werden (siehe L.Onsager, L.Mittag und M.J.Stephen, Annalen der Physik 18, 71(Leipzig,1966)), mit dem Ergebnis

$$(\Delta E)^{(2)}_{\boxtimes} = \left[\frac{1}{3}\ln 2 - \frac{3}{2\pi}\zeta(3) \right] \cdot N\;\mathrm{Ry}$$
$$= 0.0484 \cdot N \;\; \mathrm{Ry} \quad . \qquad (22.4)$$

$\zeta(3)$ bezeichnet hier die Riemannsche Zeta-Funktion

$$\zeta(3) = \frac{1}{2} \int_0^\infty \frac{t^2\,dt}{e^t - 1} \quad .$$

Wesentlich ist, daß dieser Energiebeitrag nicht mehr von k_F abhängt. Damit hängt er aber auch nicht von dem früher gemäß

$$\frac{1}{k_F} = \left[\frac{1}{3\pi^2}\left(\frac{\Omega}{N}\right)\right]^{1/3} = \left[\frac{1}{3\pi^2}\cdot\frac{4}{3}\pi\cdot r_s{}^3\right]^{1/3} = \left(\frac{4}{9\pi}\right)^{1/3}\cdot r_s \tag{22.5}$$

eingeführten "mittleren atomaren Radius" r_s (vgl. (10.6)) ab.

Kommen wir nun zu dem anderen Energiebeitrag zweiter Ordnung :

$$(\Delta E)^{(2)} = \underbrace{\frac{(-)^{2+2}}{2^1}\sum_{\sigma_1}\sum_{\sigma_2}}_{=2}\sum_{\underline{q}\neq 0}\;\sum_{\substack{\underline{k}_1\\ k_1,k_2<k_F\\ |\underline{k}_1+\underline{q}|,|\underline{k}_2-\underline{q}|>k_F}}\;\sum_{\underline{k}_2}\left(\frac{4\pi e^2}{\Omega}\right)^2\frac{1}{q^4}\cdot\frac{m}{\underline{q}\cdot(\underline{k}_2-\underline{k}_1-\underline{q})}$$

Durch Übergang zum Kontinuum-Grenzfall und die Substitution

$$\underline{q}^{neu} = -\underline{q}^{alt}/k_F\ ,\quad \underline{k}_1^{neu} = -\underline{k}_1^{alt}/k_F\ ,\quad \underline{k}_2^{neu} = \underline{k}_2^{alt}/k_F$$

erhalten wir analog zu oben

$$(\Delta E)^{(2)} = -\frac{3N}{8\pi^5}\int\frac{d^3q}{q^4}\int d^3k_1\int d^3k_2\,\frac{1}{\underline{q}\cdot(\underline{k}_1+\underline{k}_2+\underline{q})}\ \mathrm{Ry} \tag{22.6}$$

$$\ldots$$

Auch dieser Term ist von r_s unabhängig. Im folgenden zeigen wir, daß das vorliegende Integral divergiert. Wir beweisen damit explizit die in Kapitel 10 aufgestellte Behauptung, daß man die zweite Ordnung Störungstheorie für das Elektronengas nicht berechnen kann.

Wir betrachten den Integranden für $q \to 0$ und führen dazu die Bezeichnung

$$x_i = \cos\measuredangle(\underline{k}_i,\underline{q}) = \underline{k}_i\cdot\underline{q}\ /\ (k_i\, q)\quad i = 1,2$$

ein. Der Integrationsbereich $|\underline{k}_i| < 1 < |\underline{k}_i+\underline{q}|$ der $\underline{k}$-Integrationen wird für kleine q wegen

$$|\underline{k}+\underline{q}| = \sqrt{k^2+2kqx+q^2} = k\sqrt{1+2qx/k+q^2/k^2} = k\left(1+\frac{qx}{k}+O(q^2)\right) \cong k + qx\ ,$$

zu $1 - q\,x_i < k_i < 1$.

Legen wir in dem Integral

$$I(q) = \int d^3k_1 \int d^3k_2 \, \frac{1}{\underline{q}\cdot(\underline{k}_1+\underline{k}_2+\underline{q})}$$

die 'z-Achsen' der Integrationen parallel zu $\underline{q}$, so erhalten wir

$$I(q) = \int_0^1 2\pi dx_1 \int_{1-qx_1}^1 k_1{}^2 dk_1 \int_0^1 2\pi dx_2 \int_{1-qx_2}^1 k_2{}^2 dk_2 \, \frac{1}{qk_1x_1+qk_2x_2+q^2}$$

und schließlich unter Verwendung der obigen Abschätzung $k_i = 1+O(q)$ bei Vernachlässigung der Terme $O(q^2)$

$$= 4\pi^2 \int_0^1 dx_1 \int_0^1 dx_2 \int_{1-qx_1}^1 dk_1 \int_{1-qx_2}^1 dk_2 \, \frac{k_1{}^2 k_2{}^2}{q(x_1+x_2)}$$

$$= \frac{4\pi^2}{9} \int_0^1 dx_1 \int_0^1 dx_2 \, \frac{\{1-(1-qx_1)^3\}\{1-(1-qx_2)^3\}}{(x_1+x_2)\cdot q}$$

$$= \frac{4\pi^2}{9} \int_0^1 dx_1 \int_0^1 dx_2 \left[\frac{q^2}{q} \left(\frac{3x_1\cdot 3x_2}{x_1+x_2} \right) + \frac{O(q^3)}{q} \right]$$

$$= \frac{8\pi^2}{3} (1-\ln 2)\cdot q + O(q^2) \quad .$$

Jetzt müßten wir die $\underline{q}$-Integration durchführen:

$$(\Delta E)^{(2)}_{\text{(diagram)}} = -\frac{3\cdot N}{8\pi^5} \int_0 4\pi q^2 dq \, \frac{1}{q^4} \cdot I(q) \cong -\frac{4N}{\pi^2} \cdot \int_0 \frac{dq}{q} \qquad (22.7)$$

Dieses Integral divergiert an der unteren Grenze.

An der oberen Integrationsgrenze, d.h. für $q\to\infty$, gelten unsere Abschätzungen nicht. Ein Blick auf den Term q^4 im Nenner des ursprünglichen Integrals lehrt, daß dort keine Probleme auftreten.

Wollen wir nun schauen, was in der dritten Ordnung Störungstheorie passiert :

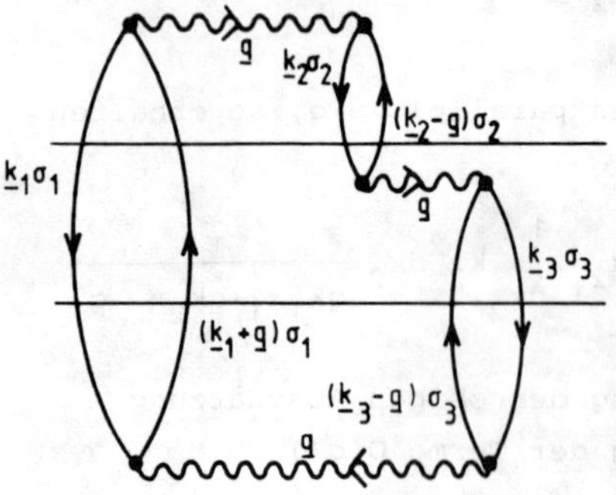

$$\Delta_3 + \Delta_2 = \frac{1}{m}\,\underline{q}\cdot(\underline{k}_2 - \underline{k}_1 - \underline{q})$$

$$\Delta_3 = \frac{1}{2m}\{k_1^2 + k_3^2 - (\underline{k}_1 + \underline{q})^2 - (\underline{k}_3 - \underline{q})^2\}$$

$$= \frac{1}{m}\,\underline{q}\cdot(\underline{k}_3 - \underline{k}_1 - \underline{q})$$

$$(\Delta E)^{(3)}_{\text{Ring}} = \underbrace{\frac{(-)^{3+3}}{2^0} \sum_{\sigma_1}\sum_{\sigma_2}\sum_{\sigma_3}}_{=8} \sum_{\substack{\underline{k}_1,\underline{k}_2,\underline{k}_3 \\ |\underline{k}_1|<k_F<|\underline{k}_1+\underline{q}| \\ |\underline{k}_2|<k_F<|\underline{k}_2-\underline{q}| \\ |\underline{k}_3|<k_F<|\underline{k}_3-\underline{q}|}} \frac{(4\pi e^2/\Omega)^3}{q^6} \cdot \frac{m}{\underline{q}\cdot(\underline{k}_2-\underline{k}_1-\underline{q})} \cdot \frac{m}{\underline{q}\cdot(\underline{k}_3-\underline{k}_1-\underline{q})}$$

Das weitere Vorgehen ist klar: Wir gehen über zum Kontinuum-Limes, skalieren mit k_F, verändern das Vorzeichen bei $\underline{k}_1$ und bei $\underline{q}$ und erhalten

$$(\Delta E)^{(3)}_{\text{Ring}} = \frac{3\,N}{4\pi^7 k_F}\,\text{Ry} \int \frac{d^3q}{q^6} \underbrace{\iiint d^3k_1\, d^3k_2\, d^3k_3 \, \frac{1}{\{\underline{q}\cdot(\underline{k}_1+\underline{k}_2+\underline{q})\}\{\underline{q}\cdot(\underline{k}_1+\underline{k}_3+\underline{q})\}}}_{=:\ I(q)} \qquad (22.8)$$

mit den üblichen Integrationsgrenzen

$$|\underline{k}_i| < 1 < |\underline{k}_i + \underline{q}| \qquad i = 1,2,3$$

Wichtig ist festzuhalten:

1.) Der Gesamtausdruck ist durch den Faktor $(1/k_F)$ proportional zu r_s (vgl. (22.5)).

2.) Es läßt sich dem obigen Beweisschema folgend leicht nachrechnen, daß $I(q)$ für $q \to 0$ linear gegen Null geht, so daß die Ringgraphen dritter Ordnung an der unteren Grenze stark divergieren

$$(\Delta E)^{(3)}_{\text{Ring}} \sim \int_0 \frac{dq}{q^3} \quad .$$

Völlig analog ergibt sich

$$(\Delta E)^{(n)}_{\text{Ring}} \sim \int_0 \frac{dq}{q^{2n-3}} \quad . \tag{22.9}$$

Die r_s-Abhängigkeit läßt sich leicht für beliebige Energiebeiträge bestimmen, unabhängig davon, ob es Ringgraphen sind oder nicht. Wir hatten festgestellt, daß alle Beiträge zweiter Ordnung von r_s unabhängig sind. Für jede weitere Ordnung hinzu erhält man

- ein Matrixelement $\langle | v | \rangle = 4\pi e^2/(\Omega k^2)$, also k_F^{-2} als Faktor
- einen Nenner-Faktor $(\Delta + \ldots + \Delta) \sim k^2$, also auch k_F^{-2}
- eine Summe $\sum_{\underline{k}}$,

  die nach der Ersetzung $\frac{1}{\Omega} \sum_{\underline{k}} \to \int d^3k$

  und der Skalierung mit k_F

  $$\underline{k}^{\text{neu}} := \underline{k}^{\text{alt}}/k_F$$

  einen Faktor $k_F^{\,3}$ liefert.

Pro Ordnung kommt also insgesamt ein Faktor k_F^{-1} , beziehungsweise r_s^{+1} hinzu :

$$\underline{(\Delta E)^{(n)} \sim r_s^{\,n-2}} \quad . \tag{22.10}$$

Unser Ziel ist die Berechnung der Energie für hohe Dichten, also für $r_s \to 0$. Würden die einzelnen Energie-Terme $(\Delta E)^{(n)}$ nicht divergieren, so ließe es sich (Konvergenz der Störungsreihe vorausgesetzt) leicht erreichen; man könnte einfach den konstanten Term zweiter Ordnung nehmen und eventuell noch eine weitere Ordnung als Korrektur einschließen.

So aber müssen wir die Divergenzen genauer betrachten: Da die Korrelationsenergie insgesamt endlich sein muß, kann man vermuten, daß sich beim Aufsummieren aller Terme die Divergenzen letztendlich wegheben. Die Aufgabe wird also sein, einer derartigen Reihe divergenter Terme einen 'Grenzwert' in sinnvoller Weise zuzuordnen. Physikalisch anschaulich ist klar, was passiert: Die Elektronen schirmen sich gegenseitig ab, so daß die lange Reichweite der Wechselwirkung, also das $q \to 0$ - Verhalten, nicht zum Tragen kommt. In jeder Ordnung divergieren die Ringgraphen am stärksten. So liegt es nahe, zunächst diese dominanten Beiträge jeder Ordnung aufzusummieren :

$$\Delta E^{(n)} \cong (\Delta E)^{(n)}_{\text{Ring}} = \int_0 \frac{dq}{q^{2n-3}} \cdot I_{n,1}(q) \quad \text{mit} \quad I_{n,1}(q) \xrightarrow[q\to 0]{} \text{const} .$$

Dies Vorgehen erscheint plausibel. Es soll aber nicht verschwiegen werden, daß es außer den Ringgraphen noch andere divergente Graphen gibt, z.B. in dritter Ordnung den folgenden:

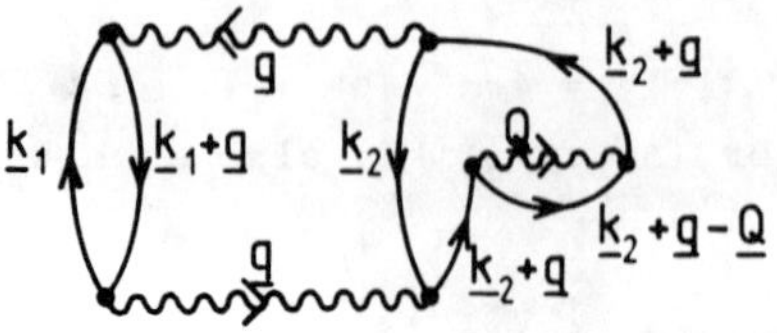

Wegen zweier gleicher Impulsüberträge ist er divergent wie der Ringgraph zweiter Ordnung, und es ist zunächst nicht unbedingt gesagt, daß man ihn vernachlässigen darf, wo man doch  mitnimmt.

Insgesamt könnte man die Störungsreihe folgendermaßen hinschreiben

$$\Delta E^{(2)} = \int_0 \frac{dq}{q} I_{2,1}(q) + \int_0 q\, I_{2,2}(q)\, dq$$

$$\Delta E^{(3)} = \left[\int_0 \frac{dq}{q^3} I_{3,1}(q) + \int_0 \frac{dq}{q} I_{3,2}(q) + \int_0 q\, I_{3,3}(q)\, dq\right] \cdot r_s$$

$$\Delta E^{(4)} = \left[\int_0 \frac{dq}{q^5} I_{4,1}(q) + \ldots + \int_0 q\, I_{4,4}(q)\, dq\right] \cdot r_s^2$$

$$\vdots \qquad \vdots \qquad \text{mit} \quad I_{n,m}(q) \xrightarrow[q\to 0]{} \text{const} \quad .$$

usw.

Wir wollen uns nun klarmachen, warum es dennoch vernünftig ist, nur die Ringgraphen zu berücksichtigen:
Der Grund für das Auftreten der Divergenzen ist offensichtlich die Langreichweitigkeit des Coulomb-Potentials. Nun können wir erwarten, daß im Elektronengas ein effektiver Abschirmeffekt auftritt, so daß nur die Fourier-Komponenten bis zu einem minimalen Wert k_c wichtig sind.
Dann ist (vorausgesetzt, daß k_c klein ist)

$$\int_{k_c} \frac{dq}{q}\cdot I_{..}(q) \quad \sim \quad \ln k_c$$

$$\int_{k_c} \frac{dq}{q^3}\cdot I_{..}(q) \quad \sim \quad 1/k_c^2$$

$$\int_{k_c} \frac{dq}{q^5}\cdot I_{..}(q) \quad \sim \quad 1/k_c^4$$

$$\begin{array}{lcl} \cdots\cdots & & \cdots \\ \cdots\cdots & & \cdots \quad . \end{array}$$

Verwenden wir die im Rahmen der Plasmonentheorie diskutierte Tatsache, daß die effektive Abschirmung bei einem Wert wirksam wird von

$$\underline{k_c \sim r_s^{1/2}} \quad ,$$

so sind die gerade angeführten Ausdrücke proportional zu $\ln(r_s)$, $1/r_s$, $1/r_s^2$ respektive. Fassen wir dies mit der zusätzlichen r_s-Abhängigkeit (22.10) der einzelnen Energiebeiträge zusammen, sehen wir :

$$\begin{aligned} (\Delta E)^{(2)}_{Ring} &\sim \ln r_s \\ (\Delta E)^{(n)}_{Ring} &\sim c \qquad\qquad (22.11) \\ (\Delta E)^{(2)}_{\boxtimes} &\sim c \quad . \end{aligned}$$

Alle anderen Beiträge gehen mindestens wie $r_s\cdot\ln(r_s)$ gegen Null für $r_s\to 0$.
Deswegen sollte es vernünftig sein, die Korrelationsenergie für hohe Dichten ($r_s\to 0$) folgendermaßen anzusetzen:

$$E_{corr} \cong \sum_{n=2}^{\infty} (\Delta E)^{(n)}_{Ring} + (\Delta E)^{(2)}_{\boxtimes} \quad .$$

Wir gehen nun die Aufsummation aller Ringgraphen an.

Dazu werden wir zuerst die folgende Darstellung der Ringgraphen-Beiträge plausibel machen :

$$(\Delta E)^{(n)}_{\text{Ring}} = (-)^{n+1}\cdot\frac{3\cdot N}{8\pi^5}\cdot\left(\frac{\alpha\cdot r_s}{\pi^2}\right)^{n-2}\cdot\int\frac{J_n}{q^{2n}}\,d^3q \quad \text{Ry} \tag{22.12}$$

mit

$$\alpha = (4/9\pi)^{1/3}$$

$$J_n = \frac{1}{n}\cdot\int_{-\infty}^{+\infty}dt_1\int_{-\infty}^{+\infty}dt_2\ldots\int_{-\infty}^{+\infty}dt_n\; F_q(t_1)\cdot\ldots\cdot F_q(t_n)\cdot\delta(t_1+\ldots+t_n)$$

und[#]

$$F_q(t) = \int_{|\underline{p}|<1<|\underline{p}+\underline{q}|}\exp\{-|t|\cdot(\tfrac{1}{2}q^2+\underline{q}\cdot\underline{p})\}\;d^3p$$

Die Behauptung gilt für n=2 :

$$\begin{aligned}
J_2 &= \frac{1}{2}\cdot\int_{-\infty}^{\infty}dt_1\int_{-\infty}^{\infty}dt_2\;F_q(t_1)\cdot F_q(t_2)\cdot\delta(t_1+t_2)\\
&= \frac{1}{2}\cdot\int_{-\infty}^{\infty}dt_1\;F_q(t_1)\cdot F_q(-t_1) = \int_0^{\infty}F_q(t)\cdot F_q(-t)\;dt\\
&= \int d^3p_1\int d^3p_2\int_0^{\infty}dt\;e^{-t(\underline{q}\cdot\underline{p}_1+q^2/2)}\;e^{-t(\underline{q}\cdot\underline{p}_2+q^2/2)}\\
&= \int d^3p_1\int d^3p_2\left[-\frac{e^{-t\underline{q}\cdot(\underline{p}_1+\underline{p}_2+\underline{q})}}{\underline{q}\cdot(\underline{p}_1+\underline{p}_2+\underline{q})}\right]\Bigg|_0^{\infty}\\
&= \int d^3p_1\int d^3p_2\;\frac{1}{\underline{q}\cdot(\underline{p}_1+\underline{p}_2+\underline{q})} \qquad \text{(wie gewünscht, vgl. (22.6))}
\end{aligned}$$

und für n=3 :

$$\begin{aligned}
J_3 &= \frac{1}{3}\cdot\int_{-\infty}^{\infty}dt_1\int_{-\infty}^{\infty}dt_2\int_{-\infty}^{\infty}dt_3\;F_q(t_1)F_q(t_2)F_q(t_3)\,\delta(t_1+t_2+t_3)\\
&= \frac{1}{3}\cdot\int_{-\infty}^{\infty}dt_1\int_{-\infty}^{\infty}dt_2\;F_q(t_1)\cdot F_q(t_2)\cdot F_q(-t_1-t_2)\\
&= \frac{1}{3}\cdot\int d^3p_1\int d^3p_2\int d^3p_3\int_{-\infty}^{\infty}dt_1\int_{-\infty}^{\infty}dt_2\\
&\quad e^{-|t_1|(\underline{q}\cdot\underline{p}_1+q^2/2)}\cdot e^{-|t_2|(\underline{q}\cdot\underline{p}_2+q^2/2)}\cdot e^{-|t_1+t_2|(\underline{q}\cdot\underline{p}_3+q^2/2)}
\end{aligned}$$

\# $F_q(it)$ entspricht dem Polarisationspropagator nullter Ordnung $i\Pi^{(o)}(\underline{q},t)$, den wir in Kapitel 27 noch ausführlich diskutieren werden.

Um die Betragstriche auszuwerten, wird der Integrationsbereich in 6 Teile aufgespalten:

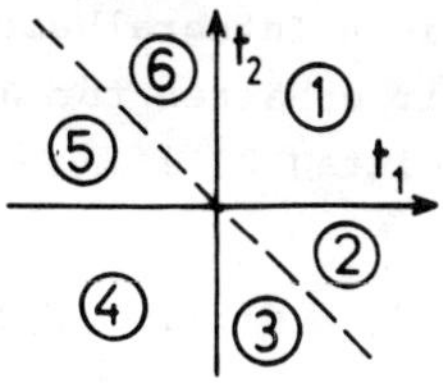

1) $|t_1| = t_1$, $|t_2| = t_2$, $|t_1+t_2| = t_1+t_2$

2) $|t_1| = t_1$, $|t_2| = -t_2$, $|t_1+t_2| = t_1+t_2$, d.h. $t_1 > |t_2|$

3) $|t_1| = t_1$, $|t_2| = -t_2$, $|t_1+t_2| = -t_1-t_2$, d.h. $t_1 < |t_2|$

4) $|t_1| = -t_1$, $|t_2| = -t_2$, $|t_1+t_2| = -t_1-t_2$

5) $|t_1| = -t_1$, $|t_2| = t_2$, $|t_1+t_2| = -t_1-t_2$, d.h. $t_2 < |t_1|$

6) $|t_1| = -t_1$, $|t_2| = t_2$, $|t_1+t_2| = t_1+t_2$, d.h. $t_2 > |t_1|$

Die Substitution $t_1 \to -t_1$, $t_2 \to -t_2$
zeigt, daß die Beiträge 1) und 4), die Beiträge 2) und 5) sowie die Beiträge 3) und 6) jeweils gleich sind.
Desweiteren rechnen wir nach, daß mit der Abkürzung
$D_i := (\underline{q}\cdot\underline{p}_i + q^2/2)$ gilt:

$$\text{Beitrag 1)} = \int_0^\infty dt_1 \int_0^\infty dt_2\, e^{-t_1 D_1} \cdot e^{-t_2 D_2} \cdot e^{(-t_1-t_2)D_3}$$

$$= \int_0^\infty dt_1 \int_0^\infty dt_2\, e^{-t_1(D_1+D_3)} \cdot e^{-t_2(D_2+D_3)}$$

$$\text{Beitrag 2)} = \int_{-\infty}^0 dt_2 \int_{-t_2}^\infty dt_1\, e^{-t_1 D_1} \cdot e^{+t_2 D_2} \cdot e^{(-t_1-t_2)D_3}$$

$$(t_2^{neu} := -t_2^{alt} ,\ t_1^{neu} := t_1^{alt} + t_2^{alt} ,\ t_1^{neu} + t_2^{neu} = t_1^{alt})$$

$$= \int_0^\infty dt_2 \int_0^\infty dt_1\, e^{(-t_1-t_2)D_1} \cdot e^{-t_2 D_2} \cdot e^{-t_1 D_3}$$

$$= \int_0^\infty dt_1 \int_0^\infty dt_2\, e^{-t_1(D_1+D_3)} \cdot e^{-t_2(D_1+D_2)} \quad .$$

Benennen wir um $\underline{p}_1 \leftrightarrow \underline{p}_3$, also auch $D_1 \leftrightarrow D_3$, so sehen wir

Beitrag 2) = Beitrag 1) .

Eine analoge Rechnung führt zu

Beitrag 3) = Beitrag 1) .

Die 6 Integralbeiträge sind also untereinander gleich, und wir erhalten für J_3 (mit den Bezeichnungen der Rechnung zu Beitrag 2))

$$J_3 = 6\cdot\frac{1}{3}\cdot\int d^3p_1\int d^3p_2\int d^3p_3 \int\limits_0^\infty dt_1 \int\limits_0^\infty dt_2\; e^{-t_1(D_1+D_3)}\cdot e^{-t_2(D_1+D_2)}$$

$$= 2\int d^3p_1\int d^3p_2\int d^3p_3 \int\limits_0^\infty dt_1 e^{-t_1\underline{q}\cdot(\underline{p}_1+\underline{p}_3+\underline{q})}\cdot\int\limits_0^\infty dt_2 e^{-t_2\underline{q}\cdot(\underline{p}_1+\underline{p}_2+\underline{q})}$$

$$= 2\cdot\underset{\substack{|\underline{p}_i|<1<|\underline{p}_i+\underline{q}|\\ \text{für } i=1,2,3}}{\iiint} d^3p_1\cdot d^3p_2\cdot d^3p_3\;\frac{1}{\underline{q}\cdot(\underline{p}_1+\underline{p}_3+\underline{q})}\cdot\frac{1}{\underline{q}\cdot(\underline{p}_1+\underline{p}_2+\underline{q})}$$

in Übereinstimmung mit dem früher angegebenen Ausdruck (22.8) für $(\Delta E)^{(3)}_{\text{Ring}}$.

Wir werden hier den Beweis von Gleichung (22.12) für beliebige n nicht weiter verfolgen. Die Richtigkeit der Aussage ist auf Grund der Analogie zwischen der Funktion $F_q(t)$ und dem Feynman-Propagator der Quantenfeldtheorie ziemlich offensichtlich (vgl. M.Gell-Mann und K.A.Brueckner,l.c.). Es sei allerdings erwähnt, daß ab der 4. Ordnung verschiedene, topologisch nicht äquivalente Typen von Ringgraphen auftreten. Sie führen zu neuen Energienennern. So ergibt sich in 4. Ordnung :

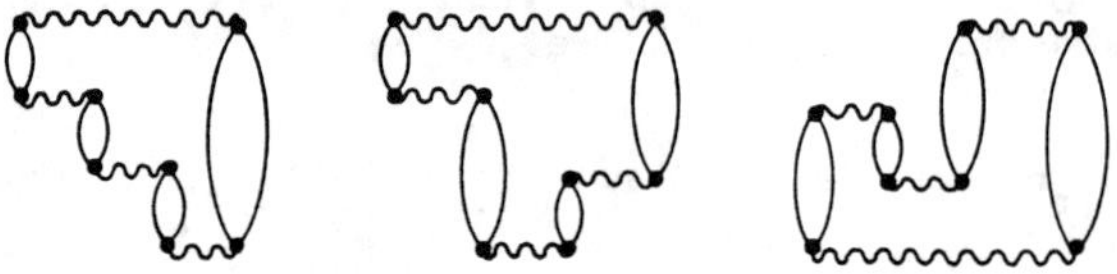

$$(\Delta E)^{(4)}_{\text{Ring}} = -\frac{3\cdot N}{4\pi^5}\cdot\left(\frac{\alpha\cdot r_s}{\pi^2}\right)^2\cdot\int\frac{d^3q}{q^8}\underset{|\underline{p}_i|<1<|\underline{p}_i+\underline{q}|\quad\text{für } i=1,..,4}{\iiiint} d^3p_1\cdot d^3p_2\cdot d^3p_3\cdot d^3p_4\cdot$$

$$\cdot\Big(\frac{1}{\underline{q}\cdot(\underline{p}_1+\underline{p}_2+\underline{q})}\cdot\frac{1}{\underline{q}\cdot(\underline{p}_1+\underline{p}_3+\underline{q})}\cdot\frac{1}{\underline{q}\cdot(\underline{p}_1+\underline{p}_4+\underline{q})}\; +$$

$$+\;\frac{1}{\underline{q}\cdot(\underline{p}_1+\underline{p}_2+\underline{q})}\cdot\frac{1}{\underline{q}\cdot(\underline{p}_1+\underline{p}_3+\underline{q})}\cdot\frac{1}{\underline{q}\cdot(\underline{p}_3+\underline{p}_4+\underline{q})}\; +$$

$$+\;\frac{1}{\underline{q}\cdot(\underline{p}_1+\underline{p}_2+\underline{q})}\cdot\frac{1}{\underline{q}\cdot(\underline{p}_1+\underline{p}_2+\underline{p}_3+\underline{p}_4+2\underline{q})}\cdot\frac{1}{\underline{q}\cdot(\underline{p}_1+\underline{p}_3+\underline{q})}\Big)$$

Im folgenden setzen wir die Richtigkeit der Aussage (22.12) für alle n voraus.

In die Definition von J_n setzen wir die Darstellung

$$\delta(x) = \frac{1}{2\pi}\cdot\int_{-\infty}^{+\infty} du\ e^{iux} = \frac{q}{2\pi}\cdot\int_{-\infty}^{+\infty} du\ e^{iqux}$$

ein. Dies liefert

$$J_n = \frac{q}{2\pi n}\cdot\int_{-\infty}^{+\infty} du \int_{-\infty}^{+\infty} dt_1 \ldots \int_{-\infty}^{+\infty} dt_n\ F_q(t_1)\ldots F_q(t_n)\cdot e^{iqu(t_1+\ldots+t_n)}$$

$$= \frac{q}{2\pi n}\cdot\int_{-\infty}^{+\infty} du\ \left(Q_q(u)\right)^n$$

mit

$$Q_q(u) := \int_{-\infty}^{+\infty} dt\ F_q(t)\cdot e^{iqut}$$

$$= \int\limits_{|\underline{p}|<1<|\underline{p}+\underline{q}|} d^3p \int_{-\infty}^{+\infty} dt\ e^{iqut}\cdot e^{-|t|(\underline{q}\cdot\underline{p}+q^2/2)}$$

$$= \ldots = 2\pi\left\{1 + \frac{1}{2q}\left(1 - \frac{1}{4}q^2 + u^2\right)\cdot \ln\left(\frac{(1+\frac{1}{2}q)^2 + u^2}{(1-\frac{1}{2}q)^2 + u^2}\right)\right.$$

$$\left. - u\cdot \operatorname{arctg}\left(\frac{1+\frac{1}{2}q}{u}\right) - u\cdot \operatorname{arctg}\left(\frac{1-\frac{1}{2}q}{u}\right)\right\} .$$

(22.13)

Damit lautet der Gesamtbeitrag der Ringgraphen:

$$\Delta E_{Ring} = \sum_{n=2}^{\infty} (\Delta E)^{(n)}_{Ring}$$

$$= -\frac{3N}{16\pi^6}\cdot\left(\frac{\pi^2}{\alpha r_s}\right)^2\cdot\int d^3q\cdot q\cdot\int_{-\infty}^{+\infty} du \sum_{n=2}^{\infty}\frac{(-)^n}{n}\left(\frac{Q_q(u)\alpha r_s}{\pi^2 q^2}\right)^n$$

$$= \frac{3N}{16\pi^6}\left(\frac{\pi^2}{\alpha r_s}\right)^2\cdot\int d^3q\cdot q\cdot\int_{-\infty}^{+\infty} du\left[\ln\left(1 + \frac{Q_q(u)\alpha r_s}{\pi^2 q^2}\right) - \frac{Q_q(u)\alpha r_s}{\pi^2 q^2}\right] .$$

Streng genommen konvergiert die Reihe im Integranden natürlich nur für

$$-1 < \frac{Q_q(u)\cdot\alpha\cdot r_s}{\pi^2\cdot q^2} < 1 \quad .$$

Interessant sind die kleinen q-Werte. Wir rechnen nach, wie sich $Q_q(u)$ für $q\to 0$ verhält:

Mit

$$\ln\left(\frac{1+q+\frac{q^2}{4}+u^2}{1-q+\frac{q^2}{4}+u^2}\right) = \ln\left(1+\frac{q+q^2/4}{1+u^2}\right) - \ln\left(1-\frac{q-q^2/4}{1+u^2}\right)$$

$$\underset{q\to 0}{\cong} \frac{q}{1+u^2} + \frac{q}{1+u^2} = \frac{2q}{1+u^2}$$

erhalten wir aus (22.13)

$$Q_o(u) := \lim_{q\to 0} Q_q(u) = \lim_{q\to 0} 2\pi\{1 + \frac{1+u^2+0}{2q}\cdot\frac{2q}{1+u^2} - 2u\cdot\mathrm{arctg}(\frac{1}{u})\}$$

$$= 4\pi\{1-u\cdot\mathrm{arctg}(\frac{1}{u})\} \quad .$$

Damit ist klar, daß man für kleine q irgendwann außerhalb des Konvergenzkreises des Logarithmus gerät.

Dennoch wollen wir

i) die Logarithmusfunktion weiterverwenden und

ii) Q_q durch Q_o approximieren, da ja ohnehin die kleinen q-Werte dominant zum Integral beitragen.

In dieser Näherung ergibt sich für das verbleibende Mehrfachintegral

$$\Delta E_{Ring} = \left(\frac{2}{\pi^2}(1-\ln 2)\ln(r_s) - 0.142 + O(r_s\ln(r_s))\right) N\ Ry \ .$$

Zusammen mit dem früheren Ergebnis (22.4)

$$(\Delta E)^{(2)}_{\boxtimes} \cong 0.048\ N\ \ Ry$$

ergibt sich also

$$E_{corr}/N = \{0.0622\ln(r_s) - 0.094 + O(r_s\ln(r_s))\}\ \text{Ry} \qquad (22.14)$$

Dies ist das Endergebnis der langen Rechnung.

Die Näherung (ii) wurde von Gell-Mann und Brueckner im Term zweiter Ordnung  (den man exakt berechnen kann) richtig gestellt. Das Ergebnis ist eine kleine Korrektur im von r_s unabhängigen Term, die im obigen Wert 0.142 bereits eingearbeitet ist. Weitere Korrekturen entsprechen Potenzen von r_s, die wir hier konsequent vernachlässigt haben. Die "Näherung" bzw. das Vorgehen (i) konnte als exakt gültig nachgewiesen werden. Dies geht mit der sogenannten Sawada-Methode, die im folgenden kurz angedeutet werden soll. (Für Details siehe: K.Sawada,Phys.Rev.106,372(1957); K.Sawada,K.Brueckner,N.Fukuda und R.Brout,Phys.Rev.108,507(1957))
Die Idee ist die folgende:
Wenn man schon einmal weiß, daß im Grenzfall hoher Dichte die Ringgraphen dominant sind, dann kann man natürlich auch versuchen, einen Hamilton-Operator zu konstruieren, dessen Störungsentwicklung von vornherein nur die Ringgraphen oder eine verwandte Klasse von Graphen liefert.
Das volle Fermionengas-Wechselwirkungspotential lautet (unter Berücksichtigung der Impulserhaltung) :

$$V = \frac{1}{2}\sum_{q\neq 0}\ \sum_{\substack{\underline{k}_1'-\underline{k}_1=\underline{q}\\ \underline{k}_2-\underline{k}_2'=\underline{q}}}\ \sum_{\sigma_1,\sigma_2} v(q)\, a^+_{\underline{k}_1'\sigma_1}\, a^+_{\underline{k}_2\sigma_2}\, a_{\underline{k}_2\sigma_2}\, a_{\underline{k}_1\sigma_1} \quad .$$

Eine drastische Einschränkung erhalten wir, wenn wir statt aller impulserhaltender Prozesse

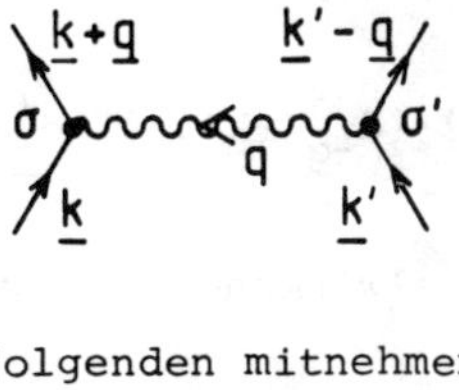

nur die folgenden mitnehmen :

$$\tilde{v} = \frac{1}{2} \sum_{q\neq 0} \sum_{\sigma_1}\sum_{\sigma_2} \left[\sum_{\substack{k_1',k_2'<k_F\\ k_1,k_2>k_F}} + \sum_{\substack{k_1',k_2<k_F\\ k_2',k_1>k_F}} + \sum_{\substack{k_1,k_2'<k_F\\ k_2,k_1'>k_F}} + \sum_{\substack{k_1,k_2<k_F\\ k_1',k_2'>k_F}} \right]$$

$$\cdot\, v(q)\cdot a^+_{\underline{k}_1'\sigma_1}\cdot a^+_{\underline{k}_2'\sigma_2}\cdot a_{\underline{k}_2\sigma_2}\cdot a_{\underline{k}_1\sigma_1} \;.$$

Diesen Operator können wir wie folgt graphisch veranschaulichen (wobei die Richtung in Bezug auf die gedachte Zeitachse jetzt, im Unterschied zu etwa der vorstehenden Zeichnung, von Bedeutung ist):

$\tilde{v}$ enthält: 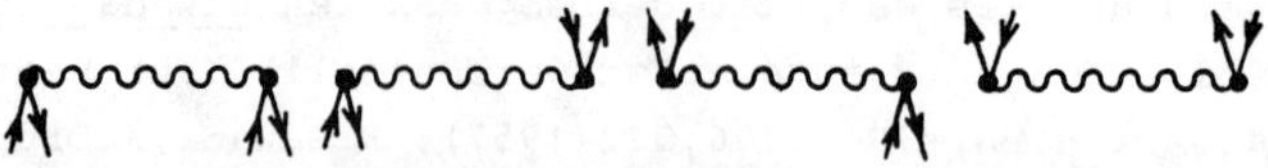

Außer den Ringgraphen enthält die Störungsentwicklung dieses Operators noch weitere Graphen, z.B.

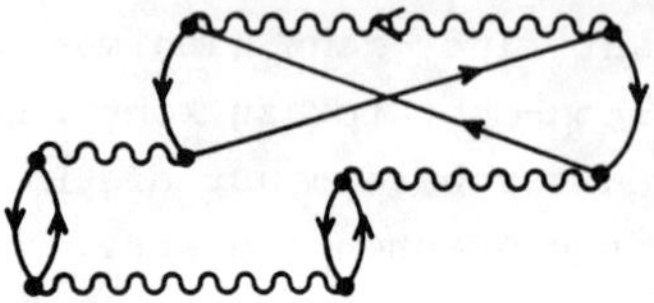

Im Grenzfall $r_s \to 0$ liefern diese Graphen verschwindende Beiträge.

Die bildliche Darstellung läßt vermuten, daß man <u>dieses</u> Potential durch Elektron-Loch-Paar-Erzeugungsoperatoren

$$d_{\underline{q}}(\underline{k},\sigma) := a^+_{\underline{k},\sigma}\; a_{\underline{k}+\underline{q},\sigma}$$

ausdrücken kann. Man erhält so

$$\tilde{v} = \frac{1}{2}\cdot \sum_{\underline{q}\neq 0} \sum_{\underline{k},\sigma} \sum_{\underline{k}',\sigma'} \{d_{\underline{q}}(\underline{k},\sigma) + d^+_{-\underline{q}}(-\underline{k},\sigma)\}\cdot\{d_{-\underline{q}}(-\underline{k}',\sigma') + d^+_{\underline{q}}(\underline{k}',\sigma')\} \;.$$

Der Hamilton-Operator mit dieser Wechselwirkung erlaubt dann eine <u>exakte</u> Behandlung.

Man muß allerdings gerechterweise sagen, daß trotz der Eleganz der Idee die exakte Behandlung dieses Hamilton-Operators wesentlich aufwendiger ist als die Gell-Mann - Brueckner - Summation. Bei der exakten Behandlung von $\tilde{v}$ erhält man dafür zusätzliche Aussagen über angeregte Zustände. Im Falle des Grundzustandes liefert die Sawada-Methode die Bestätigung dafür, daß die Ersetzung der Reihe durch den Logarithmus (bei Gell-Mann und Brueckner) korrekt ist.

Zum Abschluß dieses Kapitels wollen wir noch mit dem Ergebnis (11.10) der Plasmonentheorie

$$E_{corr}/N = (\, 0.0622 \ln(r_s) - 0.158 \,) \quad \text{Ry}$$

vergleichen. Der Koeffizient des logarithmischen Terms ist in beiden Ausdrücken identisch. Das ist nicht erstaunlich, denn dieser Term kommt vom kurzreichweitigen Anteil der zweiten Ordnung, der ja bei beiden Methoden gleichermaßen korrekt behandelt wurde. Einen deutlichen Unterschied zeigt der von r_s unabhängige Term. Wenngleich die Gell-Mann - Brueckner - Berechnung für $r_s \to 0$ unzweifelhaft richtig ist, so liefert sie doch für reale metallische Dichten schlechtere Werte für die Korrelationsenergie als die Plasmonentheorie.

23. DIAGRAMMATISCHE BERECHNUNG DER EINTEILCHEN-GREENSFUNKTION: DIE DYSON-GLEICHUNG

Die Grundlage der diagrammatischen Analyse der Einteilchen-Greensfunktion bildet die in Kapitel 18 bewiesene Darstellung

$$iG_{\alpha\beta}(\underline{r}t,\underline{r}'t') = \lim_{\varepsilon\to 0} \frac{1}{\langle\phi_o|U_\varepsilon(-\infty,\infty)|\phi_o\rangle} \sum_{n=0}^{\infty} \frac{(-i)^n}{n!}$$

$$\cdot\int_{-\infty}^{\infty} dt_1 \dots \int_{-\infty}^{\infty} dt_n \, e^{-\varepsilon(|t_1|+\dots+|t_n|)} \langle\phi_o|T\big(v(t_1)_I \dots v(t_n)_I$$

$$\underline{\underline{\psi_\alpha(\underline{r}t)_I \psi^+_\beta(\underline{r}'t')_I\big)|\phi_o\rangle}} \quad .$$

Fügen wir an Stelle der mit ═ unterstrichenen Feldoperatoren andere Erzeugungs- und Vernichtungs-Operatoren, z.B. $c_{\underline{k}\alpha}(t)_I$ $c^+_{\underline{k}'\beta}(t')_I$, ein, so erhalten wir Darstellungen anderer Einteilchen-Greensfunktionen, im angegebenen Beispiel etwa $G_{\alpha\beta}(\underline{k}t,\underline{k}'t')$. Der Nenner in dieser Darstellung der Greensfunktion entspricht gerade der Vakuumamplitude, deren diagrammatische Berechnung in Kapitel 2 diskutiert wurde. Setzt man die Darstellung der Potentiale $v(t_i)_I$ in zweiter Quantisierung ein und verwendet das Wicksche Theorem, so kann man mit den in Kapitel 20 zusammengestellten Feynman-Regeln auch den Zähler graphisch darstellen. In erster Ordnung ergaben sich die folgenden 6 Graphen :

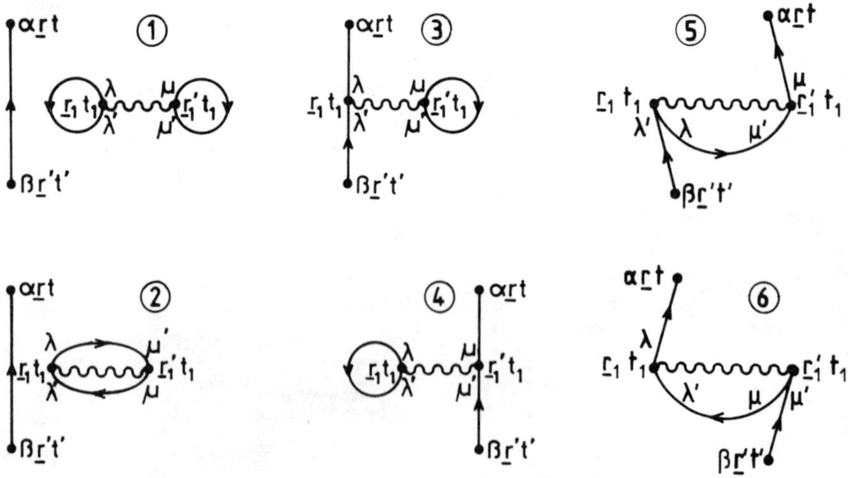

Die beiden Argumente der Greensfunktion treten stets als äußere Endpunkte der Graphen auf. Wir haben hier nur die Graphen für Teilchenpropagation gezeichnet. Die entsprechenden Graphen für Lochpropagation erhält man durch Vertauschen der Endindizes und Umdrehen aller Pfeile.

Die Graphen ③ und ④ sowie in gleicher Weise ⑤ und ⑥ sind im Sinne unserer früheren Definition topologisch äquivalent, d.h. sie gehen durch Vertauschen der Indizes an den Vertices <u>einer</u> Wechselwirkungslinie auseinander hervor.

Die Graphen ① und ② sind unzusammenhängend. Es ist klar, daß solche Graphen nach Übersetzung in die Formelsprache in die Beiträge der zusammenhängenden Untergraphen faktorisieren. Im folgenden werden wir beweisen, daß man alle Terme des Zählers der Einteilchen-Greensfunktion erhält aus dem Produkt

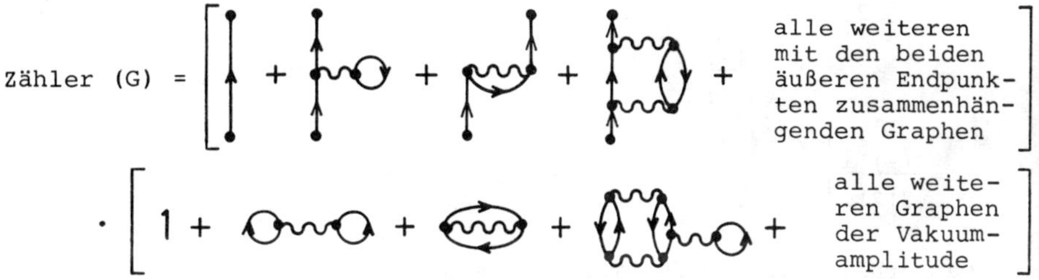

Es werden also einfach alle mit den beiden äußeren Endpunkten zusammenhängenden Graphen mit allen sonstigen losen Stücken (deren Summe natürlich insgesamt die Vakuumamplitude ergibt) kombiniert. Es ist klar, daß man auf diese Weise alle nur denkbaren topologisch verschiedenen Möglichkeiten erhält. Es bleibt allerdings zu klären, ob auch die Vorfaktoren stimmen. Als Beispiel betrachten wir zunächst die folgenden 6 Graphen, die alle zur Störungsentwicklung des Zählers von G beitragen:

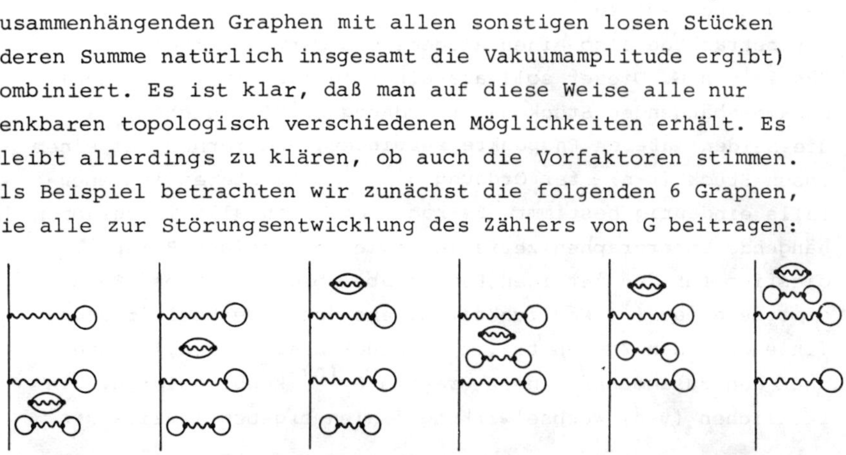

Sie liefern natürlich alle denselben Beitrag, nämlich (in sich selbst erklärender Kurzschreibweise)

$$\frac{(-)^5 i^4}{4!\,2^4} \cdot \left[\sum G^{(o)} v G^{(o)}\right] \cdot \left[\sum G^{(o)} v G^{(o)}\right] \cdot \left[\sum G^{(o)}(t,.) v G^{(o)} G^{(o)} v G^{(o)} G^{(o)}(.,t')\right] .$$

Andererseits ist das Produkt

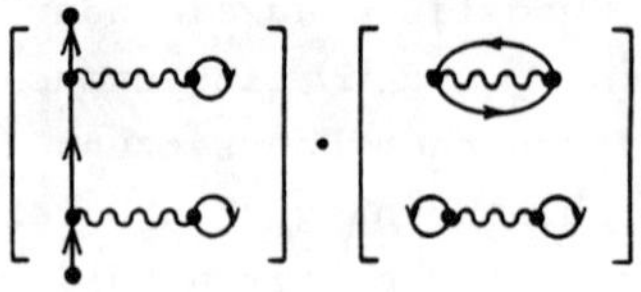

gerade gleich

$$= \left\{\frac{(-)^2 i^2}{2!\,2^2} \left[\sum G^{(o)}(t,.) v G^{(o)} G^{(o)} v G^{(o)} G^{(o)}(.,t')\right]\right\} \cdot \left\{\frac{(-)^3 i^2}{2!\,2^2} \left[\sum G^{(o)} v G^{(o)}\right] \left[\sum G^{(o)} v G^{(o)}\right]\right\}$$

$$= \frac{(-)^5 i^4}{2!2!2^4} \cdot (\;) \cdot (\;) \cdot (\;) = 6 \cdot \frac{(-)^5 i^4}{4!\,2^4} \cdot (\;) \cdot (\;) \cdot (\;) .$$

Man erhält also in der Tat gerade die Summe der obigen sechs Graphen. Es gilt nun, diese Rechnung auf beliebige Graphen beliebiger Ordnung zu übertragen. Gelingt das, ist die obige Behauptung bewiesen.

Wir betrachten also einen allgemeinen Term ν-ter Ordnung im Zähler von G. Dieser soll aus einem (eindeutig bestimmten) zusammenhängenden Stück n-ter Ordnung $G_L^{(n)}$ bestehen, das die beiden äußeren Endpunkte verbindet, und ferner aus einem losen Stück $(\nu-n)$ - ter Ordnung $g^{(\nu-n)}$. Letzteres ist ebenfalls eindeutig bestimmt. Es kann gegebenenfalls in zusammenhängende Untergraphen zerfallen (wie beim obigen Beispiel); dies ist für den jetzigen Beweis aber bedeutungslos. Dann gibt es genau $\binom{\nu}{n}$ Möglichkeiten, aus den ν Wechselwirkungslinien bei den Zeiten $t_1 \ldots t_\nu$ n Stück auszuwählen, welche dann den zusammenhängenden Graphen $G_L^{(n)}$ konstituieren. Die restlichen $(\nu-n)$ Wechselwirkungslinien ergeben jeweils den abgekoppelten Vakuumamplituden-Graphen $g^{(\nu-n)}$. Jede Kombinationsmöglichkeit entspricht offenbar einem Graphen, der zum Zähler der Greensfunktion beiträgt. All diese $\binom{\nu}{n}$ Graphen liefern denselben Beitrag. Ihre Summe beträgt somit

$$\frac{\nu!}{n!(\nu-n)!}\cdot\left[\frac{(-)^{\ell}\quad i^{\nu}}{\nu!\; 2^{\nu}}\left[\sum G^{(0)}v\ldots\right]_{G_L^{(n)}}\cdot\left[\sum G^{(0)}v\ldots\right]_{g^{(\nu-n)}}\right]$$

$$= (-)^{\ell_1}\frac{i^n}{n!2^n}\left[\sum G^{(0)}v\ldots\right]_{G_L^{(n)}}\cdot(-)^{(\ell-\ell_1)}\frac{i^{(\nu-n)}}{(\nu-n)!2^{\nu-n}}\left[\sum G^{(0)}v\ldots\right]_{g^{(\nu-n)}}$$

$$= \qquad (\; G_L{}^{(n)}\;) \qquad\qquad \cdot \qquad\qquad (\; g^{(\nu-n)}\;) \qquad .$$

Dabei wurde die unmittelbar einsichtige Tatsache verwendet, daß die Anzahl der Fermionenlochlinien (mit ℓ, ℓ_1 und $\ell-\ell_1$ bezeichnet) additiv ist.

Somit ist die Behauptung bewiesen. Wir können den Nenner der Greensfunktion gegen den Vakuumamplituden-Faktor des Zählers wegkürzen und erhalten das wichtige Ergebnis

$$G_{\alpha\beta}(\underline{r}t,\underline{r}'t') =$$

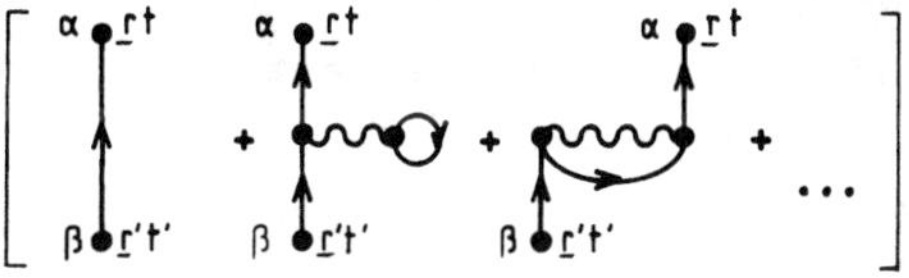

$$= \lim_{\varepsilon\to 0}\,(-i)\sum_{n=0}^{\infty}\frac{(-i)^n}{n!}\int_{-\infty}^{+\infty}dt_1\ldots\int_{-\infty}^{+\infty}dt_n\; e^{-\varepsilon(|t_1|+\ldots+|t_n|)}$$

$$\cdot\langle\phi_0|T\left(v(t_1)_I\ldots v(t_n)_I\;\psi_\alpha(\underline{r}t)_I\;\psi_\beta^{+}(\underline{r}'t')_I\right)|\phi_0\rangle_L \quad . \qquad (23.1)$$

Der Index "L" bedeutet hier wieder, daß nur über zusammenhängende Graphen summiert wird. Gleichung (23.1) ist, wenn man so will, das 'Linked-Cluster-Theorem' für die Einteilchen-Greensfunktion.

In den verbleibenden Termen der Störungsentwicklung treten noch zahlreiche Entartungen auf

a) durch Vertauschung ganzer Wechselwirkungslinien

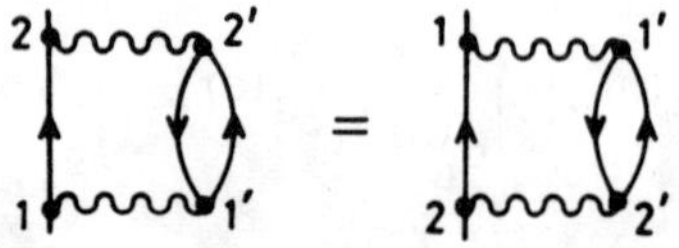

Hiervon gibt es bei Graphen n-ter Ordnung insgesamt n! Permutationsmöglichkeiten.

b) durch topologische Entartung

Hiervon gibt es pro Wechselwirkungslinie 2 Möglichkeiten. Für Graphen n-ter Ordnung bedeutet das einen weiteren Entartungsfaktor 2^n. Im Gegensatz zur Vakuumamplitude gibt es hier nur asymmetrische Graphen, so daß wir dabei nicht etwa Graphen doppelt zählen.

Wir verabreden nun, daß ein <u>nicht indizierter Graph</u> stellvertretend für die ganze Famile von $(n!\ 2^n)$ entarteten Graphen steht. Gleichzeitig legen wir damit fest eine neue

Feynman-Regel Nr. 7 für den Vorfaktor nicht indizierter zusammenhängender Greensfunktions-Graphen:

$$\text{Vorfaktor} = i^n \quad .$$

Der Entartungsfaktor $(n!\ 2^n)$ kürzt sich gerade gegen den Nenner des früher angegebenen Vorfaktors für indizierte Graphen weg.

Im folgenden sind alle zusammenhängenden Greensfunktions-Graphen der zweiten Ordnung aufgeführt. Jeder dieser nicht indizierten Graphen steht dabei für eine Familie von $2^2 \cdot 2!$

Graphen. Bei translationsinvarianten Systemen in der Impuls-Darstellung werden natürlich wieder einige dieser Graphen wegfallen.

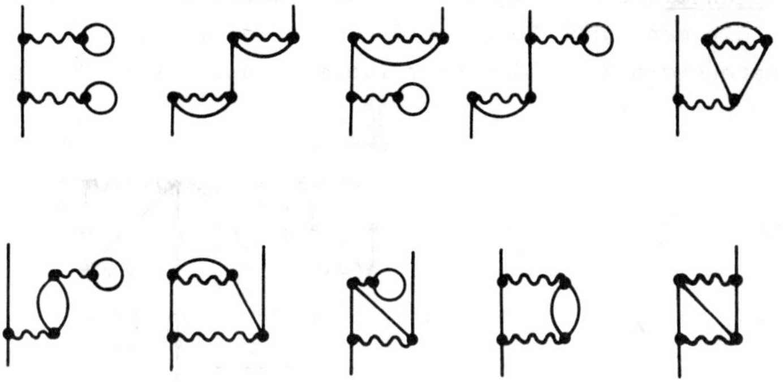

Jetzt könen wir uns ungefähr vorstellen, wie die Störungsentwicklung der Einteilchen-Greensfunktion aussieht. Daß dabei, wie die vorstehende Aufstellung der Graphen 2. Ordnung zeigt, viele Graphen aus 'einfachen Bausteinen' zusammengesetzt sind, gibt Anlaß zu der vielleicht wichtigsten Gleichung der ganzen Störungstheorie, zur Dyson-Gleichung. Diese wollen wir nun herleiten: Wenn man die volle Greensfunktion G mit einem dicken Strich kennzeichnet, so kann man die Störungsreihe in folgender Weise zusammenfassen

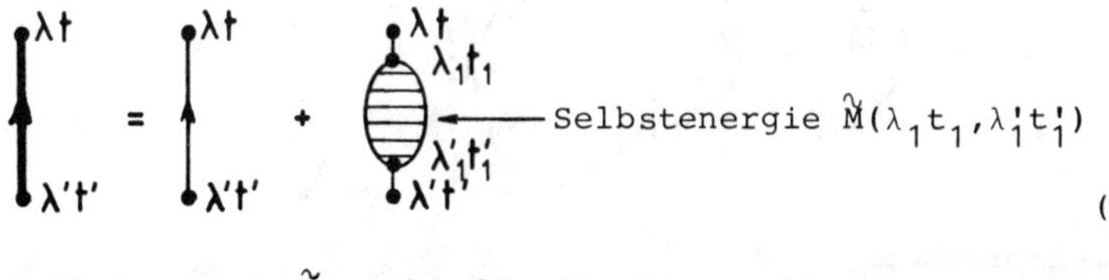

(23.2)

Die Selbstenergie $\tilde{M}$ steht für die Summe aller sogenannten <u>Selbstenergie-Einschübe</u> :

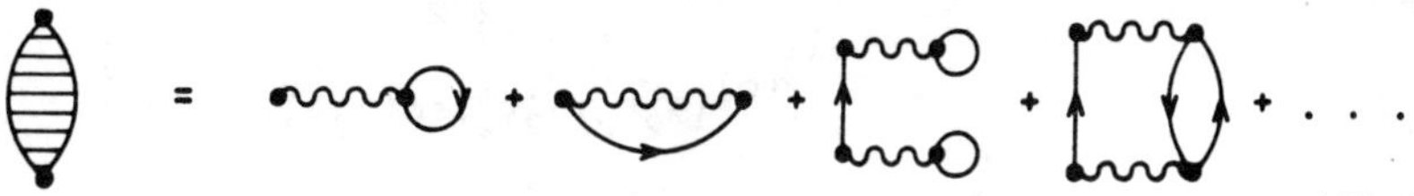

(23.3)

So bezeichnet man einen beliebigen Teil eines Diagramms, der mit dem Rest nur durch eine reinlaufende und eine rauslaufende $G^{(O)}$-Linie verbunden ist. Ferner bezeichnen wir als <u>uneigentliche</u> oder <u>reduzible</u> Selbstenergie-Einschübe solche, die man durch Zerschneiden einer einzigen $G^{(O)}$-Linie in Selbstenergie-Einschübe niedrigerer Ordnung unterteilen kann. So sind z.B.

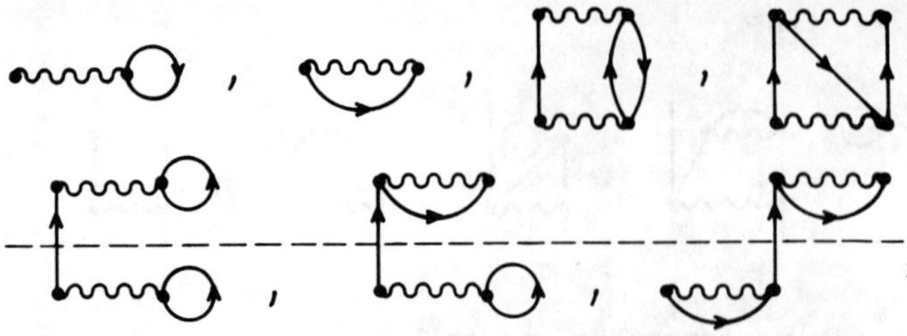

irreduzibel

und

reduzibel

Die Summe aller irreduziblen Selbstenergie-Einschübe nennt man dann <u>die eigentliche oder irreduzible Selbstenergie</u> (proper self-energy), die wir mit M (ohne ∼) bezeichnen werden. Es ist offensichtlich, daß sich die volle Selbstenergie aus der Summe aller möglichen Wiederholungen der eigentlichen Selbstenergie ergibt:

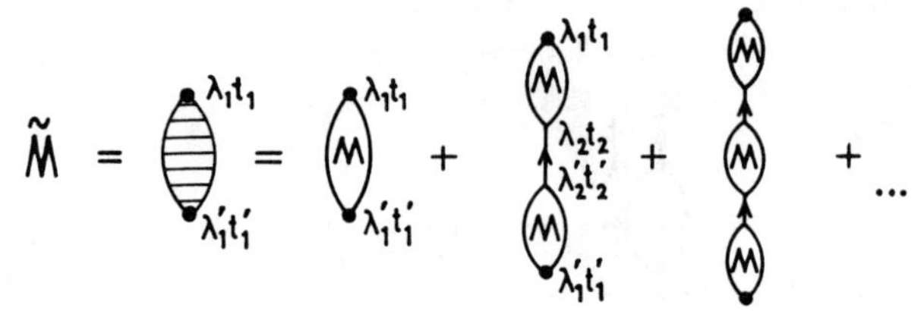

(23.4)

In Formelsprache:

$$\tilde{M}(\lambda_1 t_1, \lambda_1' t_1') = M(\lambda_1 t_1, \lambda_1' t_1') + \int dt_2 \int dt_2' \sum_{\lambda_2 \lambda_2'} M(\lambda_1 t_1, \lambda_2 t_2) \cdot$$

$$\cdot G^{(o)}(\lambda_2 t_2, \lambda_2' t_2') \cdot M(\lambda_2' t_2', \lambda_1' t_1') + \ldots$$

Eventuell auftretende Konvergenzfaktoren $e^{-\varepsilon|t|}$ haben wir hier in die Definition von M bzw. $\tilde{M}$ reingezogen.

Wir können nun für die Greensfunktion schreiben:

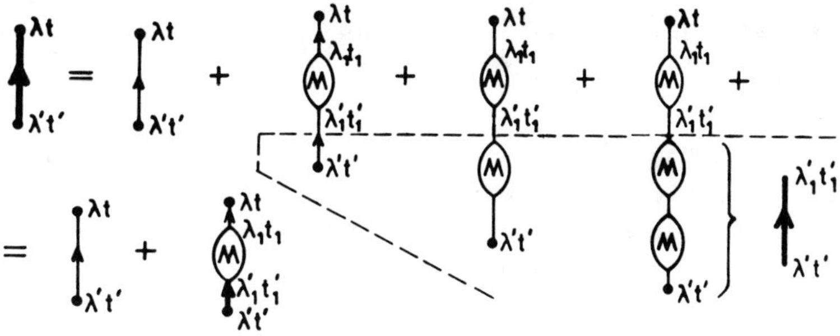

Das ist die Dyson-Gleichung. In Formelsprache lautet sie:

$$G(\lambda t,\lambda' t') = G^{(o)}(\lambda t,\lambda' t') +$$

$$\sum_{\lambda_1}\sum_{\lambda_1'} \int dt_1 \int dt_1' G^{(o)}(\lambda t,\lambda_1 t_1) M(\lambda_1 t_1,\lambda_1' t_1') G(\lambda_1' t_1',\lambda' t') \; . \tag{23.5}$$

Auf den ersten Blick erscheint diese Gleichung erstaunlich, denn wir hatten früher ja gezeigt, daß sich die Einteilchen-Greensfunktion aus der Zweiteilchen-Greensfunktion, usw., berechnet, und hier sieht es so aus, als ergäbe sich die Einteilchen-Greensfunktion aus einer Integralgleichung, in der die scheinbar unabhängige Größe 'Selbstenergie' steht. Daß die Einteilchen-Greensfunktion einer solchen Integralgleichung genügt, hätten wir allerdings auch schon viel früher herleiten können. In Kapitel 16 hatten wir als Bewegungsgleichung für die Greensfunktion gefunden :

$$\left(i\frac{\partial}{\partial t} + \frac{\nabla_{\underline{r}}^2}{2m}\right) G^{(o)}(\underline{r}t,\underline{r}'t') = \delta(t-t')\cdot\delta(\underline{r}-\underline{r}')$$

und

$$\left(i\frac{\partial}{\partial t} + \frac{\nabla_{\underline{r}}^2}{2m}\right) G(\underline{r}t,\underline{r}'t') = \delta(t-t')\delta(\underline{r}-\underline{r}') - i\cdot\int d^3y\; v(\underline{r},\underline{y})$$

$$\cdot\; G_2(\underline{r}t,\underline{y}t,\underline{y}t^+,\underline{r}'t') \; .$$

Von diesem Zugang kommend führt man M ein durch

$$-i\int d^3y\cdot v(\underline{r},\underline{y})G_2(\underline{r}t,\underline{y}t,\underline{y}t^+,\underline{r}'t') =: \int d\tau'\int d^3y'M(\underline{r}t,\underline{y}'\tau')G(\underline{y}'\tau',\underline{r}'t') \tag{23.6}$$

Diese Gleichung zeigt den Zusammenhang zwischen M und G_2 auf. Wir müssen allerdings noch das so eingeführte M mit der gleich bezeichneten irreduziblen Selbstenergie identifizieren. Das geschieht, indem man sich durch Einsetzen davon überzeugt, daß die Bewegungsgleichung

$$\left(i\frac{\partial}{\partial t} + \frac{\nabla_r^2}{2m}\right)G(\underline{r}t,\underline{r}'t') = \delta(t-t')\delta(\underline{r}-\underline{r}')+\int d\tau'\int d^3y'M(\underline{r}t,\underline{y}'\tau')\cdot$$
$$\cdot\ G(\underline{y}'\tau,\underline{r}'t')$$

durch die Lösung G der Dyson-Gleichung

$$G(\underline{r}t,\underline{r}'t') = G^{(0)}(\underline{r}t,\underline{r}'t')+\int d\tau'\int d^3y'\int d\tau\int d^3y\ G^{(0)}(\underline{r}t,\underline{y}\tau)$$
$$\cdot\ M(\underline{y}\tau,\underline{y}'\tau')\cdot G(\underline{y}'\tau',\underline{r}'t')$$

ebenfalls gelöst wird.

24. Diagrammatische Analyse der Greensfunktion $G(\underline{k},\omega)$

Wir beginnen mit einer Umformulierung der Störungsentwicklung der Greensfunktion in Ortsdarstellung, bei der wir die bisherige Sonderrolle der Zeit aufgeben zugunsten einer manifest kovarianten Schreibweise.
Wir setzen, wie bei relativistischen Problemen üblich,

$$x := (\underline{r},t) \quad , \qquad d^4x = d^3r \cdot dt$$

$$k := (\underline{k},\omega) \quad , \qquad d^4k = d^3k \cdot d\omega$$

und verwenden das 'Minkowski-Skalarprodukt'

$$k \cdot x = \underline{k} \cdot \underline{r} - \omega t \qquad .$$

Daß für $(\underline{k},\omega)$ wieder der Buchstabe "k" verwendet wird, führt erfahrungsgemäß nicht zu Mißverständnissen. Zur Sicherheit werden wir aber $|\underline{k}|$ nur in zweifelsfreien Fällen, wie in Verbindung mit d^3k, mit k abkürzen.

Bisher erhielten wir von jeder Wechselwirkungslinie den folgenden Beitrag

$$\rightarrow \int dt\; e^{-\varepsilon|t|} \int d^3r \int d^3r'\; v(\underline{r},\underline{r}') \quad .$$

Setzen wir nun

$$u(x,x') := v(\underline{r},\underline{r}') \cdot \delta(t-t') \qquad ,$$

so ergibt die graphische Darstellung

unter Beibehaltung der Feynman-Regel Nr. 5 (die besagte, daß über <u>alle</u> auftretenden Indizes integriert werden muß)

$$\int dx \int dx'\; u(x,x') \qquad .$$

Dies stimmt natürlich mit dem früheren Ausdruck überein:

$$= \int dt \int d^3r \int dt' \int d^3r' \; v(\underline{r},\underline{r}') \cdot \delta(t-t')$$

$$= \int dt \int d^3r \int d^3r' \; v(\underline{r},\underline{r}') \quad .$$

Den Konvergenzfaktor $e^{-\varepsilon|t|}$ lassen wir fortan aus Schönheitsgründen weg; bei der expliziten Ausrechnung irgendeines Ausdrucks muß er natürlich wieder eingesetzt werden.

Es leuchtet ein, daß diese Schreibweise eine kovariante Erweiterung für relativistische Systeme ermöglicht, bei denen dann die Wechselwirkung eine endliche Ausbreitungsgeschwindigkeit besitzt und nicht mehr durch eine δ-Funktion bezüglich der Zeit beschrieben wird.

In diesem Zusammenhang besitzt die Zeit dann keine ausgezeichnete Rolle mehr; die Feynman-Regel Nr. 1 sowie die Forderung, Wechselwirkungslinien waagerecht zu zeichnen, lassen wir fallen. Die bisherigen Graphen zeichnet man dann häufig etwas anders, z.B.

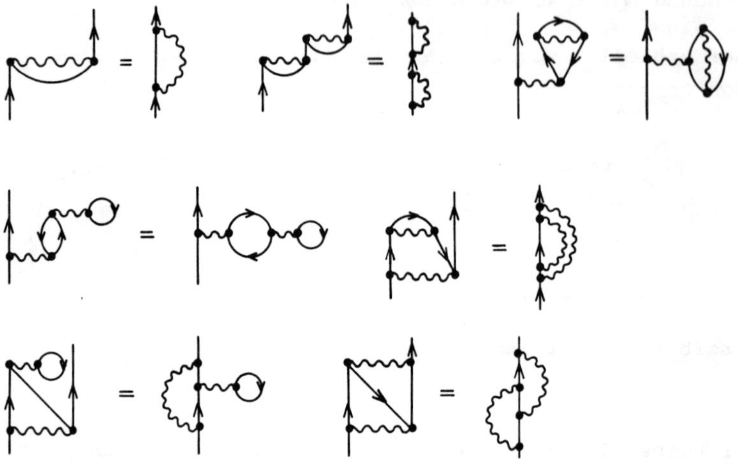

Wir werden künftig wahlweise beide Darstellungsmöglichkeiten verwenden.

Wir wollen uns jetzt auf translationsinvariante Systeme beschränken, die zudem nicht explizit von der Zeit abhängen. In Kapitel 15 wurde gezeigt, daß in diesem Fall die Einteilchen-Greensfunktion nur von der Differenz ihrer Orts- und Zeit-Koordinaten abhängt und man daher zur vierdimensionalen Fourier-Transformierten übergehen kann gemäß

$$G_{\alpha\beta}(x,y) = \frac{1}{(2\pi)^4}\cdot\int d^4k\cdot e^{i(x-y)\cdot k}\cdot G_{\alpha\beta}(k)$$

und

$$G_{\alpha\beta}(k) = \int d^4(x-y)\cdot e^{-ik\cdot(x-y)}\cdot G_{\alpha\beta}(x,y) \quad .$$

In gleicher Weise transformieren wir das Wechselwirkungs-Potential

$$u(x-x') = \frac{1}{(2\pi)^4}\cdot\int d^4k\; e^{ik\cdot(x-x')}\cdot u(k) \quad ,$$

wobei wir für die Fourier-Transformierte

$$u(k) = \int d^4(x-x')\cdot e^{-ik\cdot(x-x')}\cdot u(x-x')$$

im nichtrelativistischen Fall erhalten

$$u(k) = \int d^3(\underline{r}-\underline{r}')e^{-i\underline{k}\cdot(\underline{r}-\underline{r}')}\cdot v(\underline{r}-\underline{r}')\cdot\underbrace{\int d(t-t')\,\delta(t-t')}_{=1}$$

$$= v(\underline{k})$$

Um Feynman-Regeln für die Greensfunktion $G_{\alpha\beta}(k)$ herzuleiten, müssen wir die in der Ortsdarstellung auftretenden Graphen fouriertransformieren. Dies führen wir zunächst an folgendem Beispiel durch

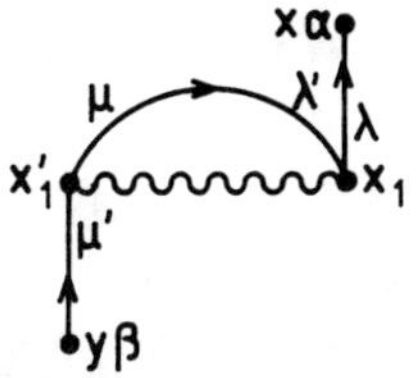

$$= \frac{i^1}{1!2^1}\cdot\sum_{\substack{\lambda\lambda'\\ \mu\mu'}}\int d^4x_1\int d^4x_1'\; G^{(o)}_{\alpha\lambda}(x,x_1)\cdot$$

$$\cdot u(x_1,x_1')_{\substack{\lambda\lambda'\\ \mu\mu'}}\left(\lim_{t_1'\to t_1^+} G^{(o)}_{\lambda'\mu}(x_1,x_1')\right)\; G^{(o)}_{\mu'\beta}(x_1',y)$$

$$= \frac{i}{2} \sum_{\substack{\lambda\lambda' \\ \mu\mu'}} \int d^4x_1 \int d^4x_1' \int \frac{d^4k}{(2\pi)^4} \cdot e^{ik\cdot(x-x_1)} \cdot G^{(o)}_{\alpha\lambda}(k)$$

$$\cdot \int \frac{d^4q}{(2\pi)^4} e^{iq\cdot(x_1-x_1')} u(q)_{\substack{\lambda\lambda' \\ \mu\mu'}} \cdot \int \frac{d^4p}{(2\pi)^4} G^{(o)}_{\lambda'\mu}(p) \cdot e^{i\underline{p}\cdot(\underline{x}_1-\underline{x}_1')}$$

$$\cdot \left[\lim_{t_1' \to t_1^+} e^{-i\omega_p(t_1-t_1')} \right] \cdot \int \frac{d^4p'}{(2\pi)^4} e^{ip'\cdot(x_1'-y)} \cdot G^{(o)}_{\mu'\beta}(p') \quad .$$

Den Zeitgrenzwert ersetzen wir durch

$$\lim_{t_1' \to t_1^+} e^{-i\omega_p\cdot(t_1-t_1')} = \lim_{\eta \to 0^+} e^{i\omega_p\cdot\eta} \quad ,$$

wobei wir verabreden, daß der Grenzwert $\eta \to 0^+$ am Ende der Rechnung auszuführen ist. Nach dieser Manipulation können wir nun aus Schönheitsgründen einen neuen Faktor $\exp\{-i\omega_p(t_1-t_1')\}$ zusätzlich einfügen, da dieser aufgrund der in $u(x_1,x_1')$ enthaltenen $\delta(t_1-t_1')$-Funktion ohnehin gleich eins ist. Damit ist das unterstrichene gewöhnliche Skalarprodukt wieder zu einem Minkowski-Skalarprodukt ergänzt, und wir können weiter schreiben

$$= \lim_{\eta \to 0^+} \frac{i}{2} \cdot \frac{1}{(2\pi)^{16}} \sum_{\substack{\lambda\lambda' \\ \mu\mu'}} \int d^4k \int d^4q \int d^4p \int d^4p' \; e^{i(k\cdot x - p'\cdot y)} \; G^{(o)}_{\alpha\lambda}(k)$$

$$\cdot u(q)_{\substack{\lambda\lambda' \\ \mu\mu'}} \cdot \left[e^{i\omega_p\eta} \cdot G^{(o)}_{\lambda'\mu}(\underline{p},\omega_p) \right] \cdot G^{(o)}_{\mu'\beta}(p') \cdot$$

$$\cdot \underbrace{\int d^4x_1 e^{i(q-k+p)\cdot x_1}}_{(2\pi)^4\delta^{(4)}(q-k+p)} \cdot \underbrace{\int d^4x_1' e^{i(-q-p+p')\cdot x_1'}}_{(2\pi)^4\delta^{(4)}(p'-q-p)}$$

An jedem der beiden Vertices bei x_1 und x_1' erhalten wir also eine Viererimpuls erhaltende δ-Funktion. Das liefert:

$$= \lim_{\eta\to 0^+} \frac{i}{2}\cdot \sum_{\substack{\lambda\lambda' \\ \mu\mu'}} \int\frac{d^4k}{(2\pi)^4}\cdot\int\frac{d^4p}{(2\pi)^4}\cdot e^{ik\cdot(x-y)}\cdot G^{(o)}_{\alpha\lambda}(k)\cdot u(k-p)_{\substack{\lambda\lambda' \\ \mu\mu'}}\cdot$$

$$\cdot\left[e^{i\eta\omega_p}\cdot G^{(o)}_{\lambda'\mu}(\underline{p},\omega_p)\right]\cdot G^{(o)}_{\mu'\beta}(k) \quad .$$

Da sich die volle Greensfunktion aus der Fourier-Transformation

$$G_{\alpha\beta}(x,y) = \int\frac{d^4k}{(2\pi)^4}\, e^{ik\cdot(x-y)}\cdot G_{\alpha\beta}(k)$$

ergibt, können wir den Ausdruck

$$\lim_{\eta\to 0^+} \frac{i}{2}\cdot \sum_{\substack{\lambda\lambda' \\ \mu\mu'}} \int\frac{d^4p}{(2\pi)^4}\cdot G^{(o)}_{\alpha\lambda}(k)\cdot u(k-p)_{\substack{\lambda\lambda' \\ \mu\mu'}}\cdot\left[e^{i\eta\omega_p}\cdot G^{(o)}_{\lambda'\mu}(\underline{p},\omega_p)\right]\cdot G^{(o)}_{\mu'\beta}(k) \tag{24.1}$$

als folgenden Graphen, der zu $G_{\alpha\beta}(k)$ beiträgt, interpretieren :

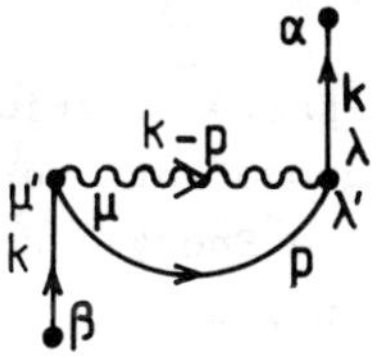

Für die Beiträge allgemeiner Graphen zur Greensfunktion leiten wir aus den Erfahrungen des Beispiels ab:

a) Aus jedem $u(x,x')$ wird ein $u(q)$.

b) Aus jedem $G^{(o)}(x,y)$ wird ein $G^{(o)}(k)$.

c) Die durch die topologische Struktur und Anzahl der Wechselwirkungslinien bedingten Vorfaktoren und Vorzeichen bleiben natürlich durch die Fourier-Transformation unbeeinflußt.

d) Im Beispiel erhielten wir Impulserhaltung an den inneren Vertices. Die Vermutung, daß dies für allgemeine Graphen gilt, beweist sich leicht :

Wir betrachten einen beliebigen Vertex :

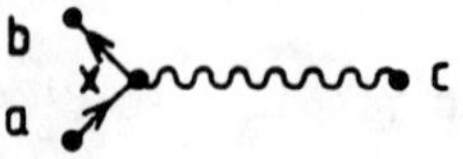

$$\rightarrow G^{(o)}(b,x)\cdot u(x,c)\cdot G^{(o)}(x,a)$$

$$= \frac{1}{(2\pi)^{12}}\cdot \int d^4x \int d^4k\cdot e^{ik\cdot(b-x)}\cdot G^{(o)}(k)\cdot \int d^4q\cdot e^{iq\cdot(x-c)}u(q)\cdot$$

$$\cdot \int d^4p\cdot e^{ip\cdot(x-a)}\cdot G^{(o)}(p)$$

Da die Integrationsvariable x sonst nirgends vorkommt, gilt weiter

$$= \frac{1}{(2\pi)^8}\cdot \int d^4k \int d^4q \int d^4p \; e^{i(k\cdot b - q\cdot c - p\cdot a)}\cdot G^{(o)}(k)u(q)G^{(o)}(p) \;\cdot$$

$$\cdot \underbrace{\frac{1}{(2\pi)^4}\cdot \int d^4x \; e^{i(-k+q+p)\cdot x}}_{= \delta^{(4)}(q-k+p)} \quad .$$

Demnach können alle zu inneren Vertices gehörenden Integrationen $\int d^4x \ldots$ explizit ausgeführt werden und liefern für den entsprechenden Vertex eine Energie und Impuls erhaltende $\delta^{(4)}$-Funktion. Man beachte, daß in der vorstehenden Gleichung gerade die Exponentialfaktoren übrigblieben, die für die entsprechende Rechnung an den benachbarten Vertices nötig sind.

e) Durch die δ-Funktionen lassen sich viele der von den Fourier-Transformationen stammenden Impulsintegrale ausführen. Einige voneinander unabhängige Integrale über z.B. in Teilchen-Loops umlaufende Impulse bleiben übrig und tragen einen Faktor $(2\pi)^{-4}$

f) Es gibt bei jedem Graphen eine Sequenz von $G^{(o)}$-Linien, die die äußeren Endpunkte miteinander verbindet. Da an allen dazwischen liegenden Vertices Impulserhaltung gilt, bleibt nach Ausführen der Integrationen über die δ-Funktionen an den beiden Endpunkten derselbe Impuls übrig. Die zwei letzten Exponentialfaktoren lassen sich demnach zusammenfassen. Alle zur Greensfunktion G(x,y) beitragenden Graphen haben folglich

$$\frac{1}{(2\pi)^4}\int d^4k \; e^{ik\cdot(x-y)} \quad \ldots\ldots$$

gemeinsam. (Das gilt natürlich auch für den Graphen, der nur aus einer $G^{(o)}$-Linie besteht.) Da die Summe über alle diese Graphen die volle Greensfunktion

$$G(x,y) = \frac{1}{(2\pi)^4} \int d^4k \; e^{ik\cdot(x-y)} \; G(\underline{k},\omega)$$

ergibt, erhalten wir durch Vergleich der Fourier-Komponenten gerade die gesuchte Störungsentwicklung von $G(\underline{k},\omega)$.

Nach diesen Überlegungen können wir die präzisen Feynman-Regeln für $G(\underline{k},\omega)$ formulieren :

(1)

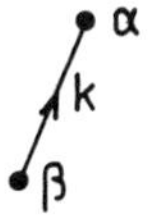

$$= G^{(o)}_{\alpha\beta}(k) = \lim_{\xi\to 0^+} \delta_{\alpha\beta}\cdot\left[\frac{\theta(|\underline{k}|-k_F)}{\omega-\varepsilon_k^{(o)}+i\xi} + \frac{\theta(k_F-|\underline{k}|)}{\omega-\varepsilon_k^{(o)}-i\xi}\right]$$

mit $\varepsilon_k^{(o)} = |\underline{k}|^2 / 2m$

(2)

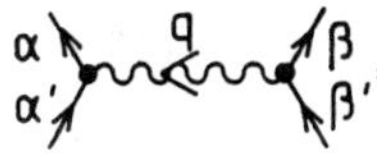

$= u(q)_{\alpha\alpha'\,\beta\beta'}$ (1. Vertex) (2. Vertex)

(3) $G^{(o)}$-Linien, die an ein und derselben Wechselwirkungslinie beginnen und enden

sind als $e^{i\omega\eta}\cdot G^{(o)}(\underline{k},\omega)$ zu interpretieren, wobei der Grenzwert $\eta\to 0^+$ am Ende der Rechnung auszuführen ist.

(4) An jedem Vertex gilt Viererimpulserhaltung

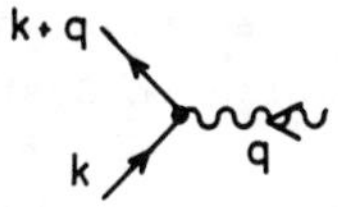

(5) Über alle (nach Erfüllung der Viererimpulserhaltung noch) auftretenden unabhängigen Viererimpulse ist zu integrieren. Dabei ist jeweils mit einem Phasenraumfaktor $(2\pi)^{-4}$ zu multiplizieren :

$$(2\pi)^{-4}\cdot\int d^4p \quad .$$

(Über den Viererimpuls k, der bei der Greensfunktion G(k) vom einen Endpunkt weg und zum anderen hin führt, wird natürlich nicht integriert.)

(6) Vorzeichen = $(-)^{\ell}$, wenn ℓ die Anzahl der geschlossenen $G^{(o)}$-Loops ist.

(7) $$\text{Vorfaktor} = \begin{cases} \dfrac{(i)^n}{2^n n!} & \text{für indizierte Graphen n-ter Ordnung} \\ (i)^n & \text{für nicht indizierte Graphen n-ter Ordnung} \end{cases}$$

Mit diesen Regeln wollen wir gleich den zweiten zusammenhängenden Greensfunktions-Graphen erster Ordnung übersetzen :

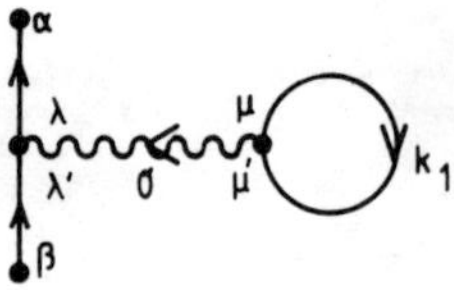

$$= (-1)\cdot\frac{1}{2}\cdot\sum_{\substack{\lambda\lambda' \\ \mu\mu'}}\frac{1}{(2\pi)^4}\cdot\int d^4k_1\cdot u(o)_{\substack{\lambda\lambda' \\ \mu\mu'}}\cdot G^{(o)}_{\alpha\lambda}(k)\cdot G^{(o)}_{\lambda'\beta}(k)\cdot\lim_{\eta\to 0^+} e^{i\omega_1\eta}\cdot G^{(o)}_{\mu'\mu}(k_1) \quad . \qquad (24.2)$$

Hier tritt aus Impulserhaltungsgründen nur die nullte Fourier-Komponente des Wechselwirkungspotentials auf. (Beim Elektronengas wurde diese explizit ausgeschlossen, da sie sich gegen den Beitrag des Ionenhintergrundes weghebt.) Man beachte auch, daß die beiden $G^{(o)}(k)$-Faktoren nur über die Spin-Indizes an den Rest koppeln, und folglich für spinunabhängige Wechselwirkungen gänzlich abfaktorisieren.

Als nächstes wollen wir die Dyson-Gleichung für translationsinvariante Systeme untersuchen. Sie lautet in Ortsdarstellung:

$$G_{\alpha\beta}(x-y) = G^{(o)}_{\alpha\beta}(x-y) + \sum_{\lambda\mu}\int d^4x_1\int d^4x_1'\; G^{(o)}_{\alpha\lambda}(x-x_1)M_{\lambda\mu}(x_1-x_1')G_{\mu\beta}(x_1'-y) . \qquad (24.3)$$

Durch die Schreibweise G(x-y) usw. soll betont werden, daß für derartige Systeme G, $G^{(o)}$ und offensichtlich auch M nur von der Differenz der Argumente abhängen.

Eine einfache Rechnung bzw. der Faltungssatz für Fourier-Transformationen zeigt nun, daß bei Fourier-Transformation der Dyson-Gleichung die (Faltungs-) Integrale in gewöhnliche Produkte übergehen :

$$G_{\alpha\beta}(k) = G^{(o)}_{\alpha\beta}(k) + \sum_{\lambda\mu}\sum G^{(o)}_{\alpha\lambda}(k)\cdot M_{\lambda\mu}(k)\cdot G_{\mu\beta}(k) \quad , \qquad (24.4)$$

wobei $M_{\lambda\mu}(k)$ die vierdimensionale Fourier-Transformierte von $M_{\lambda\mu}(x-y)$ ist.

Ist die Wechselwirkung zusätzlich spinunabhängig, so haben G, $G^{(o)}$ und M die Form

$$G_{\alpha\beta}(k) = \delta_{\alpha\beta}G(k) \ , \quad G^{(o)}_{\alpha\beta}(k) = \delta_{\alpha\beta}G^{(o)}(k) \ , \quad M_{\alpha\beta}(k) = \delta_{\alpha\beta}M(k) \ .$$

Damit nimmt die Dyson-Gleichung die einfache Form

$$G(k) = G^{(o)}(k) + G^{(o)}(k)\cdot M(k)\cdot G(k) \qquad (24.5)$$

an und läßt sich direkt nach G auflösen :

$$G(k) = \frac{G^{(o)}(k)}{1 - G^{(o)}(k)\ M(k)} = \frac{1}{\left[G^{(o)}(k)\right]^{-1} - M(k)} \ .$$

Die Funktion $G^{(o)}$ ist gegeben durch

$$G^{(o)}(k) = \lim_{\xi\to 0^+} \left(\frac{\theta(|\underline{k}|-k_F)}{\omega-\varepsilon^{(o)}_k+i\xi} + \frac{\theta(k_F-|\underline{k}|)}{\omega-\varepsilon^{(o)}_k-i\xi} \right) \ .$$

Gleichgültig ob $|\underline{k}|>k_F$ oder $|\underline{k}|<k_F$, die Kehrwertsfunktion lautet

$$\left[G^{(o)}(\underline{k},\omega)\right]^{-1} = \omega - \varepsilon^{(o)}_k \qquad \text{mit} \qquad \varepsilon^{(o)}_k = |\underline{k}|^2 / 2m \ .$$

Damit ergibt sich die wichtige Darstellung

$$\boxed{G(\underline{k},\omega) = \frac{1}{\omega - \varepsilon^{(o)}_k - M(\underline{k},\omega)}} \ . \qquad (24.6)$$

Dies ist eine exakte Darstellung der vollen Greensfunktion für translationsinvariante, spinunabhängige und nicht explizit zeitabhängige Systeme. Da wir wissen, daß die Pole der Greensfunktion den exakten Anregungsenergien entsprechen, wird aus der Suche nach denselben die Aufgabe die Stellen zu bestimmen mit

$$\omega - \varepsilon_k^{(o)} - M(\underline{k},\omega) = 0 \quad .$$

Es ist wesentlich zu betonen, daß jede Näherung, die man an dieser Stelle für die irreduzible Selbstenergie einsetzt, für die Greensfunktion eine Aufsummation von unendlich vielen Graphen bedeutet. Berücksichtigt man z.B. in der irreduziblen Selbstenergie nur die Graphen 1. Ordnung

$$M \cong M^{(1)} =$$ 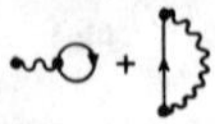 ,

so ergibt das für die Greensfunktion die Näherung

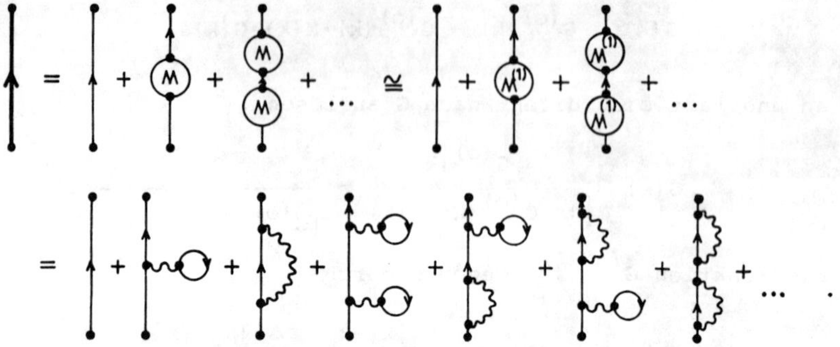

Schließlich wollen wir noch die Gesamtenergie eines wechselwirkenden Systems durch die irreduzible Selbstenergie ausdrücken. In Kapitel 15 wurde die Gleichung

$$E_o = -\frac{i}{2}\cdot\frac{\Omega}{(2\pi)^4}\lim_{\tau\to 0^+}\int d^3k\int d\omega\; e^{i\omega\tau}\left(\frac{|\underline{k}|^2}{2m}+\omega\right)\cdot \mathrm{tr}\{G_{\alpha\beta}(\underline{k},\omega)\}$$

hergeleitet. Mit der Dyson-Gleichung und $\mathrm{tr}\{G_{\alpha\beta}(k)\} = \mathrm{tr}\{\delta_{\alpha\beta}G(k)\} = 2\cdot G(k)$ wird daraus:

$$E_o = -i\cdot\frac{\Omega}{(2\pi)^4}\cdot\lim_{\tau\to 0^+}\int d^3k\int d\omega\; e^{i\omega\tau}\cdot\frac{\frac{k^2}{2m}+\omega}{\omega-\frac{k^2}{2m}-M(\underline{k},\omega)} \quad ,. \tag{24.7}$$

25. SELBSTKONSISTENTE STÖRUNGSTHEORIE, HARTREE-FOCK AUS HÖHERER SICHT

Wir wollen im folgenden unter einem Skelett ein Selbstenergie-Diagramm verstehen, das keine Selbstenergieeinschübe außer sich selbst enthält. So sind beispielsweise

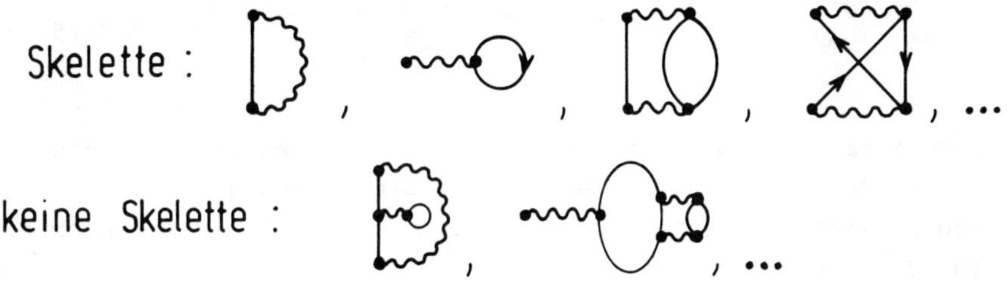

Diese Skelette werden 'angezogen', indem man in jede $G^{(o)}$-Linie nach und nach alle möglichen Selbstenergieeinschübe einfügt und summiert :

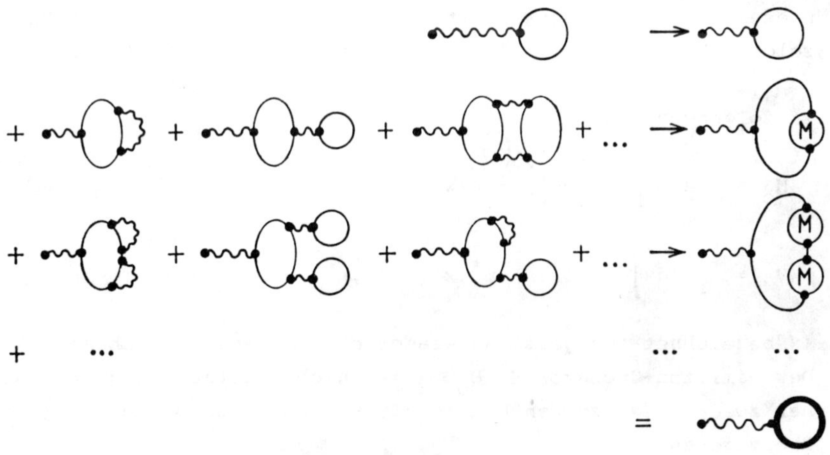

Durch die Aufsummation ersetzt man letztlich alle $G^{(o)}$-Linien durch volle G-Linien.

Man überlegt sich leicht, daß die Summe aller solcherart angezogenen Skelette gerade der vollen irreduziblen (!) Selbstenergie entspricht :

$$M = \sum \begin{array}{l}\text{alle angezogenen}\\ \text{Skelette}\end{array} =$$

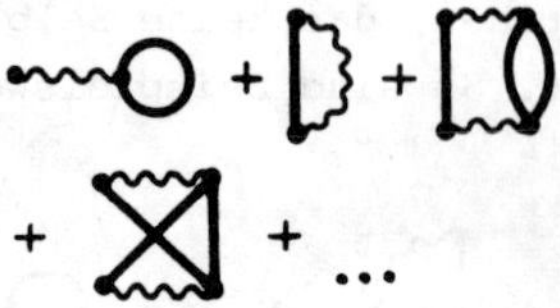

(25.1)

Bricht man die Summe nach endlich vielen Gliedern, z.B. nach den beiden angezogenen Skeletten 'erster Ordnung', ab, so ergibt sich vermöge der Dyson-Gleichung eine Integralgleichung für die Greensfunktion :

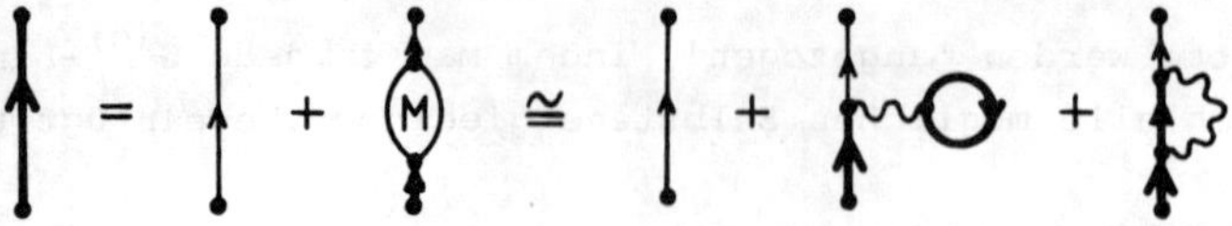

(25.2)

Diese ist dann selbstkonsistent zu lösen; man spricht im Falle solcher Näherungen von 'selbstkonsistenter Störungstheorie'.

Im folgenden sei

$$H_o = \int dx\ \psi^+(x)\ \left(-\frac{\nabla^2}{2m} + u(x)\right)\ \psi(x)$$

$$V = \frac{1}{2}\int dx \int dx'\ \psi^+(x)\ \psi^+(x')\ v(x,x')\ \psi(x')\ \psi(x) \quad .$$

(x bezeichnet von jetzt an wieder die Ort-Spin-Variablen $x=(\underline{r},s)$.) Der Hamilton-Operator $H = H_o + V$ ist nicht zeitabhängig. Es ist daher zweckmäßig, zu den Fourier-Transformierten bezüglich (t-t') überzugehen :

$$G(xt,x't') = \int\frac{d\omega}{2\pi}\, e^{-i\omega(t-t')}\, G(x,x',\omega)$$

$$G^{(o)}(xt,x't') = \int\frac{d\omega}{2\pi}\, e^{-i\omega(t-t')}\, G^{(o)}(x,x',\omega)$$

$$M(xt,x't') = \int\frac{d\omega}{2\pi}\, e^{-i\omega(t-t')}\, M(x,x',\omega) \quad .$$

Setzt man diese Ausdrücke in die Dyson-Gleichung (23.5) in Ort-Spin-Darstellung ein, so ergibt sich eine entsprechende Dyson-Gleichung für die Fourier-Komponenten

$$G(x,x',\omega) = G^{(o)}(x,x',\omega) + \int dy'\int dy\; G^{(o)}(x,y',\omega)M(y',y,\omega)G(y,x',\omega) . \tag{25.3}$$

Im folgenden werden wir beweisen, daß die Dyson-Gleichung in der oben abgebildeten Näherung (25.2) gerade dem in Kapitel 7 hergeleiteten Hartree-Fock-Verfahren entspricht: Die abgebildete Näherung für die irreduzible Selbstenergie lautet :

$M(xt,x't') =$ 

$+$ 

$$= (-)^{1}\, i\,\delta(t-t')\delta(x-x')\int dx_1\int dt_1\; G(x_1t_1,x_1t_1^{+})\; v(x,x_1)\; \delta(t-t_1)$$

$$+ (-)^{0}\, i\, v(x,x')\; \delta(t-t')\; G(xt,x't')$$

$$= \delta(t-t')\left[- i\;\delta(x-x')\int dx_1\, G(x_1t,x_1t^{+})\, v(x,x_1) + i\, v(x,x')\, G(xt,x't^{+}) \right] \quad .$$

Verwenden wir $G(\_t,\_t^{+}) = G(\_0,\_(t^{+}-t)) = G(\_0,\_0^{+})$
und führen dann die triviale Fourier-Transformation bezüglich (t-t') aus, so erhalten wir den folgenden, von der Frequenz ω unabhängigen Ausdruck

$$M(x,x') = \delta(x-x') \int dx_1 \left[-iG(x_1 0, x_1 0^+)\right] v(x,x_1) - v(x,x') \left[-iG(x0,x'0^+)\right] .$$

Aus dem Zusammenhang (15.14) zwischen Greensfunktion und Dichtematrix ergibt sich weiterhin

$$M(x,x') = \delta(x-x') \int dx_1 \; \rho(x_1) \; v(x,x_1) \; - \; v(x,x') \; \rho(x,x') \quad . \tag{25.4}$$

In dieser Näherung entspricht die irreduzible Selbstenergie offenbar gerade dem Hartree-Fock-Potential (7.3) (abgesehen vom externen Anteil $u(x)$).

Mit dem Operator

$$h_o(x) = -\frac{\nabla^2}{2m} + u(x)$$

gilt für die Greensfunktion $G^{(o)}(xt,x't')$ die Bewegungsgleichung (vgl. (16.8) und (16.9)) :

$$\left[i \frac{\partial}{\partial t} - h_o(x)\right] G^{(o)}(xt,x't') = \delta(x-x') \; \delta(t-t') \quad .$$

Hieraus folgt durch Fourier-Transformation bezüglich $(t-t')$:

$$\left[\omega - h_o(x)\right] G^{(o)}(x,x',\omega) = \delta(x-x') \tag{25.5}$$

Wenden wir den Operator ($\omega - h_o(x)$) auf die Dyson-Gleichung (25.3) an, so ergibt sich mit Hilfe von (25.5)

$$\left[\omega - h_o(x)\right] G(x,x',\omega) - \int dy \; M(x,y,\omega) \; G(y,x',\omega) = \delta(x-x') \quad . \tag{25.6}$$

Setzt man hierin die Näherung (25.4) für M ein, so erhält man (in formaler Schreibweise)

$$\left[\omega - h_{HF}\right] G = 1 \quad . \tag{25.7}$$

Dies ist die Bewegungsgleichung für die Greensfunktion eines Systems unabhängiger Teilchen, die sich unter dem Einfluß eines effektiven, selbstkonsistent zu bestimmenden Einteilchenpotentials, eben des Hartree-Fock-Potentials, bewegen. Damit ist die Behauptung bewiesen. Der Vollständigkeit halber wollen wir noch die durch (25.7) festgelegte Greensfunktion, die wir von nun an mit G_{HF} bezeichnen, durch die Hartree-Fock-Einteilchenorbitale ausdrücken: Es gelte

$$h_{HF}\,\varphi_j(x) = \varepsilon_j \cdot \varphi_j(x) \quad .$$

Bezeichnen wir mit c_j^+ und c_j die Erzeugungs- und Vernichtungs-Operatoren für diese Einteilchenorbitale, so können wir die Feldoperatoren durch diese darstellen

$$\psi(x) = \sum_j \varphi_j(x)\, c_j \quad \text{und} \quad \psi^+(x) = \sum_j \varphi_j^*(x)\, c_j^+ \quad .$$

Im Heisenberg-Bild, das für unabhängige Teilchen ja mit dem Wechselwirkungsbild identisch ist, gilt dann

$$\psi(xt)_H = \psi(xt)_I = \sum_j \varphi_j(x)\, c_j(t)_I = \sum_j \varphi_j(x)\, e^{-i\varepsilon_j t}\, c_j$$

und entsprechend

$$\psi^+(xt)_H = \sum_k \varphi_k^*(x)\, e^{+i\varepsilon_k t}\, c_k^+ \quad .$$

Damit lautet die Greensfunktion

$$iG_{HF}(xt,x't') = \langle\Phi_o|T\left(\psi(xt)_H\psi^+(x't')_H\right)|\Phi_o\rangle$$

$$= \sum_{jk} e^{-i(\varepsilon_j t - \varepsilon_k t')}\,\varphi_j(x)\,\varphi_k^*(x')\cdot\Big\{\theta(t-t')\underbrace{\langle\Phi_o|c_j c_k^+|\Phi_o\rangle}_{=\,\delta_{jk}\theta(\varepsilon_j-\varepsilon_F)}$$

$$- \theta(t'-t)\underbrace{\langle\Phi_o|c_k^+ c_j|\Phi_o\rangle}_{=\,\delta_{jk}\theta(\varepsilon_F-\varepsilon_j)}\Big\} \quad .$$

Wenn also die Orbitale in der Grundzustands-Slater-Determinante bis zur maximalen Einteilchenenergie ε_F besetzt sind, ergibt sich für die Hartree-Fock-Greensfunktion :

$$iG_{HF}(xt,x't') = \sum_j \varphi_j(x)\,\varphi_j^*(x')\, e^{-i\varepsilon_j(t-t')} \cdot \left\{ \theta(t-t')\,\theta(\varepsilon_j-\varepsilon_F) - \theta(t'-t)\,\theta(\varepsilon_F-\varepsilon_j) \right\} . \tag{25.8}$$

Durch Fourier-Transformation erhalten wir schließlich

$$G_{HF}(x,x',\omega) = \lim_{\eta\to 0^+} \sum_j \varphi_j(x)\,\varphi_j^*(x') \left[\frac{\theta(\varepsilon_j-\varepsilon_F)}{\omega-\varepsilon_j+i\eta} + \frac{\theta(\varepsilon_F-\varepsilon_j)}{\omega-\varepsilon_j-i\eta} \right] . \tag{25.9}$$

Natürlich kann man durch Einsetzen sofort verifizieren, daß diese Greensfunktion die Bewegungsgleichung (25.7) erfüllt. Benötigt wird dabei lediglich die Vollständigkeit der Hartree-Fock-Einteilchenbasis.

Die obige Entwicklung von M in eine Reihe von angezogenen Skeletten bietet eine interessante Möglichkeit, das gewöhnliche Hartree-Fock-Verfahren zu verallgemeinern, indem man höhere Ordnungen einschließt, z.B.

$$= (-)^1\, i^2\, G(xt,x't') \int dy \int dy'\; v(x,y)\; v(x',y') \cdot G(yt,y't')\; G(y't',yt) .$$

In diesem Fall hängt M echt von der Zeitdifferenz (t-t') ab, d.h. die Fourier-Transformierte wird im Gegensatz zur Hartree-Fock-Näherung (25.4) von der Frequenz ω abhängen. Zu beachten ist, daß bei einer solchen Näherung der Integraloperator $\int M(x,y,\omega)\_\_dy$ im allgemeinen nicht hermitesch ist, so daß man den entsprechenden Term in (25.6) nicht ohne weiteres als effektives nichtlokales Einteilchenpotential interpretieren kann. Trotzdem kann man auch in diesem Fall eine zu (25.9) analoge Darstellung der Greensfunktion gewinnen. Dazu löst man zunächst für beliebiges ω die Eigenwertprobleme

$$\left[\varepsilon_n(\omega) - h_o(x)\right] f_n(x,\omega) - \int M(x,y,\omega)\, f_n(y,\omega)\, dy = 0 \qquad (25.10)$$

und

$$\left[\tilde{\varepsilon}_n(\omega) - h_o(x)\right] \tilde{f}_n(x,\omega) - \int M(y,x,\omega)^* \tilde{f}_n(y,\omega)\, dy = 0 \quad . \qquad (25.11)$$

Dann zeigt eine einfache Rechnung (vgl. P.M.Morse und H.Feshbach: Methods of Theoretical Physics,McGraw-Hill(New York,1953),VolumeI, §7.5), daß gilt

$$\tilde{\varepsilon}_n(\omega) = \varepsilon_n(\omega)^* \qquad (25.12)$$

$$\int dy\ \tilde{f}_n(y,\omega)\, f_{n'}(y,\omega) = \delta_{n,n'} \qquad (25.13)$$

$$\sum_n \tilde{f}_n(y',\omega)\, f_n(y,\omega) = \delta(y-y') \quad . \qquad (25.14)$$

Im Gegensatz zu den Eigenwerten (vgl. (25.12)) gilt für die Eigenvektoren im allgemeinen

$$\tilde{f}_n(y,\omega) \neq f_n(y,\omega)^* \quad .$$

Die Greensfunktion besitzt dann die Darstellung

$$G(x,x',\omega) = \sum_n \frac{f_n(x,\omega)\, \tilde{f}_n(x',\omega)}{\omega - \varepsilon_n(\omega)} \quad , \qquad (25.15)$$

wie man durch Einsetzen in (25.6) unter Verwendung von (25.10) und (25.14) sofort nachrechnet.
Besitzt die Gleichung

$$\omega - \varepsilon_n(\omega) = 0 \qquad (25.16)$$

für festes n irgendwelche Lösungen $\omega_{n\nu}$, so hat die Greensfunktion gemäß (25.15) Polstellen bei $\omega_{n\nu}$. Diese Pole sind im allgemeinen komplexe Zahlen. Im nächsten Kapitel werden wir ausführlich diskutieren, unter welchen Voraussetzungen man Real- und Imaginärteil solcher Polstellen als Anregungsenergie und inverse Lebensdauer eines Quasiteilchens interpretieren kann.

Gleichung (25.15) ist offensichtlich eine exakte Darstellung der Greensfunktion, wenn man in (25.10) und (25.11) die exakte irreduzible Selbstenergie einsetzt. In diesem Fall können wir vergleichen mit der (ebenfalls exakten) Lehmann-Darstellung der Greensfunktion (die in Kapitel 15 für translationsinvariante Systeme hergeleitet wurde; vgl. (15.26)) :

$$G(x,x',\omega) = \lim_{\eta\to 0^+} \left\{ \sum_m \frac{\langle\Psi_o^N|\psi(x)|\Psi_m^{N+1}\rangle\langle\Psi_m^{N+1}|\psi^+(x')|\Psi_o^N\rangle}{\omega - \mu - (E_m^{N+1} - E_o^{N+1}) + i\eta} + \sum_m \frac{\langle\Psi_o^N|\psi^+(x')|\Psi_m^{N-1}\rangle\langle\Psi_m^{N-1}|\psi(x)|\Psi_o^N\rangle}{\omega - \mu + (E_m^{N-1} - E_o^{N-1}) - i\eta} \right\}. \quad (25.17)$$

Da die Pole von (25.17) und (25.15) übereinstimmen, müssen die aus (25.16) berechneten Werte $\omega_{n\nu} = \varepsilon_n(\omega_{n\nu}) =: \varepsilon_m$ den exakten, auf das chemische Potential μ bezogenen Anregungsenergien

des (N+1)-Teilchen-Systems $\quad \varepsilon_m = \mu + (E_m^{N+1} - E_o^{N+1}) - i\eta \qquad (25.18)$

oder

des (N-1)-Teilchen-Systems $\quad \varepsilon_m = \mu - (E_m^{N-1} - E_o^{N-1}) + i\eta \qquad (25.19)$

entsprechen.

In gleicher Weise muß für die zugehörigen Eigenvektoren

$$f_n(x,\omega_{n\nu}) =: \varphi_m(x) \quad , \quad \tilde{f}_n(x,\omega_{n\nu}) =: \tilde{\varphi}_m(x)$$

gelten :

$$\left.\begin{aligned} \varphi_m(x) &= \langle\Psi_o^N|\psi(x)|\Psi_m^{N+1}\rangle \\ \tilde{\varphi}_m(x) &= \langle\Psi_m^{N+1}|\psi^+(x)|\Psi_o^N\rangle = \varphi_m^*(x) \end{aligned}\right\} \text{ für } \varepsilon_m > \mu \qquad (25.20)$$

und

$$\left.\begin{aligned} \varphi_m(x) &= \langle\Psi_m^{N-1}|\psi(x)|\Psi_o^N\rangle \\ \tilde{\varphi}_m(x) &= \langle\Psi_o^N|\psi^+(x)|\Psi_m^{N-1}\rangle = \varphi_m^*(x) \end{aligned}\right\} \text{ für } \varepsilon_m \leqq \mu \quad . \qquad (25.21)$$

Für die Greensfunktion ergibt sich damit die Darstellung

$$G(x,x',\omega) = \sum_m \frac{\varphi_m(x)\ \varphi_m^*(x)}{\omega - \varepsilon_m} \quad . \qquad (25.22)$$

Betrachtet man Gleichung (25.10) bei den Frequenzen $\omega = \varepsilon_m$ $(=\omega_{n\nu})$, so ergibt sich

$$h_o(x)\ \varphi_m(x) + \int M(x,y,\varepsilon_m)\ \varphi_m(y)\ dy = \varepsilon_m\ \varphi_m(x) \quad . \qquad (25.23)$$

Dieses 'nichtlineare Eigenwertproblem' stellt eine wichtige Umformulierung der Dyson-Gleichung dar. Sie wurde erstmalig von J.Schwinger (Proc.Natl.Acad.Sci.USA 37,452(1951)) angegeben.

26. Das Quasiteilchen-Konzept

Im Abschnitt I über die Grundlagen der Vielteilchen-Physik gingen wir wiederholt mit Hilfe verschiedener mathematischer Tricks vom wechselwirkenden Vielteilchensystem über zu einem System nichtwechselwirkender "Quasiteilchen". Jetzt haben wir die Möglichkeit, diese in systematischer Weise einzuführen und damit erst richtig zu verstehen.

Die Greensfunktion für freie Teilchen lautete (vgl. (15.22))

$$iG^{(o)}(\underline{k},t) = \Theta(t)\cdot\left\{e^{-i\varepsilon_k t}\,\Theta(|\underline{k}|-k_F)\right\} \quad \text{(Teilchenbeitrag)}$$

$$- \Theta(-t)\cdot\left\{e^{-i\varepsilon_k t}\,\Theta(k_F-|\underline{k}|)\right\} \quad \text{(Lochbeitrag)} \quad .$$

Diese Greensfunktion enthält im wesentlichen eine zeitabhängige Exponentialfunktion $\exp(-i\varepsilon_k t)$, die uns sagt, daß ein Teilchen/Loch mit wohldefinierter Energie ε_k in der Zeit propagiert. Wenn nun das Teilchen, das wir dem Grundzustand des Vielteilchensystems zugefügt haben, mit den anderen Teilchen wechselwirkt, dann wird die Greensfunktion im allgemeinen sehr viel komplizierter aussehen. Man kann sich aber fragen, unter welchen Bedingungen man die zeitliche Entwicklung des Systems dennoch als Propagation eines "Teilchens" auffassen kann, das eine halbwegs klar definierte Energie und eine ausreichend lange Lebensdauer besitzt. Wir fragen mit anderen Worten, unter welchen Bedingungen der Propagator die Form

$$G(\underline{k},t) \cong e^{-i\cdot\varepsilon(\underline{k})\cdot t}\, e^{-\Gamma(\underline{k})\cdot t}$$

besitzt. Die Dispersionsrelation $\varepsilon(\underline{k})$ und die Lebensdauer $1/\Gamma(\underline{k})$ spiegeln dann die Wechselwirkung mit den anderen Teilchen, man könnte sagen die Polarisation des Mediums, wider. Das ursprünglich 'nackte' Teilchen schleppt gewissermaßen eine Polarisationswolke mit sich und wird so ein 'angezogenes' Teilchen (dressed particle) mit geänderter Dispersionsrelation und Lebensdauer. Wir haben bereits ein solches Quasiteilchen kennengelernt: das Hartree-Fock-Elektron, das das Austausch-Loch mit sich herumschleppt und als solches auch eine geänderte Dispersionsrelation $\varepsilon(\underline{k})$ besitzt.

Um die Frage zu beantworten, wann die Greensfunktion des wechselwirkenden Systems als Quasiteilchen-Propagator interpretiert werden kann, müssen wir etwas weiter ausholen: Wir betrachten noch einmal die Lehmann-Darstellung der Greensfunktion für translationsinvariante Systeme (vgl. (15.26))

$$G(\underline{k},\omega) = \lim_{\eta \to 0^+} \left[\sum_n \frac{|\langle \Psi_n^{(N+1)}(\underline{k})|c_{\underline{k}}^+|\Psi_0\rangle|^2 / \langle \Psi_0|\Psi_0\rangle}{\omega - \mu - w_{n,\underline{k}}^{(N+1)} + i\eta} + \sum_n \frac{|\langle \Psi_n^{(N-1)}(-\underline{k})|c_{\underline{k}}|\Psi_0\rangle|^2 / \langle \Psi_0|\Psi_0\rangle}{\omega - \mu + w_{n,-\underline{k}}^{(N-1)} - i\eta} \right] .$$

Dabei ist

$$w_{n,\pm\underline{k}}^{(N\pm 1)} := E_n^{(N\pm 1)}(\pm\underline{k}) - E_0^{(N\pm 1)} > 0 .$$

Der erste Term des Ausdrucks für G besitzt

Pole bei $\omega = \mu + w_{n,\underline{k}}^{(N+1)} - i\eta$,

der zweite Term besitzt

Pole bei $\omega = \mu - w_{n,-\underline{k}}^{(N-1)} + i\eta$.

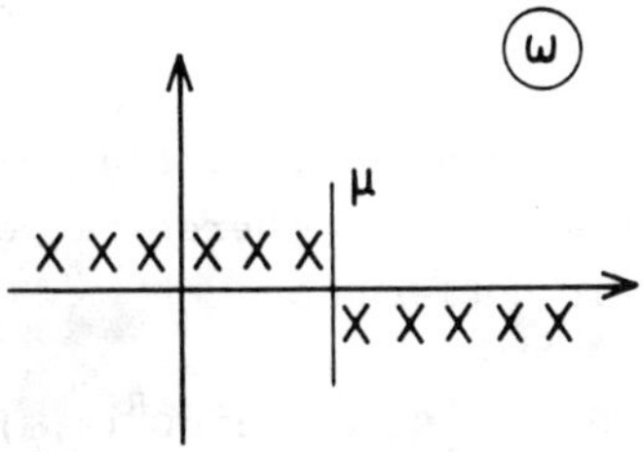

Polstellen von $G(\underline{k},\omega)$ in der komplexen ω - Ebene

Wir führen nun die retardierten und die avancierten Greensfunktionen ein

$$iG^R(\underline{r}t,\underline{r}'t') := \Theta(t-t') \frac{\langle \Psi_0|\{\psi(\underline{r}t)_H , \psi^+(\underline{r}'t')_H\}|\Psi_0\rangle}{\langle \Psi_0|\Psi_0\rangle} \qquad (26.1)$$

$$iG^A(\underline{r}t,\underline{r}'t') := -\Theta(t'-t) \frac{\langle \Psi_0|\{\psi(\underline{r}t)_H , \psi^+(\underline{r}'t')_H\}|\Psi_0\rangle}{\langle \Psi_0|\Psi_0\rangle} , \qquad (26.2)$$

wobei die geschweiften Klammern, wie üblich, den Antikommutator der Feldoperatoren bezeichnen. Die Lehmann-Darstellungen von G und $G^{R/A}$ unterscheiden sich nur durch das Vorzeichen der kleinen imaginären Beiträge im Nenner

$$G^R(\underline{k},\omega) = \lim_{\eta\to 0^+}\left\{\sum_n \frac{\cdots\cdots}{\omega-\mu-w^{(N+1)}_{n,\underline{k}}+i\eta} + \sum_n \frac{\cdots\cdots}{\omega-\mu+w^{(N-1)}_{n,-\underline{k}}+i\eta}\right\}$$

mit Polstellen bei

$$\omega = \mu+w^{(N+1)}_{n,\underline{k}} - i\eta$$

und

$$\omega = \mu-w^{(N-1)}_{n,-\underline{k}} - i\eta$$

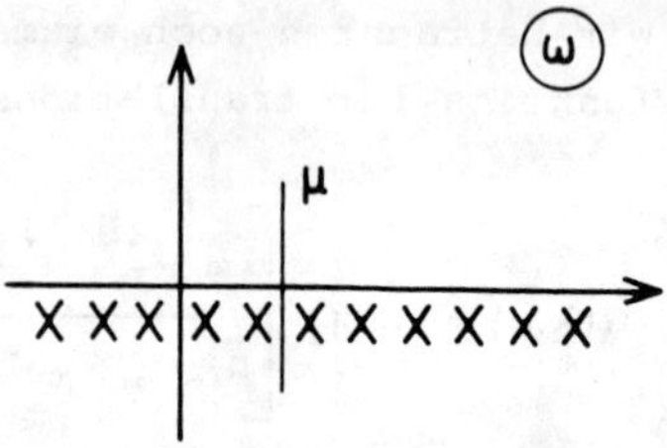

$$G^A(\underline{k},\omega) = \lim_{\eta\to 0^+}\left\{\sum_n \frac{\cdots\cdots}{\omega-\mu-w^{(N+1)}_{n,\underline{k}}-i\eta} + \sum_n \frac{\cdots\cdots}{\omega-\mu+w^{(N-1)}_{n,-\underline{k}}-i\eta}\right\}$$

mit Polstellen bei

$$\omega = \mu+w^{(N+1)}_{n,\underline{k}} + i\eta$$

und

$$\omega = \mu-w^{(N-1)}_{n,-\underline{k}} + i\eta$$

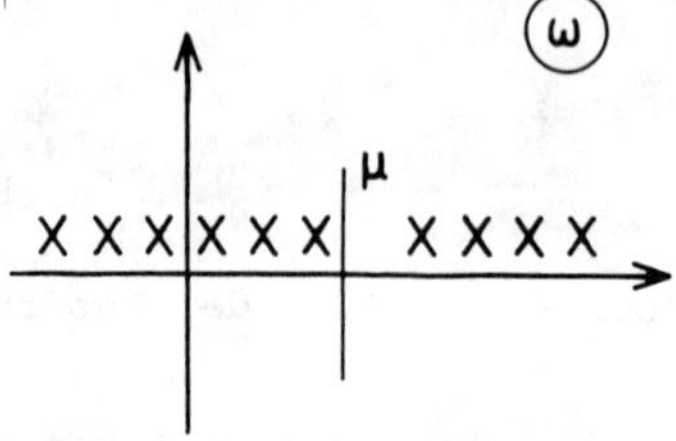

Im Gegensatz zu G sind die Greensfunktionen G^R und G^A analytisch in der oberen respektive unteren ω-Halbebene.
Wir notieren :

Für $\omega \in \mathbb{R}$ gilt: $G^R(\underline{k},\omega)^* = G^A(\underline{k},\omega)$ (26.3)

Für $\mu \neq \omega \in \mathbb{R}$ läßt sich in jeweils einer Summe der Grenzwert $\eta\to 0$ trivial berechnen, und es zeigt sich :

$$\mu < \omega \in \mathbb{R} : \quad G(\underline{k},\omega) = G^R(\underline{k},\omega) \tag{26.4}$$

$$\mu > \omega \in \mathbb{R} : \quad G(\underline{k},\omega) = G^A(\underline{k},\omega) \tag{26.5}$$

Wir setzen diese Beziehungen in

$$G(\underline{k},t) = \int_{-\infty}^{+\infty} \frac{d\omega}{2\pi}\, e^{-i\omega t}\cdot G(\underline{k},\omega)$$

ein und erhalten

$$G(\underline{k},t) = \int_{-\infty}^{\mu} \frac{d\omega}{2\pi}\, e^{-i\omega t}\cdot G^A(\underline{k},\omega) + \int_{\mu}^{\infty} \frac{d\omega}{2\pi}\, e^{-i\omega t}\cdot G^R(\underline{k},\omega) \quad . \tag{26.6}$$

Zur weiteren Auswertung der Integrale verwenden wir folgenden Integrationsweg in der komplexen ω-Ebene

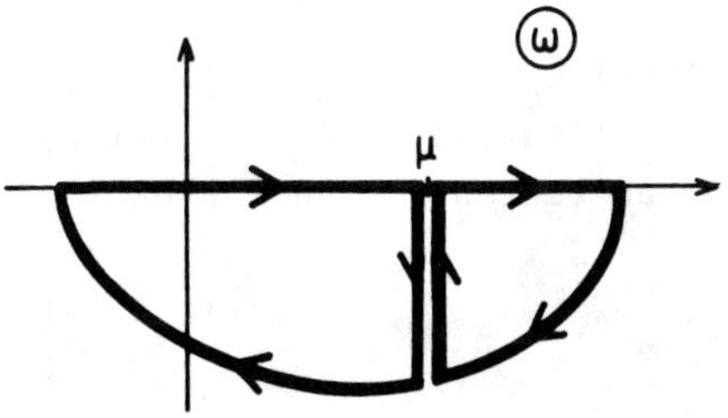

Es gilt

$$\oint \frac{d\omega}{2\pi}\, e^{-i\omega t}\cdot G^A(\underline{k},\omega) = \left(\int_{-\infty}^{\mu} + \int_{\mu}^{\mu-i\infty} + \int_{\frown} \right) \frac{d\omega}{2\pi}\, e^{-i\omega t}\cdot G^A(\underline{k},\omega) = 0 \quad ,$$

da G^A keine Pole unterhalb der reellen Achse besitzt. Der Exponentialfaktor läßt das Integral über den Kreisbogen im Grenzfall unendlich großer Kreise verschwinden, so daß wir für den ersten Term von $G(\underline{k},t)$ erhalten:

$$\int_{-\infty}^{\mu} \frac{d\omega}{2\pi}\, e^{-i\omega t}\cdot G^A(\underline{k},\omega) = \int_{\mu-i\infty}^{\mu} \frac{d\omega}{2\pi}\, e^{-i\omega t}\cdot G^A(\underline{k},\omega) \quad .$$

Den zweiten Term von $G(\underline{k},t)$ formen wir entsprechend um, beachten aber, daß G^R Polstellen ω_ν mit Residuen z_ν in dem umschlossenen Gebiet haben kann:

$$\oint \frac{d\omega}{2\pi}\, e^{-i\omega t}\cdot G^R(\underline{k},\omega) = \left(\int_{\mu}^{\infty} + \underbrace{\int_{\frown}}_{=0} + \int_{\mu-i\infty}^{\mu} \right) \frac{d\omega}{2\pi}\, e^{-i\omega t}\cdot G^R(\underline{k},\omega)$$

$$= -i \sum_{\nu} z_\nu \cdot e^{-i\omega_\nu t} \quad ,$$

also

$$\int_{\mu}^{\infty} \frac{d\omega}{2\pi}\, e^{-i\omega t}\cdot G^R(\underline{k},\omega) = -i\cdot\sum_{\nu} z_{\nu}\cdot e^{-i\omega_{\nu}t} - \int_{\mu-i\infty}^{\mu} \frac{d\omega}{2\pi}\, e^{-i\omega t}\, G^R(\underline{k},\omega) \ .$$

Für die Greensfunktion $G(\underline{k},t)$ ergibt sich hieraus, wenn man noch ω_{ν} nach Real- und Imaginärteil $\omega_{\nu} = \varepsilon_{\nu} - i\Gamma_{\nu}$ zerlegt :

$$G(\underline{k},t) = -i\cdot\sum_{\nu} z_{\nu}\cdot e^{-i\varepsilon_{\nu}t}\cdot e^{-\Gamma_{\nu}t} + \int_{\mu-i\infty}^{\mu} \frac{d\omega}{2\pi}\, e^{-i\omega t}\cdot\left[G^A(\underline{k},\omega)-G^R(\underline{k},\omega)\right] .$$

Es sei nun der Pol bei $\omega_o = \varepsilon_o - i\Gamma_o$ derjenige, der am nächsten an der reellen Achse liegt, d.h. $\Gamma_o < \Gamma_{\nu}$ für $\nu \neq 0$.
Für hinreichend große Zeiten können wir dann schreiben:

$$- i \sum_{\nu} z_{\nu}\cdot e^{-i\varepsilon_{\nu}t}\cdot e^{-\Gamma_{\nu}t} \cong - i\cdot z_o\cdot e^{-i\varepsilon_o t}\cdot e^{-\Gamma_o t} \ .$$

Wir wollen natürlich nicht so lange warten, bis der Beitrag dieses Pols auch ausgestorben ist; wir betrachten also Zeiten von der Größenordnung

$$\frac{1}{\Gamma_{\nu}} < t \lesssim \frac{1}{\Gamma_o} \ . \tag{26.7}$$

Für solche Zeiten lautet die Greensfunktion $G(\underline{k},t)$:

$$G(\underline{k},t) \cong -i\cdot z_o\cdot e^{-i\varepsilon_o t}\cdot e^{-\Gamma_o t} + \int_{\mu-i\infty}^{\mu} \frac{d\omega}{2\pi}\, e^{-i\omega t}\{G^A(\underline{k},\omega)-G^R(\underline{k},\omega)\} \ . \tag{26.8}$$

Es bleibt also nur noch zu untersuchen, unter welchen Bedingungen das Integral vernachlässigbar ist.

Die Größe $(\varepsilon_o - \mu) > 0$, also der Abstand der Quasiteilchenenergie von der Fermikante, ist ein Maß für die Energie und damit für die Abweichung vom Grundzustand, die mit dem Quasiteilchen verbunden ist. Um eine halbwegs genaue Messung dieser

Energie zu gewährleisten, sollte, gemäß der Energie-Zeit-Unschärferelation, das Quasiteilchen zumindest für eine Zeit $t \gg 1/(\varepsilon_o-\mu)$ propagieren. Wir werden im folgenden zeigen, daß diese Bedingung zusammen mit (26.7), also

$$\frac{1}{\varepsilon_o - \mu} \ll t \lesssim \frac{1}{\Gamma_o} \tag{26.9}$$

bereits ausreicht, um den Integralterm zu vernachlässigen. Implizit enthält diese Ungleichung die Bedingung $\Gamma_o \ll \varepsilon_o - \mu$, d.h. die Lebensdauer des Quasiteilchens muß so groß sein, daß eine scharfe Messung der Quasiteilchenenergie überhaupt möglich ist. Die Polstelle muß demnach sehr nah an der reellen Achse liegen.

Wesentlich ist, daß der Integrand für große Imaginärteile von ω exponentiell verschwindet, es spielen also nur die Beiträge nahe der reellen Achse eine Rolle. Wir können zur Abschätzung des Integrals also nähern

$$G^{R/A}(\underline{k},\omega) \cong G^{R/A}(\underline{k},\omega_{reell}) \quad .$$

Unter der oben diskutierten Annahme, daß der Pol sehr nah an der reellen Achse liegt, dominiert dieser für reelle Werte von ω, so daß dort gilt

$$G^R(\underline{k},\omega) \cong \frac{z_o}{\omega - \varepsilon_o + i\Gamma_o} \quad ,$$

und unter Verwendung von (26.3)

$$G^A(\underline{k},\omega) = \left[G^R(\underline{k},\omega)\right]^* \cong \frac{z_o}{\omega - \varepsilon_o - i\Gamma_o} \quad .$$

Das Integral in (26.8) beträgt somit näherungsweise

$$I := \int_{\mu-i\infty}^{\mu} \frac{d\omega}{2\pi}\, e^{-i\omega t} \cdot \{G^A(\underline{k},\omega) - G^R(\underline{k},\omega)\}$$

$$\cong 2i \cdot z_o \cdot \Gamma_o \cdot \int_{\mu-i\infty}^{\mu} \frac{d\omega}{2\pi} \cdot \frac{e^{-i\omega t}}{(\omega-\varepsilon_o)^2+\Gamma_o^2} \quad ,$$

und mit der Substitution $y := i(\omega-\mu)$, $\omega = \mu - iy$, $d\omega = -idy$ gilt weiter :

$$= - \frac{z_o \Gamma_o}{\pi} e^{-i\mu t} \int_0^\infty dy \frac{e^{-yt}}{\Gamma_o^2 + (\varepsilon_o - \mu + iy)^2} .$$

Ist nun $t >> 1/(\varepsilon_o - \mu)$, so ist e^{-yt} nur dann wesentlich von Null verschieden, wenn $y << \varepsilon_o - \mu$. In diesem Bereich ist aber der

$$\text{Nenner} = \Gamma_o^2 + (\varepsilon_o - \mu + iy)^2 \cong \Gamma_o^2 + (\varepsilon_o - \mu)^2 \cong (\varepsilon_o - \mu)^2 ,$$

so daß

$$I \cong - \frac{z_o \Gamma_o}{\pi} e^{-i\mu t} \int_0^\infty dy \frac{e^{-yt}}{(\varepsilon_o - \mu)^2} = - \frac{z_o \Gamma_o}{\pi} \frac{e^{-i\mu t}}{t(\varepsilon_o - \mu)^2}$$

$$\underset{(t \cong 1/\Gamma_o)}{\cong} - \frac{z_o}{\pi} e^{-i\mu t} \frac{1}{\underbrace{t^2 (\varepsilon_o - \mu)^2}_{>>1}} .$$

Das Integral ist also unter den angegebenen Vorausetzungen sehr viel kleiner als $|z_o|$; während im betrachteten Zeitintervall $\exp(-\Gamma_o t) \cong 1$, so daß

$$\left| -iz_o \, e^{-i\varepsilon_o t} \, e^{-\Gamma_o t} \right| \cong |z_o| .$$

Damit können wir den Integralbeitrag in (26.8) vernachlässigen. Es verbleibt der Beitrag des der reellen Achse nächstgelegenen Pols :

$$G(\underline{k},t) \cong -i \, z(\underline{k}) \, e^{-i\varepsilon(\underline{k})t} e^{-\Gamma(\underline{k})t} \qquad \text{für } t>0 .$$

In dieser Gleichung wurde die Abhängigkeit der Lage und des Residuums der Polstelle von $\underline{k}$ durch eine sofort verständliche Änderung der Bezeichnungen betont.

Die vorstehenden Überlegungen setzen $t > 0$ voraus. Für $t < 0$ ergibt sich völlig analog ein entsprechender Ausdruck für die

Propagation von 'Quasilöchern'. Bei der Herleitung muß lediglich der Integrationsweg in der komplexen ω-Ebene oben herum geschlossen werden. Auf diese Weise ergibt sich insgesamt

$$G(\underline{k},t) = -i\ z(\underline{k}) \Big\{ \Theta(t)\ \Theta(\varepsilon(\underline{k})-\mu)\ e^{-i\varepsilon(\underline{k})t}\ e^{-\Gamma(\underline{k})t} - \Theta(-t)\ \Theta(\mu-\varepsilon(\underline{k}))\ e^{-i\varepsilon(\underline{k})t}\ e^{-\Gamma(\underline{k})t} \Big\} + I(\underline{k},t)\ , \tag{26.10}$$

wobei in $I(\underline{k},t)$ alle diskutierten Terme zusammengefaßt sind, die unter der Bedingung (26.9) vernachlässigbar sind.

Jede Näherung für die irreduzible Selbstenergie liefert eine Näherung für die Greensfunktion. Aus der Darstellung (24.6)

$$G(\underline{k},\omega) = \frac{1}{\omega - \frac{k^2}{2m} - M(\underline{k},\omega)} \tag{26.11}$$

lassen sich dann die Pole, und damit die Dispersionsrelation und die Lebensdauer der resultierenden Quasiteilchen, sofort ablesen.
Wir wollen nun speziell die Näherung

$$M \cong M^{(1)} =$$ 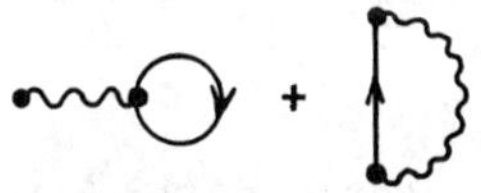 (26.12)

untersuchen. Da für translationsinvariante Systeme die Hartree-Fock-Gleichung von ebenen Wellen gelöst wird, ist nach den Überlegungen des letzten Kapitels ziemlich klar, daß die Näherung (26.12) gerade die Dispersionsrelation und Lebensdauer des Hartree-Fock-Quasiteilchens liefern wird. Dies wollen wir im folgenden explizit nachprüfen.

Der erste Graph liefert aus Impulserhaltungsgründen nur für die nullte Fourier-Komponente des Wechselwirkungspotentials einen Beitrag :

$$= (-)^1 \, i \lim_{\eta\to 0^+} \int \frac{d^3\tilde{q}}{(2\pi)^3} \int \frac{d\omega}{2\pi} \, v(q=0) e^{i\omega\eta} G^{(o)}(\tilde{\underline{q}},\omega)$$

$$= -i \, v(q=0) \int \frac{d^3\tilde{q}}{(2\pi)^3} \, G^{(o)}(\tilde{\underline{q}}, t=0^+)$$

$$= -i \, v(q=0) \lim_{(\underline{r}-\underline{r}')\to 0} \underbrace{\int \frac{d^3\tilde{q}}{(2\pi)^3} e^{i\tilde{\underline{q}}\cdot(\underline{r}-\underline{r}')} G^{(o)}(\tilde{\underline{q}}, t=0^+)}_{=G^{(o)}(\underline{r},\underline{r}',t=0^+)}$$

$$= v(q=0) \left[-iG^{(o)}(\underline{r},\underline{r},t=0^+)\right]$$

$$= v(q=0) \cdot \left[\frac{N}{\Omega}\right] \quad ,$$

wobei wir im letzten Schritt den in Kapitel 15 bewiesenen Zusammenhang zwischen Greensfunktion und Dichte verwendet haben.

Der zweite Graph liefert (für instantane, d.h. freuquenzunabhängige Wechselwirkungen)

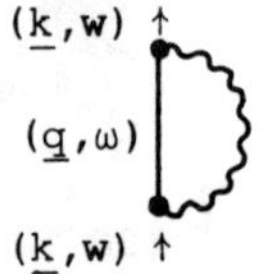

$$= (-)^0 \, i \lim_{\eta\to 0^+} \int \frac{d^3q}{(2\pi)^3} \int \frac{d\omega}{2\pi} e^{i\eta\omega} G^{(o)}(\underline{q},\omega) v(\underline{k}-\underline{q}) \quad .$$

Einsetzen des expliziten Ausdrucks (15.24) für $G^{(o)}$ liefert

$$= i \cdot \lim_{\eta\to 0^+} \int \frac{d^3q}{(2\pi)^3} \cdot \int \frac{d\omega}{2\pi} \cdot e^{i\omega\eta} \lim_{\xi\to 0^+} \left[\frac{\Theta(|\underline{q}|-k_F)}{\omega-\varepsilon_q^{(o)}+i\xi} + \frac{\Theta(k_F-|\underline{q}|)}{\omega-\varepsilon_q^{(o)}-i\xi} \right] \cdot v(\underline{k}-\underline{q})$$

und die Substitution $\omega^{neu} := \varepsilon_q^{(o)} - \omega^{alt}$ ergibt schließlich zusammen mit der Darstellung (15.23) der Stufenfunktion

$$= i\cdot\int\frac{d^3q}{(2\pi)^3}\cdot\left\{\Theta(|\underline{q}|-k_F)\cdot\lim_{\eta\to 0^+} e^{i\eta\varepsilon_q^{(o)}} \underbrace{\lim_{\xi\to 0^+}\int\frac{d\omega}{2\pi}\frac{e^{-i\omega\eta}}{-\omega+i\xi}}_{=-i\Theta(-\eta)=0}\right.$$

$$\left. -\Theta(k_F-|\underline{q}|)\lim_{\eta\to 0^+} e^{i\eta\varepsilon_q^{(o)}} \underbrace{\lim_{\xi\to 0^+}\int\frac{d\omega}{2\pi}\frac{e^{-i\omega\eta}}{+\omega+i\xi}}_{=-i\Theta(+\eta)=-i}\right\}\cdot v(\underline{k}-\underline{q}) \ .$$

Somit erhalten wir insgesamt

$$M^{(1)}(\underline{k},w) = M^{(1)}(\underline{k}) = v(q=0)\cdot\left(\frac{N}{\Omega}\right) - \int\frac{d^3q}{(2\pi)^3}\,\Theta(k_F-|\underline{q}|)\ v(\underline{k}-\underline{q}) \ . \tag{26.13}$$

Die Pole der Greensfunktion (26.11) liegen damit bei

$$\omega = \frac{k^2}{2m} + M^{(1)}(\underline{k}) \quad ,$$

d.h. wir erhalten ein Quasiteilchen mit der

- Dispersionsrelation
  $$\varepsilon(\underline{k}) = \frac{k^2}{2m} + v(q=0)\left(\frac{N}{\Omega}\right) - \int\frac{d^3q}{(2\pi)^3}\,\Theta(k_F-|\underline{q}|)\ v(\underline{k}-\underline{q}) \ .$$
  Dies ist genau die Dispersionsrelation (9.4) (für $k_+=k_-=k_F$), die wir für translationsinvariante Systeme in Hartree-Fock-Näherung hergeleitet hatten.

- Imaginärteil-Funktion $\Gamma(\underline{k})=0$, d.h. die Lebensdauer der Hartree-Fock-Quasiteilchen ist unendlich.

Zum Abschluß dieses Beispiels zitieren wir aus Kapitel 10 noch den Wert des Integrals für das Elektronengas :

$$M^{(1)}(\underline{k}) = -\frac{e^2\,k_F}{\pi}\left(1 + \frac{k_F^{\,2}-k^2}{2\,k\,k_F}\ln\left|\frac{k_F+k}{k_F-k}\right|\right) \ . \tag{26.14}$$

Bis zu diesem Punkt konnten wir zeigen, daß man unter gewissen Bedingungen die volle Greensfunktion als Quasiteilchen-Propagator auffassen kann, und am Beispiel des Hartree-Fock-Elektrons sahen wir, daß solche Quasiteilchen tatsächlich auftreten können. An dieser Stelle liegt nun die Frage nahe, ob solche Quasiteilchen in jedem System auftreten können oder ob sie nur höchst singuläre Erscheinungen sind. Die Antwort lautet :

> In jedem Vielteilchensystem, für das Störungstheorie anwendbar ist, gibt es Quasiteilchen mit Energien in der Nähe der Fermikante μ.

Zum Beweis dieser Behauptung ist lediglich zu zeigen, daß es Pole $\omega(\underline{k}) = \varepsilon(\underline{k}) - i\Gamma(\underline{k})$ gibt mit $\Gamma(\underline{k}) \ll \varepsilon(\underline{k}) - \mu$. Dann läßt sich für Zeiten $1/\{\varepsilon(\underline{k})-\mu\} \ll t \lesssim 1/\Gamma(\underline{k})$ die volle Greensfunktion als Quasiteilchen-Propagator interpretieren.

Wir verwenden die folgende Aussage :

$$\operatorname{Im} M(\underline{k},\omega) \underset{\omega\to\mu}{\longrightarrow} \operatorname{sign}(\mu-\omega)\; c(\underline{k})\; (\omega-\mu)^2 \quad \text{mit } 0 \leq c(\underline{k}) \in \mathbb{R} \; . \tag{26.15}$$

Den Beweis wollen wir hier nur skizzieren (für Details siehe J.M.Luttinger,Phys.Rev.121,942(1961)). Im ersten Beweisschritt zeigt man die Aussage

(1) $\quad \operatorname{Im} M^{(2)}$  $\underset{\omega\to\mu}{\sim} \operatorname{sign}(\mu-\omega)\;(\omega-\mu)^2 \quad .$

Im nächsten Schritt weist man dasselbe Verhalten für das zugehörige angezogene Skelett nach :

(2) $\quad \operatorname{Im} M$  $\underset{\omega\to\mu}{\sim} \operatorname{sign}(\mu-\omega)\;(\omega-\mu)^2 \quad .$

Hierzu verwendet man die Darstellung (15.27) der Greensfunktion

$$G(\underline{k},\omega) = \lim_{\xi\to 0^+} \int_0^\infty d\varepsilon \cdot \left(\frac{A(\underline{k},\varepsilon)}{\omega-\mu-\varepsilon+i\xi} + \frac{B(\underline{k},\varepsilon)}{\omega-\mu+\varepsilon-i\xi} \right)$$

Die Abhängigkeit des Integranden von ω entspricht der Frequenzabhängigkeit von $G^{(0)}(\underline{k},\omega)$, so daß sich die Abschätzungen von (1) übertragen lassen.

Im letzten Schritt schließlich zeigt man, daß sich der Imaginärteil eines beliebigen angezogenen Skeletts für $\omega \to \mu$ entweder wie (2) verhält oder mit einer höheren Potenz von $(\omega-\mu)^2$ verschwindet. Da sich nach (25.1) die irreduzible Selbstenergie aus der Summe aller angezogenen Skelette ergibt, folgt die Gültigkeit von (26.14) für alle Vielteilchensysteme, für die gewöhnliche Störungstheorie anwendbar ist.

Die Polstellen

$$\omega(\underline{k}) = \varepsilon(\underline{k}) - i\Gamma(\underline{k})$$

der Greensfunktion sind bestimmt durch die Gleichung

$$\omega - \varepsilon_k^{(o)} - \mathrm{Re}\{M(\underline{k},\omega)\} - i\,\mathrm{Im}\{M(\underline{k},\omega)\} = 0 \quad . \qquad (26.16)$$

Auf der Basis der Aussage (26.15) zeigen wir im folgenden, daß für Anregungsenergien nahe der Fermikante (d.h. für $\varepsilon(\underline{k}) \cong \mu$) die Existenzbedingung für Quasiteilchen $\Gamma(\underline{k}) << \varepsilon(\underline{k}) - \mu$ erfüllt sein muß.

Um (bei gegebenem $\varepsilon(\underline{k}) \cong \mu$) eine Abschätzung für $\Gamma(\underline{k})$ zu gewinnen, entwickeln wir (26.16) um den exakten Realteil $\varepsilon(\underline{k})$:

$$\begin{aligned} 0 &= \omega - \varepsilon_k^{(o)} - M(\underline{k},\omega) \\ &\cong \varepsilon(\underline{k}) - \varepsilon_k^{(o)} - \mathrm{Re}\{M(\underline{k},\varepsilon(\underline{k}))\} - i\,\mathrm{Im}\{M(\underline{k},\varepsilon(\underline{k}))\} \\ &\quad + \left(1 - \frac{\partial}{\partial\tilde{\omega}} \mathrm{Re}\{M(\underline{k},\tilde{\omega})\}\Big|_{\tilde{\omega}=\varepsilon(\underline{k})}\right) \cdot \left(\omega - \varepsilon(\underline{k})\right) \quad . \end{aligned}$$

Von der Entwicklung des Imaginärteils von M wurde hier nur der Beitrag niedrigster Ordnung berücksichtigt, weil der Imaginärteil in der Nähe von $\omega \cong \mu \cong \varepsilon(\underline{k})$ ohnehin sehr klein ist. Hieraus ergibt sich für $\Gamma(\underline{k})$ die Abschätzung

$$\Gamma(\underline{k}) \cong \frac{-\mathrm{Im}\{M(\underline{k},\varepsilon(\underline{k}))\}}{1 - \frac{\partial}{\partial\tilde{\omega}}\mathrm{Re}\{M(\underline{k},\tilde{\omega})\}\Big|_{\tilde{\omega}=\varepsilon(\underline{k})}} \cong - \frac{\mathrm{sign}\left(\mu-\varepsilon(\underline{k})\right) c(\underline{k}) \left(\varepsilon(\underline{k})-\mu\right)^2}{1 - \frac{\partial}{\partial\tilde{\omega}} \mathrm{Re}\{M(\underline{k},\tilde{\omega})\}\Big|_{\tilde{\omega}=\varepsilon(\underline{k})}} \, .$$

Für Quasiteilchen, also $\varepsilon(\underline{k})>\mu$, ist Γ positiv und nahe der Fermikante wegen des Faktors $(\varepsilon(\underline{k})-\mu)^2$ vernachlässigbar klein gegen $\varepsilon(\underline{k})-\mu$. Genau das wollten wir zeigen.
Für Quasilöcher ist Γ negativ, was angesichts der Form $e^{-\Gamma(\underline{k})t}$ für t<0 auch sinnvoll ist. Insbesondere hat $\Gamma(\underline{k})$ auf der Fermifläche $\varepsilon(\underline{k})=\mu$ einen Vorzeichenwechsel. Nahe an der Fermifläche ist auch für $\varepsilon(\underline{k})<\mu$:

$$|\Gamma(\underline{k})| \ll |\varepsilon(\underline{k}) - \mu| \ .$$

Für Rechnungen und zur Gewinnung physikalischer Anschauung ist es oft günstig, den Quasiteilchen (und -löchern) eine <u>effektive Masse</u> zuzuordnen. Dazu werden im wesentlichen zwei verschiedene Definitionsmöglichkeiten verwendet:

1.) Für nicht wechselwirkende Systeme gilt

$$\varepsilon_k^{(o)} = \frac{k^2}{2m}\ , \text{ also } \ \partial_{k_i} \partial_{k_j} \varepsilon_k^{(o)} = \frac{1}{m} \cdot \delta_{ij} \ .$$

Dies legt nahe, bei einer beliebigen Dispersionsrelation $\varepsilon(\underline{k})$ einen Tensor der effektiven Masse zu definieren durch

$$\left(\frac{1}{m^*}\right)_{ij} := \partial_{k_i} \partial_{k_j} \varepsilon(\underline{k}) \ . \tag{26.17}$$

Diese effektive Masse hängt also im allgemeinen von $\underline{k}$ ab.

2.) Interessieren wir uns für eine Dispersionsrelation $\varepsilon(\underline{k})$ in der Umgebung eines speziellen Punktes $\underline{k}_o$ (etwa einer 'Bandkante' in der Festkörperphysik), so bietet sich an, die Entwicklung erster Ordnung

$$\varepsilon(\underline{k}) \simeq \varepsilon(\underline{k}_o) + (\underline{\nabla}\varepsilon(\underline{k}))_{\underline{k}_o} \cdot (\underline{k}-\underline{k}_o)$$

mit der entsprechenden für ein freies Teilchen

$$\varepsilon_k^{(o)}(\underline{k}) = \frac{k^2}{2m} \cong \frac{k_o^2}{2m} + \frac{1}{m}\,\underline{k}_o \cdot (\underline{k}-\underline{k}_o) = \varepsilon_{k_o}^{(o)} + \frac{1}{m}\,\underline{k}_o \cdot (\underline{k}-\underline{k}_o)$$

zu vergleichen und zu fordern

$$\sum_{j=1}^{3} \left(\frac{1}{m^{**}}\right)_{ij} k_o^j := (\underline{\nabla}\varepsilon(\underline{k}))^i_{\underline{k}=\underline{k}_o} \quad .$$

Die einfachste derartige Wahl ist

$$\left(\frac{1}{m^{**}}\right)_{ij} = \frac{(\underline{\nabla}\varepsilon(\underline{k}))^i_{\underline{k}=\underline{k}_o}}{(\underline{k}_o)^i} \cdot \delta_{ij} \quad .(26.18)$$

Für festes $\underline{k}_o$ hängt die so definierte effektive Masse natürlich nicht mehr von $\underline{k}$ ab.

Für die hier diskutierten Quasiteilchen/löcher hängt die effektive Masse also ziemlich direkt mit der irreduziblen Selbstenergie zusammen. Diese Vorstellungshilfe ist wert, besonders betont zu werden.

Wir kommen nun zu einer Anwendung des Quasiteilchen-Konzepts:

Die Definition der effektiven Masse $\frac{1}{m^*}$ bietet die Möglichkeit, für Quasiteilchen eine 'effektive Newton-Bewegungsgleichung' zu betrachten. Dazu fassen wir das Quasiteilchen als ein Wellenpaket auf, das sich mit der Gruppengeschwindigkeit $\underline{v}_{gr} = \underline{\nabla}_{\underline{k}}\varepsilon(\underline{k})$ bewegt. Die Arbeit $\Delta\varepsilon$, die durch eine äußere Kraft $\underline{F}$ im Zeitintervall Δt an dem Quasiteilchen geleistet wird, beträgt $\Delta\varepsilon = \underline{F}\cdot\underline{v}_{gr}\Delta t$. Andererseits gilt $\Delta\varepsilon = \underline{\nabla}_{\underline{k}}\varepsilon(\underline{k})\cdot\Delta\underline{k} = \underline{v}_{gr}\cdot\Delta\underline{k}$. Zusammengenommen gibt das (für $\Delta t \to 0$):

$$\lim_{\Delta t\to 0} \underline{v}_{gr} \cdot \frac{\Delta\underline{k}}{\Delta t} = \underline{v}_{gr}\cdot\dot{\underline{k}} = \underline{v}_{gr}\cdot\underline{F} \qquad (26.19)$$

Dieses ist eine 'Quasi-Newton-Gleichung': Könnte man $\underline{v}_{gr}$ wegkürzen, so ergäbe sich $\dot{\underline{k}} = \underline{F}$.

Für die Beschleunigung des Quasiteilchens erhalten wir (in Komponentenschreibweise) :

$$\underline{a}_i := \frac{d}{dt}\left(\underline{v}_{gr}\right)_i = \partial_{k_i} \frac{d}{dt}\varepsilon(\underline{k}) = \partial_{k_i}\{\dot{\underline{k}}\cdot\underline{\nabla}_{\underline{k}}\varepsilon(\underline{k})\}$$

$$= \partial_{k_i}\{\underline{F}\cdot\underline{\nabla}_{\underline{k}}\varepsilon(\underline{k})\} = \partial_{k_i}\sum_j\left(\partial_{k_j}\varepsilon(\underline{k})\right)F_j$$

$$= \sum_j\left(\partial_{k_i}\partial_{k_j}\varepsilon(\underline{k})\right)F_j = \sum_j\left(\frac{1}{m^*}\right)_{ij}F_j \quad .$$

Mit diesem Ausdruck könnte man dann die Bewegung von Quasiteilchen im Prinzip berechnen. Das ist besonders instruktiv beim sogenannten Kristall-Elektron, dessen Dispersionsrelation die Wechselwirkung mit dem periodischen Kristallgitter enthält. Diese Dispersionsrelation hat die nebenstehende Grobstrutur : Am Rande der Brillouin-Zone ist die Krümmumg und damit die effektive Masse für viele 'Bänder' negativ. Das spiegelt die Tatsache wider, daß dort die Kristall-Elektronen sogenannte Bragg-Reflexionen erfahren.

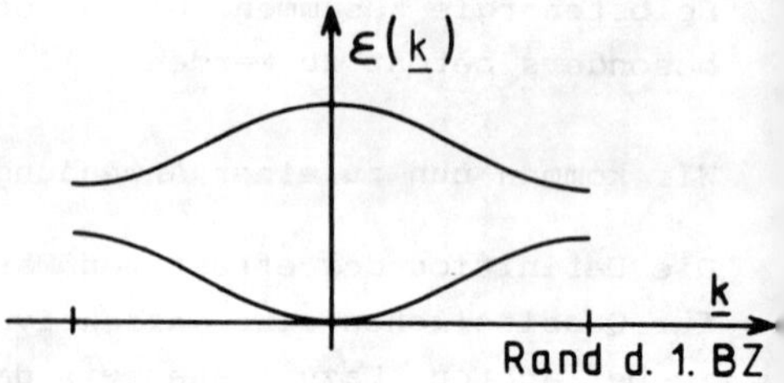

Eine weitere interessante Anwendung ergibt sich, wenn man die 'Newton-Gleichung für Quasiteilchen' auch für den Fall von (geschwindigkeitsabhängigen!) Lorentz-Kräften herleitet. Die Zyklotron-Resonanzfrequenz

$$\omega_c = \frac{eB}{m^*}$$

läßt sich nämlich experimentell sehr gut bestimmen. So gewinnt man Infomation über die Dispersionsrelation $\varepsilon(\underline{k})$ nahe der Fermifläche (da nur Kristall-Elektronen nahe der Fermifläche an der Resonanz beteiligt sind).

Wir haben im vorstehenden die Fläche $\varepsilon(\underline{k}) = \mu$ 'Fermifläche des wechselwirkenden Systems' genannt und schon einige Eigenschaften dieser Fläche, z.B. Vorzeichenwechsel von Γ, kennengelernt. Im verbleibenden Teil des Kapitels werden wir zeigen, daß diese Fläche auch die Eigenschaft besitzt, die man primär mit dem Begriff 'Fermikante' verbindet, nämlich einen scharfen Abfall in der Verteilungsfunktion. Bei nichtwechselwirkenden Systemen hat die Impulsverteilungsfunktion

$$\langle n(\underline{k})\rangle = \langle \Psi_o | c_{\underline{k}}^+ c_{\underline{k}} | \Psi_o \rangle$$

ja bekanntlich eine scharfe Kante.

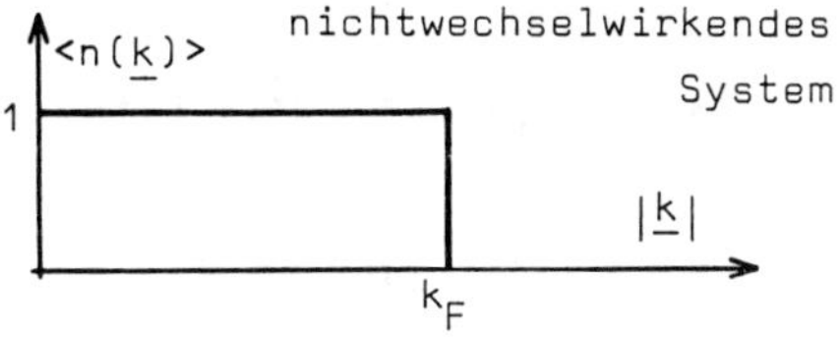

Da sich der exakte wechselwirkende Grundzustand als Überlagerung nichtwechselwirkender Konfigurationen darstellen läßt, erwarten wir für ihn eine irgendwie ausgeschmierte Verteilung. Wir wollen zeigen, daß diese für "normale" Systeme, die gewöhnliche Störungstheorie zulassen (im Unterschied etwa zu Supraleitern), an der Fermifläche einen endlichen Sprung aufweist :

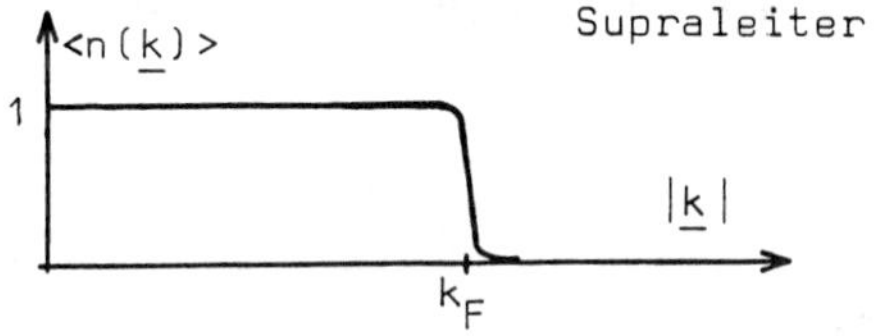

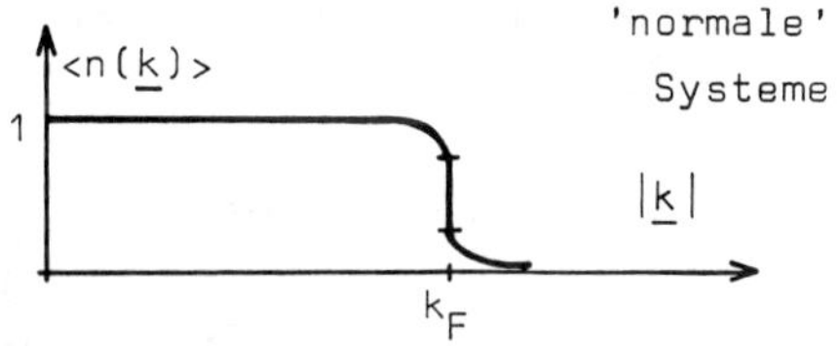

Zum Beweis setzen wir in die Gleichung (15.32)

$$\langle n(\underline{k})\rangle = -i \lim_{\substack{t\to 0 \\ t<0}} G(\underline{k},t)$$

den oben hergeleiteten Ausdruck (26.10) für $t<0$

$$G(\underline{k},t) = i\, z(\underline{k})\, \Theta(\mu-\varepsilon(\underline{k}))\, e^{-i\varepsilon(\underline{k})t}\, e^{-\Gamma(\underline{k})t} + I(\underline{k},t)$$

ein und betrachten zwei Folgen $(\underline{k}^+)_\nu$ und $(\underline{k}^-)_\nu$ von Vektoren, die von außen beziehungsweise von innen gegen einen Vektor $\underline{k}_o$ der Fermifläche $\varepsilon(\underline{k})=\mu$ konvergieren, d.h. es gilt

$$\varepsilon(\underline{k}_\nu^-) \quad < \quad \mu = \varepsilon(\underline{k}_o) \quad < \quad \varepsilon(\underline{k}_\nu^+) \quad .$$

Dann folgt

$$G(\underline{k}_\nu^-,t) = i\ z(\underline{k}_\nu^-)\ e^{-i\varepsilon(\underline{k}_\nu^-)t}\ e^{-\Gamma(\underline{k}_\nu^-)t} + I(\underline{k}_\nu^-,t) \qquad (\text{für } t<0)$$

$$\lim_{t\to 0^-} G(\underline{k}_\nu^-,t) = i\ z(\underline{k}_\nu^-) + I(\underline{k}_\nu^-,0^-)$$

$$G(\underline{k}_\nu^+,t) = \quad I(\underline{k}_\nu^+,t) \qquad (\text{für } t<0)$$

$$\lim_{t\to 0^-} G(\underline{k}_\nu^+,t) = \quad I(\underline{k}_\nu^+,0^-) \qquad .$$

Wir machen die plausible Annahme, daß I als Funktion von $\underline{k}$ zumindest nahe der Fermifläche stetig ist. (Trifft diese Annahme nicht zu, kommt im folgenden Ergebnis noch der Beitrag $\{I(\underline{k}^+\to\underline{k}_o,0^-) - I(\underline{k}^-\to\underline{k}_o,0^-)\}\cdot i$ hinzu. Er wäre, wie I selbst, eine kleine Korrektur zu $z(\underline{k}_o)\cong 1$ und änderte nur die Größe des Sprunges ein wenig.)

Insgesamt erhalten wir

$$\lim_{\substack{\underline{k}_\nu^+\to\underline{k}_o \\ \underline{k}_\nu^-\to\underline{k}_o}} \left(\langle n(\underline{k}_\nu^+)\rangle - \langle n(\underline{k}_\nu^-)\rangle \right) = z(\underline{k}_o) \quad .$$

Damit ist gezeigt, daß die Impulsverteilung bei jedem Vektor $\underline{k}_o$ der Fermifläche einen Sprung der (ungefähren) Größe $z(\underline{k}_o)$ aufweist, also in der Tat so aussieht, wie oben skizziert.

27. Diagrammatische Berechnung der Zweiteilchen-Greensfunktion und des Polarisationspropagators

Es sei zunächst an die Definition der Zweiteilchen-Greensfunktion erinnert :

$$i^2\, G(\underline{r}_A t_A, \underline{r}_B t_B, \underline{r}_C t_C, \underline{r}_D t_D)$$

$$:= \frac{1}{\langle\Psi_o|\Psi_o\rangle} \langle\Psi_o| T\left(\psi(\underline{r}_A t_A)_H\ \psi(\underline{r}_B t_B)_H\ \psi^+(\underline{r}_C t_C)_H\ \psi^+(\underline{r}_D t_D)_H\right)|\Psi_o\rangle .$$

Spin-Indizes lassen wir in diesem Kapitel der Kürze halber weg. Der erste Schritt zur diagrammatischen Berechnung ist wieder die Adiabatic-Switching-Prozedur. Analog zum Fall der Einteilchen-Greensfunktion läßt sich zeigen (vgl. (18.8)):

$$i^2 \cdot G(\underline{r}_A t_A, \underline{r}_B t_B, \underline{r}_C t_C, \underline{r}_D t_D) = \lim_{\varepsilon \to 0^+} \frac{1}{\langle\Phi_o|U_\varepsilon(-\infty,\infty)|\Phi_o\rangle} \cdot$$

$$\cdot \sum_{n=o}^{\infty} \frac{(-i)^n}{n!} \cdot \int dt_1 \ldots \int dt_n\ e^{-\varepsilon(|t_1|+\ldots+|t_n|)} \cdot \langle\Phi_o| T(V(t_1)_I \cdot \ldots \cdot$$

$$\cdot V(t_n)_I \psi(\underline{r}_A t_A)_I \psi(\underline{r}_B t_B)_I \psi^+(\underline{r}_C t_C)_I \psi^+(\underline{r}_D t_D)_I)|\Phi_o\rangle \quad .$$

Diese Darstellung erlaubt eine diagrammatische Analyse mit im wesentlichen denselben Feynman-Regeln, wie sie in Kapitel 20 hergeleitet wurden. Die volle Zweiteilchen-Greensfunktion stellen wir als Gebilde mit vier Füßchen dar. Diese äußeren Endpunkte entsprechen natürlich den vier Argumenten der Greensfunktion. So, wie bei der Einteilchen-Greensfunktion $G(\underline{r}_A t_A, \underline{r}_B t_B)$ je nach Zeitordnung entweder Teilchenpropagation ($t_A > t_B$) oder Lochpropagation ($t_B > t_A$) vorlag, gibt es bei der Zweiteilchen-Greensfunktion drei Möglichkeiten: Teilchenpaar-Propagation, Lochpaar-Propagation und Teilchen-Loch-Propagation. Diese lassen sich folgendermaßen darstellen :

1.) Teilchenpaar-Propagator

$t_A > t_B > t_C > t_D$ $\quad$ $t_B > t_A > t_C > t_D$ $\quad$ $t_A > t_B > t_D > t_C$ $\quad$ $t_B > t_A > t_D > t_C$

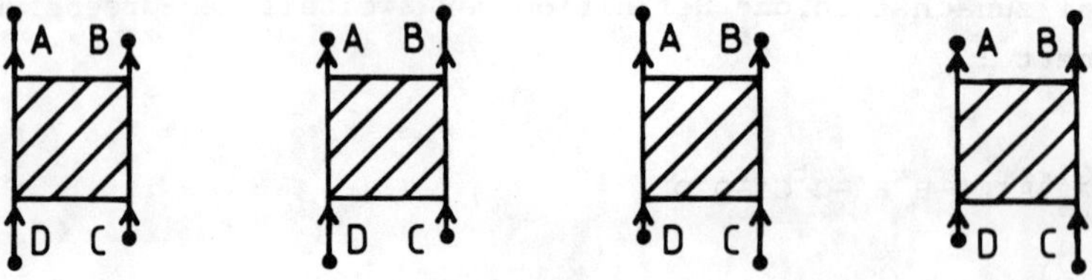

Beim Zeichnen der Endpunkte wird hier wieder die Feynman-Regel Nr. 1 mit der gedachten Zeitachse verwendet. Außerdem verabreden wir, daß diejenigen Endpunkte, die zu Erzeugungs-Operatoren gehören, rauslaufende Pfeile tragen, während jene, die zu Vernichtungs-Operatoren gehören, reinlaufende Pfeile tragen. Demgemäß erhalten wir :

2.) Lochpaar-Propagator

$t_C, t_D > t_A, t_B$ (4 Fälle)

3.) Teilchen-Loch-Propagator

$t_A, t_C > t_B, t_D$ (4 Fälle)

Entsprechende Teilchen-Loch-Propagatoren erhält man für

$t_B, t_C > t_A, t_D$ (4 Fälle)

$t_A, t_D > t_B, t_C$ (4 Fälle)

$t_B, t_D > t_A, t_C$ (4 Fälle) .

Als Beispiel betrachten wir zunächst einige Terme des Zählers des Teilchenpaar-Propagators :

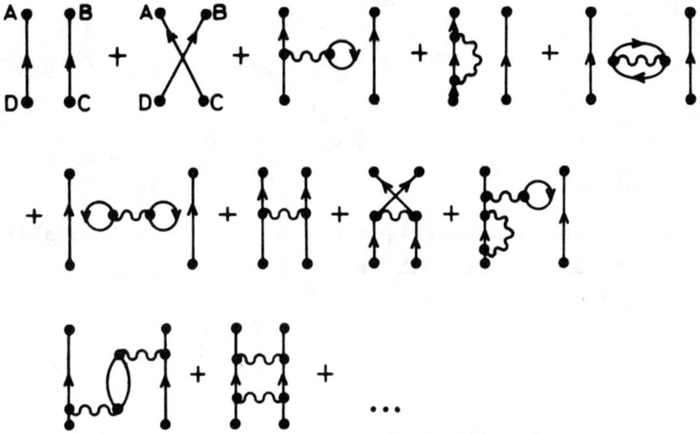

Entsprechende Graphen für den Lochpaar-Propagator erhält man einfach durch Umdrehen aller Pfeile, z.B. :

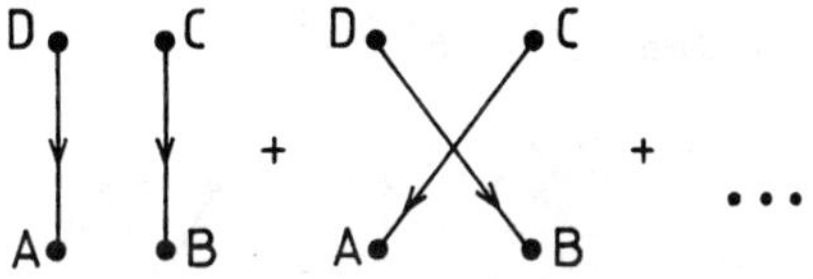

Dagegen treten beim Teilchen-Loch-Propagator neue Graphen auf, wie etwa :

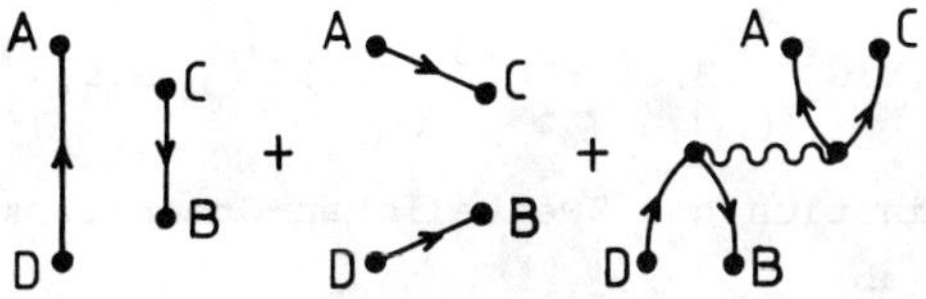

Der nächste Schritt ist das Linked-Cluster-Theorem, das wie bei der Einteilchen-Greensfunktion besagt, daß sich von den unzusammenhängenden Graphen die losen Untergraphen der

Vakuumamplitude gegen den Nenner wegkürzen :

$$i^2 \cdot G(\underline{r}_A t_A, \underline{r}_B t_B, \underline{r}_C t_C, \underline{r}_D t_D) = \sum_{n=0} \frac{(-i)^n}{n!} \cdot \int dt_1 \ldots \int dt_n$$

$$\cdot e^{-\varepsilon(|t_1|+\ldots+|t_n|)} \cdot \langle \Phi_o | T(V(t_1)_I \ldots V(t_n)_I \psi(\underline{r}_A t_A)_I \psi(\underline{r}_B t_B)_I \cdot$$

$$\cdot \psi^+(\underline{r}_C t_C)_I \psi^+(\underline{r}_D t_D)) | \Phi_o \rangle_L \quad .$$

Es ist zu betonen, daß natürlich nur jene Graphen wegfallen, die Stücke enthalten, die mit keinem der äußeren Endpunkte verbunden sind. Graphen wie etwa

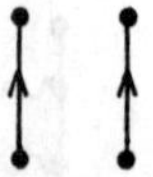 oder 

sind in diesem Sinne also auch als 'Linked Cluster' zu bezeichnen.

Bevor wir die Auswertung der Störungsentwicklung beginnen, müssen wir noch eine Ergänzung der Feynman-Regeln für die Zweiteilchen-Greensfunktion nachtragen:

Die Übersetzung von

$$G^{(o)}(A,B,C,D) \quad =$$ 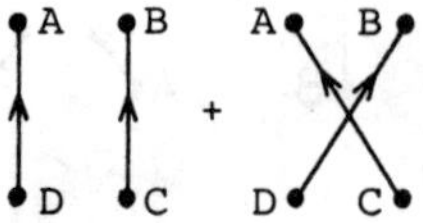

ist sicher nicht

$$i^0 \ (-)^0 \left\{ G^{(o)}(A,D) G^{(o)}(B,C) \ \underline{+} \ G^{(o)}(A,C) G^{(o)}(B,D) \right\} ,$$

denn aus der Definition der Zweiteilchen-Greensfunktion lesen wir direkt ab :

$$\underline{-} \ G^{(o)}(A,B,C,D) = G^{(o)}(B,A,C,D) =$$ 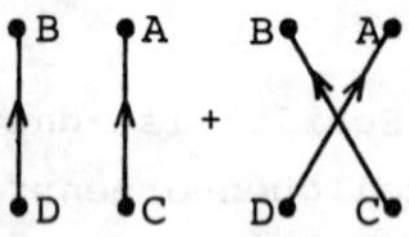 ,

und dem würden wir entsprechend zuordnen

$$i^0\ (-)^0\ \left[\ G^{(o)}(A,C)\,G^{(o)}(B,D)\ +\ G^{(o)}(B,C)\,G^{(o)}(A,D)\ \right]\ ,$$

also denselben Ausdruck, den wir schon $\underline{+}\,G^{(o)}(A,B,C,D)$ versuchsweise zugeordnet haben.
Diese Vorzeichen-Unsicherheit läßt sich sofort aufklären, wenn wir zur Wick-Entwicklung zurückgehen:

$$i^2\ G^{(o)}(A,B,C,D)\ =\ \langle\phi_o|T\left(\psi(A)\psi(B)\psi^+(C)\psi^+(D)\right)|\phi_o\rangle$$

$$=\ \psi(A)\ \psi(B)\ \psi^+(C)\ \psi^+(D)\ \ +\ \ \psi(A)\ \psi(B)\ \psi^+(C)\ \psi^+(D)$$

$$=\ \overbrace{\psi(A)\ \psi^+(D)}\ \overbrace{\psi(B)\ \psi^+(C)}\ \ -\ \ \overbrace{\psi(A)\ \psi^+(C)}\ \overbrace{\psi(B)\ \psi^+(D)}$$

$$=\ (iG^{(o)}(A,D))\cdot(iG^{(o)}(B,C))\ \underline{\underline{-}}\ (iG^{(o)}(A,C))\cdot(iG^{(o)}(B,D))\ .$$

Das soeben doppelt unterstrichene '-' muß das weiter oben doppelt unterstrichene '+'-Zeichen ersetzen. (Die Faktoren i^2 kürzen sich auf beiden Seiten der Gleichung weg.) Damit ist der obige Widerspruch aufgelöst.
Wir sehen, daß noch eine Feynman-Regel über relative Vorzeichen von Graphen nachzutragen ist, die beispielsweise auch angibt, daß sich folgende Graphen um ein relatives Minuszeichen unterscheiden:

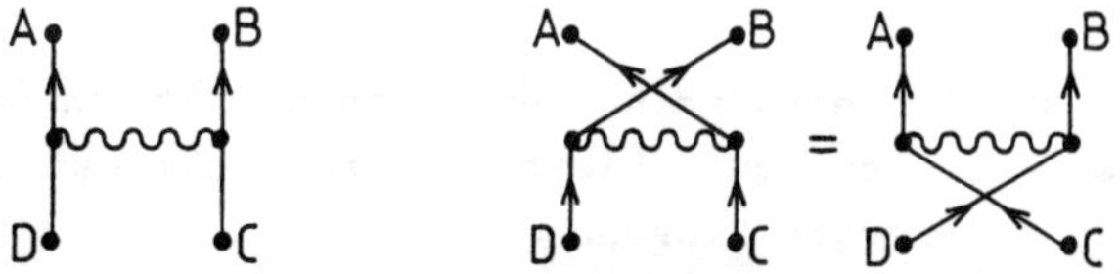

Referenzgraph: '+' relatives Vorzeichen '-' .

<u>Feynman-Regel 6A</u>: Zwei Graphen, die sich durch Vertauschen nur zweier aus- bzw. einlaufender Fermionen-Linien unterscheiden, tragen ein <u>relatives Vorzeichen</u> '-'.
Graphen, die zu G(A,B,C,D) beitragen und bei denen man entlang von Fermionen-Linien von D nach A (und daher auch von C nach B) laufen kann, tragen dabei das Vorzeichen '+' (sowie natürlich die Vorfaktoren der übrigen Feynman-Regeln).

Die Bezeichnung 'Regel 6A' soll die enge Verwandtschaft zum Loop-Theorem betonen, auf die wir noch kurz eingehen wollen:
Die Graphen

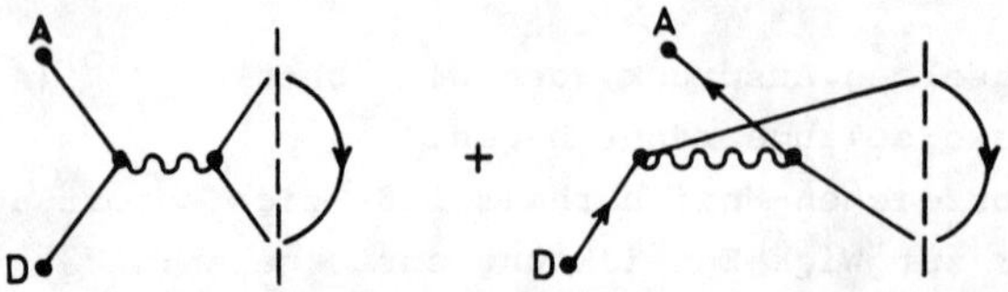

lassen sich als Beiträge

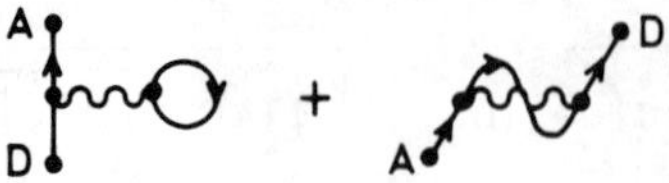

zur Greensfunktion G(A,D) auffassen. Als solche tragen sie relatives Vorzeichen '-', das aus dem Loop-Theorem (Regel 6) kommt.
Sie lassen sich aber auch als Beiträge

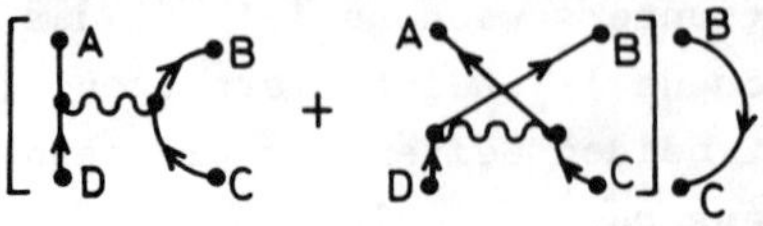

zu (symbolisch geschrieben)

$$\iint G(A,B,C,D)\cdot G(C,B)\cdot dC\cdot dB$$

auffassen. Als solche tragen sie ein relatives Vorzeichen (-), das aus der Ergänzungs-Regel 6A kommt.

Eine besondere Möglichkeit der Aufsummation der Störungsreihe ist wieder das 'Anziehen von Skeletten' durch sukzessives Einfügen von Selbstenergie-Einschüben.
Im folgenden werden wir zeigen, daß die Summe der beiden angezogenen Skelette niedrigster Ordnung

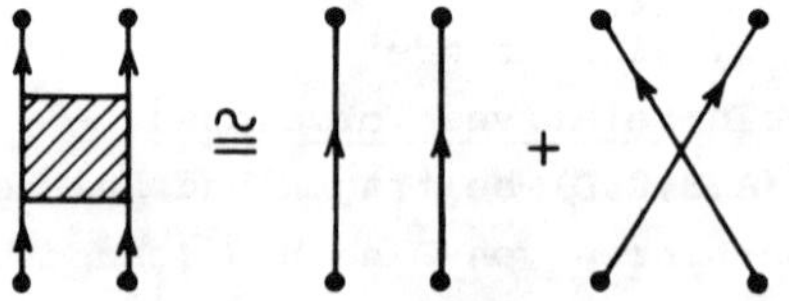 (27.1)

,

als Näherung für die Zweiteilchen-Greensfunktion gerade der

Hartree-Fock-Näherung entspricht. Mit den bisher bereitgestellten Mitteln ist der Beweis denkbar einfach. Wir verwenden den früher diskutierten Zusammenhang (23.6) zwischen der irreduziblen Selbstenergie und der Zweiteilchen-Greensfunktion

$$\int d\tau \int d^3y\ M(\underline{r}t,\underline{y}\tau)\ G(\underline{y}\tau,\underline{r}'t') = -i \int d^3y\ v(\underline{r},\underline{y})\ G_2(\underline{r}t,\underline{y}t,\underline{y}t^+,\underline{r}'t').$$

Setzt man diesen Zusammenhang in die Dyson-Gleichung ein, so erhält man eine der differentiell formulierten Bewegungsgleichung (16.7) entsprechende Integralgleichung :

$$G(\underline{r}t,\underline{r}'t') = G^{(o)}(\underline{r}t,\underline{r}'t') - i \int d^3y' \int d^3y \int d\tau$$
$$G^{(o)}(\underline{r}t,\underline{y}'\tau)\ v(\underline{y},\underline{y}')\ G_2(\underline{y}'\tau,\underline{y}\tau,\underline{y}\tau^+,\underline{r}'t') \tag{27.2}$$

mit der diagrammatischen Darstellung

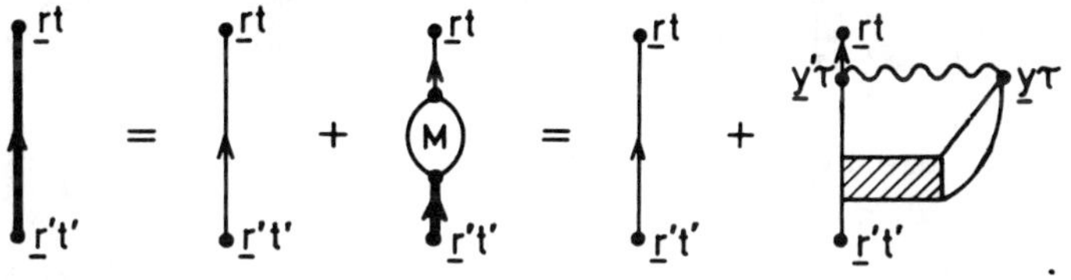

. (27.3)

Bei der Übersetzung dieser graphischen Gleichung ist zu beachten, daß jede Wechselwirkungslinie in einem Diagramm der Einteilchen-Greensfunktion gemäß der Feynman-Regel Nr. 7 einen Faktor i liefert (abgesehen von zusätzlichen Entartungsfaktoren, die bei nicht indizierten Graphen, also der Summe über alle entarteten Graphen, ohnehin wieder wegfallen). Folglich muß auch die einzelne Wechselwirkungslinie in (27.3) einen Faktor i beitragen. Ferner ist bei der Übersetzung ein Faktor (-1) hinzuzufügen. Dieser berücksichtigt, daß für diejenigen Graphen der Zweiteilchen-Greensfunktion, die den Vorfaktor '+' gemäß Regel 6A tragen, durch das Verbinden der beiden 'rechten' Beinchen ein Loop entsteht, der einen Faktor $(-1)^1$ beitragen muß. Für die übrigen Graphen entsteht kein Loop, das '-' aus Regel 6A wird durch das vom Beinchen-Verbinden stammende Vorzeichen kompensiert. Für die Graphen niedrigster Ordnung zeigen die gleich folgenden Bilder diesen Prozeß. Für allgemeine Graphen überlegt man sich diese Behauptungen leicht an Hand der Formulierung von Regel 6A. Diese fordert ein '+' ja gerade dann ,wenn die beiden 'rechten' Beinchen innerhalb des Zweiteilchen-Greensfunktions-Graphen mit Fermionen-Linien zusammenhängen, durch Zusammenfügen dieser Beinchen also ein Loop entsteht.

Setzen wir nun die Näherung (27.1) in Gleichung (27.3) ein, so ergibt sich

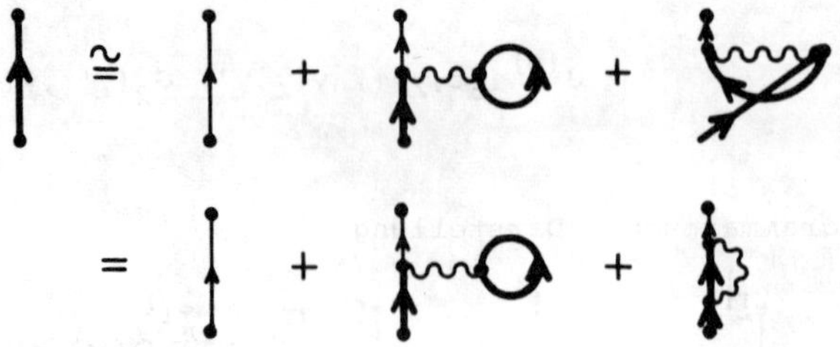

Das ist genau die Dyson-Gleichung

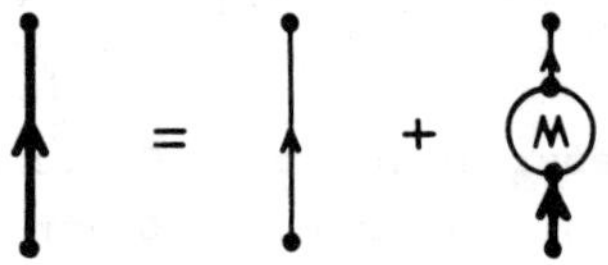

mit der Näherung

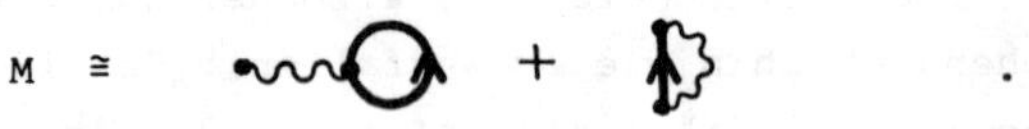

Dieser Ausdruck für M entspricht aber gerade der Hartree-Fock-Näherung, wie in Kapitel 25 gezeigt wurde.

Wir wollen an dieser Stelle die diagrammatische Analyse der allgemeinen Zweiteilchen-Greensfunktion nicht weiter verfolgen. Statt dessen betrachten wir einen Spezialfall, der in der Praxis äußerst wichtig ist, nämlich den schon früher eingeführten Polarisationspropagator. Er ist definiert als :

$$i\Pi(\underline{r}t,\underline{r}'t') := \frac{1}{\langle\Psi_o|\Psi_o\rangle} \langle\Psi_o|T\left[\hat{\tilde{\rho}}(\underline{r}t)_H \, \hat{\tilde{\rho}}(\underline{r}'t')_H\right]|\Psi_o\rangle$$

mit

$$\hat{\tilde{\rho}}(\underline{r})_S = \hat{\psi}^+(\underline{r})\hat{\psi}(\underline{r}) - \frac{\langle\Psi_o|\hat{\psi}^+(\underline{r})\hat{\psi}(\underline{r})|\Psi_o\rangle}{\langle\Psi_o|\Psi_o\rangle} =: \hat{\rho}(\underline{r}) - \langle\hat{\rho}(\underline{r})\rangle \quad . \tag{27.4}$$

Es gilt offensichtlich

$$i\Pi(\underline{r}t,\underline{r}'t')$$

$$= \frac{1}{\langle\Psi_o|\Psi_o\rangle} \begin{Bmatrix} \langle\Psi_o|\psi^+(\underline{r}t)_H\psi(\underline{r}t)_H\psi^+(\underline{r}'t')_H\psi(\underline{r}'t')_H|\Psi_o\rangle & \text{für } t>t' \\ \langle\Psi_o|\psi^+(\underline{r}'t')_H\psi(\underline{r}'t')_H\psi^+(\underline{r}t)_H\psi(\underline{r}t)_H|\Psi_o\rangle & \text{für } t'>t \end{Bmatrix}$$

$$- \langle\hat{\rho}(\underline{r})\rangle\langle\hat{\rho}(\underline{r}')\rangle$$

$$= + G(\underline{r}t,\underline{r}'t',\underline{r}t^+,\underline{r}'(t')^+) - \langle\hat{\rho}(\underline{r})\rangle\langle\hat{\rho}(\underline{r}')\rangle \quad ,$$

wobei durch die infinitesimal größeren Zeiten $t^+>t$ und $(t')^+ > t'$ die richtige Reihenfolge der Feldoperatoren garantiert wird.

Der Polarisationspropagator beschreibt, wie der Name schon sagt, die Ausbreitung eines Teilchen-Loch-Paares. Wir wollen sehen, welche Graphen zu ihm beitragen:
In nullter Ordnung ergibt sich für die Störungsentwicklung des ersten Summanden mit Hilfe des Wickschen Theorems (x steht für $(\underline{r}t)$) :

$$G^{(o)}(x,x',x,x') = \langle\phi_o|T\left[\psi^+(x)_I\psi(x)_I\psi^+(x')_I\psi(x')_I\right]|\phi_o\rangle$$

$$= \overbrace{\psi^+(x)\psi(x)}\,\overbrace{\psi^+(x')\psi(x')} + \overbrace{\psi^+(x)\,\overbrace{\psi(x)\psi^+(x')}\,\psi(x')}$$

$$= \overline{\psi(x)\psi^+(x)}\ \overline{\psi(x')\psi^+(x')} \ - \ \overline{\psi(x')\psi^+(x)}\ \overline{\psi(x)\psi^+(x')}$$

$$= (iG^{(o)}(x,x))\ (iG^{(o)}(x',x')) - (iG^{(o)}(x',x))\ (iG^{(o)}(x,x'))$$

$$= \ - G^{(o)}(x,x)\ G^{(o)}(x',x') \ + \ G^{(o)}(x',x)\ G^{(o)}(x,x') \quad .$$

Diese beiden Terme haben folgende graphische Darstellung :

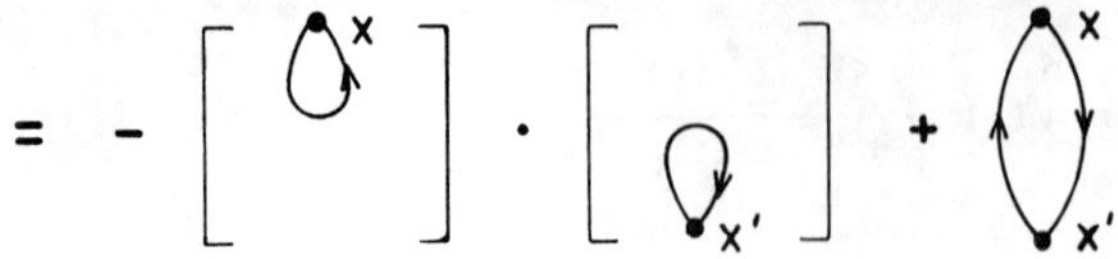

(27.5)

Mit Hilfe des in Kapitel 15 bewiesenen Zusammenhangs zwischen Dichte und Einteilchen-Greensfunktion gilt weiter :

$$G^{(o)}(x,x',x,x') = + \langle\rho^{(o)}(\underline{r})\rangle\langle\rho^{(o)}(\underline{r}')\rangle + G^{(o)}(x',x)G^{(o)}(x,x') \quad .$$

Wir haben die Graphen (27.5) zu Fuß, d.h. mit dem Wickschen Theorem, hergeleitet, um einen wichtigen Punkt hervorzuheben, der leicht zu Übersetzungsfehlern führen kann: Die betrachtete Zweiteilchen-Greensfunktion hat jeweils zwei (fast) gleiche Argumente und graphisch dementsprechend zwei gleich bezeichnete Beinchen. Diese läßt man in der Zeichnung am selben Punkt enden. In nullter Ordnung erhält man somit als Graphen dieser speziellen Zweiteilchen-Greensfunktion :

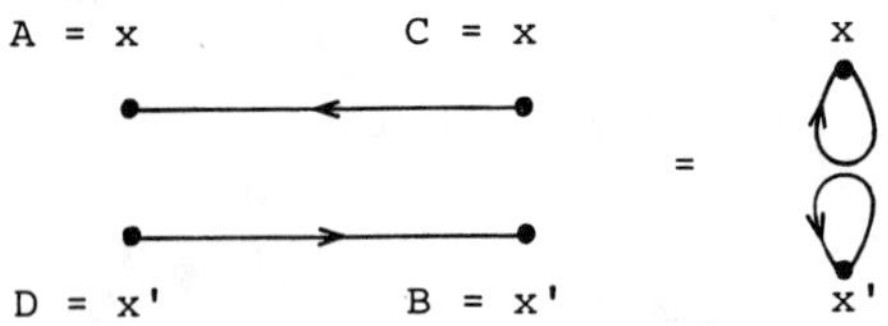

Typ I (27.6)

und

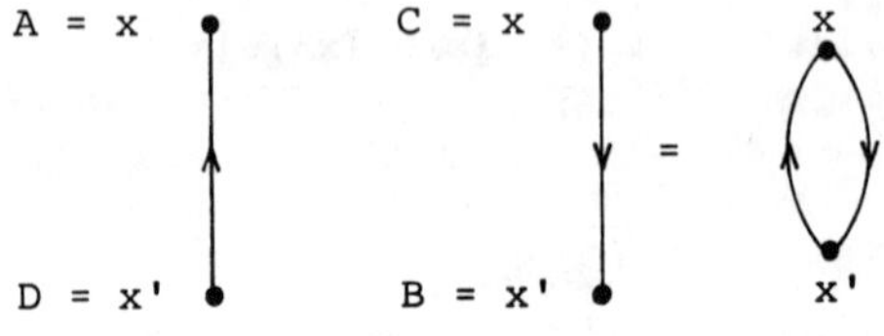

Typ II (27.7)

Solange an den beiden äußeren Endpunkten keine Wechselwirkungslinien enden, sind dies keine Vertices; insbesondere werden dort also keine Schleifen im Sinne des Loop-Theorems geschlossen. Statt dessen muß für die Graphen dieser speziellen Zweiteilchen-Greensfunktion die Regel 6A angewendet werden. Folglich trägt der obere Graph (27.6) ein Minuszeichen (beachte: die Endpunkte A-C und D-B sind verbunden), in Übereinstimmung mit dem zu Fuß berechneten Resultat (27.5). Äquivalent ist, wie man sich für die hier betrachteten Graphen und auch für die unten betrachteten allgemeinen Graphen leicht klarmacht, die Betrachtungsweise: Die gleich bezeichneten Enden schließen 1 oder 2 Loops, und zwar genau dann einen, wenn Regel 6A für den zugehörigen Zweiteilchen-Greensfunktions-Graphen ein '+' fordert. Zwischen Wechselwirkungslinien ergeben die Graphen von iΠ nach dem Loop-Theorem also gerade den Faktor -iΠ.

Betrachten wir noch ein weiteres Beispiel: Der Graph

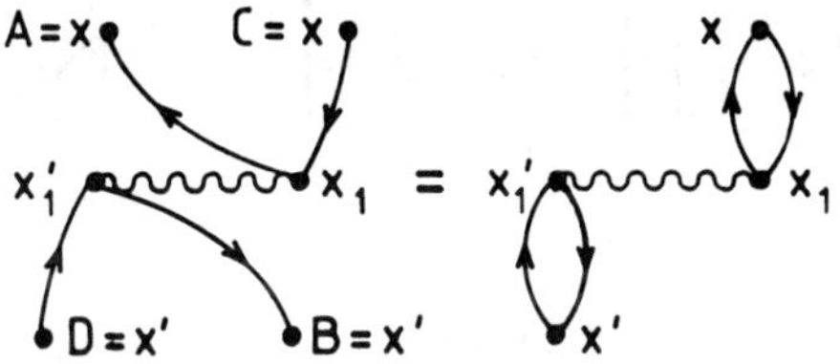

Typ II (27.8)

trägt als Graph der Zweiteilchen-Greensfunktion nach Regel 6A ein '-'. Als Untergraph zwischen zwei Wechselwirkungslinien trägt er nach dem Loop-Theorem das Vorzeichen '+'. Es ist offensichtlich, daß sich die ganze Entwicklung von G(x,x',x,x') in zwei Typen von Graphen einteilen läßt, solche, bei denen die von x ausgehenden Linien irgendwie (und sei es durch Wechselwirkungslinien) mit den von x' ausgehenden Linien verbunden sind (Typ II), und solche, bei denen das nicht der Fall ist (Typ I). Es ist auch klar, daß bei den Typ I - Graphen die von x ausgehende Fermionen-Linie wieder nach x zurückführen muß und somit alle diese Diagramme nach Regel 6A ein Minuszeichen erhalten. Fassen wir die mit x bzw. x' zusammenhängenden Teile als Graphen der vollen Einteilchen-Greensfunktionen

G(x,x) und G(x',x') auf, so müssen wir also vor das entsprechende Produkt wie oben ein Minuszeichen von Hand einfügen :

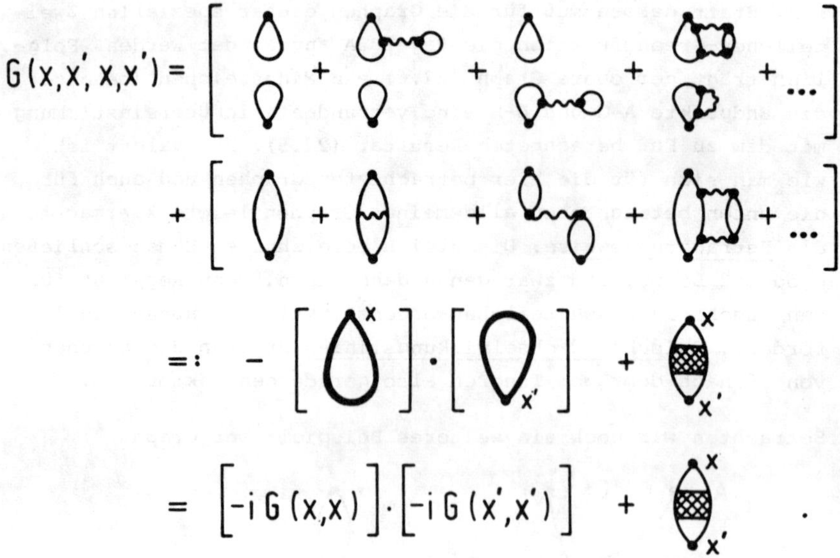

Der erste Summand

$$(-iG(x,x))\ (-iG(x',x')) = \langle\rho(\underline{r})\rangle\cdot\langle\rho(\underline{r}')\rangle$$

wird bei der Definition von iΠ gerade wieder abgezogen, so daß wir erhalten :

$i\Pi(x,x') =$		:=	Summe aller Typ II - Graphen in G(x,x',x,x')

(27.9)

Vereinfachend 'schreiben' wir iΠ(x,x') auch als 

Zum Polarisationspropagator tragen bei
in nullter Ordnung

$$i\Pi^{(o)}(x,x') = G^{(o)}(x,x')G^{(o)}(x',x) =$$  ,

in erster Ordnung

$i\Pi^{(1)}(x,x') =$ 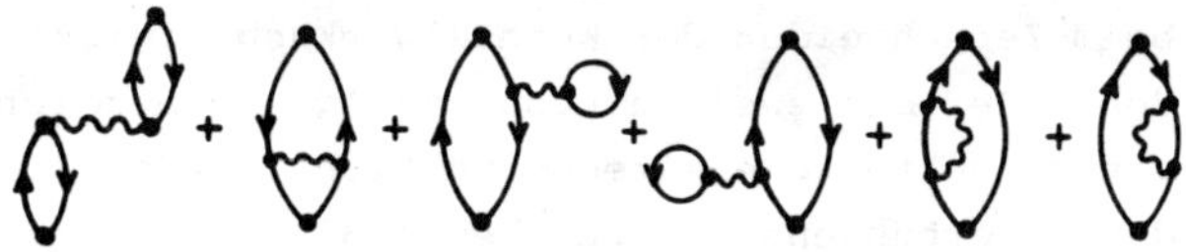

und in zweiter Ordnung auswahlweise

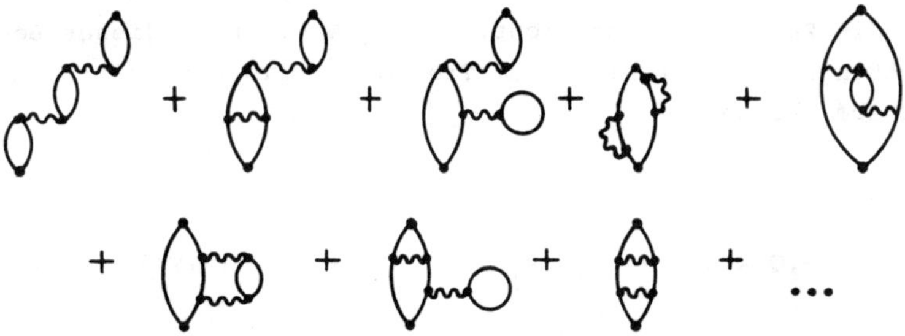

Ähnlich wie bei der Selbstenergie definieren wir nun sogenannte <u>irreduzible Polarisationseinschübe</u> als solche, die sich nicht durch Zerschneiden einer einzigen Wechselwirkungs-Linie in Polarisationseinschübe niedrigerer Ordnung zerlegen lassen. Von den abgebildeten Graphen 2. Ordnung sind etwa die ersten drei reduzibel, während die anderen irreduzibel sind.

Definieren wir

$iQ(x,x') :=$ 

$:=$ Summe aller irreduziblen Polarisationseinschübe

so besitzt der volle Polarisationspropagator offenbar die Darstellung

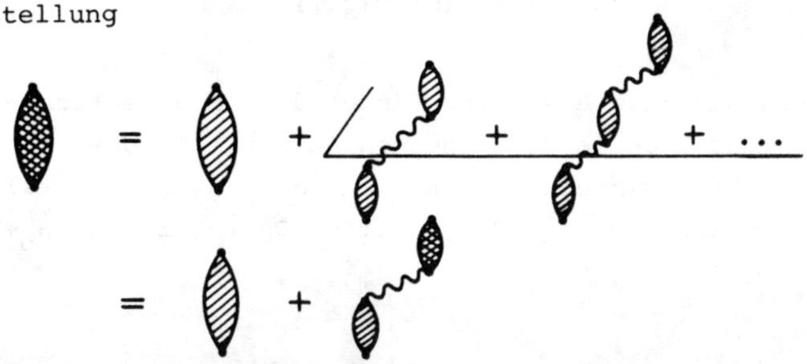

.

Dies ist die Dyson-Gleichung für den Polarisationspropagator. Bei der Übersetzung in Formelsprache ist zu beachten, daß beim Zerschneiden der Wechselwirkungslinien für alle Summanden außer dem zweiten Loops zu 'gleichbezeichneten Beinchen einer Zweiteilchen-Greensfunktion' werden. Die Frage nach damit verbundenen Vorzeichen läßt sich sofort beantworten, wenn man, wie oben ausführlich diskutiert, $-i\Pi$ und entsprechend $-iQ$ als Einschübe in eine Wechselwirkungslinie betrachtet: Durch Zerschneiden der Wechselwirkungslinien ändert sich die Zahl der Loops nicht, Regel 6A kommt in dieser Betrachtungsweise gar nicht zum Tragen, so daß wir sofort schreiben können :

$$(-i\Pi(x,x'))$$
$$= (-iQ(x,x') + i^1\int d^4y\int d^4y' \; (-iQ(x,y))\, u(y,y')\, (-i\Pi(y',x'))\,.$$

Wir kürzen ein (-i) und erhalten

$$\Pi(x,x') = Q(x,x') + \int d^4y\int d^4y' \; Q(x,y)\; u(y,y')\; \Pi(y',x') \; . \tag{27.10}$$

Für translationsinvariante Systeme mit instantaner, spinunabhängiger Wechselwirkung wird diese Gleichung wieder besonders einfach

$$\Pi(\underline{q},\omega) = Q(\underline{q},\omega) + Q(\underline{q},\omega)\; u(\underline{q})\; \Pi(\underline{q},\omega) \quad , \tag{27.11}$$

mit der Lösung

$$\Pi(\underline{q},\omega) = \frac{Q(\underline{q},\omega)}{1 - u(\underline{q})\; Q(\underline{q},\omega)} \quad . \tag{27.12}$$

Eine besonders wichtige Anwendung findet der Polarisationspropagator in der Theorie der linearen Antwort. Um dies einzusehen, betrachten wir ein wechselwirkendes System, das sich für $t \leq 0$ im Grundzustand $|\Psi_o\rangle$ des Hamilton-Operators $H = H_o + V$

befindet. Bei t=0 schalten wir eine Störung

$$H_{ext}(t) = \int d^3r \; v_{ext}(\underline{r}t) \; \psi^+(\underline{r}) \; \psi(\underline{r}) \tag{27.13}$$

ein. Gesucht ist die lineare Antwort für irgendeine Observable

$$A = \int d^3r \; a(\underline{r}) \; \psi^+(\underline{r}) \; \psi(\underline{r}) \tag{27.14}$$

des Systems, also die Änderung des Erwartungswertes

$$\delta\langle A\rangle(t) = \langle\Psi(t)|A|\Psi(t)\rangle - \langle\Psi_o|A|\Psi_o\rangle \tag{27.15}$$

in linearer Näherung bezüglich der Störung H_{ext}. $|\Psi(t)\rangle$ ist hierin die Lösung der vollen zeitabhängigen Schrödingergleichung

$$i\,\partial_t \; |\Psi(t)\rangle = \left(H + H_{ext}(t) \right) |\Psi(t)\rangle \quad .$$

Zur Berechnung der linearen Antwort gehen wir ins Wechselwirkungsbild bezüglich $(H + H_{ext}(t))$, also ins Heisenberg-Bild bezüglich H, über (wir schreiben daher Index H). Die Wellenfunktion lautet in diesem Bild

$$|\Psi(t)\rangle_H = e^{+iHt} \; |\Psi(t)\rangle \quad , \tag{27.16}$$

und es gilt die Bewegungsgleichung (vgl. (14.12))

$$i \frac{\partial}{\partial t} \; |\Psi(t)\rangle_H = H_{ext}(t)_H \; |\Psi(t)\rangle_H \tag{27.17}$$

$$\text{mit} \quad H_{ext}(t)_H = e^{iHt} \; H_{ext}(t) \; e^{-iHt} \quad .$$

Bis zu Termen linear in H_{ext} lautet die Lösung von (27.17)

$$|\Psi(t)\rangle_H = |\Psi_o\rangle - i \int_0^t dt' \; H_{ext}(t')_H \; |\Psi_o\rangle \quad ,$$

so daß sich mit (27.16) ergibt :

$$|\Psi(t)\rangle = e^{-iHt} \left(1 - i \int_0^t dt' \; H_{ext}(t')_H \right) |\Psi_o\rangle \; + \; O(H_{ext}^2) \quad .$$

Hieraus folgt

$$<\Psi(t)|A|\Psi(t)> \;=\; <\Psi_o|\left(1+i\int_0^t dt'\, H_{ext}(t')_H\right) \underbrace{e^{+iHt}\, A\, e^{-iHt}}_{=A(t)_H}$$

$$\cdot\left(1-i\int_0^t dt'\, H_{ext}(t')_H\right)|\Psi_o> \;+\; O(H_{ext}^2)$$

$$= \;<\Psi_o|A(t)_H|\Psi_o> - i\int_0^t dt'\, <\Psi_o|\left[A(t)_H\,,\, H_{ext}(t')_H\right]|\Psi_o>$$

$$+\; O(H_{ext}^2) \quad .$$

Damit lautet die lineare Antwort (27.15) der Observable A :

$$\delta<A>(t) \;=\; -i\int_0^t dt'\, <\Psi_o|\left[A(t)_H, H_{ext}(t')_H\right]|\Psi_o> \quad . \tag{27.18}$$

Setzen wir (27.13), (27.14) und die Definition des Dichtefluktuationsoperators (27.4) ein, so folgt weiter

$$\delta<A>(t) = -i\int_0^t dt'\int d^3r\int d^3r'\; a(\underline{r})\; v_{ext}(\underline{r}'t')$$

$$\cdot\; <\Psi_o|\left[\tilde{\rho}(\underline{r}t)_H\;,\;\tilde{\rho}(\underline{r}'t')_H\right]|\Psi_o> \quad .$$

Führt man nun (ähnlich wie bei der Greensfunktion, vgl. (26.1)) einen retardierten Polarisationspropagator

$$i\Pi^R(\underline{r}t,\underline{r}'t') \;=\; \theta(t-t')\,\frac{<\Psi_o|\left[\tilde{\rho}(\underline{r}t)_H\,,\,\tilde{\rho}(\underline{r}'t')_H\right]|\Psi_o>}{<\Psi_o|\Psi_o>} \tag{27.19}$$

ein, so gilt

$$\delta<A>(t) \;=\; \int_0^\infty dt'\int d^3r\int d^3r'\; a(\underline{r})\; v_{ext}(\underline{r}'t')\;\Pi^R(\underline{r}t,\underline{r}'t') \quad . \tag{27.20}$$

Spezielll erhält man für die lineare Antwort der Dichte

$$\delta\langle\rho(\underline{r})\rangle(t) = \int\limits_0^\infty dt' \int d^3\underline{r}' \; v_{ext}(\underline{r}'t') \; \Pi^R(\underline{r}t,\underline{r}'t') \quad . \tag{27.21}$$

Der retardierte Polarisationspropagator ist somit identisch mit der sogenannten "Dichte-Dichte-Antwortfunktion", d.h. derjenigen Funktion, die die lineare Antwort der Dichte auf eine an der Dichte angreifende Störung (vgl. (27.13)) beschreibt. Für anfänglich (d.h. für $t \leq 0$) homogene Systeme erhält man durch Fourier-Transformation

$$\delta\rho(\underline{q},\omega) = \Pi^R(\underline{q},\omega) \; v_{ext}(\underline{q}\omega) \quad . \tag{27.22}$$

Eine direkte diagrammatische Analyse von Π^R ist nicht möglich, da ja das Wicksche Theorem nur für zeitgeordnete Produkte anwendbar ist. Glücklicherweise kann man aber, wie bei der retardierten Greensfunktion (siehe (26.4), sowie (26.5) und (26.3)), durch Vergleich der betreffenden Lehmann-Darstellungen einen Zusammenhang zwischen Π und Π^R herstellen. So gilt

$$\text{für } \omega \in \mathbb{R} \; : \quad \begin{aligned} \text{Re}\,\Pi^R(\underline{q},\omega) &= \text{Re}\,\Pi(\underline{q},\omega) \\ \text{Im}\,\Pi^R(\underline{q},\omega) &= \text{sign}(\omega)\;\text{Im}\,\Pi(\underline{q},\omega) \quad . \end{aligned} \tag{27.23}$$

Zum Abschluß dieses Kapitels wollen wir noch ein für die Praxis besonders wichtiges Beispiel für eine Antwortfunktion angeben: die sogenannte Lindhard-Funktion. Dies ist die Antwortfunktion eines homogenen Systems nichtwechselwirkender Teilchen. Sie ergibt sich aus dem Polarisationspropagator eines Systems mit $u(x,x') \equiv 0$, also aus dem Diagramm nullter Ordnung :

$i\Pi^{(o)}(\underline{q},\omega) =$

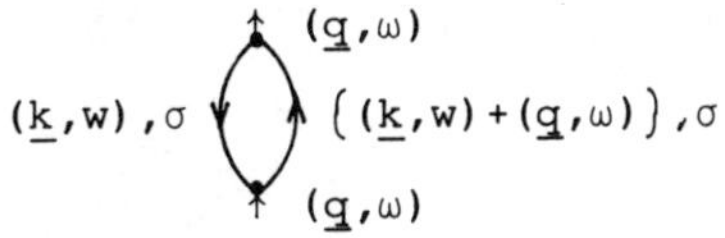

$$= 2 \int \frac{d^3k}{(2\pi)^3} \int \frac{dw}{2\pi} \, G^{(o)}(\underline{k},w) \; G^{(o)}(\underline{k}+\underline{q},w+\omega) \quad .$$

Die Berechnung dieses Vierfach-Integrals ist aufwendig, aber mit elementaren Mitteln möglich (siehe z.B. A.L.Fetter und J.D.Walecka: Quantum Theory of Many-Particle Systems, McGraw-Hill (New York,1971), p. 158ff). Das Endergebnis lautet mit den Abkürzungen

$$q := |\underline{q}|/k_F \quad \text{und} \quad \nu := \frac{\omega}{(k_F^2/m)}$$

$$\begin{aligned} \mathrm{Re}\,\Pi^{(o)}(q,\omega) = \frac{m\,k_F}{2\,\pi^2} \Bigg\{ & -1 + \frac{1}{2q}\left[1 - \left(\frac{\nu}{q} - \frac{q}{2}\right)^2\right] \cdot \ln\left|\frac{1+(\nu/q - q/2)}{1-(\nu/q - q/2)}\right| \\ & - \frac{1}{2q}\left[1 - \left(\frac{\nu}{q} + \frac{q}{2}\right)^2\right] \cdot \ln\left|\frac{1+(\nu/q + q/2)}{1-(\nu/q + q/2)}\right| \Bigg\} \end{aligned} \qquad (27.24)$$

$$\mathrm{Im}\,\Pi^{(o)}(q,\omega) = \frac{m\,k_F}{2\pi} \cdot \begin{cases} 0 & \text{für} \quad \nu > \frac{q^2}{2} + q \\ -\frac{1}{2q}\left[1 - \left(\frac{\nu}{q} - \frac{q}{2}\right)^2\right] & \text{für} \quad \left|\frac{q^2}{2} - q\right| < \nu < \left|\frac{q^2}{2} + q\right| \\ -\frac{\nu}{q} & \text{für} \quad \nu < \left|\frac{q^2}{2} - q\right| \text{ und } q<2 \\ 0 & \text{für} \quad \nu < \left|\frac{q^2}{2} - q\right| \text{ und } q>2 \end{cases} \qquad (27.25)$$

Eine Anwendung dieses Resultats werden wir im nächsten Kapitel bei der Diskussion der effektiven Wechselwirkung im Elektronengas kennenlernen.

28. Effektive Wechselwirkung und angezogene Vertices, Plasmonen aus höherer Sicht

Eine wichtige Anwendung findet der Polarisationspropagator bei der Berechnung sogenannter effektiver oder angezogener Wechselwirkungen. Zu deren Definition wird man automatisch geführt, wenn man versucht, die Störungsentwicklung etwa der Greensfunktion durch sukzessives Einfügen von Polarisationseinschüben in Wechselwirkungslinien partiell aufzusummieren :

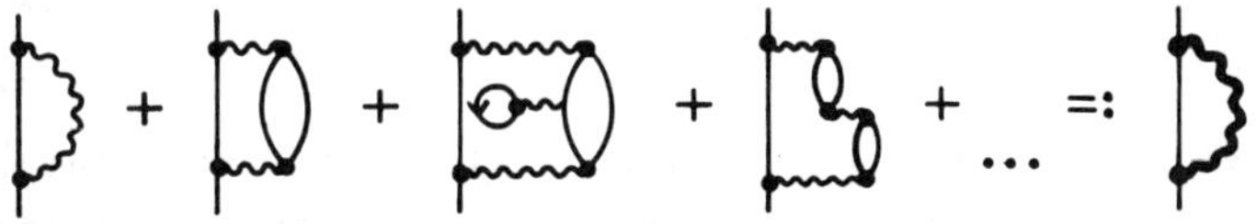

Die Aufsummation aller Polarisationseinschübe ergibt per Definition den vollen Polarisationspropagator, so daß wir als effektive Wechselwirkung erhalten :

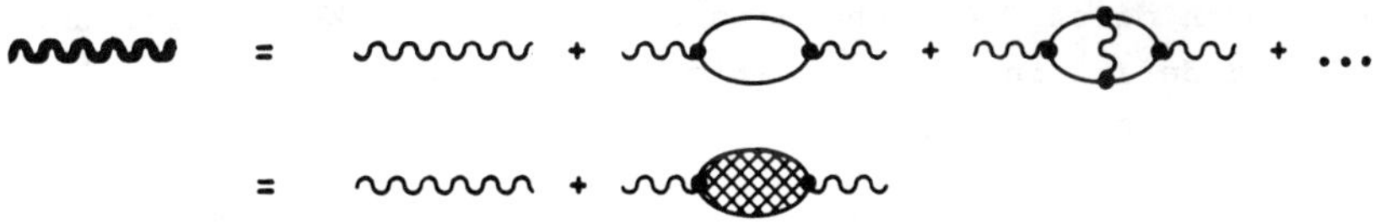

$$i\, u_{eff}(x,x') = i\, u(x,x') + i^2 \int d^4y \int d^4y'\, u(x,y)\, \left(-i\Pi(y,y')\right)\, u(y',x') \; .$$

In dieser Definition trägt eine angezogene Wechselwirkungslinie ebenso wie eine gewöhnliche einen Faktor 'i' bei der Übersetzung in Formelsprache bei. So erhält man

$$u_{eff}(x,x') = u(x,x') + \int d^4y \int d^4y'\, u(x,y)\, \Pi(y,y')\, u(y',x') \quad . \tag{28.1}$$

Mit der früheren Definition des irreduziblen Polarisationspropagators Q können wir eine Dyson-Gleichung für die effektive Wechselwirkung herleiten :

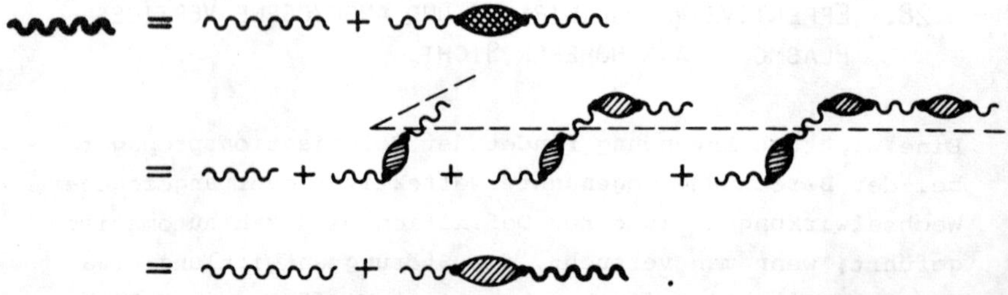

Dies ergibt in Formelsprache (nach Kürzen der 'i'):

$$u_{eff}(x,x') = u(x,x') + \int d^4y \int d^4y' \; u(x,y)\; Q(y,y')\; u_{eff}(y',x') \quad . \tag{28.2}$$

Besonders einfach wird die Gleichung wieder für translationsinvariante Systeme mit spinunabhängiger, instantaner Wechselwirkung :

$$u_{eff}(\underline{q},\omega) = u(\underline{q}) + u(\underline{q})\; Q(\underline{q},\omega)\; u_{eff}(\underline{q},\omega) \quad . \tag{28.3}$$

Wir lösen diese Gleichung nach der effektiven Wechselwirkung auf und definieren die (im allgemeinen frequenz- und impulsabhängige) Dielektrizitätskonstante $\varepsilon(\underline{q},\omega)$:

$$u_{eff}(\underline{q},\omega) = \frac{u(\underline{q})}{1 - u(\underline{q})Q(\underline{q},\omega)} =: \frac{u(\underline{q})}{\varepsilon(\underline{q},\omega)} \quad . \tag{28.4}$$

Anschaulich berücksichtigt die effektive Wechselwirkung gegenüber der 'nackten' Teilchen-Teilchen-Wechselwirkung also gerade die Polarisation des Mediums im Sinne einer Linear Response Theorie. Die Frequenzabhängigkeit bedeutet nach Fourier-Rücktransformation, daß es sich um eine zeitabhängige effektive Wechselwirkung handelt. Dies läßt sich anschaulich als eine gewisse Trägheit der Polarisationswolke verstehen.

Die aus (28.4) folgende Gleichung

$$\varepsilon(\underline{q},\omega) = 1 - u(\underline{q})\cdot Q(\underline{q},\omega) \tag{28.5}$$

liefert mit (27.12) einen Zusammenhang zwischen dem vollen Polarisationspropagator und der Dielektrizitätskonstante

$$1/\varepsilon(\underline{q},\omega) \;=\; 1 + u(\underline{q})\cdot\Pi(\underline{q},\omega) \quad . \qquad (28.6)$$

Wir werden nun ein Beispiel für Coulomb-Systeme ($u(q)=4\pi e^2/q^2$) diskutieren: die sogenannte Random Phase Approximation (RPA). Dabei handelt es sich im Grunde um nichts anderes als die Aufsummation von Ringgraphen wie bei der Gell-Mann - Brueckner - Theorie. Für die Greensfunktion setzt man :

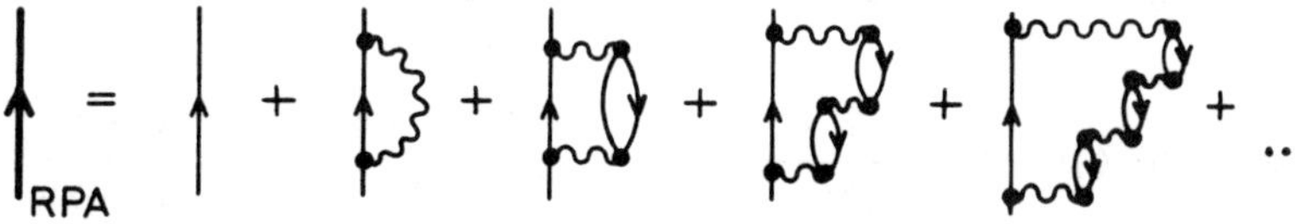

Das bedeutet für die effektive Wechselwirkung :

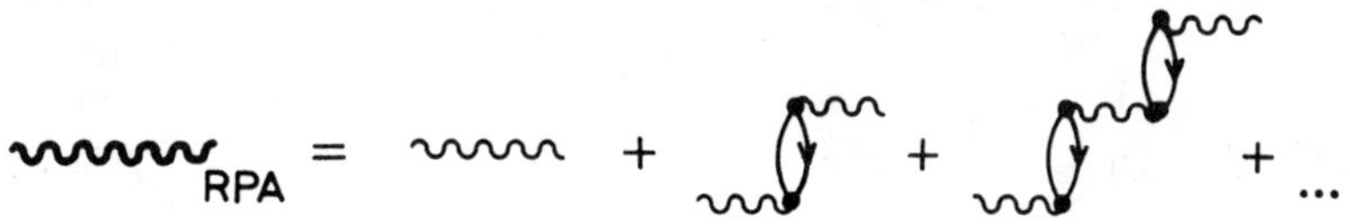

Wir können diese Näherung so interpretieren, daß in der Störungsentwicklung der effektiven Wechselwirkung an die Stelle der vollen irreduziblen Polarisation der Polarisationspropagator nullter Ordnung eingesetzt wurde :

RPA : $Q \cong \Pi^{(o)}$, also 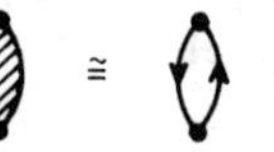 .

Das liefert :

$$u^{(RPA)}_{eff}(\underline{q},\omega) = \frac{u(\underline{q})}{1 - u(\underline{q})\cdot\Pi^{(o)}(\underline{q},\omega)} \qquad (28.7)$$

beziehungsweise

$$\varepsilon^{(RPA)}(\underline{q},\omega) = 1 - u(\underline{q})\cdot\Pi^{(o)}(\underline{q},\omega) \quad . \qquad (28.8)$$

Der Name RPA wurde ursprünglich im Rahmen der Plasmonentheorie geprägt, wo man unter der Annahme statistisch verteilter Phasenfaktoren einen Anteil der Elektron-Plasmon-Wechselwirkung vernachlässigen kann. Wie wir gesehen haben, liefert die Plasmonentheorie ein ähnliches Ergebnis wie die Ringgraphenapproximation nach Gell-Mann und Brueckner. So hat sich für letztere auch der Name RPA eingebürgert. Er ist in diesem Zusammenhang allerdings weder besonders erhellend, noch ist die Ringgraphenapproximation mit der RPA im ursprünglichen Sinn identisch.

Aus der expliziten Darstellung (27.24), (27.25) der Lindhardfunktion ergeben sich die folgenden Grenzfälle :

$$\varepsilon^{(RPA)}(\underset{\sim}{q},0) = 1 + \frac{2me^2k_F}{\pi}\cdot\frac{1}{q^2}\cdot\left(1 + \frac{k_F}{q}\left[1 - \frac{1}{4}\left(\frac{q}{k_F}\right)^2\right]\cdot\ln\left|\frac{k_F+q/2}{k_F-q/2}\right|\right)$$

$$\underset{q\to 0}{\cong} \quad 1 + \frac{4me^2k_F}{\pi}\cdot\frac{1}{q^2} \tag{28.9}$$

$$\varepsilon^{(RPA)}(0,\omega) = 1 - \omega_p^2/\omega^2 \quad . \tag{28.10}$$

Die erstere Aussage bedeutet für die effektive Wechselwirkung:

$$u_{eff}^{(RPA)}(q=\text{'klein'},\omega=0) \cong \frac{4\pi e^2}{q^2+\lambda^2} \qquad \text{mit} \quad \lambda^2 = \frac{6\pi(N/\Omega)e^2}{\varepsilon_F}$$

$$u_{eff}^{(RPA)}(r) \underset{\substack{\text{statisch}\\ r\text{ groß}}}{\cong} \frac{e^2}{r}\,e^{-\lambda r} \quad . \tag{28.11}$$

Wir erhalten also ein abgeschirmtes Coulomb-Potential. Dies entspricht genau dem physikalischen Bild, das wir uns schon früher gemacht haben: Das nackte Elektron stößt andere Elektronen auf Grund der Coulomb-Abstoßung und der Austausch-Wechselwirkung von sich fort, so daß die Aufenthaltswahrscheinlichkeit für andere Elektronen in seiner unmittelbaren

Umgebung abnimmt. Das Elektron schleppt eine 'Lochwolke' mit sich herum und wird dadurch zum Quasi-Elektron, das eine geänderte Dispersionsrelation besitzt. Diese läßt sich natürlich aus der zugehörigen RPA für die Selbstenergie M berechnen. Durch die Abschirmung wird aus der vollen Coulomb-Wechselwirkung zwischen den nackten Elektronen eine effektive Wechselwirkung zwischen Quasi-Elektronen, die hier näherungsweise durch ein Yukawa-Potential gegeben ist. (Näheres zur Vorstellung: effektive Wechselwirkung = Wechselwirkung zwischen Quasiteilchen, siehe Falikov, Adv.Phys.10,57(1961).)

Gleichung (28.10) bedeutet, daß die dielektrische Funktion $\varepsilon^{(RPA)}(0,\omega)$ bei Annäherung an die Plasmafrequenz ω_p verschwindet. Folglich wird nach Gleichung (28.6) die Antwortfunktion $\Pi^{(RPA)}$ des Elektronengases in diesem Grenzfall unendlich groß. Das heißt, daß selbst bei verschwindend kleiner äußerer Störung eine große Änderung der Dichte resultiert. Genau diese Vorstellung verbinden wir mit einer Eigenresonanz des Systems, in unserem Fall der Plasmaschwingung. An dieser Stelle bietet sich eine elegante Möglichkeit, die Dispersionsrelation $\omega(\underline{q})$ der Plasmonen zu berechnen: Wir setzen

$$\varepsilon^{(RPA)}(\underline{q}, \omega(\underline{q})) = 0 .$$

Dies liefert für kleine q

$$\omega(\underline{q})^2 \underset{q\to 0}{\cong} \omega_p^2 \cdot \left(1 + \frac{3}{5} \frac{(k_F/m)^2 q^2}{\omega_p^2} \right) . \qquad (28.12)$$

Zum Abschluß dieses Kapitels werden wir nun noch eine weitere Möglichkeit zur partiellen Aufsummierung von Störungsentwicklungen diskutieren: das Anziehen von Vertices.

In Kapitel 25 wurde diskutiert, wie man durch sukzessives Einfügen von Selbstenergieeinschüben $G^{(o)}$-Linien anziehen kann. Die entsprechende Näherung für die Selbstenergie, z.B.

M $\cong$  ,

liefert dann selbstkonsistent zu lösende Gleichungen. Nun könnte man auf die Idee kommen, gleichzeitig auch noch die Wechselwirkungslinien durch Polarisationseinschübe anzuziehen, z.B.

M $\cong$ 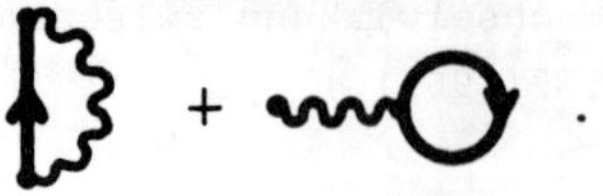 .

Dies führt dann, da die effektive Wechselwirkung im allgemeinen zeitabhängig ist, zu zeitabhängigen, selbstkonsistent zu lösenden Gleichungen.

Man könnte nun dem Irrtum verfallen, daß die zuletzt abgebildete Näherung für M bereits die exakte Selbstenergie ergibt, da man ja alle möglichen Selbstenergieeinschübe an den Greensfunktions-Linien und alle möglichen Polarisationseinschübe an den Wechselwirkungslinien einschließt. Folgende Graphen sind beispielsweise jedoch nicht erfaßt :

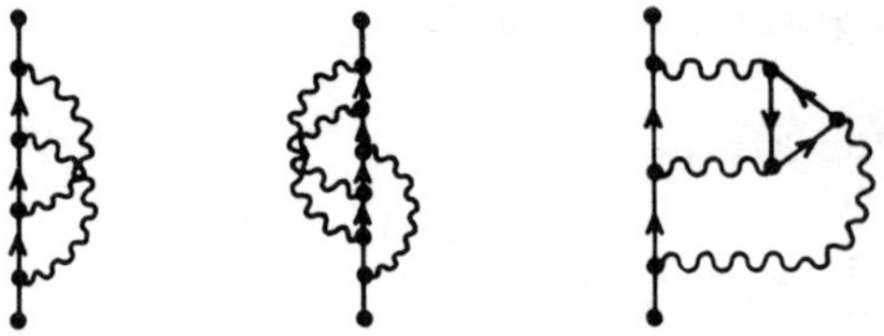

Auch solche Diagramme können wir formal aufsummieren. Wir definieren dazu zunächst sogenannte Vertexeinschübe als Diagramme mit zwei $G^{(o)}$-Füßchen und einem Wechselwirkungs-Füßchen. Solche Diagramme kann man offenbar an die Stelle eines normalen Vertex setzen und derart 'Vertices anziehen'. Beispiele sind :

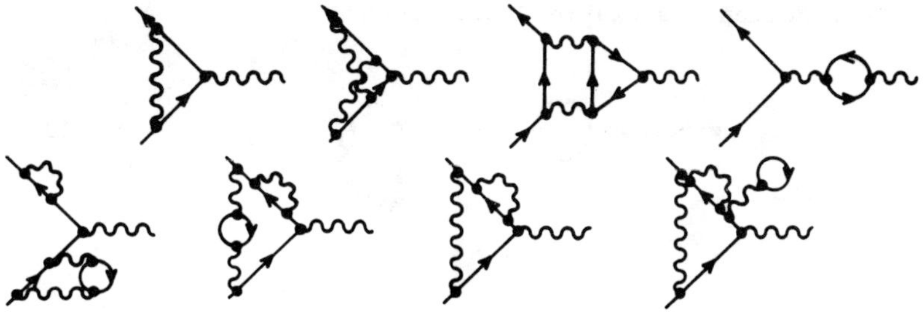

Es ist klar, daß wir z.B. das weiter oben angegebene Diagramm  durch die folgende Ersetzung erhalten können :

Wir definieren nun irreduzible Vertexeinschübe als solche, die an den ein/auslaufenden $G^{(o)}$-Linien keine Selbstenergieeinschübe und an der ein/auslaufenden Wechselwirkungslinie keine Polarisationseinschübe enthalten. Dementsprechend ist (geschrieben für translationsinvariante Systeme):

irreduzible Vertexfunktion := $\Gamma(\underline{q},\underline{k})$

:= Summe über alle irreduziblen Vertexeinschübe mit entsprechend bezeichneten Beinchen

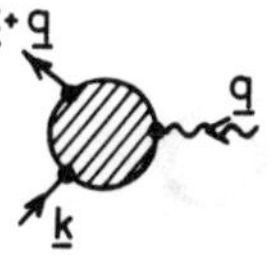

Da jeder Vertexeinschub zwei $G^{(o)}$-Füßchen und ein Wechselwirkungs-Füßchen hat, können wir jeweils alle Vertexeinschübe, die sich nur durch Selbstenergie- bzw. Polarisationseinschübe in den äußeren Linien unterscheiden, zusammenfassen, indem wir dort angezogene Greensfunktions- und Wechselwirkungslinien setzen :

Summe über alle Vertexeinschübe =  .

Spezi ell gelten als exakte Gleichungen :

M = 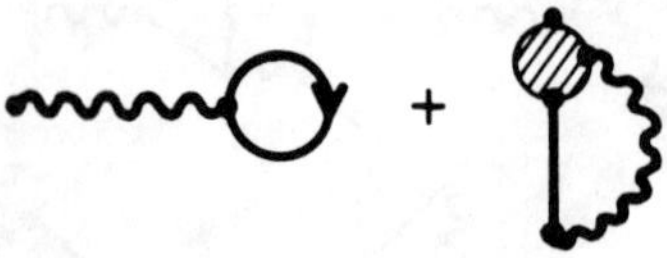 (28.13)

und

Q =  . (28.14)

So unsymmetrisch diese beiden Gleichungen aussehen, so ist nach der Herleitung klar, daß nur an jeweils einem Ende eine Vertexfunktion Γ stehen darf, da sonst Graphen doppelt gezählt werden :

So ist der Graph  in  enthalten, in der Form 

aber auch in  .

Ebenso steht in dem 'direkten' Beitrag zu M nicht etwa

 , da ja z.B. 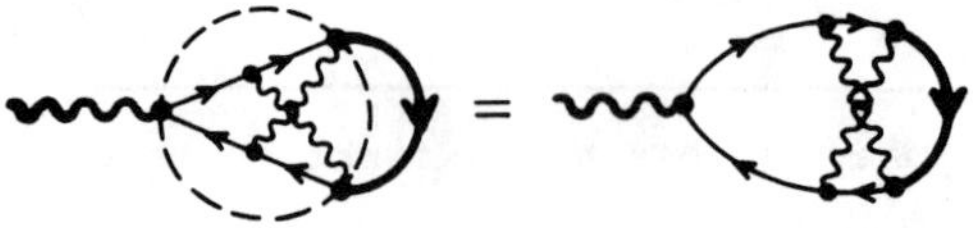

in  enthalten ist.

Natürlich lassen sich auch die irreduziblen Vertex-Diagramme auf 'weniger viele' Skelett-Diagramme zurückführen.
Als Beispiel sei angegeben:

 gehört zu  .

Wieder lassen sich selbstkonsistente Gleichungen durch Näherungen wie

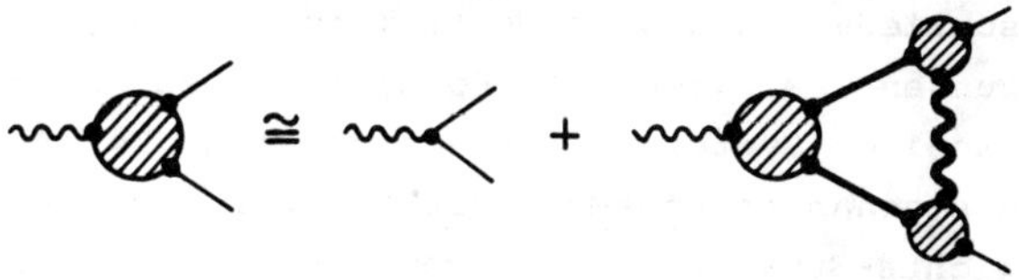

herleiten. Man mache sich klar, welch ungeheure Anzahl von Graphen man erfaßt, wenn man auf der rechten Seite auch nur die Beiträge niedriger Ordnung für u_{eff}, G und Γ einsetzt.

In manchen Problemen liefern hingegen die sogenannten Leitervertices

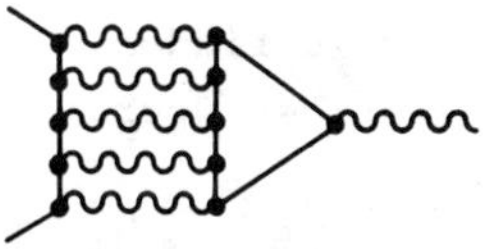

den dominanten Beitrag. Man wird also diese summieren.

Wir haben nunmehr viele verschiedene Möglichkeiten zur partiellen Aufsummation kennengelernt. Welche jeweils am günstigsten ist, hängt von der Problemstellung, speziell von der Natur der Wechselwirkung, ab.

29. STÖRUNGSTHEORIE BEI ENDLICHER TEMPERATUR

In diesem abschließenden Kapitel soll kurz angedeutet werden, welche Ergänzungen des bisherigen Formalismus zur Diskussion temperaturabhängiger Systeme erforderlich sind. Der Ausgangspunkt ist die sogenannte Ensemble-Mittelung zur Berechnung der Gleichgewichts-Erwartungswerte von Observablen des betrachteten Systems:

Es seien $|\Psi_i\rangle$ die exakten Systemzustände

mit den Energien E_i $\quad H\,|\Psi_i\rangle = E_i \cdot |\Psi_i\rangle$

und Teilchenzahlen N_i $\quad N\,|\Psi_i\rangle = N_i \cdot |\Psi_i\rangle \quad .$

Sei P_i die Wahrscheinlichkeit, innerhalb eines Ensembles das System im Zustand $|\Psi_i\rangle$ zu finden. Dann ergibt sich der Erwartungswert eines beliebigen Operators A aus der Ensemble-Mittelung

$$\langle A \rangle \; := \; \sum_i P_i \cdot \langle \Psi_i | A | \Psi_i \rangle \qquad .$$

Kann das betrachtete System mit seiner Umgebung sowohl Energie in Form von Wärme als auch Teilchen austauschen, so spricht man vom großkanonischen Ensemble. In diesem Fall ist die Wahrscheinlichkeit P_i von der Temperatur T und von dem chemischen Potential μ des Systems abhängig und bekanntermaßen durch folgenden Ausdruck gegeben :

$$P_i = P_i(T,\mu) = \frac{e^{-\beta(E_i - \mu N_i)}}{\sum_n e^{-\beta(E_n - \mu N_n)}} \quad , \qquad \beta = \frac{1}{k_B \cdot T}$$

k_B bezeichnet hier die Boltzmann-Konstante.

Wir definieren nun den sogenannten Bloch-Dichte-Operator als

$$\rho_G \; := \; e^{-\beta(H - \mu N)} \qquad . \tag{29.1}$$

Der Index 'G' steht für 'großkanonisch'.

Es gilt

$$< A > = \frac{\sum\limits_i e^{-\beta(E_i-\mu N_i)} \cdot <\Psi_i|A|\Psi_i>}{\sum\limits_n e^{-\beta(E_n-\mu N_n)}}$$

und damit

$$< A > = \frac{\sum\limits_i <\Psi_i|\rho_G\ A|\Psi_i>}{\sum\limits_n <\Psi_n|\rho_G|\Psi_n>} = \frac{tr\{\rho_G\ A\}}{tr\{\rho_G\}} \qquad (29.2)$$

Der Nenner hat bekanntlich einen eigenen Namen; man nennt ihn die großkanonische Zustandssumme :

$$Z_G \quad := \quad tr\{\rho_G\} \quad . \qquad (29.3)$$

Ensemble-Mittelwerte bezüglich des nichtwechselwirkenden Systems mit Hamilton-Operator $H = H_o$ bezeichnen wir mit dem Index 'o' :

$$<A>_o \quad := \quad \frac{tr\{\rho_G^{(o)} \cdot A\}}{tr\{\rho_G^{(o)}\}} = \frac{tr\{e^{-\beta(H_o-\mu N)} \cdot A\}}{tr\{e^{-\beta(H_o-\mu N)}\}} \qquad (29.4)$$

Als Beispiel wollen wir die Anzahl der Teilchen mit Impuls $\underline{k}$, also die Impulsverteilungsfunktion, berechnen für ein nichtwechselwirkendes System freier Fermionen. Die Eigenfunktionen von H_o sind Slater-Determinanten $|\Phi_i>$ aus ebenen Wellen mit

$\hat{n}(\underline{k})\ |\Phi_i> =: n_i(\underline{k}) = 0$ oder 1 , je nachdem ob der Impulszustand $\underline{k}$ in $|\Phi_i>$ besetzt ist oder nicht.

Es ist

$$<\hat{n}(\underline{k})>_o = \frac{\sum\limits_i <\Phi_i|\hat{\rho}_G^{(o)} \cdot \hat{n}(\underline{k})|\Phi_i>}{\sum\limits_i <\Phi_i|\hat{\rho}_G^{(o)}|\Phi_i>} = \frac{\sum\limits_i n_i(\underline{k}) <\Phi_i|\hat{\rho}_G^{(o)}|\Phi_i>}{\sum\limits_i <\Phi_i|\hat{\rho}_G^{(o)}|\Phi_i>} \quad .$$

Wir berechnen die 'Einzelteile' dieses Ausdrucks getrennt :

$$\langle\Phi_i|\rho_G^{(o)}|\Phi_i\rangle = \langle\Phi_i|e^{-\beta(H_o-\mu N)}|\Phi_i\rangle$$

$$= \langle\Phi_i|\exp\{-\beta\sum_{\underline{q}}(\frac{q^2}{2m}-\mu)\, c_{\underline{q}}^+ c_{\underline{q}}\}|\Phi_i\rangle$$

$$= \langle\Phi_i|\exp\{-\beta\sum_{\underline{q}}(\frac{q^2}{2m}-\mu)\, n_i(\underline{q})\}|\Phi_i\rangle$$

$$= \exp\{-\beta\sum_{\underline{q}}(\varepsilon_q^{(o)}-\mu)\cdot n_i(\underline{q})\} = \prod_{\underline{q}} \exp\{-\beta(\varepsilon_q^{(o)}-\mu)\cdot n_i(\underline{q})\} \quad .$$

Die Summe über alle Konfigurationen $|\Phi_i\rangle$ läßt sich bei beliebiger, aber fester Durchnumerierung der Impulswerte schreiben als

$$\sum_{|\Phi_i\rangle = |n_i(1),n_i(2),\ldots\rangle} = \sum_{n_i(1)=0}^{1} \sum_{n_i(2)=0}^{1} \sum_{\ldots} \ldots$$

Damit ergibt sich :

$$\text{Nenner} = Z_G^{(o)} = \sum_i \prod_{\underline{q}} e^{-\beta(\varepsilon_q^{(o)}-\mu)n_i(\underline{q})}$$

$$= \sum_{n_i(1)=0}^{1} \sum_{n_i(2)=0}^{1} \ldots e^{-\beta(\varepsilon_1^{(o)}-\mu)n_i(1)}\; e^{-\beta(\varepsilon_2^{(o)}-\mu)n_i(2)} \ldots$$

$$= \prod_{\underline{q}} \left(1 + e^{-\beta(\varepsilon_q^{(o)}-\mu)} \right)$$

$$\text{Zähler} = \sum_i n_i(\underline{k}) \cdot \prod_{\underline{q}} \exp\{-\beta(\varepsilon_q^{(o)}-\mu)n_i(\underline{q})\}$$

$$= \sum_i n_i(\underline{k})\; e^{-\beta(\varepsilon_k^{(o)}-\mu)n_i(\underline{k})} \cdot \prod_{\underline{q}\neq\underline{k}} e^{-\beta(\varepsilon_q^{(o)}-\mu)n_i(\underline{q})}$$

$$= \sum_{n_i(1)=0}^{1} \sum_{n_i(2)=0}^{1} \sum \ldots = e^{-\beta(\varepsilon_k^{(o)}-\mu)} \prod_{\underline{q}\neq\underline{k}} (1+e^{-\beta(\varepsilon_q^{(o)}-\mu)}) .$$

Fassen wir alles zusammen, ergibt sich :

$$\langle\hat{n}(\underline{k})\rangle_o = \frac{e^{-\beta(\varepsilon_k^{(o)}-\mu)} \cdot \left[\prod\limits_{\underline{q}\neq\underline{k}} (1+e^{\cdots})\right]}{\left[\prod\limits_{\underline{q}} (1+e^{\cdots})\right]} = \frac{e^{-\beta(\varepsilon_k^{(o)}-\mu)}}{1+e^{-\beta(\varepsilon_k^{(o)}-\mu)}}$$

$$= \frac{1}{1+e^{+\beta(\varepsilon_k^{(o)}-\mu)}} \quad . \tag{29.5}$$

Das ist die wohlbekannte Fermiverteilung. Wir kürzen in Zukunft ab :

$$\langle\hat{n}(\underline{k})\rangle_o =: f_{\underline{k}} \quad .$$

Die entscheidende Beobachtung für die folgende Entwicklung der Störungstheorie für endliche Temperaturen ist, daß ρ_G eine schrödingerartige Gleichung erfüllt, nämlich die Bloch-Gleichung

$$-\frac{\partial}{\partial\beta}\rho_G = (H-\mu N)\,\rho_G \quad . \tag{29.6}$$

Ersetzt man

$$\rho_G \leftrightarrow \Psi$$

$$H-\mu N \leftrightarrow H$$

$$\beta \leftrightarrow it \quad ,$$

so ergibt sich die normale Schrödingergleichung. Diese Ähnlichkeit legt es nahe, einen Formalismus völlig parallel zur üblichen T=0 - Theorie durchzuziehen:

Als erstes definieren wir ein 'Heisenberg-Bild' durch

$$O(\tau)_H := e^{(H-\mu N)\tau}\, O_S\, e^{-(H-\mu N)\tau} \quad \text{für } \tau \in \mathbb{R} \; . \tag{29.7}$$

Die beiden Operatoren, mit denen transformiert wird, sind im allgemeinen nicht unitär. Sie sind aber zueinander invers, so daß die Bildtransformierte eines Produkts das Produkt der Bildtransformierten ist. Daß die Transformationsoperatoren nicht unitär sind, hat zur Folge, daß im allgemeinen ein transformierter Erzeugungs-Operator

$$\psi^+_\alpha(\underline{r}\tau)_H \quad := \quad e^{(H-\mu N)\tau} \; \psi^+_\alpha(\underline{r}) \; e^{-(H-\mu N)\tau}$$

<u>nicht</u> der zu dem transformierten Vernichtungs-Operator

$$\psi_\alpha(\underline{r}\tau)_H \quad := \quad e^{(H-\mu N)\tau} \; \psi_\alpha(\underline{r}) \; e^{-(H-\mu N)\tau}$$

adjungierte Operator ist. Wichtig ist, festzuhalten, daß $(\psi^+)_H$ und nicht etwa $(\psi_H)^+$ kanonische Antivertauschungsrelationen mit Vernichtungs-Operatoren ψ_H besitzt. Auf diese kommt es in der Störungsentwicklung ja entscheidend an.

Wir definieren nun die temperaturabhängige Einteilchen-Greensfunktion für Fermionen durch den Ensemble-Mittelwert

$$G_{\alpha\gamma}(\underline{r}\tau,\underline{r}'\tau') := - < T\big(\psi_\alpha(\underline{r}\tau)_H \; \psi^+_\gamma(\underline{r}'\tau')_H\big) >$$

$$= - \frac{tr\{\rho_G \; T\big(\psi_\alpha(\underline{r}\tau)_H \psi^+_\gamma(\underline{r}'\tau')_H\big)\}}{tr\{\rho_G\}} \quad . \qquad (29.8)$$

Der Operator T ist definiert wie früher; er sortiert die Feldoperatoren nach der Größe von τ und multipliziert mit dem Signum der dazu nötigen Permutation. In dieser Definition tritt, wie auch in der Bloch-Gleichung, kein Faktor 'i' auf.

Aus der so eingeführten Greensfunktion lassen sich, wie in Kapitel 15, berechnen :

- der (Ensemble-) Erwartungswert jedes Einteilchen-Operators und
- die innere Energie $E(T,\mu) = < H >$ des Systems, also auch der Erwartungswert der Zweiteilchen-Wechselwirkung.

Auch ein Wechselwirkungsbild läßt sich einführen, indem man von H-μN den Anteil H_o-μN abspaltet

$$K := H-\mu N = (H_o-\mu N) + V =: K_o + V \qquad (29.9)$$

und definiert:

$$O(\tau)_I := e^{K_o\tau} O_S e^{-K_o\tau} \quad . \qquad (29.10)$$

Heisenberg-Bild und Wechselwirkungsbild hängen zusammen wie folgt:

$$O(\tau)_H = e^{K\tau} O_S e^{-K\tau} = e^{+K\tau} e^{-K_o\tau} O(\tau)_I e^{+K_o\tau} e^{-K\tau}$$

$$= U(0,\tau) O(\tau)_I U(\tau,0)$$

$$\text{mit} \quad U(\tau_1,\tau_2) := e^{+K_o\tau_1} e^{-K(\tau_1-\tau_2)} e^{-K_o\tau_2} \quad . \qquad (29.11)$$

Der so definierte Operator U ist zwar im allgemeinen nicht unitär, aber es gilt nach wie vor

$$U(\tau_1,\tau_2)\, U(\tau_2,\tau_3) = U(\tau_1,\tau_3)$$

$$U(\tau_1,\tau_1) = 1 \quad .$$

Man kann leicht zeigen, daß U die folgende Bewegungsgleichung erfüllt: (Wir führen derartige Rechnungen nicht im Detail vor; sie verlaufen weitgehend parallel zu den Überlegungen in Kapitel 14 und 15.)

$$\frac{\partial}{\partial\tau} U(\tau,\tau') = - V(\tau)_I\, U(\tau,\tau') \quad , \qquad (29.12)$$

mit der formalen Lösung

$$U(\tau,\tau') = \sum_{n=0}^{\infty} \frac{(-)^n}{n!} \cdot \int_{\tau'}^{\tau} d\tau_1 \ldots \int_{\tau'}^{\tau} d\tau_n\, T(V(\tau_1)_I \ldots V(\tau_n)_I) \quad . \qquad (29.13)$$

Diese Darstellung ist die Grundlage der Störungsentwicklung für $T > 0$. Beispielsweise erhalten wir aus ihr für die Zustandssumme

$$Z_G = tr\{e^{-\beta(H-\mu N)}\} = tr\{e^{-\beta K_o} \cdot U(\beta,0)\}$$
$$= \sum_{n=0}^{\infty} \frac{(-)^n}{n!} \cdot \int_0^\beta d\tau_1 \cdot .. \cdot \int_0^\beta d\tau_n \, tr\{e^{-\beta(H_o-\mu N)} \cdot$$
$$\cdot T(V(\tau_1)_I \ldots V(\tau_n)_I)\} \,. \tag{29.14}$$

Die Spur wertet man geschickterweise bezüglich der vollständigen Basis der Eigenfunktionen des ungestörten Problems aus

$$Z_G = \sum_{n=0} \frac{(-)^n}{n!} \int_0^\beta d\tau_1 \ldots \int_0^\beta d\tau_n \sum_i e^{-\beta(E_i^{(o)} - \mu N_i)} \langle \Phi_i | T\left(V(\tau_1)_I \ldots V(\tau_n)_I\right) | \Phi_i \rangle \tag{29.15}$$

Die Zustandssumme Z_G entspricht also in etwa der Vakuum-Amplitude des $T = 0$ - Formalismus, wie diese steht sie im Nenner der Greensfunktion, wie diese führt sie auf geschlossene Graphen und kürzt sich gegen die unverbundenen Teile der Graphen des Zählers.
Eine direkte Auswertung des Zählers der Greensfunktion liefert

$$G_{\alpha\gamma}(\underline{r}\tau,\underline{r}'\tau') = -\frac{1}{Z_G} \cdot \sum_{n=0}^{\infty} \frac{(-)^n}{n!} \cdot \int_0^\beta d\tau_1 \cdot \ldots \cdot \int_0^\beta d\tau_n$$
$$\cdot \, tr\{e^{-\beta(H_o-\mu N)} \cdot T(V(\tau_1)_I \ldots V(\tau_n)_I \psi_\alpha(\underline{r}\tau)_I \psi_\gamma^+(\underline{r}'\tau')_I)\} \,.$$

Man beachte die Integrationsgrenzen, ebenso in Gleichung (29.15).

Im Unterschied zur gewöhnlichen Greensfunktion ist hier in jedem Summanden nicht nur <u>ein</u> Matrixelement des "Zeit"-geordneten Produkts zu berechnen, sondern, wie wir an der Darstellung (29.15) des Nenners sehen, eine Spur zu bestimmen, also eine unendliche Summe solcher Matrixelemente. Bei der Auswertung dieser Matrixelemente hilft uns Wicks Theorem in der uns bekannten Form nicht viel, denn die normalgeordneten Produkte verschwinden ja nur in ihrer Wirkung auf $|\Phi_o\rangle$; in der

Spur treten aber alle $|\Phi_i>$ auf. Es läßt sich allerdings eine Erweiterung von Wicks Theorem finden, die uns weiterhilft. Die Idee ist, Z_G bzw. Zähler und Nenner der Greensfunktion als Ensemble-Mittelwert bzgl. $\hat{\rho}_G^{(o)} = \exp\{-\beta(H_o-\mu N)\}$ aufzufassen. Dazu ist mit $1/Z_G^{(o)}$ zu erweitern; und wir erhalten:

$$G_{\alpha\gamma}(\underline{r}\tau,\underline{r}'\tau') = \frac{\sum\limits_{n=0}^{\infty}\frac{(-)^n}{n!}\int\limits_0^{\beta}d\tau_1\ldots\int\limits_0^{\beta}d\tau_n<T\left(V(\tau_1)_I\ldots V(\tau_n)_I\psi_\alpha(\underline{r}\tau)_I\psi_\gamma^+(\underline{r}'\tau')_I\right)>_o}{\sum\limits_{n=0}^{\infty}\frac{(-)^n}{n!}\int\limits_0^{\beta}d\tau_1\ldots\int\limits_0^{\beta}d\tau_n<T\left(V(\tau_1)_I\ldots V(\tau_n)_I\right)>_o} \quad . \tag{29.16}$$

Zur Auswertung der Matrixelemente wurde in Kapitel 19 das normalgeordnete Produkt und die Kontraktion von Operatoren eingeführt. Die Kontraktionen erwiesen sich als c-Zahlen; im besonderen galt, da der Erwartungswert von normalgeordneten Produkten verschwand, (geschrieben für translationsinvariante Systeme) :

$$\overbrace{c_{\underline{k}}(t)c_{\underline{k}'}(t')} = <\Phi_o|T(c_{\underline{k}}(t)c_{\underline{k}'}(t'))-N(c_{\underline{k}}(t)c_{\underline{k}'}(t'))|\Phi_o>$$

$$= <\Phi_o|T(c_{\underline{k}}(t)c_{\underline{k}'}(t'))|\Phi_o> = G^{(o)}(\underline{k}t,\underline{k}'t').$$

Diese Eigenschaft nehmen wir als Vorbild für die Definition von Kontraktionen in der Theorie für endliche Temperaturen :

$$\overbrace{c_{\underline{k}}(\tau)_I\ c_{\underline{k}'}^+}(\tau')_I = <T\left(c_{\underline{k}}(\tau)_I c_{\underline{k}'}^+(\tau')_I\right)>_o$$

$$= G^{(o)}(\underline{k}\tau,\underline{k}'\tau') \tag{29.17a}$$

$$\overbrace{c_{\underline{k}}(\tau)_I\ c_{\underline{k}'}}(\tau')_I = 0 \tag{29.17b}$$

$$\overbrace{c_{\underline{k}}^+(\tau)_I\ c_{\underline{k}'}^+}(\tau')_I = 0 \quad . \tag{29.17c}$$

Diese Definitionen werden linear fortgesetzt. Wir setzen also beispielsweise

$$\overbrace{c_{\underline{k}'}()_I \sum_\nu \alpha_\nu c^+_{\underline{k}_\nu}}()_I = \sum_\nu \alpha_\nu \overbrace{c_{\underline{k}'}()_I \, c^+_{\underline{k}_\nu}}()_I \quad .$$

Ferner gilt

$$\overbrace{c_{\underline{k}}(0^+)_I c^+_{\underline{k}'}}(0)_I = \langle c_{\underline{k}} \cdot c^+_{\underline{k}'} \rangle_o = \delta_{\underline{k},\underline{k}'} \cdot (1-f_{\underline{k}}) \tag{29.18a}$$

$$\overbrace{c_{\underline{k}}(0)_I c^+_{\underline{k}'}}(0^+)_I = \langle -c^+_{\underline{k}'} \cdot c_{\underline{k}} \rangle_o = -\delta_{\underline{k},\underline{k}'} \cdot f_{\underline{k}} \quad . \tag{29.18b}$$

Diese Ensemble-Mittelwerte ergeben sich wie im obigen Beispiel sofort aus der Definition (29.4) von $\langle\ \rangle_o$ als gewichtetem Mittel von Erwartungswerten bezüglich Slater-Determinanten.

Wie in Kapitel 14 rechnet man nach :

$$c_{\underline{k}}(\tau)_I = e^{-(\varepsilon_{\underline{k}}^{(o)}-\mu)\tau} c_{\underline{k}}(0) = e^{-(\varepsilon_{\underline{k}}^{(o)}-\mu)\tau} c_{\underline{k}} \tag{29.19a}$$

$$c^+_{\underline{k}}(\tau)_I = e^{+(\varepsilon_{\underline{k}}^{(o)}-\mu)\tau} c^+_{\underline{k}}(0) = e^{+(\varepsilon_{\underline{k}}^{(o)}-\mu)\tau} c^+_{\underline{k}} \quad . \tag{29.19b}$$

Damit können wir die durch (29.17a) definierte Kontraktion weiter ausrechnen :

$$\overbrace{c_{\underline{k}}(\tau)_I \, c^+_{\underline{k}'}}(\tau')_I$$

$$= \Theta(\tau-\tau')\langle c_{\underline{k}}(\tau)_I c^+_{\underline{k}'}(\tau')_I\rangle_o - \Theta(\tau'-\tau)\langle c^+_{\underline{k}'}(\tau')_I c_{\underline{k}}(\tau)_I\rangle_o$$

$$= e^{-(\varepsilon_{\underline{k}}^{(o)}-\mu)(\tau-\tau')} \left[\Theta(\tau-\tau')\langle c_{\underline{k}} c^+_{\underline{k}'}\rangle_o - \Theta(\tau'-\tau)\langle c^+_{\underline{k}'} c_{\underline{k}}\rangle_o\right] ,$$

und aus (29.18) folgt schließlich

$$\overline{c_{\underline{k}}(\tau)_I \, c^+_{\underline{k}'}(\tau')_I} = G^{(o)}(\underline{k}\tau,\underline{k}'\tau')$$

$$= \delta_{\underline{k},\underline{k}'} \, e^{-(\varepsilon^{(o)}_{\underline{k}}-\mu)(\tau-\tau')} \left\{ \Theta(\tau-\tau')(1-f_{\underline{k}}) - \Theta(\tau'-\tau)\, f_{\underline{k}} \right\} \quad . \tag{29.20}$$

Dies ist das T-abhängige Analogon zur früher hergeleiteten Impuls-Greensfunktion (15.22). Entsprechend gilt für die ortsabhängige Greensfunktion

$$G^{(o)}_{\alpha\gamma}(\underline{r}\tau,\underline{r}'\tau') = \langle T\left(\psi_\alpha(\underline{r}\tau)_I \; \psi^+_\gamma(\underline{r}'\tau')_I\right)\rangle_o$$

$$= \overline{\psi_\alpha(\underline{r}\tau)_I \; \psi^+_\gamma(\underline{r}'\tau')_I} \quad . \tag{29.21}$$

Mit diesen Festlegungen kann man für T-abhängige Systeme zwar kein Wicksches Theorem als Operator-Identität beweisen, es gilt statt dessen aber die folgende Aussage für den Ensemble-Mittelwert (T.Matsubara,Prog.Theoret.Phys.14,351(1955)):

$\langle\, T(\ldots c_{\underline{k}}(.) \ldots c^+_{\underline{k}'}(.)\ldots)\, \rangle_o$ =	Summe über alle vollständig kontrahierten Terme

.

Diese Aussage genügt völlig, um eine diagrammatische Störungsentwicklung mit denselben Graphen und nahezu denselben Übersetzungsregeln wie früher durchzuführen. Es ändern sich lediglich die Vorfaktoren, weil keine Faktoren 'i' auftreten.

Bei der Auswertung der Graphen ergibt sich ein interessanter Unterschied: Für $T > 0$ ist jeder Zustand $|\underline{k}\rangle$ mit einer gewissen Wahrscheinlichkeit $f_{\underline{k}}$ besetzt und mit einer gewissen Wahrscheinlichkeit $(1-f_{\underline{k}})$ unbesetzt. Eine prinzipielle Aufteilung in Teilchen- und Loch-Zustände ist nicht mehr möglich, jeder Zustand ist gewissermaßen beides. Deswegen tragen jetzt Diagramme bei, die (für translationsinvariante Systeme) im $T = 0$ - Fall identisch verschwanden.

Beispielsweise tragen zu Z_G bei :

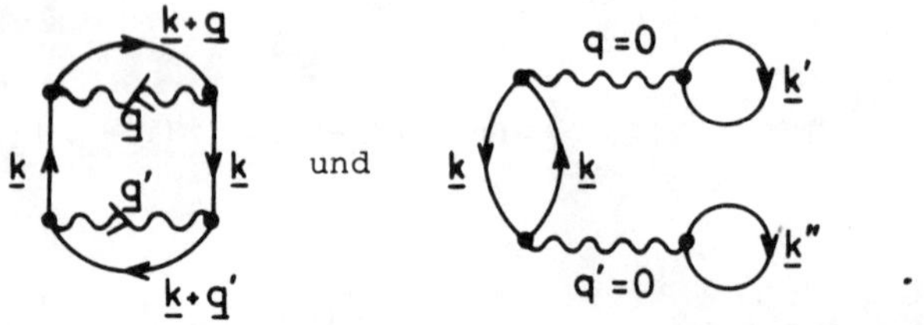

Diese Graphen bezeichnet man häufig als <u>anomale Diagramme</u>.

Alle im T=0 - Formalismus diskutierten Fragestellungen kann man nun auch für Systeme mit endlicher Temperatur untersuchen. Interessante Anwendungen sind etwa

- die Aufsummation der Ringgraphen-Beiträge zu $Z_G = Z_G(T,\mu)$. Man erhält eine (näherungsweise gültige) Zustandsgleichung

$$\frac{P \cdot \Omega}{k_B T} = \ln Z_G$$

  für das dichte Elektronengas.

- die Herleitung von Hartree-Fock-Gleichungen für Systeme endlicher Temperatur durch die Näherung

$M(T,\mu)$ =  ,

- die allgemeine Frage nach Korrekturen der T=0 - Ergebnisse.

Wir wollen die Fülle der möglichen Anwendungen nicht weiter verfolgen, sondern nur einen bemerkenswerten Punkt an ansprechen, der die herkömmliche Störungstheorie für T=0 in einem etwas anderen Licht erscheinen läßt:
In manchen Fällen gehen die Beiträge der anomalen Diagramme im Grenzfall T→0 nicht, wie man erwarten würde, gegen Null. Die Frage ist, welches Resultat, das T=0 - Ergebnis von früher oder der Grenzwert T→0 einer T>0 - Rechnung den richtigen Wert etwa für die Grundzustandsenergie des Systems liefert.

Die Antwort ist relativ einfach: Die ursprüngliche T=0 - Theorie ist mit einer bestimmten Unsicherheit behaftet. Beim Beweis des Gell-Mann - Low - Theorems konnten wir nicht zeigen, daß der adiabatisch eingeschaltete Zustand der Grundzustand des vollen Hamilton-Operators ist; garantiert wird nur, daß es sich um einen Eigenzustand handelt.

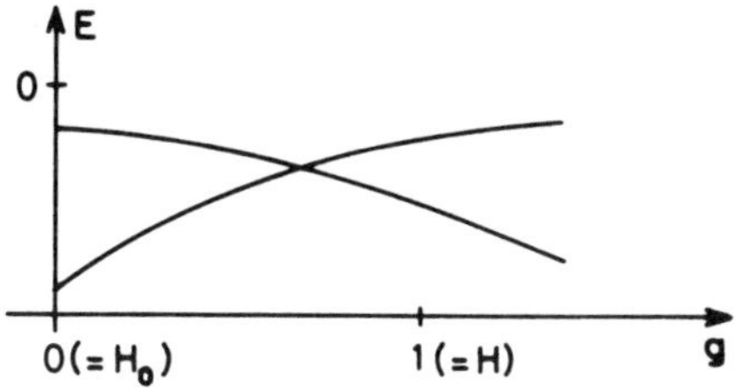

Wenn also das Eigenwert-Spektrum als Funktion der Kopplungskonstante der Wechselwirkung eine Kreuzung aufweist, wird man nicht erwarten, daß man durch adiabatisches Einschalten den Grundzustand des vollen Problems erhält; man landet statt dessen in einem angeregten Zustand. An Hand von Beispielen (siehe etwa W.Kohn und J.M.Luttinger: Ground State Energy of a Many-Fermion System, Phys.Rev.118,41(1960)) kann man demonstrieren, daß gerade in solchen Fällen der T→0 -Grenzfall der temperaturabhängigen Theorie einen energetisch tiefer liegenden Zustand liefert. Der temperaturabhängige Formalismus ist also der eigentlich korrekte, denn er kommt ohne adiabatisches Einschalten aus. Die dort auftretenden Integrale sind von der Struktur exp(-...), also im Gegensatz zu den früheren exp(-i...)-Integralen auch ohne zusätzliche Konvergenzfaktore 'gutartig'. In sehr vielen Fällen, etwa bei Systemen mit sphärischer Fermifläche, unterscheiden sich die Resultate nicht.

WEITERFÜHRENDE LITERATUR

1. VIELTEILCHENTHEORIE ALLGEMEIN

A.A. Abrikosov, L.P. Gorkov und I.E. Dzyaloshinski: Methods of Quantum Field Theory in Statistical Physics, Dover Publications (New York,1963)

C. Bloch: Diagram Expansions in Quantum Statistical Mechanics, Studies in Statistical Mechanics, Vol.3, J. de Boer und G.E. Uhlenbeck (Hrsg.), p.3, North-Holland (Amsterdam, 1965)

J. de Boer: Construction Operator Formalism in Many-Particle Systems, Studies in Statistical Mechanics, Vol.3, J. de Boer und G.E. Uhlenbeck (Hrsg.), p.215, North-Holland (Amsterdam,1965)

V.L. Bonch-Bruevich und S.V. Tyablikov: The Green Function Method in Statistical Mechanics, North-Holland (Amsterdam,1962)

R. Brout und P. Carruthers: Lectures on the Many-Electron Problem, Interscience (New York,1963)

G.E. Brown: Many-Body Problems, North-Holland (Amsterdam,1972)

E.N. Economou: Green's Functions in Quantum Physics, Second Edition, Springer-Verlag (Berlin,1983)

A.L. Fetter und J.D. Walecka: Quantum Theory of Many-Particle Systems, McGraw-Hill (New York,1971)

N.M. Hugenholtz: Quantum Theory of Many-Body Systems, Reports on Progress in Physics 28,201(1965)

L.P. Kadanoff und G. Baym: Quantum Statistical Mechanics, Benjamin (New York,1962)

D.A. Kirzhnits: Field Theoretical Methods in Many-Body Systems, Pergamon Press (Oxford,1967)

W. Kohn und J.M. Luttinger: Ground State Energy of a Many-Fermion System, Phys.Rev.118,41(1960)

J.M. Luttinger: Analytic Properties of Single Particle Propagators for Many-Fermion Systems, Phys.Rev. 121,942(1961)

J.M. Luttinger und J.C. Ward: Ground State Energy of a Many-Fermion System II , Phys.Rev. 118,1417(1960)

N.H. March, W.H. Young und S. Sampanthar: The Many-Body Problem in Quantum Mechanics, Cambridge University Press (London,1967)

P.C. Martin und J. Schwinger: Theory of Many-Particle Systems I, Phys.Rev.115,1342(1959)

R.D. Mattuck: A Guide to Feynman Diagrams in the Many-Body Problem, Second Edition, McGraw-Hill (New York,1976)

R. Mills: Propagators for Many-Particle Systems, Gordon Gordon and Breach (New York,1969)

Ph. Nozières: Theory of Interacting Fermi Systems Benjamin (New York,1964)

W.E. Parry: The Many-Body Problem, Clarendon Press (Oxford,1973)

D. Pines: The Many-Body Problem, Benjamin (New York,1961)

S. Raimes: Many-Electron Theory, North-Holland (Amsterdam,1972)

J. Schirmer, L.S. Cederbaum und O. Walter: New Approach to the One-Particle Green's Function for Finite Fermi Systems, Phys.Rev.A28,1237(1982)

T.D. Schultz: Quantum Field Theory and the Many-Body Problem, Gordon and Breach (New York,1964)

D.J. Thouless: Quantenmechanik der Vielteilchensysteme, BI Hochschultaschenbuch Nr.52/52a (Mannheim,1964)

L. Van Hove, N. Hugenholtz und L. Howland: Quantum Theory of Many-Particle Systems, Benjamin (New York,1961)

J.G. Zabolitzky: Monte-Carlo Solution to the Many Body Schrödinger Equation, Progress in Particle and Nuclear Physics 16,103(1985)

2. Anwendungen in der Physik der kondensierten Materie

P.W. Anderson: Basic Notions of Condensed Matter Physics, Benjamin/Cummings (Menlo Park,California,1984)

N.N. Bogoliubov: Lectures on Quantum Statistics, Vol. 1, Gordon and Breach (New York,1967)

N.N. Bogoliubov, V.V. Tolmachev und D.V. Shirkov: A New Method in the Theory of Superconductivity, Consultants Bureau Inc. (New York,1959)

Correlation Functions and Quasi-Particle Interactions in Condensed Matter, James Woods Halley (Hrsg.), Plenum Press (New York,1978)

S. Doniach und E.H. Sondheimer: Green's Functions for Solid State Physicists, Benjamin (Reading,Massachusetts,1974)

D.F. DuBois: Electron Interactions, Part 1 : Field Theory of a Degenerate Electron Gas, Annals of Physics 7,174(1959)

V.D. Gorobchenko und E.G. Maksimov: The Dielectric Constant of an Interacting Electron Gas, Sov.Phys.Usp.23,35(1980)

H. Haken: Quantenfeldtheorie des Festkörpers, B.G. Teubner (Stuttgart,1973)

L. Hedin: New Method for Calculating the One-Particle Green's Function with Application to the Electron-Gas Problem, Phys.Rev.139,A796(1965)

L. Hedin und S. Lundqvist: Effects of Electron-Electron and Electron-Phonon Interactions on the One-Electron States of Solids, Solid State Physics 23,1(1969)

I.M. Khalatnikov: An Introduction to the Theory of Superfluidity, Benjamin (New York,1965)

W. Kohn: Effective Mass Theory in Solids from a Many-Particle Standpoint, Phys.Rev.105,509(1956)

C.G. Kuper: Theory of Superconductivity, Clarendon Press (Oxford,1969)

E.M. Lifschitz und L.P. Pitajewski: Statistische Physik,Teil 2 (Landau und Lifschitz, Lehrbuch der Theoretischen Physik, Band 9), 2. Auflage, Akademie-Verlag (Berlin,1984)

O. Madelung: Festkörpertheorie I, II und III, Springer-Verlag (Berlin,1972 und 1973)

G.D. Mahan: Many-Particle Physics, Plenum Press, (New York,1981)

N.H. March und M. Parrinello: Collective Effects in Solids and Liquids, Adam Hilger Ltd. (Bristol,1982)

N.H. March und M.P. Tosi: Coulomb Liquids, Academic Press (London,1984)

Y. Nambu: Quasi Particles and Gauge Invariance in the Theory of Superconductivity, Phys.Rev.117,648(1960)

D. Pines: Elementary Excitations in Solids, Benjamin (New York,1963)

D. Pines und Ph. Nozières: The Theory of Quantum Liquids, Vol.1, Benjamin (New York,1966)

V.N. Popov: Functional Integrals in Quantum Field Theory and Statistical Physics, D. Reidel Publishing Co. (Dordrecht,1983)

G. Rickayzen: Green's Functions and Condensed Matter, Academic Press (London,1980)

G. Rickayzen: Theory of Superconductivity, Wiley (New York,1965)

J.R. Schrieffer: Theory of Superconductivity, Benjamin (New York,1964)

K.S. Singwi und M.P. Tosi: Correlations in Electron Liquids, Solid State Physics 36,177(1981)

M. Tinkham: Introduction to Superconductivity, McGraw-Hill (New York,1975)

J.M. Ziman: Electrons and Phonons, Oxford University Press (Oxford,1960)

3. ANWENDUNGEN IN DER KERNPHYSIK

H.A. Bethe: Nuclear Many-Body Problem, Phys.Rev.103,1353(1956)

A. Bohr und B.R. Mottelson: Nuclear Structure, Vol.1, Benjamin (New York,1969); Vol.2, Benjamin (Reading,Massachusetts, 1975

G.E. Brown: Theory of Nuclear Matter, NORDITA Lecture Notes (Kopenhagen,1964)

J.W. Clark: Variational Theory of Nuclear Matter, Progress in Particle and Nuclear Physics 2,89(1979)

B.R. Easlea: Lectures on the Many-Body Problem and its Relation to Nuclear Physics, University of Pittsburgh (1963)

K. Kumar: Perturbation Theory and the Nuclear Many-Body Problem, North-Holland (Amsterdam,1962)

E.R. Marshalek und J. Weneser: Nuclear Rotation and the Random Phase Approximation, Annals of Physics 53,569(1969)

J.W. Negele: The Mean-Field Theory of Nuclear Structure and Dynamics, Rev.Mod.Phys.54,913(1982)

P. Ring und P. Schuck: The Nuclear Many-Body Problem, Springer-Verlag (New-York,1980)

D.J. Thouless: Green Functions in Low Energy Nuclear Physics, Reports on Progress in Physics 27,53(1964)

4. Anwendungen in der Atomphysik und Quantenchemie

Correlation Effects in Atoms and Molecules, R. Lefebre und C. Moser (Hrsg.), Advances in Chemical Physics XIV, Interscience (London,1969)

A.C. Hurley: Electron Correlation in Small Molecules, Academic Press (London,1976)

J. Linderberg und Y. Öhrn: Propagators in Quantum Chemistry, Academic Press (London,1973)

I. Lindgren und J. Morrison: Atomic Many-Body Theory, Springer-Verlag (Berlin,1982)

Many-Body Theory for Atomic Systems, Proceedings of Nobelsymposium 46, I. Lindgren und S. Lundqvist (Hrsg.), Physica Scripta, Vol.21, No. 3/4 (1980)

R. McWeeny: Present Status of the Correlation Problem, in 'The New World of Quantum Chemistry', B. Pullman und R. Parr (Hrsg.), p.3, D. Reidel Publishing Co. (Dordrecht,1976)

W. von Niessen, L.S. Cederbaum und W. Domcke: On Green's Function Methods for the Study of Ionic States in Atoms and Molecules, in 'Exited States in Quantum Chemistry', C.A. Nicolaides und D.R. Beck (Hrsg.), p. 183, D. Reidel Publishing Co. (Dordrecht,1978)

W. von Niessen, L.S. Cederbaum, W. Domcke und J. Schirmer: Phenomena in Photoelectron Spectroskopy and their Theoretical Calculation, in 'Computational Methods in Chemistry', J. Bargon (Hrsg.), Plenum Press (New York,1980)

Y. Öhrn: Propagator Theory of Atomic and Molecular Structure, in 'The New World of Quantum Chemistry', B. Pullman und R. Parr (Hrsg.), p. 57, D. Reidel Publishing Co. (Dordrecht,1976)

M.A. Robb: Pair Functions and Diagrammatic Perturbation Theory, in 'Computational Techniques in Quantum Chemistry and Molecular Physics', G.H.F. Diercksen, B.T. Sutcliffe und A. Veillard (Hrsg.), p. 435, D. Reidel Publishing Co. (Dordrecht,1975)

Three Approaches to Electron Correlation in Atoms, O. Sinanoğlu und K.A. Brueckner (Hrsg.), Yale University Press (New Haven,1970)

L. Zülicke: Quantenchemie - Ein Lehrgang, Band 1, VEB Deutscher Verlag der Wissenschaften (Berlin,1973)

SACHREGISTER

adiabatisches Einschalten der Wechselwirkung 224ff

anomale Diagramme 386f

anomaler Erwartungswert 161ff

Antimetrisierungsoperator 12,14

anti(sym)metrische Wellenfunktion 11ff

Austauschenergie
- des homogenen Elektronengases 94ff
- für translationsinvariante Systeme 87

Austauschladung 82

Austauschloch 82,333

Austauschterm 62ff,81,85f

Bardeen-Cooper-Schrieffer (BCS)-Theorie 147ff

BCS-Wellenfunktion 155

Besetzungszahldarstellung 29,39

Bildtransformation 167ff
- Heisenberg-Bild 170,379
- Schrödinger-Bild 168
- Wechselwirkungsbild 172,381

Bloch-Dichte-Operator 376

Bloch-Funktion 142

Bloch-Gleichung 379

Born-Oppenheimer-Näherung 123ff

Bosonen
- Definition 13
- Erzeugungs- und Vernichtungs-Operatoren 39ff
- Vertauschungsrelationen 40

Bravais-Gitter 125

Brillouin-Zone 127

Brillouins Theorem 69

Cooper-Instabilität 154

Cooper-Paar 154ff

Dichte-Dichte-Antwortfunktion

Dichte-Korrelationsfunktion 2

Dichtematrix 57ff
- in Hartree-Fock-Näherung 63
- , spinunabhängige 80
- von translationsinvarianten Systemen 85
- Zusammenhang mit Greensfunktionen 193

Dichteoperator 52ff,107f

Dielektrizitätskonstante 368
- in RPA 370

direkter Term 62ff,85

Dispersionsrelation 86
- allgemeines Quasiteilchen 3
- Elektron in Wechselwirkung m Phononen 149f
- Hartree-Fock-Elektron 341
- Kristallelektron 346
- Phonon 136f
- Plasmon 371

Dyson-Gleichung 311f
- für die effektive Wechselwirkung 367f
- als nichtlineares Eigenwertproblem 331
- für den Polarisationspropagator 361f
- für translationsinvariante Systeme 320f

effektive Masse 344f

effektive Wechselwirkung 367f

Einteilchen-Greensfunktion 18
- ,avancierte 333
- Bewegungsgleichung 216,355
- diagrammatische Entwicklung 304ff,313ff,385
- Dispersionsrelation 209
- Hartree-Fock-Näherung 327
- für nichtwechselwirkende Fermionen 196ff
- ,retardierte 333
- ,temperaturabhängige 380
- für translationsinvariante Systeme

Elektronengas
- ,freies 91ff
- ,homogenes 91ff
- ,spinpolarisiertes 95f

Elektron-Elektron-Wechselwirkung
- ,effektive durch Phonon-Austausch 148ff
- kurzreichweitiger Anteil 102
- langreichweitiger Anteil 102,205,295

Elektron-Loch-Paar-Erzeugungsoperator 302

Elektron-Phonon-Wechselwirkung 142ff,148ff

Elektron-Plasmon-Wechselwirkung 112ff

Energieverlust-Spektrum 105

Ensemble-Mittelwert 376

Erzeugungs-Operator
- für Bosonen 39ff
- für Fermionen 25ff
- unitäre Transformation 42ff

Feldoperator 45f

Fermienergie 147

Fermifläche 347f

Fermi-Impuls 89

Fermionen 13
- Antivertauschungsrelationen 30
- Definition 13
- Erzeugungs- und Vernichtungs-Operatoren 25ff

Feynman-Regeln 250ff,308,319ff, 353

Fock-Raum 29

Gap-Funktion 162ff

Gell-Mann und Brueckner Theorie 284ff

Gell-Mann und Low Theorem 226ff

Goldstone, Theorem von 266

großkanonisches Ensemble 376

Hartree-Fock 60ff
- atomare Systeme 70ff
- Berechnung von Anregungsenergien 72f
- Berechnung von Ionisierungsenergien 71
- eingeschränkte Verfahren 78ff
- Näherung für die irreduzible Selbstenergie 325ff
- Näherung für die Zweiteilchen-Greensfunktion 354ff
- Potential 63,73
- Restricted HF 83
- Roothaan-Verfahren 83
- für translationsinvariante Systeme 84ff
- Unrestricted HF 79ff
- Variationsprinzip 61,73

Hartree-Verfahren 75f

Heisenbergsche Bewegungsgleichung 171

identische Teilchen 7ff

Innere Energie 380

Ionisierungsenergie 71

Jellium 91

Josephson-Effekt 166

Kohäsion der Alkalimetalle 97

Kollektive Koordinaten
- für Gitterschwingung 130ff
- für Plasmaschwingung 105ff

Kontraktion 246,383f

Koopmans, Theorem von 71

Korrelationsenergie 77
- des dichten Elektronengases 284ff
- des Elektronengases, kurzreichweitiger Anteil 101ff,121
- des Elektronengases, langreichweitiger Anteil 121

Korrelationsfunktion
- für lokale Observable 210
- für nichtlokale Observable 212

Kristallelektron 346

Kristallgitter 125ff

Lehmann-Darstellung 205f,330

Lindhard-Funktion 365f

Lineare Antwort Theorie 362ff

Linked Cluster Theorem
- für Einteilchen-Greensfunktion 307
- für Vakuumamplitude 266
- für Zweiteilchen-Greensfunktion 351f

Loop-Theorem 258

Mean-field 60

Minkowski-Skalarprodukt 313

normalgeordnetes Produkt 238ff

Normalkoordinaten 130ff

n-Teilchen-Greensfunktion 217

Pairing 240ff

Pauli-Prinzip 16

Pauli-Spinor 48

periodische Randbedingungen 48,93

Permutationsgruppe 12

Permutationsoperator 8ff

Phonon 122ff
- ,akustisches 137
- ,longitudinal/transversal polarisiertes 138
- ,optisches 137

Phonon-Phonon-Wechselwirkung 139ff

Plasmafrequenz 104f

Plasmaschwingung 104ff

Plasmon 104ff

Polarisationseinschub
- ,irreduzibler 361f

Polarisationspropagator 211,296
- diagrammatische Entwicklung 357ff
- ,retardierter 364

Quasi-Newton-Gleichung 345

Quasiteilchen 332ff

Random Phase Approximation 115
- für die effektive Wechselwirkung 369

reduzierter Hamilton-Operator 155

reziprokes Gitter 126

Ringgraphen 271,279,288ff

Sawada-Methode 301ff

Schallgeschwindigkeit 137

Selbstenergie 309ff
- ,irreduzible 310

Selbstkonsistente Störungstheorie 323ff

Selbstkonsistentes Verfahren 64,76

Skelette 323
- ,angezogene 323ff,342

Slater-Determinante 15ff
- Vollständigkeitssatz 21

Spektrale Dichtefunktionen 206ff

Spin-Statistik-Theorem 13

Sprungtemperatur 147

Störungsentwicklung
- Brillouin-Wigner-Entwicklung 222
- für endliche Temperatur 379f
- der Einteilchen-Greensfunktion 235
- Rayleigh-Schrödinger-Entwicklung 220
- des Zeitentwicklungsoperators 178ff

Summenregel 207

Supraleitung 147ff

Symmetriebrechung 164f

Symmetrie-Dilemma des Hartree-Fock-Verfahrens 78,83

Symmetrie-Postulat 13

symmetrische Wellenfunktion 11

Symmetriesierungsoperator 11,1